数学文化丛书

TANGJIHEDE
+
XIXIFUSI
CHICHICHUCHU JI

唐吉诃德+西西弗斯

吃吃喝喝集

刘培杰数学工作室 ○ 编

哈尔滨工业大学出版社
HARBIN INSTITUTE OF TECHNOLOGY PRESS

内 容 提 要

本丛书为您介绍数百种数学图书,并奉上名家及编辑为每本图书所作的序、跋等.本丛书旨在为读者开阔视野,在万千数学图书中精准找到所求,其中不乏精品书、畅销书.本书为其中的《彳亍丁丁集》.

本丛书适合数学爱好者参考阅读.

图书在版编目(CIP)数据

唐吉诃德+西西弗斯.彳亍丁丁集/刘培杰数学工作室编.—哈尔滨:哈尔滨工业大学出版社,2025.1. (百部数学著作序跋集).—ISBN 978-7-5767-1792-1

I.O1

中国国家版本馆 CIP 数据核字第 2025X7N951 号

策划编辑	刘培杰 张永芹
责任编辑	王勇钢
封面设计	孙茵艾
出版发行	哈尔滨工业大学出版社
社　　址	哈尔滨市南岗区复华四道街10号 邮编150006
传　　真	0451-86414749
网　　址	http://hitpress.hit.edu.cn
印　　刷	辽宁新华印务有限公司
开　　本	720 mm×1 000 mm 1/16 印张 31.75 字数 453 千字
版　　次	2025年1月第1版 2025年1月第1次印刷
书　　号	ISBN 978-7-5767-1792-1
定　　价	68.00元

(如因印装质量问题影响阅读,我社负责调换)

目录

二次互反律的傅里叶分析证明(英文) //1

毕达哥拉斯定理 //134

集合论、数学逻辑和算法论问题(第5版)(俄文) //181

组合学手册(第一卷)(英文) //324

组合推理——计数艺术介绍(英文) //335

素数规律(俄文) //352

分数阶微积分的应用——非局部动态过程,分数阶导热系数(俄文) //366

代数、生物信息和机器人技术的算法问题——第五卷,相对覆盖性和独立可拆分恒等式系统(俄文) //435

代数、生物信息和机器人技术的算法问题——第六卷,恒等式
　　和准恒等式的相等问题、可推导性和可实现性(俄文)　//439
斐波那契数和卡塔兰数——导论(英文)　//452
无穷边值问题解的递减——无界域中的拟线性椭圆和抛物方
　　程(俄文)　//487
编辑手记　//498

二次互反律的傅里叶分析证明（英文）

迈克尔·C.贝格　著

编辑手记

本书是一本英文原版影印的数学专著.

二次剩余的概念最早出现于欧拉(Euler)1754年发表的论文中. 1783年欧拉明确地叙述了二次互反律. 勒让德(Legendre)和高斯(Gauss)也都独立地发现了二次互反律. 二次互反律的第一个完整证明是高斯在1796年给出的(当时高斯19岁！). 高斯一生共给出了七种证明,二次互反律是18世纪数论中最富于首创精神,并且能从中引出众多成果的一个伟大发现. 二次互反律的各种角度的推广,构成近代数论的一项重要内容.

为了使读者有足够的知识储备来阅读本书,我们先对初等数论及代数数论中有关的预备知识稍做介绍. 先介绍第一个名词：

二次剩余(quadratic residue)　考虑形如
$$x^2 \equiv n \pmod{m}$$
的同余式,其中 $m > 1$, $(m,n) = 1$. 若此同余式有解,则 n 称为模 m 的二次剩余；若此同余式无解,则 n 称为模 m 的二次非剩余. 设 p 是一个奇素数,则模 p 的二次剩余和二次非剩余个数正好是"一半对一半",表1给出几个较小的素数模的二次剩余和二次非剩余.

表1

p	二次剩余	二次非剩余
3	1	2
5	1,4	2,3
7	1,2,4	3,5,6
11	1,3,4,5,9	2,6,7,8,10
13	1,3,4,9,10,12	2,5,6,7,8,11

此外,如果 n 是模 p 的二次剩余,则
$$n^{(p-1)/2} \equiv 1 \pmod p$$
如果 n 是模 p 的二次非剩余,则
$$n^{(p-1)/2} \equiv -1 \pmod p$$

人们很早就对二次剩余加以研究了. 1798 年,勒让德引入了一种记号表示二次剩余:设 $p \nmid n$,当 n 是 p 的二次剩余,记为 $\left(\dfrac{n}{p}\right) = 1$;当 n 是 p 的二次非剩余,记为 $\left(\dfrac{n}{p}\right) = -1$. (后来称之为勒让德符号.) 由于勒让德符号的一些性质,使人们对任给的一个整数 p^n,只要计算 $\left(\dfrac{-1}{p}\right)$,$\left(\dfrac{2}{p}\right)$,$\left(\dfrac{q}{p}\right)$ (q 为奇素数) 这三种值即可判定 n 是否为模 p 的二次剩余.

1783 年,欧拉发现:若 $p > 2, q > 2$ 是两个素数,且 $p \neq q$,则有
$$\left(\dfrac{p}{q}\right)\left(\dfrac{q}{p}\right) = (-1)^{\frac{1}{4}(p-1)(q-1)}$$

两年后,勒让德也重新发现,但他们都未能证明. 直到 1796 年高斯首次给出证明, 1801 年他又给出另一个更为著名的证明, 后来, 人们先后给出 150 多种证明. 这个公式就是有名的二次互反律. 它成为初等数论中一个十分重要的定律. 它的含义:如果 p 和 q 是 $4n + 3$ 型的素数, 那么 p 是模 q 的二次剩余当且仅当 q 是模 p 的二次非剩余;如果 p 或 q 或两者都是 $4n + 1$ 型的素数, 那么 p 是模 q 的二次剩余当且仅当 q 是模 p 的二次非剩余.

利用勒让德符号和二次互反律, 可以判断二次同余式是否有解. 但计算时要把一个正整数进行素因数分解, 比较麻烦. 为解决这类问题, 1827 年雅可比 (Jacobi) 引入了雅可比符号:设

m 是一个正奇数，$m = p_1 \cdots p_t$，$p_i (i = 1, \cdots, t)$ 是素数，$(m,n) = 1$，则

$$\left(\frac{n}{m}\right) = \prod_{i=1}^{t} \left(\frac{n}{p_i}\right)$$

利用雅可比符号，可简化计算.

设 h 为一整数，n 为一正整数，$(h,n) = 1$，适合 $h^l \equiv 1 (\bmod n)$ 的最小正整数 l 叫作 h 对 n 的次数. 如果 $l = \varphi(n)$（$\varphi(n)$ 是欧拉函数，表示与 n 互素且不超过 n 的正整数的个数），则此时 h 被称为模 n 的原根. 1773 年，欧拉证明了素数 p 有原根. 1785 年，勒让德证明：设 $l | (p-1)$，恰有 $\varphi(l)$ 个模 p 互不同余的数对模 p 的次数为 l. 1801 年，高斯证明了 n 有原根存在的充分必要条件是 $n = 2, 4, p^l, 2p^l$，这里 $l \geqslant 1$，p 是奇素数. 设 g 是素数 p 的一个原根，对任一整数 n，$(n,p) = 1$，则必有一数 a 使 $n \equiv g^a (\bmod p)$. 这里 $0 \leqslant a < p-1$，a 叫作 n 对模 p 的指数，以 $a = \text{ind}_g n$ 表示. 估计模 p 的最小正原根的上界是著名的原根问题之一. 1959—1962 年，伯吉斯（Burgess）与王元各自独立地证明了

$$g(p) = O(p^{\frac{1}{4}+\varepsilon})$$

其中 ε 为任意正数. 另一重要的原根问题是阿廷（Artin）于 1927 年提出的一个猜想：对于任意不等于 1，$p-1$ 及完全平方的正整数 a，必存在无穷多个素数 p，以 a 为原根. 这一猜想被称为阿廷猜想，至今尚未解决. 原根和指数在代数编码和数字信号处理等领域有着实际应用.

为了保持叙述的准确性（笔者虽然初通数论，但凭记忆恐挂一漏万），所以选择一本公认权威且通俗易懂的工具书来摘编不失为一种选择. 笔者选择杜瑞芝教授主编的《数学史辞典》（山东教育出版社，2018）. 杜教授早年毕业于吉林大学数学系，师从徐利治教授，期间曾到农村劳动，在炊事班蒸过馒头，后来回到辽宁师范大学师从梁宗巨教授学习世界数学史，与笔者相识三十余年，对我们数学工作室的成长帮助不小.

本书的另一个关键词是傅里叶分析（Fourier analysis），又称为调和分析. 傅里叶分析是 18 世纪以后分析学中逐渐形成

的一个重要分支,主要研究函数的傅里叶级数、傅里叶变换及其性质. 形如

$$\frac{1}{2}a_0 + \sum_{n=1}^{\infty}(a_n \cos nx + b_n \sin nx) \quad ①$$

的级数,被称为三角级数. 其中,$a_n(n=0,1,2,\cdots)$ 和 $b_n(n=1,2,\cdots)$ 是与 x 无关的实数. 特别地,当级数 ① 中的系数 a_n,b_n 可通过某个函数 $f(x)$ 用下列公式表示时,级数 ① 被称为 f 的傅里叶级数,即

$$a_n = \frac{1}{\pi}\int_{-\pi}^{\pi} f(x)\cos nx \mathrm{d}x, n = 0,1,2,\cdots$$

$$b_n = \frac{1}{\pi}\int_{-\pi}^{\pi} f(x)\sin nx \mathrm{d}x, n = 0,1,2,\cdots \quad ②$$

式中,f 是周期为 2π 的可积函数.

18 世纪中叶以来,欧拉、达朗贝尔(d'Alembert)和拉格朗日(Lagrange)等人在研究天文学和物理学中的问题时,相继得到了某些函数的三角级数表达式. 人们逐渐意识到一个非周期函数可以表成三角级数的形式,并开始寻求如何把所有类型的函数都表示成三角级数的方法. 但在当时占主导地位的思想认为并非任意的函数都可以用三角级数来表示. 19 世纪,法国数学家傅里叶由于当时工业上处理金属的需要,因此开始从事热流动的研究. 1807 年,他向法国科学院呈交了一篇关于热传导问题的论文,提出了任意周期函数都可以用三角级数表示的想法,成为傅里叶分析的起源. 傅里叶在他的经典著作《热的解析理论》(1822)中系统地研究了函数的三角级数表示问题,并断言"任意(实际上有一定条件)函数都可展成三角函数". 他列举了大量函数并运用图形来说明函数的这种级数表示的普遍性. 他还首先认为,如果 $f(x)$ 是一个以 2π 为周期的函数,通过式 ② 可以得到一系列的 a_n,b_n,那么由此构造出的三角级数 ① 就表示 $f(x)$. 级数 ① 后来就被称为傅里叶级数.

傅里叶分析从诞生之日起,就围绕着"f 的傅里叶级数是否收敛于 f 自身"这个中心问题进行研究. 傅里叶提出这个问题时并没有进行严格的数学论证. 1829 年,迪利克雷(Dirichlet)第一个给出 $f(x)$ 的傅里叶级数收敛于它自身的充分条件. 他证

明,在一个周期上分段单调的周期函数 f 的傅里叶级数,在它的连续点上必收敛于 $f(x)$;如果 f 在 x 点不连续,则级数收敛于 $[f(x+0)+f(x-0)]/2$. 后来这个论断在 1881 年被若尔当(Jordan)推广到任意有界变差函数上. 顺便指出,迪利克雷正是在研究傅里叶级数收敛问题的过程中,建立了近代的函数概念.

黎曼(Riemann)对傅里叶级数的研究也做出了贡献. 他在题为《关于用三角级数表示函数的可能性》(1854)的论文中,为了使更广一类函数可以用傅里叶级数来表示,第一次明确地引进并研究了现在被称为黎曼积分的概念及其性质,使得积分这个分析学中的重要概念有了坚实的理论基础. 他证明了:如果周期函数 $f(x)$ 在 $[0,2\pi]$ 上有界且可积,那么当 n 趋于无穷时 f 的傅里叶系数趋于 0. 此外,黎曼还建立了重要的局部性原理,即有界可积函数 $f(x)$ 的傅里叶级数在一点处的收敛性,仅仅依赖于 f 在该点邻域的性质.

当英国数学家斯托克斯(Stokes)和德国数学家赛德尔(Seidel)建立了函数项级数一致收敛性的概念之后,傅里叶级数的收敛问题进一步引起人们的重视. 德国数学家海涅(Heine)在 1870 年指出,有界函数 $f(x)$ 可以唯一地表示为三角级数这一结论,通常采用的论证方法是不完备的,因为傅里叶级数未必一致收敛,所以无法保证逐项积分的合理性. 德国数学家康托(Cantor)研究了函数用三角级数表示是否唯一的问题. 这个问题的研究又促进了对各种点集结构的探讨,最终导致康托集合论的创立.

1861 年,德国数学家魏尔斯特拉斯(Weierstrass)利用三角级数构造了一列处处不可求导的连续函数,震惊了当时的数学界.

20 世纪以来,傅里叶分析又获得了新的发展. 德国数学家勒贝格(Lebesgue)所建立的勒贝格积分和勒贝格测度概念对傅里叶分析的研究产生了深远影响. 勒贝格用他的积分理论把前面提到的黎曼的工作又推进了一步. 1904 年,匈牙利数学家费耶尔(Fejér)提出的所谓费耶尔求和法成功地用傅里叶级数表达连续函数,这是傅里叶级数理论的一个重要进展. 此后,一门新的数学分支——发散级数的求和理论应运而生. 与此同时,傅里叶级数几乎处处收敛的问题引起人们的重视,特别是围绕着所谓卢津

(Luzin)猜想,出现了一些精美的工作.

在20世纪前半叶,复变函数论方法已成为研究傅里叶级数的一个重要工具. 英国数学家哈代(Hardy)和匈牙利数学家里斯(Riesz)等建立的单位圆上 H^p 空间的理论通过傅里叶级数来刻画函数类的特征,是傅里叶分析的重要课题. 这方面的重要工作还有豪斯道夫 – 杨(Hausdorff-Yang)定理和李特尔伍德 – 佩利(Littlewood-Paley)理论等成果.

以傅里叶级数理论为模式,可以在许多方向上进行推广. 首先是从周期函数推广到实数域 $(-\infty, +\infty)$ 上的任意函数,这样就产生了傅里叶积分及傅里叶变换的理论. 积分

$$\frac{1}{\pi}\int_0^{+\infty} \mathrm{d}u \int_{-\infty}^{+\infty} f(t)\cos u(x-t)\mathrm{d}t$$

被称为 f 的傅里叶积分,其复数形式为

$$\frac{1}{2\pi}\int_0^{+\infty} \mathrm{e}^{\mathrm{i}ux}\mathrm{d}u \int_{-\infty}^{+\infty} f(t)\mathrm{e}^{-\mathrm{i}ut}\mathrm{d}t$$

上式的内层积分,记为

$$F(u) = \frac{1}{2\pi}\int_{-\infty}^{+\infty} f(t)\mathrm{e}^{-\mathrm{i}ut}\mathrm{d}t$$

被称为 f 的傅里叶变换.

傅里叶积分方法是在19世纪为寻求偏微分方程的封闭形式的解,由法国数学家傅里叶、柯西(Cauchy)和泊松(Poisson)分别发现的. 傅里叶在他1811年关于热传导的论文《热在固体中的运动理论》(此文获巴黎科学院奖金)中,讨论了在无穷区域内热的传导问题,导出了傅里叶积分. 柯西在《波的传播理论》(获巴黎科学院1816年奖金)一文中,对流体表面上的波动进行研究,不但得到了傅里叶积分,还建立了从 $f(t)$ 到 $F(u)$ 的傅里叶变换及其逆变换. 泊松则是在他的专著《关于波的理论报告》(1816)中,用与柯西大致相同的方式导出傅里叶积分. 傅里叶积分理论大致与傅里叶级数理论相平行,但也有不少差别,例如对周期函数有 $L^p \subset L^1$,而非周期函数 $L^p \not\subset L^1$,因此定义时取 $L^p \cap L^1$ 中的函数. 对于 L^2 的情形,1910年瑞士数学家普朗谢雷尔(Plancherel)证明:傅里叶变换 F 及其逆变换 F^{-1} 是 L^2 空间到自身的等距变换. 这个定理是后来许多推广的出发点.

第二次世界大战以后,傅里叶分析向多维化和抽象化方向发展.多维傅里叶分析与多复变函数论一样,与一维情形相去甚远.早期有美国数学家博赫纳(Bochner)的工作,20世纪50年代以后,由于偏微分方程等分支发展的需要,出现了卡尔德伦-赞格蒙奇异积分理论,标志着傅里叶分析进入一个新的历史时期.其后,比利时数学家斯坦(Stein)等人把 H^p 空间理论推广到高维,而且对一维问题也有所突破.1971年,美国数学家伯克霍尔德等人用概率论的方法刻画 H^1 中函数的实部,第二年,费弗曼(Fefferman)和斯坦把有关结果推广到 n 维;同时,关于 H^1 空间的对偶空间是有界平均振动函数空间的结果也被推广到 n 维等.

同时,傅里叶分析的研究领域从直线群、圆周群扩展到一般的抽象群,形成抽象傅里叶分析理论.对于局部紧交换群,有一套精美的理论,如用代数方法证明了广义陶伯(Tauber)型定理;而对于局部紧李群,则与群表示论相结合形成非交换傅里叶分析的分支.傅里叶分析作为数学的一个分支,无论在概念还是方法上都广泛地影响着数学其他分支的发展.

以上是关于调和分析的一个概述.对于想看懂本书的普通读者还是需要一点关于调和分析的基础知识.1963年夏天著名分析学家巴赫曼(Bachman)在 Brooklyn 工艺学院教了一学期的"抽象调和分析"课程.其讲义由劳伦斯(Lanrence)教授整理出来.这里我们摘录几段,以补充预备知识的不足.

第一章 L_1 中函数在实直线上的傅里叶变换[①]

§1 记 号

文中,我们将用 **R** 表示实轴$(-\infty,+\infty)$,用 f 表

---

① 巴赫曼 G.抽象调和分析基础[M].郭毓驹,欧阳光中,译.北京:人民教育出版社,1979.

示 **R** 上的可测函数(f 可以是实值函数或复值函数），并用 L_p 表示 **R** 上可测且具有性质①

$$\int_{-\infty}^{+\infty} |f(x)|^p dx < +\infty, 1 \leqslant p < +\infty$$

的函数 f 所组成的集合. 又因为我们经常从 $-\infty$ 到 $+\infty$ 进行积分，所以就简单地以 $\int$ 来表示 $\int_{-\infty}^{+\infty}$，其中一切积分都是勒贝格意义下的积分.

这里不加证明而指出，L_p 空间是一个线性空间，对于 $f \in L_p$，我们就能够定义 f 关于 p 的范数 $\|f\|_p$ 如下

$$\|f\|_p = \left(\int |f(x)|^p dx\right)^{\frac{1}{p}}$$

容易验证下面的断言是正确的：

(1) $\|f\|_p \geqslant 0$，以及 $\|f\|_p = 0$，当且仅当 $f \sim 0$②.

(2) $\|kf\|_p = |k| \cdot \|f\|_p$，其中 k 是一个实数或复数. 这直接含有 $\|f\|_p = \|-f\|_p$.

(3) $\|f+g\|_p \leqslant \|f\|_p + \|g\|_p$. 要证实这一点，所需要的只是关于积分的闵可夫斯基(Minkowski)不等式，这已列在本章的附录中.

这样，我们就看到，L_p 是一个赋范线性空间. 我们还能够更前进一步，虽然这里不加以证明，但可以证明 L_p 实际上是一个完备的赋范线性空间或巴拿赫(Banach)空间，即可证明(在关于 p 的范数下) L_p 中函数的任一柯西序列(关于 p 的范数)收敛于一个 p 次可和的函数.

---

① 我们常称 f 是 p 次可和的.

② 两个函数 f 和 g，如果 $f = g$ 几乎处处成立，我们就说 f 与 g 是等价的，记为 $f \sim g$. 因此，L_p 实际上是在这种等价关系下一切等价函数类所成的集合. 若我们不这样做的话，那么 $\| \quad \|_p$ 只表示一个半范，这是因为虽然 f 不是零，而 $\|f\|_p$ 却是可能的.

§2 傅里叶变换

在这一节中,我们考虑 L_1 中函数的傅里叶变换,并指出傅里叶变换的一些性质. 设 $f \in L_1$,考虑 f 的傅里叶变换

$$\hat{f}(x) = \int e^{ixt} f(t) \, dt$$

因为 $f \in L_1$,我们首先注意到 $\hat{f}(x)$ 是存在的,这是由于

$$|\hat{f}(x)| \leq \int |f(t)| \, dt < +\infty$$

又因为

$$\int |f(t)| \, dt = \|f\|_1$$

故对任何 x,有

$$|\hat{f}(x)| \leq \|f\|_1$$

即 f 的 1 - 范数是 f 的傅里叶变换的一个上界. 因为它是一个上界,它一定大于或等于上确界,即

$$\sup_{x \in \mathbf{R}} |\hat{f}(x)| \leq \|f\|_1$$

现在我们证明 f 的傅里叶变换是 x 的一个连续函数. 考虑差式

$$\hat{f}(x + h_n) - \hat{f}(x) = \int e^{ixt}(e^{ih_n t} - 1) f(t) \, dt$$

这里 $h_n \in \mathbf{R}$,有

$$|\hat{f}(x + h_n) - \hat{f}(x)| \leq \int |e^{ih_n t} - 1| \, |f(t)| \, dt$$

因为上式对任何 h_n 成立,故当 h_n 趋于 0 时也成立,这样就有

$$\lim_{h_n \to 0} |\hat{f}(x + h_n) - \hat{f}(x)| \leq \lim_{h_n \to 0} \int |e^{ih_n t} - 1| \, |f(t)| \, dt$$

现在,我们希望在积分号下进行极限运算,由于被积函数是受可和函数 $2|f(t)|$ 所控制,故勒贝格的控制收敛定理保证了这种运算(见第一章附录). 在积分号内取极限就得所要结果,即

$$\lim_{h_n \to 0} \hat{f}(x+h_n) = \hat{f}(x)$$

也即 L_1 中函数 f 的傅里叶变换 $\hat{f}$ 是一个连续函数.

关于 $\hat{f}(x)$ 还可以证明

$$\lim_{x \to \pm\infty} \hat{f}(x) = 0 \qquad (1)$$

这一事实通常称为黎曼 – 勒贝格引理. 我们顺便提一下: 确有这样的连续函数 $F(x)$, 它满足式(1), 但不能找到 $f(x)$ 满足

$$F(x) = \int e^{ixt} f(t) \, dt$$

这就给我们带来下面的问题: 知道 $\hat{f}(x)$, 如何能够再找出由之而来的原函数 $f(t)$?

§3 复　　原

在初等的处理中, 我们常常看到下面的反演公式

$$f(t) = \frac{1}{2\pi} \int e^{-ixt} \hat{f}(x) \, dx$$

现在, 我们用一个反例来证明上面的公式一般说来是不成立的.

例1　考虑函数

$$f(t) = \begin{cases} e^{-t}, & t \geq 0 \\ 0, & t < 0 \end{cases}$$

$$\hat{f}(x) = \int_0^\infty e^{(ix-1)t} \, dt = \frac{-1}{ix-1}$$

$$\int | e^{-ixt} \hat{f}(x) | \, dx = \int \frac{dx}{\sqrt{1+x^2}}$$

故利用前面的公式来复原 $f(t)$ 显然是不可能的, 这是由于对充分大的 x, 被积函数 $\dfrac{1}{\sqrt{1+x^2}}$ 的性能相似于 $\dfrac{1}{x}$, 积分将如 $\log x$ 一样变成无穷, 因此, 我们不能利用前面公式来复原(注意: 勒贝格积分收敛就必须绝对收敛).

在更进一步讨论之前,我们需要两个来自实变函数的结果.

定义 1 若
$$\lim_{h\to 0}\frac{1}{h}\int_t^{t+h}|f(t)-f(x)|\,\mathrm{d}x=0$$
就称 t 为函数 f 的一个勒贝格点.

定理 1 若 $f\in L_1$,则几乎所有的点都是勒贝格点.

定理 2 函数的每一个连续点都是勒贝格点.

下面两个关于反演的定理,其证明较长并较复杂,请读者参看戈德堡(Goldberg)的证明.

定理 3 设 $f,\hat{f}\in L_1$,又假定 f 在 t 点连续,则
$$f(t)=\frac{1}{2\pi}\int e^{\mathrm{i}xt}\hat{f}(x)\,\mathrm{d}x$$

定理 4 设 $f\in L_1$,又设 t 是函数 f 的一个勒贝格点,则
$$f(t)=\lim_{\alpha\to\infty}\frac{1}{2\pi}\int_{-\alpha}^{\alpha}\left(1-\frac{|x|}{\alpha}\right)e^{-\mathrm{i}xt}\hat{f}(x)\,\mathrm{d}x$$

(注意:这一极限过程类似于无穷级数的 $(C,1)$ 求和法.)

系 1 设 $f\in L_1$,并且 $\hat{f}(x)=0$ 对一切 x 成立,则 $f(t)=0$, a.e.. ①

系 2 设 $f_1,f_2\in L_1$. 若 $\hat{f}_1=\hat{f}_2$,则 $f_1(t)=f_2(t)$, a.e..

这个结果从系 1 立即得出,因为我们有
$$\widehat{f_1-f_2}=\hat{f}_1-\hat{f}_2=0$$
因此
$$f_1-f_2=0,\text{a.e.}$$

---

① a.e. 是 almost everywhere 的缩写,意思是"几乎处处". —— 原译注

卷积 设 $f,g \in L_1$,考虑函数
$$h(x) = \int f(x-t)g(t)\mathrm{d}t = (f*g)(x)$$
称它为 f 与 g 的卷积. 现在,我们断言 $h(x)$ 对几乎所有的 x 存在,并且 $h(x)$ 是可和的.

证明 作变量变换容易证明
$$\int f(x-t)\mathrm{d}x = \int f(x)\mathrm{d}x \qquad (1)$$
利用(1),考虑
$$\int \mathrm{d}t \int |f(x-t)g(t)|\mathrm{d}x$$
$$= \int |g(t)|\mathrm{d}t \int |f(x-t)|\mathrm{d}x$$
$$= \|g\|_1 \|f\|_1 < +\infty$$
由托内利-霍布森(Tonelli-Hobson)定理(参看第一章附录),就得出
$$\iint f(x-t)g(t)\mathrm{d}t\mathrm{d}x$$
为绝对收敛. 再由富比尼(Fubini)定理,得出 $h(x)$ 几乎处处存在且可积.

现在,我们证明卷积运算是可交换的.

定理 5 对 $f,g \in L_1$ 有 $f*g = g*f$.

证明 $(f*g)(x) = \int f(x-t)g(t)\mathrm{d}t$.

令 $u = x - t$,则
$$(f*g)(x) = \int_{+\infty}^{-\infty} f(u)g(x-u)(-\mathrm{d}u) = (g*f)(x)$$

还可得出卷积运算是可结合的,即
$$f*(g*h) = (f*g)*h$$
其中 $f,g,h \in L_1$.

这一结果的证明虽不曲折,但却颇为烦琐,在此从略.

定理 6 设 $f,g \in L_1$,则
$$\|f*g\|_1 \leqslant \|f\|_1 \|g\|_1$$

证明 由

$$\|f*g\|_1 = \int dx \mid \int f(x-t)g(t)dt \mid$$
$$\leq \int dx \int \mid f(x-t)g(t)dt \mid \quad (2)$$

我们注意到
$$\int dt \int \mid f(x-t)g(t) \mid dx$$
$$= \int \mid g(t) \mid dt \int \mid f(x-t) \mid dx$$
$$= \|g\|_1 \|f\|_1 < +\infty \quad (3)$$

即 $\int dt \int \mid f(x-t)g(t) \mid dx$ 绝对收敛. 由托内利-霍布森(Tonelli-Hobson)定理(见第一章附录)

$$\int dx \int \mid f(x-t)g(t) \mid dt$$

绝对收敛,并且绝对收敛于

$$\int dt \int \mid f(x-t)g(t) \mid dx = \|f\|_1 \|g\|_1$$

这就得到所需要的结果.

我们将上面的一些结果总结起来说:L_1 关于加法运算和卷积运算组成一个巴拿赫代数(见第二章例6).

下面的定理就是对卷积感兴趣的主要理由.

定理7 设 $f,g \in L_1$,则
$$\widehat{f*g} = \hat{f}\hat{g}$$

证明 由
$$(\widehat{f*g})(x) = \int e^{ixt}(f*g)(t)dt$$
$$= \int e^{ixt}dt \int f(t-s)g(s)ds \quad (4)$$

因为
$$\int ds \int \mid e^{ixt}f(t-s)g(s) \mid dt$$
$$= \int ds \int \mid f(t-s)g(s) \mid dt$$
$$= \int \mid g(s) \mid ds \int \mid f(t-s) \mid dt$$

$$= \|g\|_1 \|f\|_1 < +\infty$$

于是,由前面定理的同样理由(利用托内利－霍布森定理),式(4)中的积分可以交换积分次序.再写

$$e^{ixt} = e^{ix(t-s)} e^{ixs}$$

代入式(4)中,并交换积分次序,就有

$$(\widehat{f*g})(x) = \int g(s)e^{ixs}ds \int f(t-s)e^{ix(t-s)}dt = \hat{g}\hat{f} = \hat{f}\hat{g}$$

证毕.

我们注意到 $L_1(+,*)$ 是一个巴拿赫代数. 现在,我们证明它不是一个具有单位元的代数. 若假定有一个单位元 $e \in L_1$,使得对每一个 $f \in L_1$,有

$$f * e = f$$

则一定有

$$e * e = e$$

由前面的定理,于是

$$\widehat{e*e} = \hat{e}\hat{e} = \hat{e}$$

因此,只可能是 $\hat{e} = 0$ 或 1. 由 $\hat{e}$ 的连续性,$\hat{e}$ 必须恒等于 0 或恒等于 1;它不可能跳跃!但此外,又要求

$$\lim_{x\to\infty} \hat{e}(x) = 0$$

我们只好选取

$$\hat{e}(x) = 0$$

这就意味着 $e(t) = 0$, a.e., 要使得 $e(t)$ 成为单位元,只有对一切 $f \in L_1, f(t) = 0$, a.e. 才行,这是荒谬的.

尽管不存在单位元,但却有所谓的近似单位元,存在一列 L_1 中的函数 $\{e_n\}$ 使得

$$\lim_{n\to\infty} \|e_n * f - f\|_1 = 0$$

§4 傅里叶变换的范数与函数的范数之间的关系

在讨论主要结果之前,我们需要下面的引理.

引理 1 设 $a, b \in \mathbf{R}, b > 0$,则

$$\int e^{iat} \exp(-bt^2) dt = \left(\frac{\pi}{b}\right)^{\frac{1}{2}} \exp\left(-\frac{a^2}{4b}\right)$$

我们只略述证明的要点.

考虑 $\int \exp(-z^2)\mathrm{d}z$,其中 z 是复变量,Γ 是图 1 所指明的围道.

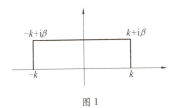

图 1

将积分分成

$$\int_\Gamma = \int_{-k}^{k} + \mathrm{i}\int_0^\beta + \int_k^{-k} + \mathrm{i}\int_\beta^0$$

当 $k \to \infty$ 时取极限,就得出所需结果. 在讨论引理之前,我们还必须建立下面的极限.

引理 2 设 $f \in L_1 \cap L_2$,则

$$\lim_{n\to\infty}\int \exp\left(-\frac{x^2}{n}\right)|\hat{f}(x)|^2\mathrm{d}x = 2\pi\|f\|_2^2$$

证明 显然

$$|\hat{f}(x)|^2 = \hat{f}(x)\overline{\hat{f}(x)} = \int f(t)\mathrm{e}^{\mathrm{i}xt}\mathrm{d}t \int \bar{f}(s)\mathrm{e}^{-\mathrm{i}xs}\mathrm{d}s$$

两边乘 $\exp\left(-\dfrac{x^2}{n}\right)$,其中 n 为一个整数,然后关于 x 积分,我们就有

$$\int \exp\left(-\frac{x^2}{n}\right)|\hat{f}(x)|^2\mathrm{d}x$$
$$= \int \exp\left(-\frac{x^2}{n}\right)\mathrm{d}x \int f(t)\mathrm{e}^{\mathrm{i}xt}\mathrm{d}t \int |\bar{f}(s)| \mathrm{e}^{-\mathrm{i}xs}\mathrm{d}s$$

根据前面已经用过的同样理由,我们能够交换积分次序而得到

$$\int \exp\left(-\frac{x^2}{n}\right)|\hat{f}(x)|^2\mathrm{d}x$$
$$= \int \bar{f}(s)\mathrm{d}s \int f(t)\mathrm{d}t \int \mathrm{e}^{\mathrm{i}x(t-s)}\exp\left(-\frac{x^2}{n}\right)\mathrm{d}x$$

利用引理 1 的结果,其中 $a = t - s, b = \dfrac{1}{n}, x = t$,我们可以计算出右端最后一个积分为

$$\int e^{ix(t-s)} \exp\left(-\dfrac{x^2}{n}\right) dx = (\pi n)^{\frac{1}{2}} \exp\left(\dfrac{-n(t-s)^2}{4}\right)$$

即

$$\int \exp\left(-\dfrac{x^2}{n}\right) |\hat{f}(x)|^2 dx$$
$$= (\pi n)^{\frac{1}{2}} \int \bar{f}(s) ds \int f(t) \exp\left(\dfrac{-n(t-s)^2}{4}\right) dt \quad (1)$$

交换积分次序(其合理性请参看下面式(2)),然后在式(1)中以 $t + s$ 代 t,就得到

$$\int \exp\left(-\dfrac{x^2}{n}\right) |\hat{f}(x)|^2 dx$$
$$= (\pi n)^{\frac{1}{2}} \int \exp\left(-\dfrac{nt^2}{4}\right) dt \int f(t+s) \bar{f}(s) ds$$

记

$$g(t) = \int f(t+s) \bar{f}(s) ds$$

就有

$$\int \exp\left(-\dfrac{x^2}{n}\right) |\hat{f}(x)|^2 dx = (\pi n)^{\frac{1}{2}} \int g(t) \exp\left(-\dfrac{nt^2}{4}\right) dt$$

用 $2n^{-\frac{1}{2}} t$ 代替 t,上面积分就成为

$$2\pi^{\frac{1}{2}} \int g(2n^{-\frac{1}{2}} t) \exp(-t^2) dt$$

现在我们断言 $g(t)$ 在原点连续. 这就是,我们必须证明

$$\lim_{t \to 0} |g(t) - g(0)| = 0$$

$$|g(t) - g(0)|^2$$
$$= \left| \int \bar{f}(s) [f(t+s) - f(s)] ds \right|^2$$
$$\leq \int |f(s)|^2 ds \cdot \int |f(t+s) - f(s)|^2 ds$$

又因为

$$\lim_{t \to 0} \int |f(t+s) - f(s)|^2 \mathrm{d}s = 0$$

因此,我们有
$$\lim_{t \to 0} |g(t) - g(0)| = 0$$

即 $g(t)$ 在原点连续. 又由柯西 – 施瓦茨 (Cauchy-Schwarz) 不等式

$$|g(t)| = \left|\int f(t+s)\bar{f}(s)\mathrm{d}s\right| \leqslant \int |f(t+s)\bar{f}(s)| \mathrm{d}s$$

$$\leqslant \left(\int |f(t+s)|^2 \mathrm{d}s\right)^{\frac{1}{2}} \left(\int |f(s)|^2 \mathrm{d}s\right)^{\frac{1}{2}}$$

从而,对任何 t 有
$$|g(t)| \leqslant \|f\|_2 \|f\|_2 = \|f\|_2^2 \qquad (2)$$

现在,我们能够说,对任何 n,特别当 $n \to \infty$ 时,有

$$\lim_{n \to \infty} \int \exp\left(-\frac{x^2}{n}\right) |\hat{f}(x)|^2 \mathrm{d}x$$

$$= \lim_{n \to \infty} 2\pi^{\frac{1}{2}} \int \exp(-t^2) g(2n^{-\frac{1}{2}}t) \mathrm{d}t$$

又因为 $\|f\|_2^2 \exp(-t^2)$ 是可和的,并且控制了上式右端的被积函数,故我们可以说

$$\lim_{n \to \infty} \int \exp\left(-\frac{x^2}{n}\right) |\hat{f}(x)|^2 \mathrm{d}x = 2\pi g(0) = 2\pi \|f\|_2^2$$

现在,我们讨论主要的结果.

定理 1 设 $f \in L_1 \cap L_2$,则 $\hat{f} \in L_2$ 以及 $\|\hat{f}\|_2^2 = 2\pi \|f\|_2^2$.

证明 因为 $\lim_{n \to \infty} \exp\left(-\frac{x^2}{n}\right) = 1$,故

$$\int |\hat{f}(x)|^2 \mathrm{d}x = \int \lim_{n \to \infty} \exp\left(-\frac{x^2}{n}\right) |\hat{f}(x)|^2 \mathrm{d}x$$

又因为函数列 $\left\{\exp\left(-\frac{x^2}{n}\right) |\hat{f}(x)|^2\right\}$ 是非负的,又是单调增加的,所以

$$\sup\left\{\int \exp\left(-\frac{x^2}{n}\right) |\hat{f}(x)|^2 \mathrm{d}x\right\}$$

$$= \lim_{n \to \infty} \int \exp\left(-\frac{x^2}{n}\right) |\hat{f}(x)|^2 \mathrm{d}x$$

我们可以应用法图（Fatou）引理（见第一章附录），并由引理 2 得

$$\int |\hat{f}(x)|^2 dx \leq \lim_{n \to \infty} \int \exp\left(-\frac{x^2}{n}\right) |\hat{f}(x)|^2 dx$$
$$= 2\pi \|f\|_2^2$$

这就证明了 $\hat{f}(x) \in L_2$ 或 $|\hat{f}|^2$ 是可和的. 但因为 $|\hat{f}|^2$ 是可和的，故 $1 \cdot |\hat{f}^2|$ 控制了

$$\exp\left(-\frac{x^2}{n}\right) |\hat{f}(x)|^2$$

因此

$$\lim_{n \to \infty} \int \exp\left(-\frac{x^2}{n}\right) |\hat{f}(x)|^2 dx$$
$$= \int \lim_{n \to \infty} |\hat{f}(x)|^2 \exp\left(-\frac{x^2}{n}\right) dx$$

或

$$\int |\hat{f}(x)|^2 dx = |\hat{f}|_2^2 = 2\pi \|f\|_2^2$$

证毕.

定义 1 考虑函数 $f(t)$. 定义

$$f_n(t) = \begin{cases} f(t), & |t| \leq n \\ 0, & t > n \end{cases}$$

定理 2 设 $f \in L_2$，则对一切正整数 n 有 $f_n \in L_1 \cap L_2$ 以及 $\hat{f}_n \in L_2$，又序列 $\hat{f}_n \xrightarrow{\|\ \|_2} L_2$ 中一个函数（即平方平均）收敛.

证明 由

$$\int |f_n(t)| dt = \int_{-n}^{n} |f(t)| dt$$
$$\leq \left(\int_{-n}^{n} |f(t)|^2 dt\right)^{\frac{1}{2}} \left(\int_{-n}^{n} 1 \cdot dt\right)^{\frac{1}{2}}$$
$$\leq \|f\|_2 (2n)^{\frac{1}{2}}$$

即 $f_n \in L_1$. 显然，$f_n \in L_2$. 因此 $f_n \in L_1 \cap L_2$. 由前面的定理

$$\hat{f}_n \in L_2$$

现在,我们要证明序列 $\{\hat{f}_n\}$ 是柯西序列,即证明
$$\lim_{n,m\to\infty} \|\hat{f}_n - \hat{f}_m\|_2 = 0$$
因为 $f_n - f_m \in L_1 \cap L_2$,故有
$$\|\hat{f}_n - \hat{f}_m\|_2^2 = 2\pi \|f_n - f_m\|_2^2$$
(假设 $n > m$) 当 $|t| \geq n$ 和 $|t| \leq m$ 时
$$f_n - f_m = 0$$
于是
$$\|f_n - f_m\|_2^2 = \int_{-n}^{-m} |f(t)|^2 dt + \int_{m}^{n} |f(t)|^2 dt$$
又因 $f \in L_2$,故当 $n, m \to \infty$ 时,上式右端两项都趋于 0,因而 $\{\hat{f}_n\}$ 是 L_2 中一个柯西序列.再因 L_2 是完备空间,所以序列 $\hat{f}_n$ 必收敛于 L_2 中一个函数,这就证明了定理.

§5 第一章附录

为了使读者方便起见,这里陈述实变函数论的一些定理.证明可以在 Natanson 的著作①中找到.

1. 法图引理

若非负的可测函数列 $f_1, f_2, \cdots$ 在集 E 上几乎处处收敛于函数 $F(x)$,则
$$\int_E f(x) dx \leq \sup\left\{\int_E f_n(x) dx\right\}$$

2. 勒贝格控制收敛定理

设可测函数列 $f_1(x), f_2(x), \cdots$ 几乎处处收敛于在集 E 上定义的一个函数 $f(x)$.若在 E 上存在一个可和函数 $H(x)$,使得对一切 n 和 x 有
$$|f_n(x)| \leq H(x)$$

---

① Natanson, *Theory of Functions of a Real Variable*. (有中译本《实变函数论》,徐瑞云译.)——原译注

则
$$\lim_{n\to\infty}\int_E f_n(x)\,dx = \int_E f(x)\,dx$$

3. 富比尼定理

设 $f(x,y)$ 是定义在矩形 $R(a \leqslant x \leqslant b, c \leqslant y \leqslant d)$ 上的一个可和函数,则:

(1) 函数 $f(x,y)$ 被看作 y 的函数时,对几乎所有的 $x \in [a,b]$,在 $[c,d]$ 上是可和的.

(2) 设 Q 是由所有 $x \in [a,b]$ 组成的集合,对每一个 $x, f(x,y)$ 在 $[c,d]$ 上为可和的,则函数
$$g(x) = \int_c^d f(x,y)\,dy$$
在 Q 上是可和的.

(3) 公式
$$\iint_R f(x,y)\,dx\,dy = \int_Q dx \int_c^d f(x,y)\,dy$$
成立.

4. 托内利 – 霍布森定理

若两个累次积分
$$\int dx \int f(x,y)\,dy, \int dy \int f(x,y)\,dx$$
中的一个为绝对收敛,则二重积分
$$\iint f(x,y)\,dx\,dy$$
也为绝对收敛,并且三者有相同的值.

5. 柯西 – 施瓦茨不等式

若 $f \in L_2$ 与 $g \in L_2$,则
$$\left[\int |f(x)g(x)|\,dx\right]^2 \leqslant \left[\int |f(x)|^2 dx\right]^2 \left[\int |g(x)|^2 dx\right]$$

6. 闵可夫斯基不等式

若 $f \in L_p$ 与 $g \in L_p$,则

$$\left(\int |f(x)+g(x)|^p dx\right)^{\frac{1}{p}}$$
$$\leq \left(\int |f(x)|^p dx\right)^{\frac{1}{p}} + \left(\int |g(x)|^p dx\right)^{\frac{1}{p}}, p \geq 1$$

7. 赫尔德(Hölder) 不等式

若 $f \in L_p$ 与 $g \in L_q$,其中 p 与 q 满足
$$\frac{1}{p} + \frac{1}{q} = 1$$
以及 $p > 1$,则乘积 fg 为可和,并且不等式
$$\left|\int |f(x)g(x)| dx\right|$$
$$\leq \left(\int |f(x)|^p dx\right)^{\frac{1}{p}} \left(\int |g(x)|^q dx\right)^{\frac{1}{q}}$$
成立.

第二章　L_2 中函数在实直线上的傅里叶变换

在这一章中,我们将讨论 L_2 中函数的傅里叶变换,以及这种变换的反演. 我们将看到,对 L_1 中函数的傅里叶变换所获得的许多结果同样可以搬到 L_2 上去. 本章还给出了巴拿赫代数的定义、几个例子和一些性质.

§1　L_2 中的傅里叶变换

在上一节中,我们注意到 $f \in L_2$ 含有 $f_n \in L_1 \cap L_2$ 以及 $\hat{f}_n \to \hat{f} \in L_2$,现在我们将这个极限函数 $\hat{f}$ 当作函数 $f \in L_2$ 的傅里叶变换.

为了说明这一点,我们注意到 $\hat{f}$ 具有性质
$$\lim_{n \to \infty} \|\hat{f}_n - \hat{f}\|_2 = 0$$
或者也可以写作

$$\hat{f}(x) = \lim_{n\to\infty}\int_{-n}^{n} f(t)\mathrm{e}^{\mathrm{i}xt}\mathrm{d}t$$

让我们稍微停留一下,来看一看 $\hat{f}(x)$ 的这个定义如何与我们原来的定义相一致. 当 $f \in L_1 \cap L_2$ 时,由原来的定义给出的傅里叶变换记为

$$\hat{f}_0 = \hat{f}_{\text{original}}$$

设 $f \in L_1 \cap L_2$,我们已经知道 $\hat{f}_0$ 是存在的. 再利用勒贝格控制收敛定理,于是

$$\hat{f}_0(x) = \int \mathrm{e}^{\mathrm{i}xt} f(t)\mathrm{d}t$$
$$= \int \mathrm{e}^{\mathrm{i}xt} \lim_{n\to\infty} f_n(t)\mathrm{d}t$$
$$= \lim_{n\to\infty}\int \mathrm{e}^{\mathrm{i}xt} f_n(t)\mathrm{d}t$$

因而

$$\hat{f}_0 = \lim_{n\to\infty} \hat{f}_n$$

虽然,一般说来,当

$$g = \lim_{n\to\infty} g_n$$

时,并不含有

$$g_n(x) \to g(x), \text{a. e.}$$

但在这一情况中,我们有

$$\hat{f}_0 = \hat{f}, \text{a. e.}$$

其中

$$\hat{f} = \lim_{n\to\infty} \hat{f}_n$$

这就是计算 $L_1 \cap L_2$ 中函数的傅里叶变换的两种方式之间的关系.

现在,我们要证明,对 $f \in L_1 \cap L_2$ 所得的一个结果可以准确地搬到 $f \in L_2$ 的情形中去.

定理 1 设 $f \in L_2$,则

$$\|\hat{f}\|_2 = \sqrt{2\pi}\, \|f\|_2$$

证明 考虑序列 $\{\hat{f}_n\}$,由 $\hat{f}$ 的定义,我们有

$$\lim_{n\to\infty} \|\hat{f}_n - \hat{f}\|_2 = 0$$

这含有①
$$\lim_{n\to\infty} \|\hat{f}_n\|_2 = \|\hat{f}\|_2 \tag{1}$$
但
$$\lim_{n\to\infty} \|f_n\|_2 = \|f\|_2 \tag{2}$$
又因为当 $f \in L_2$ 时,$f_n \in L_1 \cap L_2$,故我们能够应用第一章的定理得到
$$\|\hat{f}_n\|_2 = \sqrt{2\pi}\|f_n\|_2 \tag{3}$$
在式(3)中取 $n\to\infty$ 时的极限,并将左边代入式(1),右边代入式(2),就给出
$$\|\hat{f}\|_2 = \sqrt{2\pi}\|f\|_2$$
现在,我们转向复原的问题,即 L_2 中的反演.

§2　L_2 中的反演

定理 1　设 $f,g \in L_2$,则
$$\int \hat{f}(x)g(x)\,\mathrm{d}x = \int f(x)\hat{g}(x)\,\mathrm{d}x$$

注 1　$f,g \in L_2$ 含有 $\hat{f},\hat{g} \in L_2$.

注 2　由注 1 和赫尔德不等式,上面两个积分都存在.

证明　为了避免混淆,我们用 $f_k(t)$ 来表示
$$f_k(t) = \begin{cases} f(t), & |t| \leq k \\ 0, & |t| > k \end{cases}$$
$$\hat{f}_k(x) = \int e^{\mathrm{i}xt} f_k(t)\,\mathrm{d}t$$
$$\hat{g}_n(x) = \int e^{\mathrm{i}xt} g_n(t)\,\mathrm{d}t$$
(因为 $f_k, g_n \in L_1 \cap L_2$,故上两式是有意义的)这就得出

---

①　如同对于绝对值有 $||x|-|y|| \leq |x-y|$ 一样,我们可以证明对范数也成立 $|\|f\|_2 - \|g\|_2| \leq \|f-g\|_2$.

$$\int \hat{f}_k(x) g_n(x) \mathrm{d}x = \int g_n(x) \mathrm{d}x \int \mathrm{e}^{\mathrm{i}xt} f_k(t) \mathrm{d}t$$

因为上式右端绝对收敛,故我们可以应用托内利 – 霍布森定理,并交换积分次序而得到

$$\int \hat{f}_k(x) g_n(x) \mathrm{d}x = \int f_k(t) \mathrm{d}t \int g_n(x) \mathrm{e}^{\mathrm{i}xt} \mathrm{d}x$$

即

$$\int \hat{f}_k(x) g_n(x) \mathrm{d}x = \int f_k(t) \hat{g}_n(t) \mathrm{d}t \qquad (1)$$

现在我们必须注意两个事实,从而就证明了结论. 首先,由定理 1

$$\|\hat{g}_n - \hat{g}\|_2 = \sqrt{2\pi} \|g_n - g\|_2$$

我们看到

$$\lim_{n \to \infty} \|\hat{g}_n - \hat{g}\|_2 = 0 \Rightarrow \lim_{n \to \infty} \|g_n - g\|_2 = 0$$

其次,若一列函数 $\{h_n\}$ 按范数收敛于 h,则对 L_2 中一切 $k(x)$,就有

$$\lim_{n \to \infty} \int h_n(x) k(x) \mathrm{d}x = \int h(x) k(x) \mathrm{d}x$$

记住这两个结果,我们对式(1)两边取 $n \to \infty$ 时的极限

$$\lim_{n \to \infty} \int \hat{f}_k(t) g_n(t) \mathrm{d}t = \int \hat{f}_k(t) g(t) \mathrm{d}t$$

$$\lim_{n \to \infty} \int f_k(t) \hat{g}_n(t) \mathrm{d}t = \int f_k(t) \hat{g}_n(t) \mathrm{d}t$$

得到

$$\int \hat{f}_k(t) g(t) \mathrm{d}t = \int f_k(t) \hat{g}(t) \mathrm{d}t$$

现在只须令 k 趋于无限就行了.

在着手处理反演公式之前,注意到下面记号是有益的,即 $\overline{\hat{f}}$ 表示先作 f 的变换,然后取它的复共轭.

定理 2 设 $f \in L_2$,又设 $g = \overline{\hat{f}}$,则 $f = (2\pi)^{-1} \overline{\hat{g}}$.

也就是说:若从一个函数的变换的共轭开始,经过变换,再取共轭,并除以 2π,仍旧得到原来的函数.

证明 若我们能够证明

$$\left\| f - \frac{1}{2\pi}\overline{\hat{g}} \right\|_2 = 0$$

就可以了,省去角变量,我们考查

$$\int \left(f - \frac{1}{2\pi}\overline{\hat{g}} \right)\left(\bar{f} - \frac{1}{2\pi}\hat{g} \right)$$
$$= \|f\|_2^2 - \frac{1}{2\pi}\int f\hat{g} - \frac{1}{2\pi}\int \overline{f\hat{g}} + \frac{1}{4\pi^2}\|\hat{g}\|_2^2$$

注意到

$$\int f\hat{g} = \int \hat{f}g = \int \hat{f}\overline{\hat{f}} = \|\hat{f}\|_2^2 = 2\pi\|f\|_2^2$$

又因为

$$\|\hat{g}\|_2^2 = 2\pi\|g\|_2^2 = 2\pi\|\overline{\hat{f}}\|_2^2 = 4\pi^2\|f\|_2^2$$

故

$$\|f - \frac{1}{2\pi}\overline{\hat{g}}\|_2^2$$
$$= \|f\|_2^2 - \|f\|_2^2 - \|f\|_2^2 + \frac{4\pi^2}{4\pi^2}\|f\|_2^2$$
$$= 0$$

证毕.

作为一个推论,现在我们可以陈述下面的公式.

反演公式 若 $f \in L_2$,则

$$f(t) = \lim_{n \to \infty} \frac{1}{2\pi}\int_{-n}^{n} e^{-ixt}\hat{f}(x)\,dx$$

证明 设 $f \in L_2$,又 $\overline{\hat{f}} = g$,则有

$$f = \frac{1}{2\pi}\overline{\hat{g}} \text{ 与 } \bar{f} = \frac{1}{2\pi}\hat{g}$$

更精确地说

$$\bar{f}(t) = \lim_{n \to \infty} \frac{1}{2\pi}\int_{-n}^{n} e^{-ixt}\overline{\hat{f}}(x)\,dx$$

两边取共轭,得到

$$f(t) = \lim_{n \to \infty} \frac{1}{2\pi}\int_{-n}^{n} e^{-ixt}\hat{f}(x)\,dx$$

现在我们可以给出下面的结果.

定理 3(普朗舍列尔) 设 $f \in L_2$,则存在一个函

数 $\hat{f} \in L_2$,使得
$$\hat{f}(x) = \lim_{n \to \infty} \int_{-n}^{n} e^{ixt} f(t) dt$$
以及
$$f(t) = \lim_{n \to \infty} \frac{1}{2\pi} \int_{-n}^{n} e^{-ixt} \hat{f}(x) dx$$
并且
$$\|\hat{f}\|_2 = (2\pi)^{\frac{1}{2}} \|f\|_2$$

作为反演公式和普朗舍列尔定理的推论,我们能够断言:L_2 中的每一个函数都可以看作 L_2 中另一个函数的变换. 我们注意到:若两个函数具有同一个变换,则由反演公式,它们必须几乎处处相等,因而它们将被当作同一个函数. 我们可以总结起来说,由傅里叶变换给出的从 L_2 到 L_2 的映射既是一一的,又是在上的.

§3 赋范代数和巴拿赫代数

定义 1 若集 X 满足下列条件,则称 X 为 C 上的赋范代数,其中 C 为复数域:

(1) X 是 C 上的一个赋范线性空间.

(2) X 关于两种内部运算是一个环,加法运算是(1)中的向量加法.

(3) 若 k 是 C 中一个元素,x 与 y 都在 X 中,则
$$k(xy) = (kx)y = x(ky)$$

这样一来,我们已建立了外部乘法与内部乘法之间的联系.

(4) 关于内部的或环的乘法,范数必须具有性质
$$\|xy\| \leq \|x\| \cdot \|y\|, x, y \in X$$

此外,又若 X 是一个巴拿赫或 B-空间(完备的赋范线性空间),则称 X 是一个巴拿赫代数.

为了弄清巴拿赫代数的概念,我们将考虑几个例子. 这些例子显然都是线性空间,而我们所要做的就是定义乘法和满足条件(4)的范数. 关于条件(4),需

要重申一下:不等式左边的乘积表示环的乘积,即关于内部乘法的乘积.

例1 设 X 为一个巴拿赫空间,考虑 X 上一切有界线性变换组成的集合 $L(X,X)$. (若存在一个正实数 K,使得对 X 中一切 x 有 $\|A(x)\| \leqslant K\|x\|$,我们就说赋范线性空间上的线性变换 A 为有界.) 我们以自然的方式来定义有界线性变换的乘法 $(AB(x) = A(B(x)))$,并以

$$\|A\| = \sup_{x \neq 0} \frac{\|A(x)\|}{\|x\|}$$

作为 $L(X,X)$ 上的范数.

例2 设 $X = C[a,b]$ 为 $[a,b]$ 上的复值连续函数的全体. 我们以通常函数的相乘定义乘法,并取 f 的绝对值在闭区间上达到的最大值为 $f \in X$ 的范数,即

$$\|f\| = \max_{x \in [a,b]} |f(x)|$$

例3 设 W 为一切绝对收敛的三角级数 $\sum_{n=-\infty}^{+\infty} c_n \mathrm{e}^{\mathrm{i}nt}$ 所成的集,以柯西乘积当作乘法,并取

$$\|x(t)\| = \left\| \sum_{n=-\infty}^{+\infty} c_n \mathrm{e}^{\mathrm{i}nt} \right\| = \sum_{n=-\infty}^{+\infty} |c_n|$$

作为 W 中 $x(t)$ 的范数.

例4 设 A 是在复平面中的开单位圆内解析,并在闭单位圆内连续的函数全体所组成的集合,我们取

$$\|f\| = \max_{|z| \leqslant 1} |f(z)| = \max_{|z| = 1} |f(z)|$$

作为函数 f 的范数,并且以通常的函数相乘为乘法.

例5 设空间 P_{n+1} 表示次数不高于 n 的多项式全体所组成的空间. 我们必须先定义两个这类多项式的乘法,使得乘法是封闭的,为了这一目的,取

$$h(t)g(t) = \sum_{k=0}^{n} c_k t^k$$

其中 $c_k = \sum_{j+l=k} a_j b_l, h(t) = \sum_{j=0}^{n} a_j t^j$ 与 $g(t) = \sum_{l=0}^{n} b_l t^l$. 然后,我们定义

$$\left\|\sum_{j=0}^{n} a_j t^j\right\| = \sum_{j=0}^{n} |a_j|$$

例 6 假定 L_1 为第一章中所考虑过的空间,乘法定义为

$$fg = f * g$$

在第一章中,我们已证明过

$$\|f * g\|_1 \leqslant \|f\|_1 \cdot \|g\|_1$$

例 7 假定 $G = \{\sigma_1, \sigma_2, \cdots, \sigma_n\}$ 是任意一个有限群. 考虑 G 上一切复值函数全体组成的集合,即一切 f 使得 $f: G \to C$. 用 $L_1(G)$ 来表示这个集合,并称之为 G 上的群代数.

我们用 $*$ 表示 $L_1(G)$ 中的乘法,并定义 $L_1(G)$ 中两个函数 f, g 的乘积如下

$$(f * g)(\sigma_k) = \sum_{\sigma_i \sigma_j = \sigma_k} f(\sigma_i) g(\sigma_j)$$

因为我们可以写 $\sigma_i = \sigma_k \sigma_j^{-1}$,故有

$$(f * g)(\sigma_k) = \sum_{j=1}^{n} f(\sigma_k \sigma_j^{-1}) g(\sigma_j)$$

(仔细考查这一过程就会知道,形式上,它是相似于多项式的通常乘法.) 我们取

$$\|f\| = \sum_{i=1}^{n} |f(\sigma_i)|$$

作为 $L_1(G)$ 上的范数. 现在我们将证明这个范数满足式(4). 考查

$$\begin{aligned}
\|f * g\| &= \sum_{k=1}^{n} |(f * g)(\sigma_k)| \\
&= \sum_{k} \left|\sum_{j} f(\sigma_k \sigma_j^{-1}) g(\sigma_j)\right| \\
&\leqslant \sum_{k} \sum_{j} |f(\sigma_k \sigma_j^{-1}) g(\sigma_j)| \\
&= \sum_{j} |g(\sigma_j)| \sum_{k} |f(\sigma_k \sigma_j^{-1})| \\
&= \|f\| \cdot \|g\|
\end{aligned}$$

例 8 设 **Z** 表示整数全体所成的集,取 $L_1(\mathbf{Z})$ 为

28

$\mathbf{Z}$ 上复值函数 f 的全体,并且满足

$$\sum_{-\infty}^{+\infty} |f(n)| < +\infty$$

我们定义 $L_1(\mathbf{Z})$ 中两个函数 f 与 g 的乘法 $f*g$ 为

$$(f*g)(n) = \sum_{m=-\infty}^{+\infty} f(n-m)g(m)$$

并取 f 的范数为

$$\|f\| = \sum_{-\infty}^{+\infty} |f(n)|$$

虽然没有验证各项要求,但我们断言这也组成一个巴拿赫代数.

例 6、例 7 与例 8 有许多公共特性,每一个都具有类似于(或实际上就是,如例 6)卷积的乘法. 事实上,利用抽象积分,对空间的一切子集所成的集合适当指定一种测度,我们就可以将例 7 和例 8 中的乘法定义为卷积. 但是,公共特性还不止这一点. 在每一种情况,函数空间都是定义在一个群上的,而且,每一个这样的群是一个拓扑空间,在例 7 和例 8 的情形中,指定了离散拓扑. 此外还有一个公共的特性,即每一个都是局部紧拓扑群. 现在,我们暂时离开这些考查,而去研究别的更直接的东西,但是,我们以后还要回到这些考查上来.

§4 从复数 C 到巴拿赫代数的函数的解析性质

现在,我们将注意力转到从复数 C 到 C 上巴拿赫空间 X 的映射. 用记号表示:若 D 是 C 中的一个区域,则令

$$x: D \to X, \lambda \to x(\lambda)$$

作如下的定义是合理的.

定义 1 若

$$x'(\lambda_0) = \lim_{\lambda \to \lambda_0} \frac{x(\lambda) - x(\lambda_0)}{\lambda - \lambda_0}$$

对 D 中一切 λ_0 存在,就说函数 $x(\lambda)$ 是在 D 内解析. 注意这里的极限是在 X 上的范数的意义之下取的.

假定我们考虑映射
$$C \supset D \xrightarrow{x} X \xrightarrow{f} C$$

其中 f 是 X 上的一个线性泛函,具有性质:存在 $k \geq 0$ 使得对一切 $x \in X$,有
$$|f(x)| \leq k\|x\|$$

就称 f 是 X 上的一个有界线性泛函.

这里 f 是 $x \in X$ 的一个复值函数,而 $f(x)$ 恰是复变数 λ 的函数. 以 $\bar{X}$ 表示 X 上有界线性泛函所组成的集合,我们就不加证明地说
$$\sup_{\|x\| \neq 0} \frac{|f(x)|}{\|x\|}$$

就是 $\bar{X}$ 上的一个范数,记为
$$\|f\| = \sup_{\|x\| \neq 0} \frac{|f(x)|}{\|x\|}$$

我们也不加证明地陈述下面的定理.

定理 1 一个线性泛函为有界当且仅当它是连续的.

鉴于这些事实,我们假设
$$f : X \to C \text{ 并且 } f \in \bar{X}$$

若 $x(\lambda)$ 在 D 中解析,则 $f(x(\lambda))$ 也在 D 中解析. 为了证明这一点,考虑
$$\lim_{\lambda \to \lambda_0} \frac{f(x(\lambda)) - f(x(\lambda_0))}{\lambda - \lambda_0}$$
$$= f\left(\lim_{\lambda \to \lambda_0} \frac{x(\lambda) - x(\lambda_0)}{\lambda - \lambda_0}\right)$$
$$= f(x'(\lambda_0))$$

这里利用了线性以及有界和连续等价的事实,而连续性使我们可以交换计算泛函值和取极限两者的顺序. 现在,我们对复变量的向量值函数来证明刘维尔 (Liouville) 定理.

定理 2 设 $x : C \to X$,其中 X 是一个巴拿赫空间.

若 $x(\lambda)$ 在全平面解析并且有界(即对一切 $\lambda \in C$, $\|x(\lambda)\| \leq M, M \geq 0$),则 $x(\lambda)$ 一定是常数.

证明 前面已经说过,当 $f \in \bar{X}$ 时,$f(x(\lambda))$ 为解析函数. 因为 $f \in \bar{X}$,故我们可以说,存在一个 $k \geq 0$,使得

$$|f(x(\lambda))| \leq k\|x(\lambda)\| \leq kM$$

由于 $f(x)$ 是复变量的复值函数,它也是有界整函数,因此,我们可以对它应用通常的刘维尔定理,从而断言 f 一定是常数. 设 α 与 β 是任意两个复数,则

$$f(x(\alpha)) = f(x(\beta))$$

或有线性关系

$$f(x(\alpha) - x(\beta)) = 0$$

但 f 是 X 上任意一个有界线性泛函. 这样一来,由于每一个有界线性泛函在 $x(\alpha) - x(\beta)$ 上为零,根据哈恩-巴拿赫(Hahn-Banach)定理就得出:$x(\alpha) - x(\beta)$ 必须为零,即对任何 α, β 有

$$x(\alpha) = x(\beta)$$

这就等于说,对一切 λ

$$x(\lambda) = 常数$$

现在,我们能够拓广另一个熟知的结果.

定理 3 设 X 是一个巴拿赫空间,又设 $C \supset D \xrightarrow{x} X$. 若 $x(\lambda)$ 在一条有限长的若尔当弧 Γ 所围的区域内解析,并且在 Γ 上连续,则

$$\int_\Gamma x(\lambda) \mathrm{d}\lambda = 0$$

在着手证明之前,我们提出下面两点需要注意:

(1) 这里的积分是以范数的极限来定义的.

(2) 由于空间的完备性和 $x(\lambda)$ 在围道上的连续性,这个积分是一定存在的.

证明 设 $f \in \bar{X}, y = \int_\Gamma x(\lambda) \mathrm{d}\lambda$.

如同前面的定理的推断,当 $f \in \bar{X}$ 时,下面的运算是合理的

$$f(y) = \int_\Gamma f(x(\lambda))\mathrm{d}\lambda$$

但 $f(x(\lambda))$ 是区域中的复值解析函数,且在 Γ 上连续,因此,由柯西积分定理

$$f(y) = 0$$

如前面一样,因每一个有界线性泛函在 y 上为零,故 y 必须为零,即

$$y = \int_\Gamma x(\lambda)\mathrm{d}\lambda = 0$$

下面的结果没有加以证明,但如同经典的情形一样,可以简单地从上面的定理得出.

定理 4 在与前一个定理同样假设之下,有

$$x(\xi) = \frac{1}{2\pi\mathrm{i}}\int\frac{x(\lambda)}{\lambda-\xi}\mathrm{d}\lambda$$

利用这一定理,我们也能证明:$x'(\lambda_0)$ 存在包含着 $x''(\lambda_0)$ 存在等. 因此,可以将 $x(\lambda)$ 在 λ_0 展开成幂级数

$$x(\lambda) = \sum_{n=0}^{\infty} x_n(\lambda-\lambda_0)^n$$

具有收敛半径

$$R = \frac{1}{\lim\sqrt[n]{\|x_n\|}}$$

其中

$$x_n = \frac{1}{n!}x^{(n)}(\lambda_0)$$

现在,我们将注意力集中于巴拿赫代数的内部性质上.

定理 5 假定 X 是一个赋范代数,则环的乘法是一个连续运算.

证明 设 $x,y,x_0,y_0 \in X$,则

$\|xy - x_0y_0\|$

$= \|(x-x_0)(y-y_0) + x_0(y-y_0) + (x-x_0)y_0\|$

$\leq \|x-x_0\|\|y-y_0\| + \|x_0\|\|y-y_0\| +$

$\|y_0\|\|x-x_0\|$

当 $x \to x_0, y \to y_0$ 时,取极限,就得到所要结果.

定理 6 设 $X \neq \{0\}$ 是一个具有单位元 e 的巴拿赫代数,令
$$ex = xe = x$$
对一切 $x \in X$ 成立. 若 $x \in X$ 并且 $\|e-x\| < 1$,则:

(1) x 是 X 的一个可逆元(即 x 有一个逆元).

(2) $x^{-1} = e + \sum_{n=1}^{\infty}(e-x)^n$.

注 和式 $\sum_{n=1}^{\infty}(e-x)^n$(在范数意义下)存在,这是因为
$$\|(e-x)^n\| \leq \|e-x\|^n < 1$$

定理的证明 将 x 写为
$$x = e - (e-x)$$
就有
$$[e-(e-x)][e+\sum_{n=1}^{\infty}(e-x)^n]$$
$$= e + (e-x) + (e-x)^2 + \cdots - (e-x) - (e-x)^2 - \cdots$$
$$= e$$

证毕.

第三章 正则点和谱

在这一章中,我们继续研究巴拿赫代数,并扼要地介绍关于交换的巴拿赫代数的盖尔范德(Gelfand)理论.

我们陈述并证明下面定理.

定理 1 设 X 是一个具有单位元的巴拿赫代数,λ 是一个复数使得 $|\lambda| > |x|$,则 $x - \lambda e$ 是一个可逆元,这里 e 是 X 的单位元.

证明 首先,我们注意到,若 $x - \lambda e$ 是一个可逆

元,则 $\lambda e - x$ 也是一个可逆元. 因为
$$x - \lambda e = \lambda(\lambda^{-1} x - e)$$
所以如果我们能够证明 $(\lambda^{-1} x - e)$ 是可逆元,那么就完成了证明,为了这一目的,考虑 $e - \lambda^{-1} x$. 取 $e - (e - \lambda^{-1} x)$ 的范数,得
$$\left\| e - \left(e - \frac{1}{\lambda} x \right) \right\| = \frac{\| x \|}{|\lambda|}$$
由假设,上式是小于 1 的. 利用第二章最后一个定理,知 $e - \lambda^{-1} x$ 是可逆元,这意味着 $x - \lambda e$ 是可逆元. 现在我们注意

$$\lambda e - x = \lambda \left(e - \frac{x}{\lambda} \right)$$
$$(\lambda e - x)^{-1} = \lambda^{-1} \left(e - \frac{x}{\lambda} \right)^{-1}$$
$$= \lambda^{-1} \left\{ e + \sum_{n=1}^{\infty} \left[e - \left(e - \frac{x}{\lambda} \right) \right]^n \right\}$$
$$= \lambda^{-1} \left[e + \sum_{n=1}^{\infty} \left(\frac{x}{\lambda} \right)^n \right]$$
$$= \sum_{n=1}^{\infty} \lambda^{-n} x^{n-1}$$
$$(\lambda e - x)^{-1} = \sum_{n=1}^{\infty} \lambda^{-n} x^{n-1}$$

例 1 以下是这个定理的直接应用,它对熟悉泛函分析的人是有用的.

设 X 是复的巴拿赫空间,又 $L(X,X)$ 表示由 X 映射到 X 的一切有界线性变换所组成的集合,则集合 $L(X,X)$ 是一个具有单位元的巴拿赫代数,这里我们取 $A \in L(X,X)$ 的范数为
$$\| A \| = \sup_{x \neq 0} \frac{\| A(x) \|}{\| x \|}$$
由定理,若复数 λ 满足
$$|\lambda| > \| A \|$$
则 $(\lambda - A)^{-1}$ 存在,且

$$(\lambda - A)^{-1} = \sum_{n=1}^{\infty} \lambda^{-n} A^{n-1}$$

设 X 是一个具有单位元 e 的巴拿赫代数，记 X 的一切可逆元所成的集为 U. 写出来就是

$$U = \{x \in X \mid x^{-1} \text{ 存在}\}$$

我们注意到 $e \in U$. 考虑 e 的一个邻域 $S_1(e)$，即

$$S_1(e) = \{x \in X \mid \|e - x\| < 1\}$$

由第二章最后一个定理得

$$S_1(e) \subset U$$

现在，若 $x \in U$，则 $xx^{-1} = e$. 因为乘法是连续的，故一定存在 x 的邻域 $N(x)$（在范数意义下），使得集合

$$N(x)x^{-1} \subset S_1(e)$$

其中

$$N(x)x^{-1} = \{yx^{-1} \mid y \in N(x)\}$$

设 $y \in N(x)$，则

$$yx^{-1} \in S_1(e) \subset U$$

这意味着 yx^{-1} 也是一个可逆元. 于是存在一个元素 $z \in X$，使得

$$(yx^{-1})z = y(x^{-1}z) = e$$

以及 $zyx^{-1} = e$，即 $(x^{-1}z)y = e$.

这表示 $y \in U$，但 y 是 $N(x)$ 中任一点，又 x 是 U 的任一个元素，所以 U 的每一个点都被包含在一个完全落入 U 内的邻域之中. 因此，U 是一个开集.

这样一来，可逆元所成的集 U 是巴拿赫代数 X 的一个开子集.

定理 2 由 $f(x) = x^{-1}$ 所给出的映射

$$f: U \to U$$

是连续的.

证明 这里可视为证明：若序列 $x_n \to x$，则 $x_n^{-1} \to x^{-1}$.

设 $\{x_n\}$ 是 U 中满足 $x_n \to x$（在范数意义下）的一个序列. 这就有 $x^{-1}x_n \to e$，即对任何 $\varepsilon > 0$，存在一个

$N(\varepsilon)$,使得 $n > N$,有
$$\|x^{-1}x_n - e\| < \varepsilon$$
取 N_1,使得当 $n > N_1$ 时,有 $\|x^{-1}x_n - e\| < 1$,又对 $n > N_1$,考虑级数
$$e + \sum_{k=1}^{\infty}(e - x^{-1}x_n)^k$$
由第二章最后一个定理与 $\|x^{-1}x_n - e\| < 1$ 这个事实,我们断言,上面级数绝对收敛于 $(x^{-1}x_n)^{-1} = x_n^{-1}x$. 于是,由绝对收敛性,有
$$\|e - x^{-1}x_n\| \leqslant \sum_{k=1}^{\infty}\|(e - x^{-1}x_n)^k\|$$
$$= \sum_{k=1}^{\infty}\|x^{-k}(x - x_n)^k\|$$
$$\leqslant \sum_{k=1}^{\infty}\|x^{-1}\|^k\|(x - x_n)\|^k$$

因为 $x_n \to x$,即 $\|x - x_n\| \to 0$,所以我们能够选取 N_2,使得当 $n > N_2$ 时,上式右端将变得任意小,或
$$\|e - x_n^{-1}x\| \to 0$$
这意味着
$$x_n^{-1}x \to e \text{ 或 } x_n^{-1} \to x^{-1}$$
证毕.

定义 1 设 $\lambda \in C$,若 $x - \lambda e$ 是一个可逆元,则称 λ 为 x 的一个正则点.

定义 2 称 x 的非正则点所成的集为 x 的谱,并记它为 $\sigma(x)$. 因此,若 $\lambda \in \sigma(x)$,则 $(x - \lambda e) \notin U$.

例 2 对于熟悉泛函分析的读者来说,下面的事实是显然的:设 $L(X,X)$ 为例 1 中那样的巴拿赫代数,$A \in L(X,X)$. 假定 λ 是 A 的一个正则点,则 $(\lambda - A)^{-1} \in L(X,X)$,这就表示 $\lambda \in \rho(A)$,这里 $\rho(A)$ 是 A 的预解集.

反过来,假定 $\lambda \in \rho(A)$,则 $(\lambda - A)^{-1}$ 必有界,并且 $\lambda - A$ 的值域 $R(\lambda - A)$ 在 X 中稠密. 现在,我们要证

明 λ 一定是 x 的一个正则点. 为了做到这一点,我们请读者回忆一下泛函分析中的两个定理:

(1) 若一个线性变换在整个巴拿赫空间 X 中为有界,则它是一个闭的线性变换.

(2) 假定 $X \supset D \xrightarrow{B} Y$. 若 X 是巴拿赫空间, 又 B 是一个闭的线性变换,使得 B^{-1} 在 B 的值域 $B(D)$ 上为有界,则 $B(D)$ 是闭的.

由于这两个定理,我们可以说 $R(\lambda - A) = \overline{R(\lambda - A)}$(即 $R(\lambda - A)$ 的闭包). 但 $R(\lambda - A)$ 是在 X 中稠密, 即 $\overline{R(\lambda - A)} = X$. 因此
$$R(\lambda - A) = X$$
这就是说 $(\lambda - A)^{-1}$ 为有界, 并且定义在整个 X 上, 于是
$$(\lambda - A)^{-1} \in L(X, X)$$
这表明 λ 是一个正则点. 这样一来,我们有
$$\rho(A) = \{A \text{ 的正则点所成的集}\}$$
作它的余集,我们得到
$$C(\rho(A)) = \sigma(A)\{\text{由 } \sigma(A) \text{ 的通常定义所给出的}\}$$
$$= \sigma(A)\{\text{由定义 2 所给出的}\}$$

因此,原始的谱概念(即泛函分析中的概念)与定义 2 中所给出的概念相一致.

§1 谱的紧性

设 λ_0 是 x 的一个正则点, 这意味着
$$x_{\lambda_0} = (x - \lambda_0 e) \in U$$
因为 U 是一个开集, 故存在 x_{λ_0} 的一个邻域 $N(x_{\lambda_0})$, 使得
$$N(x_{\lambda_0}) \subset U$$
考虑函数 $y_\lambda = x - \lambda e$, 即
$$y_\lambda : C \to X, \lambda \to x - \lambda e$$
当然, $\lambda \to \lambda_0$ 含有 $(x - \lambda e) \to (x - \lambda_0 e)$, 故这个

函数是连续的. 因而,给定 x_{λ_0} 的一个邻域
$$N(x_{\lambda_0}) \subset U$$
一定存在 λ_0 的一个邻域 $N(\lambda_0) \subset C$,使得对 $\lambda \in N(\lambda_0)$ 有
$$y_\lambda \in N(x_{\lambda_0}) \subset U$$
因此,$y_\lambda \in U$. 由于这一点,$N(\lambda_0)$ 中的所有点都是正则点;因为每一点有一个邻域全落在正则点所成的集内,故正则点所成的集是一个开集. 这表明 $\sigma(x)$ 是 C 中的一个闭集.

由定理 1,我们已经知道,若 $|\lambda| > \|x\|$,则 $(x - \lambda e)^{-1}$ 存在,这表示 $\sigma(x)$ 一定含在半径为 $\|x\|$ 的闭圆中,即
$$\lambda \in \sigma(x) \Rightarrow |\lambda| \leq \|x\|$$
因此 $\sigma(x)$ 为有界闭集. 于是,由平面上的海涅 – 博雷尔 (Heine-Borel) 定理,得
$$\sigma(x) \text{ 是一个紧集}$$
利用第二章中所给出的关于解析性的定义,现在我们要证明函数
$$x(\lambda) = (x - \lambda e)^{-1}$$
在正则点所成的集上是 λ 的解析函数. 为了做到这一点,首先要获得一个等式.

考虑函数
$$x : C_R \to X, \lambda \to (x - \lambda e)^{-1}$$
其中,$C_R \subset C$ 是正则点所成的集,x 是 X 的某个元素(注意到我们将元素 x 与函数 x 看作相同的).

设 λ_1 与 λ_2 是正则点,取
$$\begin{aligned}
&x(\lambda_1)^{-1} x(\lambda_2) \\
&= (x - \lambda_1 e) x(\lambda_2) \\
&= [(x - \lambda_2 e) + (\lambda_2 - \lambda_1) e] x(\lambda_2) \\
&= (x - \lambda_2 e) x(\lambda_2) + (\lambda_2 - \lambda_1) x(\lambda_2) \\
&= e + (\lambda_2 - \lambda_1) x(\lambda_2)
\end{aligned}$$
因此

$$x(\lambda_2) = x(\lambda_1) + (\lambda_2 - \lambda_1)x(\lambda_1)x(\lambda_2)$$

即

$$x(\lambda_2) - x(\lambda_1) = (\lambda_2 - \lambda_1)x(\lambda_1)x(\lambda_2)$$

定理 1 $x(\lambda) = (x - \lambda e)^{-1}$ 在一切正则点所成的(开)集中为解析.

证明 设 λ, λ_0 为正则点,由前面的式子,有

$$\lim_{\lambda \to \lambda_0} \frac{x(\lambda) - x(\lambda_0)}{\lambda - \lambda_0} = \lim_{\lambda \to \lambda_0} x(\lambda_0)x(\lambda) \quad (1)$$

现在我们注意到函数 $x \to \lambda e$ 是 λ 的连续函数. 我们回忆起在巴拿赫代数中

$$x_n \to x \Rightarrow x_n^{-1} \to x^{-1}$$

因为由连续性

$$\lim_{\lambda \to \lambda_0}(x - \lambda e) = x - \lambda_0 e$$

故

$$\lim_{\lambda \to \lambda_0}(x - \lambda e)^{-1} = (x - \lambda_0 e)^{-1}$$

因此,极限(1)正好就是 $(x - \lambda_0 e)^2$.

例 1 设 $L(X,X)$ 如在本章本节前的例 1 和例 2 中一样,又设 $A \in L(X,X), \lambda \in \rho(A)$,并用 R_λ 表示预解算子,即

$$R_\lambda = (\lambda - A)^{-1}$$

$$\frac{\mathrm{d}}{\mathrm{d}\lambda}R_\lambda = \frac{\mathrm{d}}{\mathrm{d}\lambda}(\lambda - A)^{-1} = -\frac{\mathrm{d}}{\mathrm{d}\lambda}(A - \lambda)^{-1} = -R_\lambda^2$$

定理 2 设 X 为具有单位元的巴拿赫代数,$x \in X$,则

$$\sigma(x) \neq \varnothing$$

证明 假定

$$\sigma(x) = \varnothing$$

则

$$x(\lambda) = (x - \lambda e)^{-1}$$

在整个 C 中解析,但当 $|\lambda| \to \infty$ 时

$$e - \frac{x}{\lambda} \xrightarrow{\|\ \|} e$$

这说明当 $|\lambda| \to \infty$ 时,$\left(e - \dfrac{x}{\lambda}\right)^{-1} \xrightarrow{\|\ \|} e^{-1} = e$.

如今,当 $|\lambda| \to \infty$ 时

$$\|(x - \lambda e)^{-1}\| = |\lambda^{-1}| \cdot \|(e - \lambda^{-1} x)^{-1}\| \to 0$$

(2)

因此,$(x - \lambda e)^{-1}$ 是一个有界整函数.由第二章中证明过的刘维尔定理

$$(x - \lambda e)^{-1} = 常数$$

再由上面式(2),这个常数一定是零.但这是荒谬的,因为若 $(x - \lambda e)^{-1} = 0$,怎么能够有

$$\|(x - \lambda e)(x - \lambda e)^{-1}\| = e$$

这样一来,由假设 $\sigma(x) = \varnothing$ 引导出矛盾,因此,$\sigma(x) \neq \varnothing$.

证毕.

现在,我们将陈述并证明有关某些类型巴拿赫代数的结构的一个重要定理.

定理 3 若 X 为具有单位元的一个复巴拿赫代数,此外,又若 X 是一个可除代数,则 X 与 C 同构.

证明 设 $x \in X$,可知 $\sigma(x) \neq \varnothing$,令 $\lambda \in \sigma(x)$,考虑 $(x - \lambda e)$.因为 $\lambda \in \sigma(x)$,$(x - \lambda e)^{-1}$ 不存在,但我们是在可除代数中讨论,所以除零,一切元素都有逆元.因此

$$x - \lambda e = 0 \text{ 或 } x = \lambda e$$

有了这一点之后,对任何给定的一个 $x \in X$,它就等于某个标量乘以单位元.这样一来,我们就有一个颇为自然的映射

$$X \to C$$

其中任何元素 $x = \lambda e$ 的像取为 λ,即

$$X \to C, \lambda e \to \lambda$$

验证下面几项成立是十分简单的

$$\lambda_1 e + \lambda_2 e \to \lambda_1 + \lambda_2$$
$$\lambda_1 e \lambda_2 e \to \lambda_1 \lambda_2$$

又若 $\alpha \in C$,则 $\alpha \lambda e \to \alpha \lambda$.

此外,映射显然是一一和在上的,这就建立了同构关系. 我们注意到,当 $\|e\| = 1$ 时,这个映射是等距的.

现在需要下面新给出的定义.

定义 1 实数
$$r_\sigma(x) = \sup_{\lambda \in \sigma(x)} |\lambda|$$
称为 x 的谱半径.

注 因为 $|\lambda| > \|x\|$ 含有 $\lambda \notin \sigma(x)$,所以显然有
$$r_\sigma(x) \leqslant \|x\|$$
即 $\sigma(x) \subset M$,其中 M 是图 1 所示的闭图.

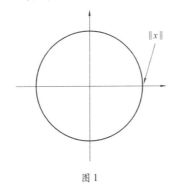

图 1

在叙述下一个结果之前,我们需要下面的引理.

引理 1(谱映射定理的特例) 设 X 是一个具有单位元的交换巴拿赫代数,则 $\sigma(x^n) = \sigma(x)^n$,其中 $x \in X$.

证明 首先,假定
$$\lambda \neq 0 \text{ 以及 } \lambda \in \sigma(x^n)$$
令 $\omega_1, \omega_2, \cdots, \omega_n$ 是 λ 的 n 个根,则
$$x^n - \lambda e = (x - \omega_1 e)\cdots(x - \omega_n e)$$
但右边至少有一个因子是不可逆的,假定它是 $(x - \omega_i e)$. 这就意味着 $\omega_i \in \sigma(x)$,后者又含有 $\omega_i^n \in \sigma(x)^n$ 或 $\lambda \in \sigma(x)^n$,因此

$$\sigma(x^n) \subset \sigma(x)^n \qquad (3)$$

其次,假定 $\alpha \in \sigma(x)^n$,又设 $\beta_1, \beta_2, \cdots, \beta_n$ 为 α 的 n 个根,则对某个 i,有

$$\beta_i \in \sigma(x)$$

现在,考虑

$$(x - \beta_1 e)(x - \beta_2 e) \cdots (x - \beta_n e) = x^n - \alpha e$$

若 $x^n - \alpha e$ 是可逆的,则我们可以在上式两边乘 $(x^n - \alpha e)^{-1}$,而得到

$$(x^n - \alpha e)^{-1}[(x - \beta_1 e) \cdots (x - \beta_n e)] = e$$

因为 X 是一个交换代数,我们能够写

$$(x^n - \alpha e)^{-1}[(x - \beta_1 e) \cdots (x - \beta_n e)(x - \beta_i e)] = e$$

这就是说,$x - \beta_i e$ 有逆元. 因此,$x^n - \alpha e$ 是不可逆的,并且

$$\alpha \in \sigma(x^n) \text{ 或 } \sigma(x)^n \subset \sigma(x^n) \qquad (4)$$

最后,若 $0 \in \sigma(x^n)$,则 x^n 是不可逆的,因此,x 是不可逆的,所以 $0 \in \sigma(x)$,从而 $0 \in \sigma(x)^n$. 反之,若 $0 \in \sigma(x)^n$,则 $0 \in \sigma(x)$,所以 x 是不可逆的,因而 x^n 是不可逆的,所以

$$0 \in \sigma(x^n)$$

将这结果与式(3)(4)联合起来,我们就有

$$\sigma(x^n) = \sigma(x)^n$$

证毕.

定理 4 设 $x \in X$(对 X 作通常的假设),则

$$r_\sigma(x) \leqslant \lim_{n \to \infty} \|x^n\|^{\frac{1}{n}}$$

证明 我们首先注意到:因为 $\sigma(x^n) = \sigma(x)^n$,于是

$$\begin{aligned}
r_\sigma(x^n) &= \sup_{\lambda \in \sigma(x^n)} |\lambda| \\
&= \sup_{\lambda \in \sigma(x)^n} |\lambda| \\
&= \sup_{\mu \in \sigma(x)} |\mu|^n \\
&= (\sup_{\mu \in \sigma(x)} |\mu|)^n
\end{aligned}$$

因此
$$r_\sigma(x^n) = (r_\sigma(x))^n$$
又因为
$$r_\sigma(x^n) \leq \|x^n\|$$
故对任何 n,我们有
$$(r_\sigma(x))^n \leq \|x^n\| \text{ 或 } r_\sigma(x) \leq \|x^n\|^{\frac{1}{n}}$$
因此
$$r_\sigma(x) \leq \varliminf_n \|x^n\|^{\frac{1}{n}}$$

证毕.

因为
$$\varliminf_n \|x^n\|^{\frac{1}{n}} \leq \varlimsup_n \|x^n\|^{\frac{1}{n}}$$
所以如果能够证明
$$r_\sigma(x) = \varlimsup_n \|x^n\|^{\frac{1}{n}}$$
我们就将有
$$r_\sigma(x) = \lim_{n \to \infty} \|x^n\|^{\frac{1}{n}}$$

为了这一目的,我们考虑下面的定理.

定理 5 在对于 X 作同样的假设下,设 $x \in X$.

(1) 若 $|\lambda| > r_\sigma(x)$,则
$$(\lambda e - x)^{-1} = \sum_{n=1}^{\infty} \lambda^{-n} x^{n-1} \tag{5}$$

(2) 若级数 (α) 在 $|\lambda| = r_\sigma(x)$ 时收敛,则它等于 $(\lambda e - x)^{-1}$.

(3) 级数 (α) 在 $|\lambda| < r_\sigma(x)$ 时发散.

证明 设 λ 为一个正则点,又设 $|\lambda| > r_\sigma(x)$. (参看图 2,注意:可能 $r_\sigma(x) = \|x\|$.)

(1) 由 $r_\sigma(x)$ 的定义,当 $|\lambda| > r_\sigma(x)$ 时,$(\lambda e - x)^{-1}$ 一定存在. 由本节第一个定理,$(\lambda e - x)^{-1}$ 在正则点所成的集合上是解析的,因此 $(\lambda e - x)^{-1}$ 在 $|\lambda| > r_\sigma(x)$ 时为解析. 然而,解析性包含着这个函数具有唯一的洛朗(Laurent)展开式,所以 $(\lambda e - x)^{-1}$ 在 $|\lambda| >$

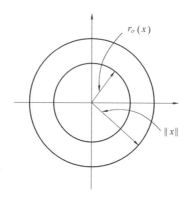

图 2

$\|x\|$ 时的表示式

$$\sum_{n=1}^{\infty} \lambda^{-n} x^{n-1}$$

一定与 $(\lambda e - x)^{-1}$ 在 $|\lambda| > r_\sigma(x)$ 时的表示式相一致,即

$$(\lambda e - x)^{-1} = \sum_{n=1}^{\infty} \lambda^{-n} x^{n-1}, \ |\lambda| > r_\sigma(x)$$

(2) 假定式(5)收敛,则我们断言这个级数等于 $(\lambda e - x)^{-1}$. 这是因为

$$(\lambda e - x)^{-1} \sum_{n=1}^{\infty} \lambda^{-n} x^{n-1} = \sum_{n=1}^{\infty} \lambda^{-n+1} x^{n-1} - \sum_{n=1}^{\infty} \lambda^{-n} x^n$$

改变右端第一项和式的指标,就有

$$(\lambda e - x)^{-1} \sum_{n=1}^{\infty} \lambda^{-n} x^{n-1} = e + \sum_{n=1}^{\infty} \lambda^{-n} x^n - \sum_{n=1}^{\infty} \lambda^{-n} x^n = e$$

这就证明了(2).

(3) 若 $\lambda \in \sigma(x)$,则式(5)一定发散. 假定 $|\lambda_0| < r_\sigma(x)$,并且假定式(5)在 $\lambda = \lambda_0$ 处收敛. 由前面(2)知道,若式(5)收敛,它就必须收敛于 $(\lambda e - x)^{-1}$.

因为式(5)是 $\dfrac{1}{\lambda}$ 的幂级数,故若它在 λ_0 处收敛,

就一定在 $|\lambda|>|\lambda_0|$ 处收敛.

于是必存在 $\lambda_1\in\sigma(x)$ 使得 $|\lambda_1|>|\lambda_0|$，以及式(5)在 λ_1 处收敛. 这样一来，在 λ_0 处收敛($|\lambda_0|<r_\sigma(x)$)的假设导致了矛盾的结果. 因此式(5)在 $|\lambda|<r_\sigma(x)$ 时收敛，即 $r_\sigma(x)$ 是式(5)的收敛半径.

证毕.

我们注意到：由柯西-阿达马(Cauchy-Hadamard)公式，$\dfrac{1}{\lambda}$ 的幂级数一定以

$$\overline{\lim_n}\|x^n\|^{\frac{1}{n}}$$

作为收敛半径，因此

$$r_\sigma(x)=\overline{\lim_n}\|x^n\|^{\frac{1}{n}}$$

将这个定理与上面一个定理联合起来，我们有

$$r_\sigma(x)=\lim_{n\to\infty}\|x^n\|^{\frac{1}{n}}$$

§2 介绍交换巴拿赫代数的盖尔范德理论

现在，我们将介绍交换巴拿赫代数的盖尔范德理论. 在下面的讨论中，假设 X 是具有单位元 e 的交换巴拿赫代数，而且假定 e 的范数是1.

定义1 若 X 的子集 I 满足：

(1) I 是 X 的一个子空间；

(2) $x\in X, y\in I$，则 $xy\in I$.

就称 I 为一个理想.

注 容易验证上面的两个条件等价于下面的两个条件：

(1) $x,y\in I$，则 $x+y\in I$；

(2) $x\in I, z\in X$，则 $zx\in I$.

定义2 若 X 中至少存在一个元素不属于理想中，就称这个理想是真理想.

定理1 若 I 是 X 中的一个真理想，则 I 的闭包 $\bar{I}$ 也是 X 中的一个真理想.

证明 首先可以证明 $\bar{I}$ 是 X 中的一个理想,然后再证明若 I 是真理想,则 $\bar{I}$ 也是真理想.

(1) $\bar{I}$ 是一个理想.

设 $x,y \in \bar{I}$,那么一定存在序列 $\{x_n\}$ 和 $\{y_n\}$ 使得 $x_n \to x$ 和 $y_n \to y$,其中 $x_n, y_n \in I$ 对一切 n 成立. 因为 I 是一个理想,故 $x_n + y_n \in I$ 对一切 n 成立. 因而序列 $\{x_n + y_n\}$ 的极限是在 $\bar{I}$ 中,即 $x + y \in \bar{I}$.

再设 $z \in X$ 以及 $x_n \to x$,其中 $x \in \bar{I}$. 因为 $zx_n \in I$ 对一切 n 成立,故 $zx \in \bar{I}$. 因而,$\bar{I}$ 是一个理想.

(2) $\bar{I}$ 是真理想.

设 $x \in I$. 若 x^{-1} 存在,则 $x^{-1}x \in I$,即 $e \in I$,因为用任一元素来乘 e 是容许的,这就是说 $I = X$. 因此,若 $x \in I$,则 x^{-1} 不存在. 换言之,真理想仅仅是由奇异元(即非可逆元)所组成.

像前面一样,令 U 表示 X 的一切可逆元所成的集,CU 表示 U 的余集,我们就有
$$I \subset CU$$
由此得到
$$\bar{I} \subset \overline{CU}$$
因为 U 是一个开集,故 CU 是闭集,即 $CU = \overline{CU}$ 或
$$\bar{I} \subset CU$$
但因为 $e \notin CU$,故 $e \notin \bar{I}$. 这样一来,$\bar{I}$ 是一个真理想,这就是所要的结论.

在继续进行讨论之前,还需要另一个定义.

定义 3 设 M 是理想,若真正含有 M 的理想只能是 X 本身,即若 $J \supset M$,J 是一个理想且 $J \neq M$,则 $J = X$,就称理想 M 为极大理想.

定理 2 (1) 若 I 是一个真理想,则存在一个极大理想 M 使得 $M \supset I$.

(2) 若 x 是一个奇异元,则存在一个包含 x 的极大理想.

证明 这一结论是来自近世代数的一个标准结

果,在那里,我们根本不必假设 X 为巴拿赫代数,而结论对具有单位元的任何代数都成立.

(1) 令 S 表示含有 I 的一切真理想所成的集合. 容易验证:由集的包含关系可以引出 S 上的一种半序关系. 设 $T = \{I_\alpha\}$ 为 S 的任何一个全序子集,若我们能够证明 T 的上界也是 S 的一个元素,则我们就可证明 S 是归纳地有序,并且能够应用佐恩(Zorn)引理①来断言 S 的极大元的存在性. 显然,T 的上界正好是 $\cup_\alpha I_\alpha$. 现在,我们要证明 $\cup_\alpha I_\alpha$ 也是一个真理想. 一般说来,理想的和集不是理想,但因为 T 是全序的,故 $\cup_\alpha I_\alpha$ 也是理想,并且因为 $e \notin \cup_\alpha I_\alpha$,故 $\cup_\alpha I_\alpha$ 是真理想. 最后,因为每一个 I_α 含有 I,故 $\cup_\alpha I_\alpha$ 是 S 的一个元素. 因此,S 对于集的包含关系是归纳地有序的,由佐恩引理,一定具有一个极大元,显然,它是一个极大理想,这样一来,至少就有包含 I 的一个极大理想.

(2) 设 x 是一个奇异元,考虑主理想
$$(x) = \{xy \mid y \in X\}$$
(容易验证 (x) 实际上也是一个理想) 我们注意到 e 不可能属于 (x),这是因为若 $e \in (x)$,那么存在一个 $y \in X$ 使得 $xy = e$,而这就是说 x 是一个可逆元,这是与假设矛盾的. 此外,我们看到 $ex = x \in (x)$,所以 (x) 非空. 因此,(x) 是 X 中的一个真理想,我们能够应用定理的第(1)部分来断言:存在某个含有 (x) 的极大理想,它也含有元 x. 证毕.

现在,我们注意到:任何一个极大理想一定是闭的. 因为如前面所说,M 是真理想,则 $\overline{M}$ 也是一个真理想,然而 $M \subset \overline{M}$,故若 $M \neq \overline{M}$,这就会与 M 的极大性相矛盾. 因此,若 M 是极大理想,则 $M = \overline{M}$.

现在我们将证明:对已给定的 X 中任何一个极大

---

① 佐恩引理:每一个归纳地有序集都有一个极大元.

理想,总有另一个立即可用的巴拿赫代数.

§3 商 代 数

对 X 作同样的假设,令 M 是 X 中的一个极大理想,立即就得出 M 是 X 中一个闭子空间. 现在,我们不加证明地断言:关于 M 的商代数 X/M 也是一个具有单位元的交换巴拿赫代数. X/M 中的元素是陪集 $x+M$,其中 x 是 X 的一个元素. 陪集的加法定义为

$$(x+M)+(y+M)=(x+y)+M$$

乘法为

$$(x+M)(y+M)=xy+M$$

又若 α 为一个标量,则标量乘法为

$$\alpha(x+M)=\alpha x+M$$

我们取

$$\|(x+M)\|=\inf_{y\in x+M}\|y\|$$

作为 X/M 上的范数,要使所规定的范数是一个真正范数,我们就要注意到:M 为闭的这个事实在这里是本质的,这是因为我们需要性质

$$\|x+M\|\geq 0$$

以及当且仅当 x 为使得 $x+M$ 是 X/M 的零元素时,上式才等于零. 所以 M 为闭的在这里是本质的.

为了后面的目的,我们需要下面的来自代数学的定理.

定理 1 若 R 是一个具有单位元的交换环,又 M 是 R 中的一个极大理想,则 R/M 是一个域.

由这个定理,再利用 X 是具有单位元的交换环这个事实,我们就能够说:X/M 除了是一个巴拿赫代数之外,也是一个域. 由前面的定理,得 X/M 同构于复数域 C.

由同一个定理还有:X/M 的每一个元素是某一个标量乘上单位元,即已给 x 和 M 后,就存在一个标量 $x(M)$,使得 $x+M=x(M)(e+M)$,同构关系实际上由下面映射来表示

$$X \to X/M \xrightarrow{\text{同构}} C$$
$$x \to x + M = x(M)(e+M) \to x(M) \quad (1)$$

这里还有其他好处,若我们取某个特定元素 $x \in X$,就能够将一切极大理想所成的集 $\hat{M}$ 通过
$$x: \hat{M} \to C, M \to x(M)$$
映射到复数域中,其中我们将函数 $x: \hat{M} \to C$ 和元素 $x \in X$ 看作是一样的.

我们说:对于这类映射,下面的断言是正确的.

定理2 (1) 若 $x = y + z$,则 $x(M) = y(M) + z(M)$.

(2) 若 $x = \alpha y$,其中 α 是一个标量,则 $x(M) = \alpha y(M)$.

(3) 若 $x = yz$,则 $x(M) = y(M)z(M)$.

(4) $e(M) = 1$.

(5) $x(M) = 0$ 当且仅当 x 属于 M.

(6) 若 M, N 是两个不同的极大理想,则存在一个 $x \in X$ 使得 $x(M) \neq x(N)$.

(7) $|x(M)| \leqslant \|x\|$.

证明 (1)~(4) 直接从上面的映射(1)是 X 到 C 中的同态映射而得出.

(5) $x(M) = 0 \Leftrightarrow x + M = 0 + M \Leftrightarrow x \in M$.

(6) 若 $M \neq N$,则存在一个元素 x,它属于 M 而不属于 N,因此 $x(M) = 0$,则 $x(N) \neq 0$.

(7) 将 $x + M$ 写为
$$x + M = x(M)(e + M)$$
由 $\|x + M\|$ 的定义
$$\|x\| \geqslant \|x + M\| = \|x(M)(e + M)\|$$
$$= |x(M)| \cdot \|e + M\| \quad (2)$$
但
$$\|e + M\| \leqslant \|e\| = 1$$
假定严格的不等式成立,即假定
$$\|e + M\| < 1$$
这就意味着一定有一个 $y \in e + M$,使得

$$\|y\| < 1$$

然而,若 $y \in e + M$,则对某个 $x \in M, y$ 可定义成

$$y = e + x$$

但

$$y = e + x = e - (-x)$$

因为

$$1 > \|y\| = \|e - (-x)\|$$

由第二章最后一个定理,上式表明 $(-x)$ 是一个可逆元. 然而,因 M 是真理想,这是不可能的,因此

$$\|e + M\| = 1$$

将它代入式(2)中,就得到

$$\|x\| \geq |x(M)| \|e + M\| = |x(M)|$$

这就证明了(7).

本书主题:二次互反律的傅里叶分析证明.

据本书作者介绍:这不是给专家的书,也不是给初学者的书. 相反,它只是对少数资料的阐述和评论,目前来看其中大多数文献都是经典的,当然其中一两个可能也会引起争议. 书中所展示的材料经过编辑之后可以为研究互反律的解析证明的数论学家所使用.

二次的问题已经被赫克(Hecke)解答了,并且由韦伊(Weil)重新解决了,但是对于 $n > 2$ 的情况来说,这个问题仍然是公开的,并且是该领域中公开的最难的问题之一. 这本书是为那些鲁莽的少数人写的,他们倾向于在他们职业生涯的早期(但不是太早)进入这个领域进行研究,当时他们还不知道任何更好的知识点,也不知道很多指定的专业技巧. 我们的目标是通过明确地描述和比较现有的三种方法来简化这一领域内的工作,并将其与作为一般情况范例的二次互反律的(傅里叶)分析证明相比较.

当然,二次互反的傅氏解析证明确实只有一个,可以追溯到柯西对经典绝对情况的处理和赫克对相对情况的处理. 然后,赫克提出了上面提到的泛化问题,这个问题至今仍未解决. 直到大约四十年后,赫克的关于二次的研究成果才被转化成一

种适合现代技术的形式,即一元表示理论.这一突破在这门学科中至关重要,这要归功于韦伊在一篇著名(且难度极高)的论文中做出的贡献.他的目标远远超出了对二次互反性分析证明的重新表述.这两个公式,赫克的和韦伊的,是相对立的,因为赫克的方法是经典的,而韦伊的方法却不是.但这本书甚至比韦伊的公式更进了一步,包括了对久保田(Kubota)的研究成果进行重塑(和"代数化")的处理.这种重塑的结果是,一些人在此基础上,在20世纪80年代和90年代取得了一些引人注目的后续成就,可对于一般情况的证明依然遥不可及!

本书是一些经典片段的回顾.对于经典有一则轶事:2012年狄拉克奖得主张首晟教授(不知何故,突然离世)曾撰文谈到一本经典著作.

了解我的朋友都知道我最不喜欢礼品,总觉得物质生活越简单越好.所以每逢圣诞佳节,天伦之乐,却因面对一大堆礼品而深感困惑.但2015年的圣诞礼物,却使我喜出望外,梦寐以求.期待到今天,这份厚礼终于送到了家.

1687年,牛顿(Newton)发表了千年伟著《自然哲学的数学原理》(Philosophia Naturalis Principia Mathematica),点燃了人类科学认识宇宙的曙光.《自然哲学的数学原理》奠基了牛顿力学的运动方程,提出了万有引力,发明了微积分.在牛顿的宇宙观中,天地合一.地上的苹果,天上的行星,都满足简单而普世的科学原理.对宇宙理性的认识,启发了人们对人类社会理性的渴望.伏尔泰(Voltaire)从法国被流放到英国期间,参加了牛顿的葬礼,他首次告诉了世人牛顿苹果的故事.伏尔泰的灵感女神是Emilie du Châtelet侯爵夫人,是启蒙时期的一代才女,天生丽质.她亲笔翻译了《自然哲学的数学原理》的法文首版,沿用至今.伏尔泰深受牛顿《自然哲学的数学原理》的启发,从天地合一到天人合一,从自然定律到社会法律,点燃了启蒙运动火种,燃烧着整个欧洲大陆.美国建国的理念,乃是启蒙运动的产物.所以牛顿的《自然哲学的数学原理》不愧是人类文明的第一书!

1687 年出版的《自然哲学的数学原理》是拉丁文首版,目前早已在古藏书市上难寻踪迹了.《自然哲学的数学原理》的英文首版于 1729 年出版,仍保持原版装订的,在古藏书市面上也唯见一本了,收藏在英国伦敦的著名古藏书店 Peter Harrington. 2015 年的圣诞节,黄晓捷先生放弃了与家人的天伦之乐,千里迢迢,来到斯坦福大学赠予我这份厚礼,使我喜出望外.牛顿出生于圣诞节,加深了这份厚礼的历史意义.一代企业家的科学情怀,使我深深感动!经过与 Peter Harrington 古藏书店的多次联络,《自然哲学的数学原理》的英文原装首版终于送到了我家.轻轻打开了 287 年前《自然哲学的数学原理》的精装版,字体犹新,精图释意,仿佛牛顿的亲笔,正用灵魂在召唤着我,不知不觉已经读到了深夜.

1962 年和 1964 年世界著名数学家塞尔(Serre)在法国国立高等学校(Ecole Normale Supérieure)大学二年级的讲义中,从代数数论的角度也提到了二次互反律.

1. F_q 中平方元素

设 q 为素数 p 的方幂.

定理 1 (1) 如果 $p = 2$,那么 F_q 中每个元素都是平方元素.

(2) 如果 $p \neq 2$,那么 F_q^* 的平方元素形成 F_q^* 的指数为 2 的子群,这个子群是同态

$$x \mapsto x^{(q-1)/2}, F_q^* \to \{\pm 1\}$$

的核.(换句话说,我们有正合列 $1 \to F_q^{*2} \to F_q^* \to \{\pm 1\} \to 1$.)

证明 情形(1)从 $x \mapsto x^2$ 为 F_q 的自同构这一事

实即可推出.

对于情形(2),令 Ω 为 F_q 的代数闭包. 如果 $x \in F_q^*$,令 $y \in \Omega$,使 $y^2 = x$. 我们有

$$y^{q-1} = x^{\frac{q-1}{2}} = \pm 1 \quad (因为 x^{q-1} = 1)$$

为了 x 是 F_q 中的平方元素,其充要条件是 $y \in F_q^*$,即 $y^{q-1} = 1$. 于是 F_q^{*2} 为 $x \mapsto x^{\frac{q-1}{2}}$ 的核. 进而,由于 F_q^* 是 $q-1$ 阶循环群,从而 F_q^{*2} 的指数是 2.

2. 勒让德符号(基本情形)

定义 1 设 $p \neq 2$ 为素数,$x \in F_p^*$,x 的勒让德符号 $\left(\dfrac{x}{p}\right)$ 是整数 $x^{\frac{p-1}{2}} = \pm 1$.

为方便起见,令 $\left(\dfrac{0}{p}\right) = 0$,从而将 $\left(\dfrac{x}{p}\right)$ 扩充到 F_p 的全部元素上. 对于 $x \in \mathbf{Z}$,若 x 有像元素 $x' \in F_p$,则记为

$$\left(\dfrac{x}{p}\right) = \left(\dfrac{x'}{p}\right)$$

我们有 $\left(\dfrac{x}{p}\right)\left(\dfrac{y}{p}\right) = \left(\dfrac{xy}{p}\right)$:勒让德符号是"特征". 正如定理 1 中所表明的 $\left(\dfrac{x}{p}\right) = 1$ 等价于 $x \in F_p^{*2}$. 如果 $x \in F_p^*$,x 在 F_p 的代数闭包中有平方根 y,那么

$$\left(\dfrac{x}{p}\right) = y^{p-1}$$

对于 $x = 1, -1, 2$,计算 $\left(\dfrac{x}{p}\right)$:

若 n 为奇整数,令 $\varepsilon(n), \omega(n)$ 为 $\mathbf{Z}/2\mathbf{Z}$ 中的元素,定义为

$$\varepsilon(n) \equiv \dfrac{n-1}{2} (\bmod 2) = \begin{cases} 0, & 如果 n \equiv 1 (\bmod 4) \\ 1, & 如果 n \equiv -1 (\bmod 4) \end{cases}$$

$$\omega(n) \equiv \dfrac{n^2-1}{8} (\bmod 2) = \begin{cases} 0, & 如果 n \equiv \pm 1 (\bmod 8) \\ 1, & 如果 n \equiv \pm 5 (\bmod 8) \end{cases}$$

(函数 ε 是乘法群 $(\mathbf{Z}/4\mathbf{Z})^*$ 到 $\mathbf{Z}/2\mathbf{Z}$ 上的同态;类似地 ω 是 $(\mathbf{Z}/8\mathbf{Z})^*$ 到 $\mathbf{Z}/2\mathbf{Z}$ 上的同态.)

定理 2 (1) $\left(\dfrac{1}{p}\right) = 1.$

(2) $\left(\dfrac{-1}{p}\right) = (-1)^{\varepsilon(p)}.$

(3) $\left(\dfrac{2}{p}\right) = (-1)^{\omega(p)}.$

证明 只有最后一个公式值得证明. 令 α 为 $\mathbf{F}_p$ 之代数闭包 Ω 中的一个 8 次本原单位根. 元素 $y = \alpha + \alpha^{-1}$, 满足 $y^2 = 2$ (因为由 $\alpha^4 = -1$ 可知 $\alpha^2 + \alpha^{-2} = 0$). 我们有
$$y^p = \alpha^p + \alpha^{-p}$$
若 $p \equiv \pm 1 \pmod 8$, 这导致 $y^p = y$, 因此
$$\left(\dfrac{2}{p}\right) = y^{p-1} = 1$$
如果 $p \equiv \pm 5 \pmod 8$, 我们发现
$$y^p = \alpha^5 + \alpha^{-5} = -(\alpha + \alpha^{-1}) = -y$$
(这又是从 $\alpha^4 = -1$ 推出来的.) 由此得到 $y^{p-1} = -1$, 从而证明了 (3).

注 定理 2 可以表达成下面的方式

-1 是 $\bmod p$ 平方数 $\Leftrightarrow p \equiv 1 \pmod 4$

2 是 $\bmod p$ 平方数 $\Leftrightarrow p \equiv \pm 1 \pmod 8$

有了这些准备之后就可以证明二次互反律.

设 l 和 p 是两个不同的奇素数.

定理 3(高斯) $\left(\dfrac{l}{p}\right) = \left(\dfrac{p}{l}\right)(-1)^{\varepsilon(l)\varepsilon(p)}.$

证明 设 Ω 为 $\mathbf{F}_p$ 的代数闭包, $\omega \in \Omega$ 是 l 次本原单位根. 如果 $x \in \mathbf{F}_l$, 因为 $\omega^l = 1$, 从而元素 ω^x 是可以定义的. 于是我们可以做成高斯和
$$y = \sum_{x \in \mathbf{F}_l} \left(\dfrac{x}{l}\right) \omega^x$$

引理 1 $y^2 = (-1)^{\varepsilon(l)} l$. (记号 l 也表示 l 在域 $\mathbf{F}_p$ 中的像.)

证明 我们有

$$y^2 = \sum_{x,z}\left(\frac{xz}{l}\right)\omega^{x+z} = \sum_{u \in F_l}\omega^u\left(\sum_{t \in F_l}\left(\frac{t(u-t)}{l}\right)\right)$$

现在若 $t \neq 0$

$$\left(\frac{t(u-t)}{l}\right) = \left(\frac{-t^2}{l}\right)\left(\frac{1-ut^{-1}}{l}\right) = (-1)^{\varepsilon(l)}\left(\frac{1-ut^{-1}}{l}\right)$$

而

$$(-1)^{\varepsilon(l)} y^2 = \sum_{u \in F_l} C_u \omega^u$$

其中

$$C_u = \sum_{t \in F_l^*}\left(\frac{1-ut^{-1}}{l}\right)$$

如果 $u = 0, C_0 = \sum_{t \in F_l^*}\left(\frac{1}{l}\right) = l-1$；否则，$s = 1 - ut^{-1}$ 过 $F_l - \{1\}$，从而有

$$C_u = \sum_{s \in F_l}\left(\frac{s}{l}\right) - \left(\frac{1}{l}\right) = -\left(\frac{1}{l}\right) = -1$$

这是因为在 F_l^* 中平方元素和非平方元素有同样多个. 于是

$$\sum_{s \in F_l} C_u \omega^u = l-1 - \sum_{u \in F_l^*}\omega^u = l$$

此即证明了引理.

引理 2 $y^{p-1} = \left(\dfrac{p}{l}\right)$.

证明 由于 Ω 的特征是 p，我们有

$$y^p = \sum_{x \in F_l}\left(\frac{x}{l}\right)\omega^{xp} = \sum_{z \in F_l}\left(\frac{zp^{-1}}{l}\right)\omega^z = \left(\frac{p^{-1}}{l}\right) y = \left(\frac{p}{l}\right) y$$

从而

$$y^{p-1} = \left(\frac{p}{l}\right)$$

现在可以证明定理 3. 由引理 1 和引理 2，有

$$\left(\frac{(-1)^{\varepsilon(l)} l}{p}\right) = y^{p-1} = \left(\frac{p}{l}\right)$$

而

$$\left(\frac{(-1)^{\varepsilon(l)}}{p}\right) = (-1)^{\varepsilon(l)\varepsilon(p)}$$

如果把 l 是 mod p 平方数(即 l 是 mod p "二次剩余")表示成 lRp,否则表示成 lNp,则定理 3 可以叙述为

$lRp \Leftrightarrow pRl$,当 p 或 $l \equiv 1 (\bmod 4)$ 时

$lRp \Leftrightarrow pNl$,当 p 或 $l \equiv -1 (\bmod 4)$ 时

在国内中文版的初等数论教程中,对二次互反律的证明都是源于哈代数论讲义所给出的方法. 哈代是世界著名的数论大家,当年华罗庚先生留英时就是奔着哈代去的. 哈代在英国牛津大学、剑桥大学都讲授过数论,《哈代数论》这本讲义从各个不同的角度对数论进行了阐述. 其中对二次互反律的介绍颇为初等.

6.11 Gauss's lemma and the quadratic character of 2. If p is an odd prime, ther is just one residue① of n $(\bmod p)$ between $-\frac{1}{2}p$ and $\frac{1}{2}p$. We call this residue the minimal residue of n $(\bmod p)$; it is positive or negative according as the least non-negative residue of n lies between 0 and $\frac{1}{2}p$ or between $\frac{1}{2}p$ and p.

We now suppose that m is an integer, positive or negative, not divisible by p, and consider the minimal residues of the $\frac{1}{2}(p-1)$ numbers

$$m, 2m, 3m, \cdots, \frac{1}{2}(p-1)m \quad (6.11.1)$$

---

① Here, of course, "residue" has its usual meaning and is not an abbreviation of "quadratic residue".

We can write these residues in the form
$$r_1, r_2, \cdots, r_\lambda, -r'_1, -r'_2, \cdots, -r'_\mu$$
where
$$\lambda + \mu = \frac{1}{2}(p-1), 0 < r_i < \frac{1}{2}p, 0 < r'_i < \frac{1}{2}p$$

Since the numbers (6.11.1) are incongruent, no two r can be equal, and no two r'. If an r and an r' are equal, say $r_i = r'_j$, let am, bm be the two of the numbers (6.11.1) such that
$$am \equiv r_i, bm \equiv -r'_j (\bmod p)$$
Then
$$am + bm \equiv 0 (\bmod p)$$
and so
$$a + b \equiv 0 (\bmod p)$$
which is impossible because $0 < a < \frac{1}{2}p, 0 < b < \frac{1}{2}p$.

It follows that the numbers r_i, r'_j are a rearrangement of the numbers
$$1, 2, \cdots, \frac{1}{2}(p-1)$$
and therefore that
$$m \cdot 2m \cdot \cdots \cdot \frac{1}{2}(p-1)m$$
$$\equiv (-1)^\mu 1 \cdot 2 \cdot \cdots \cdot \frac{1}{2}(p-1) (\bmod p)$$
and so
$$m^{\frac{1}{2}(p-1)} \equiv (-1)^\mu (\bmod p)$$
But
$$\left(\frac{m}{p}\right) \equiv m^{\frac{1}{2}(p-1)} (\bmod p)$$
by Theorem 83. Hence we obtain.

THEOREM 92 $\left(\dfrac{m}{p}\right) = (-1)^\mu$, where μ is the number of members of the set

$$m, 2m, 3m, \cdots, \frac{1}{2}(p-1)m$$

whose least positive residues (mod p) are greater that $\dfrac{1}{2}p$.

Let us take in particular $m = 2$, so that the numbers (6.11.1) are

$$2, 4, \cdots, p-1$$

In this case λ is the number of positive even integers less than $\dfrac{1}{2}p$.

We introduce here a notation which we shall use frequently later. We write $[x]$ for the "integral part of x", the largest integer which does not exceed x. Thus

$$x = [x] + f$$

where $0 \leqslant f < 1$. For example

$$\left[\frac{5}{2}\right] = 2$$

$$\left[\frac{1}{2}\right] = 0$$

$$\left[-\frac{3}{2}\right] = -2$$

With this notation

$$\lambda = \left[\frac{1}{4}p\right]$$

But

$$\lambda + \mu = \frac{1}{2}(p-1)$$

and so

$$\mu = \frac{1}{2}(p-1) - \left[\frac{1}{4}p\right]$$

If $p \equiv 1 \pmod 4$, then

$$\mu = \frac{1}{2}(p-1) - \frac{1}{4}(p-1)$$

$$= \frac{1}{4}(p-1)$$

$$= \left[\frac{1}{4}(p+1)\right]$$

and if $p \equiv 3 \pmod{4}$, then

$$\mu = \frac{1}{2}(p-1) - \frac{1}{4}(p-3)$$

$$= \frac{1}{4}(p+1)$$

$$= \left[\frac{1}{4}(p+1)\right]$$

Hence

$$\left(\frac{2}{p}\right) \equiv 2^{\frac{1}{2}(p-1)} \equiv (-1)^{\left[\frac{1}{4}(p+1)\right]} \pmod{p}$$

that is to say $\left(\frac{2}{p}\right) = 1$, if $p = 8n+1$ or $8n-1$

$$\left(\frac{2}{p}\right) = 1, \text{ if } p = 8n+3 \text{ or } 8n-3$$

If $p = 8n \pm 1$, then $\frac{1}{8}(p^2-1)$ is even, while if $p = 8n \pm 3$, it is odd. Hence

$$(-1)^{\left[\frac{1}{4}(p+1)\right]} = (-1)^{\left[\frac{1}{8}(p^2+1)\right]}$$

Summing up, we have the following theorems.

THEOREM 93 $\left(\frac{2}{p}\right) = (-1)^{\left[\frac{1}{4}(p+1)\right]}$.

THEOREM 94 $\left(\frac{2}{p}\right) = (-1)^{\left[\frac{1}{8}(p^2-1)\right]}$.

THEOREM 95 2 is a quadratic residue of primes of the form $8n \pm 1$ and a quadratic non-residue of primes of the form $8n \pm 3$.

Gauss's lemma may be used to determine the primes of which any given integer m is a quadratic residue. For example, let us that $m = -3$, and suppose that $p > 3$. The numbers $(6.11.1)$ are

$$-3a(1 \leq a < \frac{1}{2}p)$$

and μ is the number of these numbers whose least positive residues lie between $\frac{1}{2}p$ and p. Now

$$-3a \equiv p - 3a \pmod{p}$$

and $p - 3a$ lies between $\frac{1}{2}p$ and p if $1 \leq a < \frac{1}{6}p$. If $\frac{1}{6}p < a < \frac{1}{3}p$, then $p - 3a$ lies between 0 and $\frac{1}{2}p$. If $\frac{1}{3}p < a < \frac{1}{2}p$, then

$$-3a \equiv 2p - 3a \pmod{p}$$

and $2p - 3a$ lies between $\frac{1}{2}p$ and p. Hence the values of a which satisfy the condition are

$$1, 2, \cdots, \left[\frac{1}{6}p\right], \left[\frac{1}{3}p\right] + 1, \left[\frac{1}{3}p\right] + 2, \cdots, \left[\frac{1}{2}p\right]$$

and

$$\mu = \left[\frac{1}{6}p\right] + \left[\frac{1}{2}p\right] - \left[\frac{1}{3}p\right]$$

If $p = 6n + 1$, then $\mu = n + 3n - 2n$ is even, and if $p = 6n + 5$, then

$$\mu = n + (3n + 2) - (2n + 1)$$

is odd.

THEOREM 96 -3 is a quadratic residue of primes of the form $6n + 1$ and a quardatic non-resdue of primes of the form $6n + 5$.

A further example, which we leave for the moment① to the reader, is

---

① See §6.13 for a proof depending on Gauss's law of reciprocity.

THEOREM 97   7 is a quadratic residue of primes of the form $10n \pm 1$ and a quadratic non-residue of primes of the form $10n \pm 3$.

6.12. The Law of reciprocity. The most famous theorem in this field is Gauss's "law of reciprocity".

THEOREM 98   If p and q are odd primes, then

$$\left(\frac{p}{q}\right)\left(\frac{q}{p}\right) = (-1)^{p'q'}$$

where

$$p' = \frac{1}{2}(p-1), q' = \frac{1}{2}(q-1)$$

Since $p'q'$ is even if either p or q is of the form $4n+1$, and odd if both are of the form $4n+3$, we can also state the theorem as

THEOREM 99   If p and q are odd primes, then

$$\left(\frac{p}{q}\right) = \left(\frac{q}{p}\right)$$

unless both p and q are of the form $4n+3$, in which case

$$\left(\frac{p}{q}\right) = -\left(\frac{q}{p}\right)$$

We require a lemma.

THEOREM 100①   If

$$S(q,p) = \sum_{s=1}^{p'} \left[\frac{sq}{p}\right]$$

then

$$S(q,p) + S(p,q) = p'q'$$

The proof may be stated in a geometrical form. In the figure (Fig. 6) AC and BC are $x = p$, $y = q$, and KM and LM are $x = p', y = q'$.

If (as in the figure) $p > q$, then $q'/p' < q/p$, and

---

① The notation has no connection with that of §5.6.

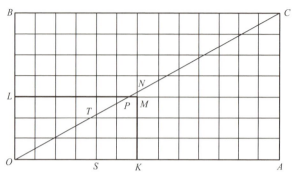

Fig. 6

M falls below the diagonal OC. Since

$$q' < \frac{qp'}{p} < q' + 1$$

there is no integer between $KM = q'$ and $KN = qp'/p$.

We count up, in two different ways, the number of lattice points in the rectangle $OKML$, counting the points on KM and LM but not those on the axes. In the first place, this number is plainly $p'q'$. But there are no lattice points on OC (since p and q are prime), and none in the triangle PMN except perhaps on PM. Hence the number of lattice points in $OKML$ is the sum of those in the triangles OKN and OLP (counting those on KN and LP but not those on the axes).

The number on ST, the line $x = s$, is $[sq/p]$, since sq/p is the ordinate of T. Hence the number in OKN is

$$\sum_{s=1}^{p'} \left[\frac{sq}{p} \right] = S(q,p)$$

Similarly, the number in OLP is $S(p,q)$, and the conclusion follows.

6.13. Proof of the law of reciprocity. We can write

$$kq = p\left[\frac{kq}{p}\right] + u_k \qquad (6.13.1)$$

where
$$1 \leq k \leq p', 1 \leq u_k \leq p-1$$

Here u_k is the least positive residue of kq (mod p). If $u_k = v_k \leq p'$, then u_k is one of the minimal residues r_i of §6.11, while if $u_k = w_k > p'$, then $u_k - p$ is one of the minimal residues $-r'_j$. Thus
$$r_i = v_k, r'_j = p - w_k$$

for every i, j, and some k.

The r_i and r'_j are (as we saw in 6.11) the numbers $1, 2, \cdots, p'$ in some order. Hence, if
$$R = \sum r_i = \sum v_k$$
$$R' = \sum r'_j = \sum (p - w_k) = \mu p - \sum w_k$$

(where μ is, as in §6.11, the number of the r'_j), we have
$$R + R' = \sum_{v=1}^{p'} = \frac{1}{2}\frac{p-1}{2}\frac{p+1}{2} = \frac{p^2-1}{8}$$

and so
$$\mu p + \sum v_k - \sum w_k = \frac{1}{8}(p^2 - 1)$$
$$(6.13.2)$$

On the other hand, summing (6.13.1) from $k = 1$ to $k = p'$, we have
$$\frac{1}{8}q(p^2 - 1) = pS(q,p) + \sum u_k$$
$$= pS(q,p) + \sum v_k + \sum w_k$$
$$(6.13.3)$$

From (6.13.2) and (6.13.3) we deduce
$$\frac{1}{8}(p^2-1)(q-1) = pS(q,p) + 2\sum w_k - \mu p$$
$$(6.13.4)$$

Now $q - 1$ is even, and $p^2 - 1 \equiv 0 \pmod{8}$ ①; so that the left-hand side of (6.13.4) is even, and also the second term on the right. Hence (since p is odd)
$$S(q,p) \equiv \mu \pmod{2}$$
and therefore, by Theorem 92
$$\left(\frac{q}{p}\right) = (-1)^{\mu} = (-1)^{S(q,p)}$$
Finally
$$\left(\frac{q}{p}\right)\left(\frac{p}{q}\right) = (-1)^{S(q,p)+S(p,q)} = (-1)^{p'q'}$$
by Theorem 100.

We now use the law of reciprocity to prove Theorem 97. If
$$p = 10n + k$$
where k is $1, 3, 7,$ or 9, then (since 5 is of the form $4n + 1$)
$$\left(\frac{5}{p}\right) = \left(\frac{p}{5}\right) = \left(\frac{10n+k}{5}\right) = \left(\frac{k}{5}\right)$$
The residues of 5 are 1 and 4. Hence 5 is a residue of primes $5n + 1$ and $5n + 4$, i.e. of primes $10n + 1$ and $10n + 9$, and a non-residue of the other odd primes.

6.14. Tests for primality. We now prove two theorems which provide tests for the primality of numbers of certain special forms. Both are closely related to Fermat's Theorem.

THEOREM 101 If $p > 2$, $h < p$, $n = hp + 1$ or $hp^2 + 1$ and
$$2^h \not\equiv 1, \quad 2^{n-1} \equiv 1 \pmod{n} \qquad (6.14.1)$$
then n is prime.

We write $n = hp^b + 1$, where $b = 1$ or 2, and

---

① If $p = 2n + 1$ then $p^2 - 1 = 4n(n + 1) \equiv 0 \pmod{8}$.

suppose d to be the order of 2 (mod n). After Theorem 88, it follows from (6.14.1) that $d \nmid h$ and $d \mid (n-1)$, i.e. $d \mid hp^b$. Hence $p \mid d$. But, by Theorem 88 again, $d \mid \phi(n)$ and so $p \mid \phi(n)$. If
$$n = p_1^{a_1}\cdots p_k^{a_k}$$
we have
$$\phi(n) = p_1^{a_1-1}\cdots p_k^{a_k-1}(p_1 - 1)\cdots(p_k - 1)$$
and so, since $p \nmid n$, p divides at least one of $p_1 - 1$, $p_2 - 1,\cdots,p_k - 1$. Hence n has a prime factor $P \equiv 1(\bmod p)$.

Let $n = Pm$. Since $n \equiv 1 \equiv P(\bmod p)$, we have $m \equiv 1(\bmod p)$. If $m > 1$, then
$$n = (up + 1)(vp + 1), 1 \leq u \leq v$$
$$(6.14.2)$$
and
$$hp^{b-1} = uvp + u + v$$
If $b = 1$, this is $h = uvp + u + v$ and so
$$p \leq uvp < h < p$$
a contradiction. If $b = 2$
$$hp = uvp + u + v, p \mid (u + v), u + v \geq p$$
and so
$$2v \geq u + v \geq p, v > \frac{1}{2}p$$
and
$$uv < h < p, uv \leq p - 2, u \leq \frac{p-2}{v} < \frac{2(p-2)}{p} < 2$$
Hence $u = 1$ and so
$$v \geq p - 1, uv \geq p - 1$$
a contradiction. Hence (6.14.2) is impossible and $m = 1$ and $n = P$.

THEOREM 102 Let $m \geq 2$, $h < 2^m$ and $n = h2^m + 1$ be a quadratic nonresidue (mod p) for some odd prime p. Then the necessary and sufficient

condition for n to be a prime is that
$$p^{\frac{1}{2}(n-1)} \equiv -1 \pmod{n} \quad (6.14.3)$$

First let us suppose n prime. Since $n \equiv 1 \pmod 4$, we have
$$\left(\frac{p}{n}\right) = \left(\frac{n}{p}\right) = -1$$
by Theorem 99. Then (6.14.3) follows at once by Theorem 83. Hence the condition is necessary.

Now let us suppose (6.14.3) true. Let P be any prime factor of n and let d be the order of $p \pmod{P}$. We have
$$p^{\frac{1}{2}(n-1)} \equiv -1, p^{n-1} \equiv 1, p^{P-1} \equiv 1 \pmod{P}$$
and so, by Theorem 88
$$d \nmid \frac{1}{2}(n-1), d \mid (n-1), d \mid (P-1)$$
that is
$$d \nmid 2^{m-1}h, d \mid 2^m h, d \mid (P-1)$$
so that $2^m \mid d$ and $2^m \mid (P-1)$. Hence $P = 2^m x + 1$.

Since $n \equiv 1 \equiv P \pmod{2^m}$, we have $n/P \equiv 1 \pmod{2^m}$ and so
$$n = (2^m x + 1)(2^m y + 1), x \geq 1, y \geq 0$$
Hence
$$2^m xy < 2^m xy + x + y = h < 2^m, y = 0$$
and $n = P$. The condition is therefore sufficient.

If we put $h = 1$, $m = 2^k$, we have $n = F_k$ in the notation of 2.4. Since $1^2 \equiv 2^2 \equiv 1 \pmod 3$ and $F_k \equiv 2 \pmod 3$, F_k is a non-residue $\pmod 3$. Hence a necessary and sufficient condition that F_k be prime is that $F_k \mid (3^{\frac{1}{2}(F_k - 1)} + 1)$.

华罗庚先生继承了哈代的数论传统,在其《数论导引》中也是用的此方法。

冯克勤教授作为华罗庚的弟子在和余红兵教授合著的《整数与多项式》中采用的也是用高斯引理的方法.

定理1(二次互反律) 设 p,q 是两个不同的奇素数,则
$$\left(\frac{q}{p}\right)\left(\frac{p}{q}\right) = (-1)^{\frac{p-1}{2}\cdot\frac{q-1}{2}} = \begin{cases} -1, & \text{如 } p \equiv q \equiv 3 \pmod 4 \\ 1, & \text{其他情形} \end{cases}$$

注 我们知道,勒让德符号 $\left(\frac{p}{q}\right)$ 及 $\left(\frac{q}{p}\right)$ 分别刻画了二次同余方程
$$x^2 \equiv p \pmod q$$
和
$$x^2 \equiv q \pmod p$$
是否可解,即 p 是否为模 q 的二次剩余及 q 是否为模 p 的二次剩余. 上面两个二次同余方程的模和剩余恰好互换了位置,而定理1给出了这样两个同余方程可解性的联系,因此称为二次互反律.

为了证明定理1,我们需要一个基本的引理.

引理1(高斯引理) 设 p 是奇素数,$p \nmid a$,$r = \dfrac{p-1}{2}$. 记 μ 是数
$$a, 2a, \cdots, ra \qquad (1)$$
中模 p 的最小正剩余大于 $\dfrac{p}{2}$ 的个数,则
$$\left(\frac{a}{p}\right) = (-1)^\mu \qquad (2)$$

证明 在 $a, 2a, \cdots, ra$ 被 p 除得的余数中,设 $b_1, \cdots, b_\lambda$ 与 $c_1, \cdots, c_\mu$ 分别是小于 $\dfrac{p}{2}$ 及大于 $\dfrac{p}{2}$ 的数,这里 $\lambda + \mu = r$. 由于式(1)中的数彼此模 p 不同余,故诸 b_i 中无两者相同,诸 $p - c_j$ 中也无两数相同. 又易见 b_i 与 $p - c_j$ 不会有相同者;因假设有 i, j 使 $b_i = p - c_j$,则相应地有 $x, y (1 \leq x, y \leq r)$ 使
$$ax \equiv -ay \pmod p$$

即 $a(x+y) \equiv 0 \pmod{p}$. 但 $p \nmid a$, 故有
$$x + y \equiv 0 \pmod{p}$$
这不可能, 因 $1 < x + y < p$.

注意到 $0 < p - c_j \leqslant r (1 \leqslant j \leqslant \mu)$. 我们推出 r 个数 $b_1, \cdots, b_\lambda, p - c_1, \cdots, p - c_\mu$ 是 $1, 2, \cdots, r$ 的一个排列, 故
$$r! = b_1 \cdots b_\lambda (p - c_1) \cdots (p - c_\mu) \qquad (3)$$
将式(3)模 p, 产生
$$r! \equiv (-1)^\mu b_1 \cdots b_\lambda c_1 \cdots c_\mu \equiv (-1)^\mu r! \ a^r \pmod{p}$$
因 $p \nmid r!$, 故我们有 $a^r \equiv (-1)^\mu \pmod{p}$. 结合欧拉判别法, 便证明了式(2).

现在我们能够证明定理 1.

第一步, 在 a 为奇数时, 我们给出式(2)的一种解析表示形式.

由带余除法, 对 $1 \leqslant i \leqslant r = \dfrac{p-1}{2}$, 有
$$ai = p\left[\frac{ai}{p}\right] + r_i, \ 0 < r_i < p \qquad (4)$$

将余数 r_i 中小于 $\dfrac{p}{2}$ 及大于 $\dfrac{p}{2}$ 者分别改记为 b_i 与 c_j ($1 \leqslant i \leqslant \lambda, 1 \leqslant j \leqslant \mu$), 并且 B 与 C 分别表示诸 b_i 的和及诸 c_j 的和. 将式(4)中 r 个等式相加, 得出
$$\frac{p^2-1}{8} \cdot a = pA + B + C \qquad (5)$$

其中 $A = \sum\limits_{i=1}^{r} \left[\dfrac{ai}{p}\right]$. 由高斯引理的证明中可见
$$b_1 + \cdots + b_\lambda + (p - c_1) + \cdots + (p - c_\mu) = 1 + 2 + \cdots + r$$
于是
$$\mu p - C + B = \frac{p^2 - 1}{8}$$

结合式(5)给出
$$\frac{p^2-1}{8} \cdot (a-1) = (A - \mu)p + 2C \qquad (6)$$

注意 p 是奇数,故 $\dfrac{p^2-1}{8}$ 为整数,而 $a-1$ 是偶数;故式(6)给出
$$(A-\mu)p \equiv 0(\bmod 2)$$
即 $\mu \equiv A(\bmod 2)$. 因此,如果 $2 \nmid a$,那么由式(2)得出 $\left(\dfrac{a}{p}\right)=(-1)^A$. 特别地,对奇素数 $q \neq p$,我们有
$$\left(\dfrac{q}{p}\right)=(-1)^{\sum_{i=1}^{r}\left[\frac{qi}{p}\right]}$$
类似地,我们也有
$$\left(\dfrac{p}{q}\right)=(-1)^{\sum_{j=1}^{s}\left[\frac{pj}{q}\right]},\text{其中 } s=\dfrac{q-1}{2}$$
因此
$$\left(\dfrac{q}{p}\right)\left(\dfrac{p}{q}\right)=(-1)^{\sum_{i=1}^{r}\left[\frac{qi}{p}\right]+\sum_{j=1}^{s}\left[\frac{pj}{q}\right]} \tag{7}$$

第二步,我们证明
$$\sum_{i=1}^{r}\left[\dfrac{qi}{p}\right]+\sum_{j=1}^{s}\left[\dfrac{pj}{q}\right]=rs \tag{8}$$
由此及式(7)就证明了定理 1. 为此,我们考虑平面上以 $(0,0)$,$\left(0,\dfrac{q}{2}\right)$,$\left(\dfrac{p}{2},0\right)$,$\left(0,\dfrac{q}{2}\right)$ 为顶点的矩形. 显然,满足 $1 \leq x \leq \dfrac{p}{2}$,$1 \leq y \leq \dfrac{q}{2}$ 的整点 (x,y) 共有 rs 个,而联结 $(0,0)$ 和 $\left(\dfrac{p}{2},\dfrac{q}{2}\right)$ 两点的直线 l 将此矩形分成两部分(图 1),并且上述 rs 个整点都不在直线 l 上. 这是因为若有所说的整点 (x,y) 在 l 上,则 $xq=yp$,故 $p \mid xq$. 因 p 和 q 为不同素数,从而 $p \mid x$,这不可能,因 $1 \leq x \leq r < p$.

现在考虑直线 l 下面那部分所包含的整点个数. 由于坐标 $x=i$ 的整点为 (i,y),其中 $1 \leq y \leq \dfrac{qi}{p}$,因此这部分的整点共有 $\sum_{i=1}^{r}\left[\dfrac{qi}{p}\right]$ 个. 同样,直线 l 上面部

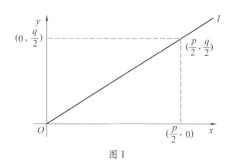

图 1

分的整点数为 $\sum_{j=1}^{s}\left[\dfrac{pj}{q}\right]$ 个. 综合两方面的结果,即知式(8)成立. 因此二次互反律得到了证明.

其实本书内容绝不简单的是关于二次互反律,正如本书作者所言:

> 这本书的目的是让读者能够(如果不容易的话)从这里开始阅读韦伊和久保田的论文,以及前面提到的一些最近发表的论文. 除此之外,我希望这本书能通过我大量引用的补充资料,激励读者去解决一些我没有解决的问题. 所以,从这个角度来看,这本书是一本更边缘的指南文字.

> 这里有一些这样的例子. 在讨论赫克的证明时,我认为傅里叶分析是理所当然应该被提及的;读者应该阅读赫克、兰(Lang)和加勒特(Garrett)的相关书籍. 我也不考虑整个一般情况,只考虑完全实代数数域的情况. 虽然前一种情况与后一种情况相比没有什么明显的变化,但读者如果是一个数论领域中傅里叶分析的新手,也应该研究一般情况.

> 另外,在斯通 – 冯·诺依曼(Stone-von Neumann) 定理那一章,我只给出了有限群的证明,之后我也经常用到这个定理,因为它适用于局部紧群. 请读者执行下列一个(或两个) 项目:学习局部紧致情况的证明.

> 因此,我没有为读者提供完整的对二次情况的详

尽介绍,而是有意地给读者留一些任务,这些任务应该有助于他们理解数论与适当拓扑群的调和分析、统一表示等理论之间的相互作用. 因此,我假设这本书的读者在指示的线条上有坚实的基础,他们能够轻松浏览我所指示的分析、拓扑和代数(可能在附近有信息来源)的相关内容,并且很有耐心. 这本书虽材料密集,但它涉及了美丽而深奥的数学.

我敢于向前看和预言,当然,这本身是很鲁莽的. 我断言,赫克在1923年提出的对开放问题的解决,将会通过发现泊松公式的泛化来实现,而泊松公式适用于韦伊泛函的泛化,该泛化目前还难以捉摸,它符合久保田提出的(代数)背景. 该预言是在书末提出的,是在我自己设计的一些代数体系结构的背景下进行的(实际上,无非是对韦伊的形式主义和久保田的形式进行了仔细的比较). 我希望这会引起读者的共鸣.

从作者的介绍中可以看出,本书是面向研究者的,所以这里再试图收集那些巧妙的关于二次互反律的证明就显得不恰当了. 不过有一个证明还是要介绍的,连塞尔都十分欣赏它. 那是艾森斯坦(Eisenstein)给出的.

(1) 高斯引理.

设 p 为奇素数, S 为 F_p^* 的子集, 使 F_p^* 为 S 和 $-S$ 的非交并集. 以下我们取 $S = \left\{1, \cdots, \dfrac{p-1}{2}\right\}$.

如果 $s \in S, a \in F_p^*$, 我们记成形式
$$as = e_s(a)s_a, e_s(a) = \pm 1, s_a \in S.$$

引理 1 (高斯) $\left(\dfrac{a}{p}\right) = \prod_{s \in S} e_s(a).$

证明 首先注意,如果 s 和 s' 是 S 中两个不同的元素,则 $s_a \neq s'_a$(因为否则 $s = \pm s'$,与 S 之选取相矛盾). 这说明 $s \to s_a$ 是 S 到它本身之上的一一对应. 将诸等式 $as = e_s(a)s_a$ 相乘,得到

$$a^{\frac{(p-1)}{2}} \prod_{s\in S} s = (\prod_{s\in S} e_s(a)) \prod_{s\in S} s_a$$
$$= (\prod_{s\in S} e_s(a)) \prod_{s\in S} s$$

于是
$$a^{\frac{p-1}{2}} = \prod_{s\in S} e_s(a)$$

因为在 F_p 中 $\left(\dfrac{q}{p}\right) = a^{\frac{p-1}{2}}$,这就证明了引理.

例 取 $a = 2, S = \left\{1, \cdots, \dfrac{p-1}{2}\right\}$. 有

$$e_s(2) = \begin{cases} 1, & \text{如果 } 2s \leqslant \dfrac{p-1}{2} \\ -1, & \text{否则} \end{cases}$$

由此得到 $\left(\dfrac{2}{p}\right) = (-1)^{n(p)}$,这里 $n(p)$ 是满足 $\dfrac{p-1}{4} < s \leqslant \dfrac{p-1}{2}$ 的整数 s 的个数. 如果 p 有形式 $1 + 4k$(或 $3 + 4k$),那么 $n(p) = k$(或 $n(p) = k + 1$). 因此我们发现,当 $p \equiv \pm 1 \pmod{8}$ 时,$\left(\dfrac{2}{p}\right) = 1$;当 $p \equiv \pm 5 \pmod{8}$ 时,$\left(\dfrac{2}{p}\right) = -1$.

(2) 一个关于三角函数的引理.

引理 2 设 m 为奇自然数. 则有
$$\frac{\sin mx}{\sin x} = (-4)^{\frac{m-1}{2}} \prod_{1\leqslant j \leqslant \frac{m-1}{2}} \left(\sin^2 x - \sin^2 \frac{2\pi j}{m}\right)$$

证明是初等的. (例如,可先证 $\dfrac{\sin mx}{\sin x}$ 是对于变量 $\sin^2 x$ 的 $\dfrac{m-1}{2}$ 次多项式,然后注意这个多项式有根 $\sin^2 \dfrac{2\pi j}{m}\left(1 \leqslant j \leqslant \dfrac{m-1}{2}\right)$,比较 $e^{i(m-1)x}$ 两边的系数,即得到因子 $(-4)^{\frac{m-1}{2}}$.)

(3) 二次互反律的证明.

设 l 和 p 是两个不同的奇素数. 如上一样,令

$$S = \left\{1, \cdots, \frac{p-1}{2}\right\}$$

从高斯引理得到

$$\left(\frac{l}{p}\right) = \prod_{s \in S} e_s(l)$$

现在等式 $ls = e_s(l)s_l$ 表明

$$\sin\frac{2\pi}{p}ls = e_s(l)\sin\frac{2\pi}{p}s_l$$

将这些等式相乘,并考虑到 $s \mapsto s_l$ 是 S 上的一一对应,便得到

$$\left(\frac{l}{p}\right) = \prod_{s \in S} e_s(l) = \prod_{s \in S} \sin\frac{2\pi ls}{p} \Big/ \sin\frac{2\pi s}{p}$$

对于 $m = l$,利用上面三角函数的引理,可以将它重写为

$$\left(\frac{l}{p}\right) = \prod_{s \in S}(-4)^{\frac{l-1}{2}} \prod_{t \in T}\left(\sin^2\frac{2\pi s}{p} - \sin^2\frac{2\pi t}{l}\right)$$

$$= (-4)^{\frac{(l-1)(p-1)}{4}} \prod_{\substack{t \in T \\ s \in S}}\left(\sin^2\frac{2\pi s}{p} - \sin^2\frac{2\pi t}{l}\right)$$

其中 T 表示从 1 到 $\frac{l-1}{2}$ 的整数集合. 交换 l 和 p 的地位,可以类似地得到

$$\left(\frac{p}{l}\right) = (-4)^{\frac{(l-1)(p-1)}{4}} \prod_{\substack{t \in T \\ s \in S}}\left(\sin^2\frac{2\pi t}{l} - \sin^2\frac{2\pi s}{p}\right)$$

$\left(\frac{l}{p}\right)$ 和 $\left(\frac{p}{l}\right)$ 的上述二分解式基本上相同,只相差 $\frac{(p-1)(l-1)}{4}$ 个符号,于是可得到

$$\left(\frac{l}{p}\right) = \left(\frac{p}{l}\right)(-1)^{\frac{(p-1)(l-1)}{4}}$$

这就是二次互反律.

什么是一个好的定理? 不同的数学家给出过不同的标准. 作为非专家,我们不去参与他们的争论. 但作为一个普通人,我们有一个朴素的判断标准,那就是如果一个定理能够吸引众多

优秀的数学家来给出不同的证法,特别是还有人多次反复回到这一定理的证明中,那么此定理必是"好"定理无疑. 以上这个证明是塞尔在其《数论教程》的附录中给出的. 它属于艾森斯坦. 艾森斯坦是哲学博士,高斯的学生. 1852 年成为柏林科学院院士,同年 10 月 11 日逝世. 他重点研究二次型和二元三次型理论、数论,以及椭圆函数阿贝尔超越函数理论的一些问题. 在高等代数中,有一个判定有理数域上不可约多项式的充分性条件被称为艾森斯坦准则. 他在分析二元三次型的过程中,最早发现了协变数. 他先于库默尔(Kummer)考查了形如 $a + bp$(这里 $p^3 = 1$)的数. 他还从一种特殊的椭圆函数的变换引出了二次型的残数的相互关系的定律. 他的研究已涉及魏尔斯特拉斯 ρ - 函数和魏尔斯特拉斯 σ - 函数的无穷乘积. 还有方程
$$x^n + v_1 x^{n-1} + \cdots + v_{n-1}\pi x + v_n \pi = 0$$
是以他的名字命名的.

本书的版权洽谈是在 2019 年 8 月中旬的北京国际图书博览会上谈成的. 受同事鼓动,笔者到"钟书阁"打卡,并购买了一本被网友诟病为超级自恋的冯唐著的《在宇宙间不易被风吹散》. 在回哈尔滨的高铁上一气读完,读到最后才有点感觉. 那是一首戏仿《如果没有你》的诗,标题是"如果":

如果没有你
时间怎么过
如果爱上你
今生怎么活
如果忘记你
我还剩什么

如果将数学替代诗中的你是很恰当的. 既然本书的作者也是试图通过对经典文献的解读来引导读者进入到自己未来的研究领域. 我们不妨更彻底一点,从二次互反律的原始文献开始,这就是高斯所著的《算术探索》(也有译为《算术研究》的). 恰巧这本巨著的国内第一个也是最权威的一个译本是潘承彪教授在本工作室出版的. 下面我们不妨引用若干片段.

§24 二次剩余和非剩余

第 94 ~ 95 目

94.

定理 如果取某个数 m 作为模,那么,在数 $0,1,2,3,\cdots,m-1$ 中,当 m 是偶数时,同余于平方数的数的个数不多于 $\frac{1}{2}m+1$ 个;当 m 是奇数时,同余于平方数的数的个数不多于 $\frac{1}{2}m+\frac{1}{2}$ 个.

证明 因为,同余的数的平方显然也是同余的,所以,每个同余于平方数的数也同余于某个小于 m 的数的平方. 因此,我们只要考虑平方数 $0,1,4,9,\cdots,(m-1)^2$ 的最小剩余. 容易看出,$(m-1)^2 \equiv 1$,$(m-2)^2 \equiv 2^2$,$(m-3)^2 \equiv 3^2$,$\cdots$,因而,当 m 是偶数时,平方数 $(\frac{1}{2}m-1)^2$ 与 $(\frac{1}{2}m+1)^2$,$(\frac{1}{2}m-2)^2$ 与 $(\frac{1}{2}m+2)^2$,$\cdots\cdots$ 的最小剩余相同;当 m 是奇数时,平方数 $(\frac{1}{2}m-\frac{1}{2})^2$ 与 $(\frac{1}{2}m+\frac{1}{2})^2$,$(\frac{1}{2}m-\frac{3}{2})^2$ 与 $(\frac{1}{2}m+\frac{3}{2})^2$,$\cdots\cdots$ 是同余的. 由此推出,当 m 是偶数时,除了与平方数 $0,1,4,9,\cdots,(\frac{1}{2}m)^2$ 中的数同余的数之外,没有其他的数同余于平方数;当 m 是奇数时,每个与平方数同余的数一定和 $0,1,4,9,\cdots,(\frac{1}{2}m-\frac{1}{2})^2$ 中的某个数同余. 所以,在第一种情形至多有 $\frac{1}{2}m+1$ 个不同的最小剩余,而在第二种情形至多有 $\frac{1}{2}m+\frac{1}{2}$ 个.

例 对于模 13,数 $0,1,2,3,\cdots,6$ 的平方的最小

剩余是 $0,1,4,9,3,12,10$；而在此之后这些数以相反的次序出现 $10,12,3,\cdots$. 因此，如果一个数不与这些剩余中的一个同余，即如果它同余于 $2,5,6,7,8,11$ 中的一个，那么，它就不能同余于一个平方数.

对于模 15，可求出以下的剩余：$0,1,4,9,1,10,6,4$；而在此之后这些数以相反的次序出现. 因此，在这里可与某个平方数同余的剩余的个数，是小于 $\frac{1}{2}m+\frac{1}{2}$，因为这样的剩余仅有 $0,1,4,6,9,10$. 数 $2,3,5,7,8,11,12,13,14$ 及任意与它们同余的数都不可能对模 15 同余于一个平方数.

95.

由所说的就推出，对每个模，所有的数可分为两类：一类包含所有能与某个平方数同余的数，另一类包含所有不能与平方数同余的数. 我们把前一类称为是取作为模的这个数的二次剩余①，而把后一类称为是取作为模的这个数的二次非剩余，在不会混淆时，我们将简单地称它们为剩余和非剩余. 显然，只要对所有的数 $0,1,2,3,\cdots,m-1$ 来区分这样的两类，因为同余的数属于同一类.

在这些研究中我们同样将从素数模开始；就连在没有特别提到这一点时，我们也总是默认这一假定. 同时，我们必须把素数 2 除外，就是说我们将只讨论奇素数.

---

① 就实际说，在这里我们对这些术语赋予了不同于至今所用的含意. 这就是当 $r \equiv a^2 \pmod{m}$ 时，我们应该说 r 是平方数 a^2 对模 m 的剩余；但为了简单起见，在本篇中我们将总把 r 称为是数 m 本身的二次剩余. 不用担心这会引起误会，因为，从现在起，当且仅当说到最小剩余时，我们才在"同余的数"的意义上使用术语"剩余"，而在这种情形不可能产生任何疑义.

§25 若模是素数,则在小于模的数中剩余的个数等于非剩余的个数

第96～97目

96.

若取素数 p 作为模,则在数 $1,2,3,\cdots,p-1$ 中,一半是二次剩余,另一半是二次非剩余,即有 $\frac{1}{2}(p-1)$ 个剩余和同样个数的非剩余.

容易证明,所有的平方数 $1,4,9,\cdots,\frac{1}{4}(p-1)^2$ 是互不同余的. 事实上,如果假设有
$$r^2 \equiv (r')^2 \pmod{p}$$
这里数 r,r' 不相等且均不大于 $\frac{1}{2}(p-1)$,那么,可设 $r>r'$,得到 $(r+r')(r-r')$ 是正的及被 p 整除. 但是,因数 $(r-r'),(r+r')$ 均小于 p,所以,我们的假设不能成立(第 13 目). 因此,在数 $1,2,3,\cdots,p-1$ 中有 $\frac{1}{2}(p-1)$ 个二次剩余,而且,除此之外不能再有别的二次剩余,因为,如果我们添上剩余0,就得到 $\frac{1}{2}(p+1)$ 个二次剩余,但所有的剩余的个数不能大于这个数. 这样一来,其余的数就都是非剩余,因而它们的个数等于 $\frac{1}{2}(p-1)$.

因为0总是剩余,所以在我们的讨论中将总把0及被模整除的数除外. 这些情形本身是显然的,而考虑这些情形只会使定理变得冗长. 基于同样的理由我们也不考虑模2.

97.

由于在本章中将证明的许多结论也能够利用前

文的基本原理来推出,以及用不同的方法去发现同样的事实并不是无益的,所以我们将不断地指出这种联系. 容易看出:所有同余于平方数的数有偶指标,以及所有不同余于平方数的数有奇指标. 而且,因为 $p-1$ 是偶数,所以偶指标的个数与奇指标的个数相同,即各有 $\frac{1}{2}(p-1)$ 个,因此也推出剩余和非剩余的个数相同.

例

模	剩　　余
3	1
5	1,4
7	1,2,4
11	1,3,4,5,9
13	1,3,4,9,10,12
17	1,2,4,8,9,13,15,16
⋮	⋮

小于这些模的其余的数是非剩余.

§26 合数是否是给定素数的剩余或非剩余的问题依赖于它的因数的性质

第 98 ~ 99 目

98.

定理 素数 p 的两个二次剩余的乘积是剩余;一个剩余和一个非剩余的乘积是非剩余;以及两个非剩余的乘积是剩余.

证明 Ⅰ. 设 A, B 分别是由平方数 a^2, b^2 得到的剩余,即 $A \equiv a^2, B \equiv b^2$;这时,乘积 AB 将同余于数 ab 的平方,即是剩余.

Ⅱ. 若 A 是剩余,比如 $A \equiv a^2$,而 B 是非剩余,则 AB 将是非剩余. 这是因为,如果我们假定 $AB \equiv k^2$,及

$\dfrac{k}{a}(\bmod p)\equiv b$,那么就将有 $a^2B\equiv a^2b^2$,因此 $B\equiv b^2$,即,与我们的假设相反,B 是剩余.

另一证明. 如果对在 $1,2,3,\cdots,p-1$ 中的所有剩余(这些剩余的个数等于 $\dfrac{1}{2}(p-1)$)都乘以 A,那么所有的乘积都是二次剩余且两两互不同余. 现在,如果以非剩余 B 乘 A,那么,这乘积将不同余于我们在上面所得到的这些乘积中的任一个. 因此,如果它是一个二次剩余,那么,我们就将有 $\dfrac{1}{2}(p+1)$ 个互不同余的剩余,而且它们之中不包括 0. 但这和第 96 目矛盾.

Ⅲ. 如果 A,B 是非剩余,那么将 A 乘以数 $1,2,3,\cdots,p-1$ 中所有的剩余,由 Ⅱ 知,我们得到了 $\dfrac{1}{2}(p-1)$ 个互不同余的非剩余. 但是,这些乘积中没有一个同余于乘积 AB. 因此,如果它是非剩余,我们就将有 $\dfrac{1}{2}(p+1)$ 个互不同余的非剩余,这和第 96 目矛盾.

利用上一篇中的原理还能更容易地推出这些定理. 这是因为,剩余的指标总是偶数而非剩余的指标总是奇数,所以,两个剩余或两个非剩余的乘积的指标是偶数,因此这乘积本身是剩余. 相反的,剩余和非剩余的乘积的指标是奇数,因此这乘积本身是非剩余.

这两个证明方法均可用来证明下面的定理:

当数 a 和 b 均是剩余或非剩余时,表示式 $\dfrac{a}{b}(\bmod p)$ 的值是剩余;相反的,当数 a 和 b 中一个是剩余而另一个是非剩余时,它是非剩余.

这定理也可用上面的定理来推出.

99.

一般地,当所有的因数都是剩余,以及当其中的非剩余的个数为偶时,任意多个因数的乘积是一个剩余;如果因数中的非剩余的个数为奇,那么乘积是一个非剩余.因此,只要我们知道各个因数的情况,就容易判断一个合数是否是一个剩余.因此,我们在表2中只列出了素数.这张表是这样构造的:在表的左边的第一列给出了模①,在顶部的一行依次列出了各个素数;当后者中的一个数是某个模的剩余时,就在这个数所在的列与这个模所在的行的相交的位置上标以一个短划'−',而当素数不是这个模的剩余时,这对应的位置就空着.

§27 合数模

第 100 ~ 105 目

100.

在转入更困难的课题之前,我们还需要对非素数模的情形补充几点.

如果取素数 p(我们假定 p 不等于2) 的任意次幂 p^n 作为模,那么在所有小于 p^n 且不被 p 整除的数中,有一半是剩余,而另一半是非剩余,即两者的个数都等于 $\frac{1}{2}(p-1)p^{n-1}$.

这是因为,如果 r 是剩余,那么它将同余于某个不大于模的一半的数的平方(见第94目).容易看出,有 $\frac{1}{2}(p-1)p^{n-1}$ 个数不被 p 整除且小于模的一半,因

---

① 我们将马上指出为何不需要合数模.

此,只须证明所有这些数的平方是互不同余的,即给出了不同的二次剩余.如果有两个不被 p 整除且小于模的一半的数 a,b 的平方是同余的,那么,$a^2 - b^2 = (a-b)(a+b)$ 应被 p^n 整除(我们同时假定 $a > b$,这是合理的).但是,这仅可能出现在以下两种情形:或者数 $(a-b),(a+b)$ 中的一个被 p^n 整除,而这是不可能的,因为两者都小于 p^n;或者它们中的一个被 p^m 整除而另一个被 p^{n-m} 整除,即它们均被 p 整除,而这也是不可能的.事实上这显然意味着这两个数的和与差,即 $2a$ 与 $2b$ 将都被 p 整除,因此 a 与 b 也都将被 p 整除,这和假设矛盾.最后,由此推出,在所有不被 p 整除且小于模的数中,有 $\frac{1}{2}(p-1)p^{n-1}$ 个是剩余,而剩下的数是非剩余,也有相同的个数.如同在第 97 目中一样,通过考虑指标也能证明这定理.

101.

每一个不被 p 整除的数,若它是 p 的剩余,则也是 p^n 的剩余;若它是 p 的非剩余,则也是 p^n 的非剩余.

定理的第二部分是显然成立的.因此,如果第一部分是错的,那么在所有小于 p^n 且同时不被 p 整除的数中,p 的剩余要比 p^n 的剩余多,即多于 $\frac{1}{2}(p-1)p^{n-1}$ 个.但是,不难看出,在所说的这些数中数 p 的剩余的个数显然恰好等于 $\frac{1}{2}(p-1)p^{n-1}$.

同样地,容易求出对模 p^n 同余于给定的剩余的平方数,只要我们已经知道对模 p 同余于这个剩余的一个平方数.

这就是,如果有某个平方数 a^2,它对模 p^μ 同余于给定的剩余 A,那么,用下面的方法就能找到对模 p^ν 同余于 A 的平方数(这里我们假定 $\nu > \mu$,但 $\nu \leqslant 2\mu$).假定所要找的平方数的根等于 $\pm a + xp^\mu$,因为容易看

出,这就是它应当有的形式. 这时,应该有
$$a^2 \pm 2axp^\mu + x^2 p^{2\mu} \equiv A(\bmod p^\nu)$$
或者,因为 $\nu \leqslant 2\mu$,应该有
$$A - a^2 \equiv \pm 2axp^\mu (\bmod p^\nu)$$
如果
$$A - a^2 = p^\mu d$$
那么 x 就是表示式 $\pm \dfrac{d}{2a}(\bmod p^{\nu-\mu})$ 的值,这个表示式等价于表示式 $\pm \dfrac{A-a^2}{2ap^\mu}(\bmod p^\nu)$.

这样一来,如果给出了对模 p 同余于 A 的平方数,那么就能找到对模 p^2 同余于 A 的平方数;从而往后可推到模 p^4,再往后推到模 p^8,等等.

例 如果给出了剩余 6,它对模 5 同余于 1 的平方,那么我们就可求出平方数 9^2 对模 25 同余于它,进而求出 16^2 对模 125 同余于它等.

102.

注意到被 p 整除的数的平方显然被 p^2 整除,因此,所有被 p 整除但不被 p^2 整除的数是 p^n 的非剩余. 一般地,如果给定数 $p^k A$,A 不被 p 整除,那么需要区分以下情形:

(1) 当 $k \geqslant n$ 时,我们有 $p^k A \equiv 0(\bmod p^n)$,即所给的数是剩余.

(2) 当 $k < n$ 且是奇数时,$p^k A$ 是非剩余.

这是因为,如果有 $p^k A = p^{2\kappa+1} A \equiv s^2 (\bmod p^n)$,那么,$s^2$ 将被 $p^{2\kappa+1}$ 整除,而这仅当 $p^{\kappa+1}$ 整除 s 时才可能成立. 但这时 s^2 也被 $p^{2\kappa+2}$ 整除,所以(因为 $2\kappa+2$ 显然不大于 n)$p^{2\kappa+2}$ 也将整除 $p^{2\kappa+1} A$,即 p 整除 A,这和假设矛盾.

(3) 当 $k < n$ 且是偶数时,$p^k A$ 是 p^n 的剩余或非剩余要依赖于 A 是 p 的剩余或非剩余. 这是因为,如果 A 是 p 的剩余,那么它将是模 p^{n-k} 的剩余. 但是,若

$A \equiv a^2 \pmod{p^{n-k}}$,则 $Ap^k \equiv a^2 p^k \pmod{p^n}$ 以及 $a^2 p^k$ 是平方数. 如果 A 是 p 的非剩余,那么 $p^k A$ 不可能是 p^n 的剩余. 事实上,如果有 $p^k A \equiv a^2 \pmod{p^n}$ 成立,那么 a^2 一定应被 p^k 整除. 所以,它们的商是一个平方数,且对模 p^{n-k} 同余于 A,因而也对模 p 同余于 A,即 A 是 p 的二次剩余. 但这和假设矛盾.

103.

因为在上面我们把 $p=2$ 的情形除外,所以现在我们应该专门对此说几句. 如果数 2 是模,那么每个数都是剩余,没有非剩余. 如果模等于 4,那么所有 $4k+1$ 型的奇数是剩余,而所有 $4k+3$ 型的奇数是非剩余. 最后,如果模等于 8 或 2 的更高次幂,那么所有 $8k+1$ 型的奇数是剩余,而所有其他的奇数,即 $8k+3$, $8k+5$, $8k+7$ 型的数都是非剩余. 这定理的最后一部分可由以下结论来推出:每一个奇数,无论是 $4k+1$ 还是 $4k-1$ 型,其平方总是 $8k+1$ 型的. 第一部分的证明如下:

(1) 如果两个数的和或差被 2^{n-1} 整除,那么这两个数的平方对模 2^n 同余. 因为,若其中一个数等于 a,那么,另一个数就有 $2^{n-1}h \pm a$ 的形式,以及它的平方 $\equiv a^2 \pmod{2^n}$.

(2) 每一个是模 2^n 的平方剩余的奇数,同余于一个小于 2^{n-2} 的奇数的平方. 这就是,设给定的数同余于平方数 a^2,及 $a \equiv \pm \alpha \pmod{2^{n-1}}$,这里 α 不超过这个模的一半(第 4 目);这样就有 $a^2 \equiv \alpha^2$. 因而所给的数就 $\equiv \alpha^2$. 显然,a 与 α 都是奇数,且 $\alpha < 2^{n-2}$.

(3) 所有小于 2^{n-2} 的奇数的平方对 2^n 互不同余. 事实上,设 r 和 s 是两个这样的数. 如果它们的平方对 2^n 同余,那么 $(r-s)(r+s)$ 被 2^n 整除(假定 $r>s$). 但是容易看出,数 $r-s, r+s$ 不能同时被 4 整除,所以,如果它们中的一个仅被 2 整除,那么,为了使得乘积被 2^n 整除,另一个就应被 2^{n-1} 整除. 但是,这是不可能的,因为它们中的每一个都小于 2^{n-2}.

(4) 最后,如果把这些平方数都化为它们的最小正剩余,那么我们就得到了 2^{n-3} 个小于模的不同的二次剩余①,以及它们都是 $8k+1$ 型的数. 但是,因为在小于模的数中恰好有 2^{n-3} 个 $8k+1$ 型的数,所以,所有这些数应该在所指出的剩余中. 这就是所要证明的.

为了求出一个平方数使其对模 2^n 同余于一个给定的 $8k+1$ 型的数,可以用类似于第 101 目中的方法(也可参看第 88 目). 最后,对于偶数,我们在第 102 目中对一般情形所说的每一件事情在这里都成立.

104.

当 A 是模 p^n 的剩余时,关于表示式 $V \equiv \sqrt{A} \pmod{p^n}$ 所取的不同的值(即对模不同余的值)的个数,从前面的讨论容易推出以下结论. (和以前一样,我们假定 p 是素数,以及为简单起见包括 $n=1$ 的情形.)

Ⅰ. 若 A 不被 p 整除,那么,当 $p=2, n=1$ 时, V 有 1 个值,即 $V=1$;当 p 是奇数,以及 $p=2, n=2$ 时, V 有 2 个值,即若它们中的一个 $\equiv v$,则另一个 $\equiv -v$;当 $p=2, n>2$ 时, V 有 4 个值,即若它们中的一个 $\equiv v$,则其他的是 $\equiv -v, 2^{n-1}+v, 2^{n-1}-v$.

Ⅱ. 若 A 被 p 整除但不被 p^n 整除,则设整除 A 的 p 的最高次幂是 $p^{2\mu}$(显见,它的指数应是偶数),以及设 $A = ap^{2\mu}$. 显然,这时 V 的所有的值都被 p^μ 整除,以及由此相除所得的所有的商是表示式 $V' \equiv \sqrt{a} \pmod{p^{n-2\mu}}$ 的值. 这样,只要将表示式 V' 位于 0 到 $p^{n-\mu}$ 之间的所有的值都乘以 p^μ,就可以得到 V 的所有的不同的值. 因此, V 的值可表为以下形式

---

① 因为小于 2^{n-2} 的奇数有 2^{n-3} 个.

$vp^\mu, vp^\mu + p^{n-\mu}, vp^\mu + 2p^{n-\mu}, \cdots, vp^\mu + (p^\mu - 1)p^{n-\mu}$
其中未知数 v 取表示式 V' 的所有不同的值,因此,相应于 V' 的值的个数是 $1,2$ 或 4(见情形 Ⅰ),V 的值的个数是 $p^\mu, 2p^\mu$ 或 $4p^\mu$.

Ⅲ. 若 A 被 p^n 整除,则容易看出,如果相应于 n 是偶或奇分别设 $n = 2m$ 或 $n = 2m - 1$,那么 V 的值是且仅是所有被 p^m 整除的数. 因此,$0, p^m, 2p^m, \cdots,$ $(p^{n-m} - 1)p^m$ 就给出了所有彼此不同的值,其个数是 p^{n-m}.

105.

剩下的情形是由若干个不同素数合成的模 m. 如果 $m = abc\cdots$,其中 $a, b, c, \cdots$ 是表示不同的素数或不同的素数幂,那么,首先显见,若 n 是模 m 的剩余,则它也是所有的模 $a, b, c, \cdots$ 的剩余,因此,n 显然是 m 的非剩余,只要它是数 $a, b, c, \cdots$ 中的一个的非剩余. 但是,反过来,若 n 是所有数 $a, b, c, \cdots$ 的剩余,则它也是它们的乘积 m 的剩余. 这是因为,如果我们假定对应于模 $a, b, c, \cdots$ 分别有 $n \equiv A^2, B^2, C^2, \cdots$,那么,由第 32 目可求得这样的数 N,它对应于模 $a, b, c, \cdots$ 分别同余于 $A, B, C, \cdots$,而对这个数 N,对所有这些模有 $n \equiv N^2$ 成立,因此这对它们的乘积 m 也成立. 因为容易看出,把数 A 即表示式 $\sqrt{n} \pmod{a}$ 的每一个值,与数 B 的每一个值,与数 C 的每一个值,$\cdots\cdots$ 相组合,我们就得到数 N 即表示式 $\sqrt{n} \pmod{m}$ 的一个值,以及从不同的组合就得到 N 的不同的值,而从所有可能的组合得到所有可能的值 N,所以,N 的所有不同的值的个数就等于数 $A, B, C, \cdots$ 的值的个数的乘积,在上一目中我们已经学会了确定这些个数.

进而显见,如果已知表示式 $\sqrt{n} \pmod{m}$ 即 N 的值,那么它也将同时是所有 $A, B, C, \cdots$ 的值,然而因为,根据上一目知道,由它可以推出这些量的所有的值,所以,由此推出,从 N 的一个值就可以得到所有其余的值.

例 设模等于 315,试问 46 是剩余还是非剩余. 315 的素除数是 3,5,7,以及 46 是它们中的每一个的剩余,所以它也是 315 的剩余. 进而因为,$46 \equiv 1$ 和 $\equiv 64 (\bmod 9)$,$\equiv 1$ 和 $\equiv 16 (\bmod 5)$,$\equiv 4$ 和 $\equiv 25 (\bmod 7)$,所以,对模 315 同余于 46 的所有平方数的根是 19,26,44,89,226,271,289,296.

§28 给定的数是给定素数模的剩余或非剩余的一般判别法

第 106 目

106.

从上面的结论可以推出,只要我们能够判定给定的素数是给定的素数模的剩余或非剩余,那么所有其他的情形就能归结于此. 因此,我们应该把我们的注意力集中于为了得到解决这一问题的准确的判别准则. 但是,在开始这一研究之前,我们要来先证明一个从上一篇推出的判别法,虽然它几乎没有什么实际用处,但是由于它的简单和一般性值得在此提出.

每一个不能被素数 $2m+1$ 整除的数 A 是这个素数的剩余或非剩余,依赖于

$$A^m \equiv +1 \text{ 或 } -1 (\bmod 2m+1)$$

成立.

这就是,如果在某一系统中数 A 对模 $2m+1$ 的指标是 a,那么,a 是偶数,当 A 是 $2m+1$ 的剩余,以及 a 是奇数,当 A 是 $2m+1$ 的非剩余. 而 A^m 的指标等于 ma,它 $\equiv 0$ 或 $m(\bmod 2m)$ 依 a 是偶数或奇数而定. 由此推出,在前一情形 A^m 将 $\equiv +1$,而在后一情形它将 $\equiv -1 (\bmod 2m+1)$(参看第 57,62 目).

例 3 是数 13 的剩余,因为 $3^6 \equiv 1 (\bmod 13)$;反

之,2 是模 13 的非剩余,因为 $2^6 \equiv -1 \pmod{13}$.

但是,即使我们所检验的数并不太大,由于所涉及的计算量,就立即可发现这一判别法实际上是无用的.

以给定的数为其剩余或非剩余的素数的讨论

第 107 ~ 150 目
107.

于是对给定的模,容易确定它的剩余或非剩余的所有的数. 事实上,如果给定的模 $= m$,那么只要去找出不超过 m 的一半的数的平方,或者甚至只要去找出对模 m 同余于这些平方数的数(实际上还有更方便的方法),以及所有对模 m 同余于所得的数中的任意一个的数是剩余,而所有对模 m 不同余于所得的数中的任意一个的数是非剩余. 但是,它的反问题:对给定某个数,去确定所有以它为剩余或非剩余的数,是十分困难的. 解决上一目中提出的问题依赖于这个问题的解决,现在我们将从最简单的情形开始来研究这个问题.

§29 剩余 -1

第 108 ~ 111 目
108.

定理 -1 是所有 $4n+1$ 型素数的剩余,以及是所有 $4n+3$ 型素数的非剩余.

例 从数 $2,5,4,12,6,9,23,11,27,34,22\cdots$ 的平方可发现,-1 分别是 $5,13,17,29,37,41,53,61,73,89,97\cdots$ 的剩余;相反的,它是数 $3,7,11,19,23,31,43,47,9,67,71,79,83\cdots$ 的非剩余.

在第64目的最后,我们提到了这一定理,其证明容易从第106目推出.因为,对于一个$4n+1$型的素数我们有$(-1)^{2n} \equiv 1$,而对于一个$4n+3$型的素数我们有$(-1)^{2n+1} \equiv -1$.这一证明和第64目的相同.但是,由于这一定理的优美与有用,以另外的方法再来证明它并非多余的.

109.

我们以字母C表示素数p的所有小于p但不包含0的剩余组成的总体.因为这些剩余的个数总是等于$\frac{p-1}{2}$,所以,它显然是偶数,当p是$4n+1$型;以及是奇数,当p是$4n+3$型.类似于第77目(那里是对任意数说的),我们将把其乘积$\equiv 1 \pmod{p}$的两个剩余称为是相伴的剩余;实际上,若r是剩余,则$\frac{1}{r} \pmod{p}$显然也是模p的剩余.因为同一个剩余在C中不能有多个相伴剩余,所以,C中的所有剩余显然可分为若干个组,其中每一组包含一对相伴剩余.如果没有一个剩余是它自己的相伴剩余,即每一组均有一对不同的剩余,那么所有的剩余的个数将是这样的组的个数的两倍;但是如果有某些剩余是它自己的相伴剩余,即有某些组仅包含一个剩余,或者你喜欢的话,也可以说有某些组包含了两个相同的剩余,我们把这样的组的个数记作a,其余的组的个数记作b,那么C中所有的剩余的个数等于$a+2b$.因此,若p是$4n+1$型,则a是偶数;以及若p是$4n+3$型,则a是奇数.但是,在小于p的数中,除了1和$p-1$外,没有和自己相伴的剩余(见第77目),而1显然一定是剩余.所以,在前一情形$p-1$(或者同样地说-1)应该是剩余,而在后一情形应该是非剩余,因为如若不然,在前一情形就有$a=1$,而在后一情形却有$a=2$,而这是不可能的.

110.

这个证明应归功于欧拉,他大体上给出了这个定理的第一个证明(*Opusc. Analyt.*, T. Ⅰ, p. 135). 容易看出,这个证明和我们的威尔逊(Wilson)定理的第二个证明(第77目)所基于的原理十分类似. 如果依据这个定理,那么上面的证明就会变得更简单. 因为在数 $1,2,3,\cdots,p-1$ 中有 $\frac{p-1}{2}$ 个模 p 的二次剩余及同样多个非剩余,所以,非剩余的个数将是偶数当 p 是 $4n+1$ 型,是奇数当 p 是 $4n+3$ 型. 这样一来,在前一情形,所有的数 $1,2,3,\cdots,p-1$ 的乘积将是一个剩余;而在后一情形,将是一个非剩余(第99目). 但是,这个乘积总是 $\equiv -1 (\bmod p)$;因此,在前一情形,-1 是一个剩余;而在后一情形,是一个非剩余.

111.

从所说的可推出,若 r 是 $4n+1$ 型素数的剩余,那么 $-r$ 也是这个素数的剩余;相反的,这样的数的所有非剩余取负号后也仍是非剩余①. 在 $4n+3$ 型素数的情形有相反的结论成立:当改变正负号后,剩余变为非剩余,以及反过来也对(见第98目).

最后,从上面的所有讨论,容易得到以下的一般规则:-1 是所有既不能被4也不能被任一 $4n+3$ 型素数整除的数的剩余,以及是所有其他的数的非剩余(参见103及105目).

---

① 所以,就此而言,当我们说到某个数是一个 $4n+1$ 型数的剩余或非剩余时,我们可以完全不计所讨论的数的正负号,或者说我们可用双重符号 $\pm$.

§30 剩余 +2 和 -2

第 112 ~ 116 目
112.

我们来考虑剩余 +2 和 -2.

如果我们从表 2 来收集以 +2 为剩余的所有素数,那么将得到 7,17,23,31,41,47,71,73,79,89,97. 我们注意到在这些数中没有一个是 $8n+3$ 或 $8n+5$ 型的.

所以,让我们来查看一下,这一归纳出来的结论是否可以确信.

首先,我们注意到每个 $8n+3$ 或 $8n+5$ 型的合数一定有 $8n+3$ 或 $8n+5$ 型的素因数;因为,仅由 $8n+1$ 或 $8n+7$ 型的素因数,显然,不能合成除了 $8n+1$ 或 $8n+7$ 型之外的其他的数. 因此,如果我们的归纳对一般情形也成立,那么 +2 将不应该是 $8n+3$ 或 $8n+5$ 型的数的剩余. 现在能肯定的是没有一个小于 100 的这种类型的数以 +2 为其剩余. 如果我们假定在这个界限之外有这样的数,那么设它们中的最小的数等于 t;这样一来,t 是 $8n+3$ 或 $8n+5$ 型的数,以及 +2 是 t 的剩余,同时是所有小于 t 的这种类型的数的非剩余. 若设 $2 \equiv a^2 \pmod{t}$,则总可以认为 a 是小于 t 的奇数 (因为 a 至少有两个小于 t 的正值且其和等于 t,所以其中一个为偶数另一个为奇数. 参看第 104,105 目). 如果这个条件满足,及 $a^2 = 2 + tu$,即 $tu = a^2 - 2$,那么 a^2 将是 $8n+1$ 型,所以 tu 是 $8n-1$ 型,因而,相应于 t 是 $8n+5$ 或 $8n+3$ 型的,u 将是 $8n+3$ 或 $8n+5$ 型的. 但是,从等式 $a^2 = 2 + tu$ 可推出,$2 \equiv a^2 \pmod{u}$,即 2 也是数 u 的剩余. 但是容易看出,$u<t$,因此 t 不是我们的归纳结论不成立的最小的数,这和我们的假设矛盾. 由此,显然推出,由归纳所发现的结论事实上总是

成立的.

如果将此与第111目中得到的定理相结合,那么就得到下述定理:

Ⅰ. 对于所有 $8n+3$ 型素数, $+2$ 是非剩余, 而 -2 是剩余.

Ⅱ. 对于所有 $8n+5$ 型素数, $+2$ 和 -2 均是非剩余.

113.

类似的,从表2我们找到①以 -2 为其二次剩余的素数是 $3,11,17,19,41,43,59,67,73,83,89,97$. 因为这些数中没有一个是 $8n+5,8n+7$ 型的,所以我们应来研究这一归纳结论是否一般也成立. 如同在上一目中所指出的一样: 每个型如 $8n+5$ 或 $8n+7$ 的合数必有一个 $8n+5$ 或 $8n+7$ 型的素因数, 因此, 如果我们的归纳对一般情形成立, 那么就没有一个 $8n+5$ 或 $8n+7$ 型的数以 -2 为其剩余. 如果假定这样的数存在, 那么设它们中的最小的等于 t, 及 $-2 = a^2 - tu$. 同时,如前一样,如果假设 a 为小于 t 的奇数,那么相应于 t 是 $8n+7$ 或 $8n+5$ 型, u 将是 $8n+5$ 或 $8n+7$ 型. 但从 $a^2 + 2 = tu$ 及 $a < t$, 容易推出 u 也小于 t. 最后, -2 也将是 u 的剩余, 即 t 将不是使我们的归纳结论不成立的最小的数, 这和假设矛盾. 因此, -2 必是所有 $8n+5$ 或 $8n+7$ 型的数的非剩余.

如果将此与第111目的定理相结合,那么就得到下述定理:

Ⅰ. 对于所有 $8n+5$ 型素数, -2 和 $+2$ 均是非剩余, 这我们已在上一目中证明.

Ⅱ. 对于所有 $8n+7$ 型素数, -2 是非剩余, 而 $+2$ 是剩余.

---

① 把 -2 看作是 $+2$ 和 -1 的乘积来讨论(参见第111目).

事实上,在两个证明的每一个中,我们也可以取 a 为偶数;这时我们必须区分 a 是 $4n+2$ 型或 $4n$ 型这两种情形. 这样,以后的推导就和前面一样,没有任何困难.

114.

还剩下一种情形,即当素数是 $8n+1$ 型. 上节的方法在这里不适用,需要特殊巧妙的方法.

如果对 $8n+1$ 型的素数模 a 是它的一个原根,那么 $a^{4n} \equiv -1 \pmod{8n+1}$(第 62 目),而这个同余式也可表为 $(a^{2n}+1)^2 \equiv 2a^{2n} \pmod{8n+1}$ 的形式,或 $(a^{2n}-1)^2 \equiv -2a^{2n} \pmod{8n+1}$ 的形式. 由此推出 $2a^{2n}$ 和 $-2a^{2n}$ 都是 $8n+1$ 的剩余. 再因为 a^{2n} 是不能被模整除的平方数,所以 $+2$ 和 -2 也都是剩余(第 98 目)①.

115.

再添加这个定理的另外的证明,将不是无益的;这一证明与前一证明的关系如同第 108 目的定理的第二个证明(第 109 目)与第一个证明(第 108 目)的关系一样. 当透彻地了解了这些问题后,就容易明白,在这里和在那里的两个证明都不是像它们初看起来有那样的不同.

Ⅰ. 对于任意一个 $4m+1$ 型的素数模,在小于模的数 $1,2,3,\cdots,4m$ 中,有 m 个数能同余于一个四次方数,而其余 $3m$ 个数则都不能同余于一个四次方数.

虽然这容易从上一篇的那些原理推出,但是即使没有它们这也不难证明. 事实上,我们已经证明 -1 总

---

① 更简单的证明如下:因为 $(a^{3n}-a^n)^2 = 2 + (a^{4n}+1)(a^{2n}-2)$ 及 $(a^{3n}+a^n)^2 = -2 + (a^{4n}+1)(a^{2n}+2)$,所以有 $\sqrt{2} \equiv \pm(a^{3n}-a^n)$ 及 $\sqrt{-2} \equiv \pm(a^{3n}+a^n) \pmod{8n+1}$. —— 高斯手写的注

是这样一个模的二次剩余.这样一来,如果$f^2 \equiv -1$,那么对任意不能被模整除的数z,4个数$+z$,$-z$,$+fz$,$-fz$(它们显然是互不同余的)的4次方将彼此同余.此外显见,任意一个与这4个数均不同余的数的4次方不能同余于它们的4次方(不然,四次同余方程$x^4 \equiv z^4$将有多于4个根,这和第43目矛盾).由此容易推出:由数$1,2,3,\cdots,4m$的4次方仅能给出m个互不同余的数,以及在同样的这些数中有m个数同余于这些4次方,而其他的数则不能同余于一个4次方数.

Ⅱ. 对于$8n+1$型的素数模,-1同余于某个4次方数(-1称为是这个素数的四次剩余).

这是因为,所有小于$8n+1$的四次剩余(0除外)的个数$=2n$,即是偶数.进而容易证明,若r是$8n+1$的四次剩余,则表达式$\frac{1}{r}(\bmod 8n+1)$的值也是四次剩余.因此,正如我们在第109目中将所有的二次剩余分组一样,可以将所有的四次剩余作同样的分组.而余下部分的论证就可以完全按照那里所用的同样的方法来进行.

Ⅲ. 设$g^4 \equiv -1$,及h是表示式$\frac{1}{g}(\bmod 8n+1)$的值.这时有(因为$gh \equiv 1$)
$$(g \pm h)^2 = g^2 + h^2 \pm 2gh \equiv g^2 + h^2 \pm 2$$
但是,$g^4 \equiv -1$,由此得$-h^2 \equiv g^4 h^2 \equiv g^2$,即$g^2 + h^2 \equiv 0$及$(g \pm h)^2 \equiv \pm 2$,因此,$+2$和$-2$都是$8n+1$的二次剩余.

116.

最后,综上所述,我们容易得到以下的一般规则:

$+2$是每个这样的数的剩余,它不能被4及不能被任意的$8n+3$或$8n+5$型素数整除,以及是所有其他的数的非剩余(例如,所有$8n+3$或$8n+5$型的数,无论它们是素数还是合数).

−2 是每个这样的数的剩余,它不能被 4 及不能被任意的 $8n+5$ 或 $8n+7$ 型素数整除,以及是所有其他的数的非剩余.

睿智的费马(*Op. Mathem.* ,p.168)已经知道了这些漂亮的定理,但是对这些自称已经得到的结论他从未宣布过证明. 后来,欧拉对证明做过一些无效的探索;第一个严格的证明是由拉格朗日给出的(*Nouv. Mém. de l' Acad. de Berlin* ,1775,p.349,351). 看来,欧拉在写他的论文(发表在 *Opusc. Analyt.* ,T. I,p.259)时还不知道这个证明.

§31 剩余 + 3 和 − 3

第 117 ~ 120 目
117.

现在我们来讨论剩余 + 3 和 − 3,先从第二个开始.

从表 2 可知, − 3 是以下素数的剩余:3,7,13,19,31,37,43,61,67,73,79,97,其中没有一个是 $6n+5$ 型的. 我们用下面的方法来证明,即使在此表之外也没有一个这种形式的素数以 − 3 为剩余. 首先,任意一个 $6n+5$ 型的合数必有一个同样形式的素因数. 因此,如果到某一界限没有一个 $6n+5$ 型的素数以 − 3 为剩余,那么到这一界限也没有一个这样的合数能有这一性质. 假如在我们的表外有这样的数,那么设它们中的最小的等于 t 以及 $-3 = a^2 - tu$. 现在,如果我们取 a 是偶数且小于 t,那么将有 $u < t$ 及 − 3 是 u 的剩余. 但是,如果 a 是 $6n \pm 2$ 型,那么 tu 将是 $6n+1$ 型,因此 u 是 $6n+5$ 型. 然而,这是不可能的,因为根据我们的假定 t 是使我们的归纳假设不成立的最小的这种数. 同样,如果 a 是 $6n$ 型,那么 tu 将是 $36n+3$ 型,因此 $\dfrac{1}{3}tu$ 将

是 $12n+1$ 型，而 $\frac{1}{3}u$ 将是 $6n+5$ 型. 但显见 -3 是 $\frac{1}{3}u$ 的剩余及 $\frac{1}{3}u<t$，而这是不可能的. 所以，-3 显然不是任意一个 $6n+5$ 型数的剩余.

因为，每个 $6n+5$ 型的数一定是 $12n+5$ 或 $12n+11$ 型的数，以及前一类数包含在 $4n+1$ 型的数中，后一类数包含在 $4n+3$ 型的数中，所以我们有下面的定理：

Ⅰ. 对每一个 $12n+5$ 型素数，-3 和 $+3$ 都是非剩余.

Ⅱ. 对每一个 $12n+11$ 型素数，-3 是非剩余，而 $+3$ 是剩余.

118.

从表 2 可找到以 $+3$ 为剩余的数是 $3,11,13,23,37,47,59,61,71,73,83,97$；这些数没有一个是 $12n+5$ 或 $12n+7$ 型的. 我们能利用第 112，113 和 117 目中所用的同样的方法来证明：在所有 $12n+5$，$12n+7$ 型的数中没有一个数以 $+3$ 为其剩余，所以我们略去详细推导. 结合第 111 目，就有下面的定理：

Ⅰ. 对每一个 $12n+5$ 型素数，$+3$ 和 -3 都是非剩余（这我们已在上目中得到）.

Ⅱ. 对每一个 $12n+7$ 型素数，$+3$ 是非剩余，而 -3 是剩余.

119.

然而，对于 $12n+1$ 型的数利用这种方法不能得知任何信息，因此，对它的讨论要用特殊的方法. 通过归纳容易看出 $+3$ 和 -3 是所有这种形式的素数的剩余. 此外，显然只须证明 -3 是剩余，因为由此可推出 $+3$ 一定也是剩余（第 111 目）. 然而，我们将证明一个更一般的结论，即 -3 是每一个 $3n+1$ 型素数的剩余.

设 p 是这样一个素数,以及对模 p 数 a 是属于指数 3(因为 3 整除 $p-1$,所以由第 54 目易知存在这样的数). 这时有 $a^3 \equiv 1 \pmod{p}$,也就是 $a^3 - 1$ 即 $(a^2+a+1)(a-1)$ 被 p 整除. 但显见 a 不能 $\equiv 1 \pmod{p}$,因为 1 属于指数 1,所以 $a-1$ 不能被 p 整除,而 a^2+a+1 被 p 整除. 因此,$4a^2+4a+4$ 也被 p 整除,即 $(2a+1)^2 \equiv -3 \pmod{p}$,所以 -3 是 p 的剩余.

顺便指出,显然这一证明(它和前面的那些证明是无关的)也包含了 $12n+7$ 型素数,而这已经在上一目中讨论过了.

还可以指出的是,我们也能够用类似于第 109 和 105 目中的方法来做这种讨论,为了简单起见这里就不说了.

120.

从以上结论容易推出下面的定理(见第 102,103,105 目).

Ⅰ. -3 是所有既不能被 8,9 也不能被任一 $6n+5$ 型素数整除的数的剩余,以及是所有其他数的非剩余.

Ⅱ. $+3$ 是所有既不能被 4,9 也不能被任一 $12n+5$ 或 $12n+7$ 型素数整除的数的剩余,以及是所有其他数的非剩余.

特别要指出的是下面的特殊情形:

-3 是所有 $3n+1$ 型素数的剩余,或者,同样可以说,-3 是所有的是数 3 的剩余的素数的剩余;以及,-3 是所有 $6n+5$ 型素数的非剩余,或者说,-3 是除了数 2 以外的所有 $3n+2$ 型素数,即所有的是数 3 的非剩余的素数的非剩余. 所有其他的情形可容易地由此推出.

费马(*Opera Wallisii*,T. Ⅱ,p. 857)已经知道这些与剩余 $+3$ 和 -3 有关的定理,而第一个给出证明的是欧拉(*Comm. Nov. Petr.*,T. Ⅷ,p. 105 及以后). 所以

使人特别感到奇怪的是,虽然关于剩余 + 2 和 − 2 的定理的证明是基于类似的方法,但它们却躲开了欧拉的注意. 亦可参看拉格朗日的评述(*Nouv. Mém. de l'Ac. de Berlin*, p. 352).

§32　剩余 + 5 和 − 5

第 121 ~ 123 目

121.

通过归纳的方法我们发现, + 5 不是任意一个 $5n + 2$ 或 $5n + 3$ 型的奇数,即任意一个是 5 的非剩余的奇数的剩余. 下面来证明这一规则没有例外. 假设使这一规则不成立的数(如果这样的数的确是存在的话)中的最小数等于 t, 它是 5 的非剩余,同时 5 是 t 的剩余. 进而设 $a^2 = 5 + tu$, 这里 a 是小于 t 的偶数. 这时, u 是小于 t 的奇数, 而 + 5 是 u 的剩余. 若 5 不整除 a 则它也不整除 u; 但显见 tu 是 5 的剩余, 而因为 t 是 5 的非剩余, 所以 u 也是 5 的非剩余. 这样一来, 就存在一个数 5 的奇的非剩余, + 5 是它的剩余且它小于 t. 但这和我们的假设矛盾. 若 5 整除 a, 则设 $a = 5b$ 及 $u = 5v$, 我们就有 $tv \equiv -1 \equiv 4 \pmod{5}$, 即 tv 是数 5 的剩余. 进而,证明就被归结为第一种情形.

122.

因此, + 5 和 − 5 都是所有这样的素数的非剩余, 它们同时是 5 的非剩余及 $4n + 1$ 型, 即所有 $20n + 13$ 或 $20n + 17$ 型的素数; 对于所有 $20n + 3$ 或 $20n + 7$ 型的素数, + 5 是非剩余, 而 − 5 是剩余.

用完全类似的方法, 可以证明: − 5 是所有 $20n + 11$, $20n + 13$, $20n + 17$, $20n + 19$ 型的素数的非剩余. 容易看出, 由此可推出, + 5 是所有 $20n + 11$ 或 $20n + 19$ 型的素数的剩余, 以及所有 $20n + 13$ 或

$20n+17$ 型的素数的非剩余. 因为, 除了 2 及 5(± 5 是它们的剩余) 之外, 任意一个素数一定属于 $20n+1$, 3, 7, 9, 11, 13, 17, 19 型中之一, 所以, 除了 $20n+1$ 或 $20n+9$ 型之外, 我们显然已经能够对所有其余类型的素数解决我们的问题.

123.

通过归纳的方法容易发现, $+5$ 和 -5 是所有 $20n+1$ 或 $20n+9$ 型素数的剩余. 如果这总是成立, 那么我们就有一个漂亮的定理, 即, $+5$ 是所有这样的素数的剩余, 它们是数 5 的剩余(因为这些数可表为 $5n+1$ 或 $5n+4$ 型, 即 $20n+1, 9, 11, 19$ 型中的一类, 而对于其中的第 3 及第 4 类, 这一事实我们已经证明), 以及 $+5$ 是所有这样的奇素数的非剩余, 它们是数 5 的非剩余, 这在上面已经证明. 显见, 这个定理足以用来判断 $+5$(因而, 判断 -5, 只要把它看作 $+5$ 和 -1 的乘积) 是否是任一给定数的剩余或非剩余. 最后, 我们要注意观察这一定理与第 120 目中讨论剩余 -3 的定理之间的类似之处.

然而, 要证明这一归纳出来的结论不是很容易. 如果给出某个 $20n+1$ 素数, 或更一般地, $5n+1$ 型素数, 那么可以用类似于第 114 和 119 目中的方法来解决这问题. 这就是, 如果 a 是任意一个对模 $5n+1$ 属于指数 5 的数(由上篇推出存在这样的数), 那么有 $a^5 \equiv 1$, 即 $(a-1)(a^4+a^3+a^2+a+1) \equiv 0 \pmod{5n+1}$. 但因为不能有 $a \equiv 1$, 即不能有 $a-1 \equiv 0$, 所以必有 $a^4+a^3+a^2+a+1 \equiv 0$. 因此也有 $4(a^4+a^3+a^2+a+1) = (2a^2+a+2)^2 - 5a^2 \equiv 0$, 即 $5a^2$ 是 $5n+1$ 的剩余, 这就等于说 5 也是剩余, 因为 a^2 是剩余且不能被 $5n+1$ 整除(实际上, 由 $a^5 \equiv 1$ 知 a 不能被 $5n+1$ 整除).

对给出的是 $5n+4$ 型素数的情形, 证明要求更深的辅助技巧. 但是, 因为可用以解决这一问题的定理将在以后表述为更一般的形式,所以在这里我们只是简略地直接叙述它们.

Ⅰ. 如果 p 是素数,及 b 是 p 的一个给定的二次非剩余,那么不管 x 取什么值,表达式
$$A = \frac{(x+\sqrt{b})^{p+1} - (x-\sqrt{b})^{p+1}}{\sqrt{b}}$$
(显见,当它展开后不包含无理项)的值将总能被 p 整除. 这就是,考查在展开 A 后所得到的系数,容易看出:从第二项(包含在内)起直到倒数第二项(包含在内),所有的系数均被 p 整除,因此有
$$A \equiv 2(p+1)(x^p + xb^{\frac{p-1}{2}}) \pmod{p}$$
但因为 b 是模 p 的非剩余,所以 $b^{\frac{p-1}{2}} \equiv -1 \pmod{p}$ (第 106 目),而 x^p 总是 $\equiv x$ (根据上篇),因此,$A \equiv 0$.

Ⅱ. 同余方程 $A \equiv 0 \pmod{p}$ 对变数 x 的次数是 p,以及所有的数 $0,1,2,\cdots,p-1$ 都是它的根. 如果现在取 e 是数 $p+1$ 的一个除数,那么表达式
$$\frac{(x+\sqrt{b})^e - (x-\sqrt{b})^e}{\sqrt{b}}$$
(把它记为 B) 展开后不包含无理项,变数 x 的次数是 $e-1$,以及由最初等分析可知(作为多项式) A 被 B 整除. 现在我断言:x 将有 $e-1$ 个值,使它们代入式 B 后,B 被 p 整除. 为此,如果设 $A \equiv BC$,那么在 C 中 x 的次数是 $p-e+1$,因此,同余方程 $C \equiv 0 \pmod{p}$ 不能有多于 $p-e+1$ 个根. 由此容易推出,在 $0,1,2,\cdots,p-1$ 中剩下的所有 $e-1$ 个数将是同余方程 $B \equiv 0$ 的根.

Ⅲ. 现在假定 p 是 $5n+4$ 型,$e=5$,b 是模 p 的非剩余,以及选取数 a 使得
$$\frac{(a+\sqrt{b})^5 - (a-\sqrt{b})^5}{\sqrt{b}}$$
被 p 整除. 这个表达式等于
$$10a^4 + 20a^2b + 2b^2 = 2[(b+5a^2)^2 - 20a^4]$$
所以,$(b+5a^2)^2 - 20a^4$ 也被 p 整除,即 $20a^4$ 是模 p 的

剩余.但是,因为 $4a^4$ 是剩余且不被 p 整除(实际上,显见 a 不被 p 整除),所以 5 也是模 p 的剩余,这就是所要证的.

由此推出,本目开始所提出的定理总是成立的.

还应指出,这两种情形的证明我们应归功于拉格朗日(*Mém. de l'Ac. de Berlin*,1775,第 352 页及以后).

§33 剩余 +7 和 -7

第 124 目

124.

用类似的方法能证明: -7 是每个这样的数的非剩余,它是数 7 的非剩余.

通过归纳同样可推断: -7 是每个这样的素数的剩余,它是数 7 的剩余.

然而,至今还没有人对此给出严格的证明. 但是,对于数 7 的那些 $4n-1$ 型的剩余是容易证明的. 事实上,从上一目的方法已经完全可确定我们能证明, $+7$ 总是这种素数的非剩余,因而 -7 是这种素数的剩余. 但这只是前进了一小步,因为其余的情形不能用这种方法来处理. 仅还有一种情形可以用类似于第 119,123 目中的方法来讨论. 这就是,如果 p 是 $7n+1$ 型素数,及 a 对模 p 属于指数 7,那么容易看出表达式

$$\frac{4(a^7-1)}{a-1} = (2a^3+a^2-a-2)^2 + 7(a^2+a)^2$$

总被 p 整除,因而 $-7(a^2+a)^2$ 是模 p 的剩余. 但平方数 $(a^2+a)^2$ 是 p 的剩余且同时不被 p 整除;这是因为,我们假定 a 属于指数 7,所以它既不 $\equiv 0$ 也不 $\equiv 1 \pmod{p}$,即 a 和 $a+1$ 均不能被 p 整除,故平方数 $(a+1)^2 a^2$ 也不被 p 整除. 这样一来, -7 显然也是 p 的剩余,这就是所要证明的. 但是, $7n+2$ 或 $7n+4$ 型

的素数不能用至今所考虑过的任意一种方法来处理. 上面的证明也是首先由拉格朗日在其同一著作(见第 123 目最后)中发现的. 之后, 在第七篇中, 我们将证明一般的表达式 $\dfrac{4(x^p-1)}{x-1}$ 总能化为 $X^2 \mp pY^2$ 的形式(当 p 是 $4n+1$ 型素数时取上面的符号, p 是 $4n+3$ 型素数时取下面的符号), 这里 X,Y 是 x 的整有理函数. 对大于 7 的 p, 拉格朗日没有做这种分析(见第 123 目最后所引著作的, 第 352 页).

§34 为一般讨论做准备

第 125 ~ 129 目

125.

因为至今所用的方法都不足以给出一般的证明, 现在我们将提出另外一个方法, 它没有这种缺陷. 我们从一个定理开始, 它的证明一直被忽略了, 虽然初看起来它的正确性好像是那样显然, 以至于某些人认为它是不需要证明的. 这个定理表述如下: 除了正的平方数以外, 任意一个数一定是某个素数的非剩余. 然而, 由于我们只是打算利用这个定理作为辅助工具来证明其他一些命题, 所以在这里仅将讨论为此目的所需要的那些情形. 其余情形的正确性将在以后给出. 现在我们将证明: 每个 $4n+1$ 型素数, 无论是取正号还是取负号①, 一定是某个素数的非剩余, 同时(若给定的数 > 5), 它可取为小于给定的素数本身的素数.

首先, 如果对给定的 $4n+1$ 型素数 p, 它需取负号(我们可认为 $p > 17$, 因为 -13 是 3 的非剩余, -17

---

① 当然, $+1$ 必须除外.

是 5 的非剩余),那么设 $2a$ 是大于 $\sqrt{p}$ 的第一个偶数;容易看出,总有 $4a^2 < 2p$,即 $4a^2 - p < p$. 但 $4a^2 - p$ 是 $4n + 3$ 型的,而 $+p$ 是数 $4a^2 - p$ 的剩余(因为 $p \equiv 4a^2 (\bmod 4a^2 - p)$). 因此,如果 $4a^2 - p$ 是素数,那么 $-p$ 就是它的非剩余;如果它不是素数,那么它一定有一个 $4n + 3$ 型的素因数,因为 $+p$ 也是这个因数的剩余,所以 $-p$ 是它的非剩余.

其次,关于应取正号的素数,我们将分两种情形来讨论. 首先假设 p 是 $8n + 5$ 型素数. 如果 a 是任意小于 $\sqrt{\dfrac{p}{2}}$ 的正数,那么 $8n + 5 - 2a^2$ 将是 $8n + 5$ 或 $8n + 3$ 型(相应于 a 是偶或奇)的正数,所以,它一定被某个 $8n + 3$ 或 $8n + 5$ 型的素数整除,因为任意多个 $8n + 1$ 和 $8n + 7$ 型的数的乘积不可能有 $8n + 3$ 或 $8n + 5$ 型. 如果所说的素因数等于 q,那么就有 $8n + 5 \equiv 2a^2 (\bmod q)$. 但 2 是数 q 的非剩余(第 112 目),所以 $2a^2$ 和 $8n + 5$ 也都是数 q 非剩余①.

126.

然而,对每个取正号的 $8n + 1$ 型素数总是某个小于它的素数的非剩余,我们不能用这种简单的技巧来证明. 但是,由于这一事实具有非凡的重要性,所以我们不能略去其严格的证明,即使这证明有点长. 我们从下面的引理开始.

引理 设有两个数列(这两个数列的项数相同还是不相同是无关紧要的)

(Ⅰ) $A, B, C, \cdots$

(Ⅱ) $A', B', C', \cdots$

如果具有这样的性质: 若 p 表示至少整除第二个数列

---

① 第 98 目. 显见,a^2 是 q 的剩余且不被 q 整除,若不然素数 p 将被 q 整除,这不可能.

中的一项的素数或素数幂,则在第一个数列中被 p 整除的项数至少和第二个数列中被 p 整除的项数一样多.那么,我断言(Ⅰ)中所有数的乘积一定被(Ⅱ)中所有数的乘积整除.

例 如果(Ⅰ)由数 12,18,15 组成,而(Ⅱ)由数 3,4,5,6,9 组成,那么这时有数 $p=2,4,3,9,5$,在(Ⅰ)中相应地有 2,1,3,2,1 项被 p 整除,而在(Ⅱ)中相应地有 2,1,3,1,1 项被 p 整除.(Ⅰ)中所有项的乘积等于 9 720,它被(Ⅱ)中所有项的乘积 3 240 整除.

证明 如果(Ⅰ)中所有项的乘积等于 Q,(Ⅱ)中所有项的乘积等于 Q',那么,每个 Q' 的素除数显然一定也是 Q 的除数.我们来证明,Q' 的每个素因数在 Q 中的指数至少和其在的 Q' 中的指数一样大.如果设 p 是这样的一个除数,在数列(Ⅰ)中有 a 项被 p 整除,b 项被 p^2 整除,c 项被 p^3 整除,……,而字母 $a',b',c',\cdots$ 对数列(Ⅱ)表示类似的含义,那么,容易看出,在 Q 中 p 的指数是 $a+b+c+\cdots$,以及在 Q' 中 p 的指数是 $a'+b'+c'+\cdots$.根据假设,a' 一定不大于 a,b' 一定不大于 b,……,所以 $a'+b'+c'+\cdots$ 一定不大于 $a+b+c+\cdots$.因此,没有素数能在 Q' 中有比在 Q 中更大的指数,所以 Q 被 Q' 整除(第 17 目).

127.

引理 在数列 $1,2,3,4,\cdots,n$ 中,被任一整数 h 整除的项数,不能多于在具有相同项数的数列 $a,a+1,a+2,a+3,\cdots,a+n-1$ 中,被 h 整除的项数.

容易看出,当 n 是 h 的倍数时,每个数列中都有 $\dfrac{n}{h}$ 项被 h 整除;当 n 不是 h 的倍数时,设 $n=eh+f,f<h$;这时,在第一个数列中有 e 项被 h 整除,而在第二个数列中将有 e 或 $e+1$ 项被 h 整除.

作为一个附加的结果,由此可推出形数理论中熟知的定理,即

$$\frac{a(a+1)(a+2)\cdots(a+n-1)}{1\times 2\times 3\times\cdots\times n}$$

总是整数. 但是, 如果我们没有弄错的话, 到目前为止还没有人直接证明它.

最后, 这引理的更一般的形式可表述如下：

在数列 $a, a+1, a+2, a+3, \cdots, a+n-1$ 中, 对模 h 同余于给定的数 r 的项数, 至少与在数列 $1, 2, 3, 4, \cdots, n$ 中, 被 h 整除的项数一样多.

128.

定理 如果 a 是任一 $8n+1$ 型数, p 是任一与 a 互素且以 $+a$ 为其剩余的数, 以及 m 是任意的数, 那么我断言：相应于 m 是偶数或奇数, 在数列

$$a, \frac{1}{2}(a-1), 2(a-4), \frac{1}{2}(a-9), 2(a-16), \cdots,$$

$$2(a-m^2) \text{ 或 } \frac{1}{2}(a-m^2)$$

中, 被 p 整除的项数至少与数列

$$1, 2, 3, \cdots, 2m+1$$

中被 p 整除的项数一样多.

我们以 (Ⅰ) 表示第一个数列, 以 (Ⅱ) 表示第二个数列.

证明 Ⅰ. 若 $p = 2$, 则除第一项外, p 整除 (Ⅰ) 中所有的项, 即有 m 项；在 (Ⅱ) 中也有同样多的项被 p 整除.

Ⅱ. 如果 p 是奇数, 或是奇数的 2 倍或 4 倍, 以及 $a \equiv r^2 \pmod{p}$, 那么在数列

$$-m, -(m-1), -(m-2), \cdots, +m$$

(它和 (Ⅱ) 的项数相同, 我们将其表示为 (Ⅲ)) 中, 对模 p 同余于 r 的项数至少和数列 (Ⅱ) 中被 p 整除的项数一样多 (根据上一目). 但是, 在数列 (Ⅲ) 的这样的项中, 不存在一对数只是正负号不同而绝对值相

同①.同时,这样的项中的每一项将对应于数列(Ⅰ)中的被p整除的一项.这就是说,如果$\pm b$是数列(Ⅲ)中对模p同余于r的某一项,那么$a-b^2$将被p整除.因而,若b是偶数,则数列(Ⅰ)中的项$2(a-b^2)$将被p整除.若b是奇数,则项$\frac{1}{2}(a-b^2)$将被p整除;实际上,显然$\frac{a-b^2}{p}$是偶整数,因为$a-b^2$被8整除而p至多被4整除(根据假设a是$8n+1$型数,奇数的平方b^2具有同样的形式,所以它们的差是$8n$型数).最后,由此就推出,在数列(Ⅰ)中被p整除的项数和数列(Ⅲ)中对模p同余于r的项数一样多,即等于或大于数列(Ⅱ)中被p整除的项数.

Ⅲ.如果p是$8n$型数,及$a\equiv r^2(\bmod 2p)$(实际上,因为根据假定a是数p的剩余,所以容易看出,它也是$2p$的剩余),那么在数列(Ⅲ)中对p同余于r的项数至少和数列(Ⅱ)中被p整除的项数一样多,以及前者中所有这些项的绝对值均各不相等.但是,对其中的每一项都有(Ⅰ)中被p整除的一项与之对应.因为,若$+b$或$-b\equiv r(\bmod p)$,则有$b^2\equiv r^2(\bmod 2p)$②,所以项$\frac{1}{2}(a-b^2)$被p整除.因此,数列(Ⅰ)中被p整除的项数至少和数列(Ⅱ)中被p整除的项数一样多.

---

① 因为,若$r\equiv -f\equiv +f(\bmod p)$,则$2f$将被$p$整除,所以$2a$也被$p$整除(因为$f^2\equiv a(\bmod p)$),除非$p=2$,这是不可能的,因为根据假设$a$和$p$互素.而情形$p=2$我们已经单独讨论过了.

② 因为$b^2-r^2=(b-r)(b+r)$由两个因数合成,其中一个被p整除(根据假设),另一个被2整除(因为b和r均为奇数),所以b^2-r^2被$2p$整除.

129.

定理 若 a 是 $8n+1$ 型素数,则必有某个小于 $2\sqrt{a}+1$ 的素数使得 a 是它的非剩余.

证明 假设 a 是所有小于 $2\sqrt{a}+1$ 的素数的剩余,如果这是可能的话.容易看出,这时 a 将是所有小于 $2\sqrt{a}+1$ 的合数的剩余(根据一个给定的数是否是一个合数的剩余或非剩余的判别法则,第 105 目).如果小于 $\sqrt{a}$ 的数中的最大整数等于 m,那么在数列

$$(\text{I})\ a, \frac{1}{2}(a-1), 2(a-4), \frac{1}{2}(a-9), 2(a-16), \cdots, 2(a-m^2) \text{ 或 } \frac{1}{2}(a-m^2)$$

中,被小于 $2\sqrt{a}+1$ 的任意一个数整除的项数至少和在数列

$(\text{II})\ 1, 2, 3, \cdots, 2m+1$ 中被这个数整除的项数一样多(根据上一目).由此推出,(I)中所有项的乘积被(II)中所有项的乘积整除(第 126 目).前者等于 $a(a-1)(a-4)\cdots(a-m^2)$ 或这个乘积的一半(相应于 m 是偶或奇).因而,乘积 $a(a-1)(a-4)\cdots(a-m^2)$ 显然被(II)中所有项的乘积整除,而因为(II)中所有的项均和 a 互素,所以(I)中除 a 以外的所有项的乘积也将被(II)中所有项的乘积整除.但(II)中所有项的乘积可表为以下形式

$$(m+1)[(m+1)^2-1][(m+1)^2-4]\cdots\cdot[(m+1)^2-m^2]$$

因此

$$\frac{1}{m+1}\cdot\frac{a-1}{(m+1)^2-1}\cdot\frac{a-4}{(m+1)^2-4}\cdot\cdots\cdot\frac{a-m^2}{(m+1)^2-m^2}$$

将是一个整数,虽然它是一些小于 1 的分数的乘积;这是因为 $\sqrt{a}$ 一定是无理数,所以 $m+1 > \sqrt{a}$ 以及 $(m+1)^2 > a$.由此就推出我们的假设不能成立.

但因 a 显然大于 9,所以 $2\sqrt{a}+1$ 小于 a,因此一定

存在一个素数小于 a 使得 a 是它的非剩余.

§35 用归纳方法来发现一般的(基本)定理及由其推出的结论

第 130 ~ 134 目

130.

我们已经严格证明了:每个 $4n+1$ 型素数,无论对它取正号还是负号,都一定是某个比它小的素数的非剩余①,现在我们马上要从这样的观点来更详细更一般地比较素数:何时它们中的一个是另一个的剩余或非剩余.

上面我们已经严格证明: -3 和 $+5$ 是所有这样的素数的剩余或非剩余,它们分别是 3 和 5 的剩余或非剩余.

从讨论以下的数我们可以发现: $-7, -11, +13, +17, -19, -23, +29, -31, +37, +41, -43, -47, +53, -59$ 等各自是所有这样的素数的剩余或非剩余,它们取正号,分别是所指出的数的剩余或非剩余.这一讨论能够容易地借助于表 2 来完成.

稍加注意就可以看出,在这些素数中,对 $4n+1$ 型素数是取正号,而对 $4n+3$ 型素数是取负号.

131.

我们将马上来证明,由归纳所发现的这一事实一般也成立②.但是,在此之前,要在假定这定理成立的条件下,先指出可由它推出的所有结论.这定理本身

---

① 我们发现这个证明是在 1796 年 4 月 8 日. —— 高斯手写的注
② 通过归纳发现基本定理是在 1795 年 3 月.得到第一个证明,即本篇中的证明,是在 1796 年 4 月. —— 高斯手写的注

我们表述如下:

若 p 是 $4n+1$(或 $4n+3$)型素数,则 $+p$(或 $-p$)是每个这样的素数的剩余或非剩余,这个素数取正号,是 p 的剩余或非剩余.

因为关于二次剩余的几乎所有结论都是基于这一定理,所以称其为基本定理应该是可以接受的,从现在开始我们就将用这一术语.

为了用尽可能简单的公式来表述我们的结论,我们以字母 $a,a',a'',\cdots$ 表示 $4n+1$ 型素数,以字母 $b,b',b'',\cdots$ 表示 $4n+3$ 型素数,再以字母 $A,A',A'',\cdots$ 表示任意的 $4n+1$ 型数,以字母 $B,B',B'',\cdots$ 表示任意的 $4n+3$ 型数.最后,在两个量之间放置字母 R 表示前者是后者的剩余,而放置字母 N 将表示相反的意义.例如,$+5R11$,$\pm2N5$ 就表示 $+5$ 是 11 的剩余,而 $+2$ 和 -2 是 5 的非剩余.现在,如果把基本定理和第 111 目中的那些定理相结合,那么我们就能容易推出以下定理.

	如果	则有
1	$\pm aRa'$	$\pm a'Ra$
2	$\pm aNa'$	$\pm a'Na$
3	$\left.\begin{array}{r}+aRb\\ -aNb\end{array}\right\}$	$\pm bRa$
4	$\left.\begin{array}{r}+aNb\\ -aRb\end{array}\right\}$	$\pm bNa$
5	$\pm bRa$	$\left\{\begin{array}{r}+aRb\\ -aNb\end{array}\right.$
6	$\pm bNa$	$\left\{\begin{array}{r}+aNb\\ -aRb\end{array}\right.$
7	$\left.\begin{array}{r}+bRb'\\ -bNb'\end{array}\right\}$	$\left\{\begin{array}{r}+b'Nb\\ -b'Rb\end{array}\right.$
8	$\left.\begin{array}{r}+bNb'\\ -bRb'\end{array}\right\}$	$\left\{\begin{array}{r}+b'Rb\\ -b'Nb\end{array}\right.$

132.

上面列出了比较两个素数时可能出现的所有情形;下面是关于任意数之间的关系,但它们的证明并不显然.

	如果	则有
9	$\pm aRA$	$\pm ARa$
10	$\pm bRA$	$\begin{cases} +ARb \\ -ANb \end{cases}$
11	$+aRB$	$\pm BRa$
12	$-aRB$	$\pm BNa$
13	$+bRB$	$\begin{cases} -BRb \\ +BNb \end{cases}$
14	$-bRB$	$\begin{cases} +BRb \\ -BNb \end{cases}$

因为所有这些定理的证明基于同样的原理,所以它们不需要全部详细给出;作为一个例子我们将给出定理9的证明. 一般地,我们可看出,每个$4n+1$型数,要么没有$4n+3$型的因数,要么这样的因数有2个或4个,或……,即这样的因数(其中可以有相等的)的个数总是偶数;而每个$4n+3$型数总是包含奇数个$4n+3$型的因数(即有1个,3个,或5个……). $4n+1$型的因数的个数仍是不确定的.

定理9的证明如下:设A是素因数$a', a'', a''', \cdots$, $b, b', b'', \cdots$的乘积,因数$b, b', b'', \cdots$的个数为偶(或者不存在,这情形也一样). 若a是A的剩余,则它也是每个因数$a', a'', a''', \cdots, b, b', b'', \cdots$的剩余. 由131目的定理1和定理3知,这些因数中的每一个也都是a的剩余,所以它们的乘积A是a的剩余. $-A$也一样是a的剩余. 如果$-a$是A的剩余,因而它也是每个因数a', $a'', \cdots, b, b', \cdots$的剩余,那么,每个因数$a', a'', \cdots$都是$a$的剩余,而每个因数$b, b', \cdots$都是$a$的非剩余. 但是,因为后者的个数为偶,所以所有因数的乘积,即A是a

的剩余,因而 $-A$ 也是 a 的剩余.

133.

我们还要推广我们的研究. 考虑任意两个互素的,本身带任意符号的奇数 P 和 Q①. 我们先不考虑数 P 的正负号,并将其分解为素因数,以及以 p 表示其中以 Q 为其非剩余的因数的个数. 如果以 Q 为其非剩余的某个素数在 P 的因数中出现若干次,那么它也被重复计数同样多次. 类似的,设 q 是以 P 为其非剩余的 Q 的素因数的个数. 这样,我们将发现数 p 和 q 彼此间有某种联系,这种联系依赖于数 P 和 Q 的性质. 也就是说,如果数 p,q 中的一个是偶或奇,那么由数 P 和 Q 的类型将能指出另一个数是偶还是奇. 这种联系由下面的表指出.

数 p 和 q 同时是偶或奇,如果数 P,Q 有以下类型

1. $+A,\ +A'$
2. $+A,\ -A'$
3. $+A,\ +B$
4. $+A,\ -B$
5. $-A,\ -A'$
6. $+B,\ -B'$

反之,数 p 和 q 中的一个为偶另一个为奇,当数 P,Q 有以下类型

7. $-A,\ +B$
8. $-A,\ -B$
9. $+B,\ +B'$
10. $-B,\ -B'$②

例 设所给的数是 -55 和 $+1\,197$,这是第 4 种

---

① 1796 年 4 月 29 日.
② 设 $l=1$,如果 P,Q 均 $\equiv 3\pmod 4$;其他情形设 $l=0$. 再设 $m=1$,如果 P,Q 均为负;其他情形设 $m=0$. 那么,这种关系与 $l+m$ 有关.

情形. 这里 1 197 是 55 的唯一的一个素因数, 即数 5 的非剩余. 但 -55 是数 1 197 的三个素因数, 即数 3,3,19 的非剩余.

若 P 和 Q 都是素数, 则这些定理就变为我们在第 131 目中所讨论的定理. 这就是, p 和 q 都不能大于 1; 因此如果假定当 p 是偶数时, 它一定 $=0$, 即 Q 是数 P 的剩余; 而当 p 是奇数时, 则 Q 是数 P 的非剩余, 且反过来也这样. 这样一来, 如果把 A,B 改记为 a,b, 那么从第 8 种情形就推出: 若 $-a$ 是数 b 的剩余或非剩余, 则 $-b$ 是数 a 的非剩余或剩余, 这和第 131 目的结论 3 和 4 相同.

一般地, 显见, 仅当 $p=0$ 时, Q 可能是数 P 的剩余; 因此, 若 p 是奇数, 则 Q 一定是模 P 的非剩余.

由此也可毫无困难地推出上一目中的定理.

我们马上就会明白, 这种一般性的讨论绝不是臆想的徒劳无益的议论, 因为没有这样的引导, 基本定理的证明几乎是不能完成的.

134.

我们现在开始来推导这些定理.

Ⅰ. 如前一样, 我们将 P, 不计它的正负号, 看作是已被分解成素因数, 以及再对 Q 用任意方式作同样的分解, 但是这里要考虑 Q 的正负号. 然后, 将第一个分解中的各个因数与第二个分解中的各个因数进行组合. 这样, 若以 s 表示所有这样的组合的个数: 在这种组合中 Q 的因数是 P 的因数的非剩余, 则 p 和 s 将同时为偶或同时为奇. 这是因为, 如果 P 的素因数是 f, $f',f'',\cdots$, 以及如果在 Q 所分解成的各个因数中, 有 m 个模 f 的非剩余, m' 个模 f' 的非剩余, m'' 个模 f'' 的非剩余, $\cdots\cdots$, 那么, 显然有

$$s = m + m' + m'' + \cdots$$

而 p 是指数 $m,m',m'',\cdots$ 中是奇数的数的个数. 因此, 当 p 是偶时 s 是偶, p 是奇时 s 是奇.

Ⅱ. 不管 Q 以什么方式分解因数,这总是成立的. 现在,我们转向特殊情形. 首先讨论这样的情形:数中的一个,P 是正的,及另一个 Q 是 $+A$ 型或 $-B$ 型. 将 P,Q 分解为素因数,对 P 的每个因数取正号,以及对 Q 的每个因数相应于它们是 a 型或 b 型而取正号或负号;这时,正如所要求的,Q 显然将是 $+A$ 型或 $-B$ 型. 将 P 的各个因数与 Q 的各个因数进行组合,以及和前面一样,以 s 表示所有这样的组合的个数:在这种组合中使得 Q 的因数是 P 的因数的非剩余,以及类似地,以 t 表示所有这样的组合的个数:在这种组合中使得 P 的因数是 Q 的因数的非剩余. 这样,从基本定理可推出:第一类组合与第二类组合是相同的,所以 $s = t$. 最后,从我们刚才所证明的结论可推出 $p \equiv s(\mod 2)$,$q \equiv t(\mod 2)$,所以 $p \equiv q(\mod 2)$.

因此,我们就得到了第 133 目的定理 1,3,4 和 6.

其他的定理可用同样的方法直接证明,但它们要求一种新的考虑. 然而,用下面的方法,就能容易地从前面的结论推出它们.

Ⅲ. 我们再用 P,Q 表示任意两个互素的奇数,以 p,q 分别表示 P,Q 的这样的素因数个数:它们相应的是以 Q 或 P 为其非剩余. 最后,设 p' 是 P 的这样的素因数个数: $-Q$ 是其非剩余(如果 Q 本身是负的,那么 $-Q$ 显然是正数). 现将 P 的所有素因数分为四种情形,即

(1) Q 为其剩余的型为 a 的因数;

(2) Q 为其剩余的型为 b 的因数,设这些因数的个数为 χ;

(3) Q 为其非剩余的型为 a 的因数,设这些因数的个数为 ψ;

(4) Q 为其非剩余的型为 b 的因数,设这些因数的个数为 ω.

容易看出,$p = \psi + \omega$,$p' = \chi + \psi$.

这样,若 P 是 $\pm A$ 型,则 $\chi+\omega$ 是偶数,因而 $\chi-\omega$ 也是偶数;因此 $p'=p+\chi-\omega\equiv p(\bmod 2)$;若 P 是 $\pm B$ 型,则由类似的计算可知,数 p,p' 对模 2 不同余.

Ⅳ. 我们来把所指出的结论用于各个情形. 首先,若 P 和 Q 均是 $+A$ 型,则从定理 1 知 $p\equiv q(\bmod 2)$. 但是,另一方面
$$p'\equiv p(\bmod 2)$$
所以也有
$$p'\equiv q\ (\bmod 2)$$
这与定理 2 相同. 类似地,若 P 是 $-A$ 型, Q 是 $+A$ 型,则由刚证明的定理 2 可得 $p\equiv q(\bmod 2)$. 因为 $p'\equiv p$, 由此也推出 $p'\equiv q$. 因此也就证明了定理 5.

用同样的方法,从定理 3 可推出定理 7, 从定理 4 或 7 可推出定理 8, 从定理 6 可推出定理 9, 以及从定理 6 亦可推出定理 10.

§36 基本定理的严格证明

第 135 ~ 144 目

135.

虽然在上一目中并没有证明第 133 目中的定理,但我们指出:从基本定理的正确性可推出它们的正确性,而至今我们仅假定基本定理成立. 但从我们所用的方法可清楚地看出:只要基本定理对这些数的素因数之间的所有组合都成立,这些定理对数 P,Q 就成立,即使在一般的情形基本定理并不成立. 现在来证明基本定理. 我们以下面的表述开始.

我们将说基本定理到某个数 M 成立,如果它对任意两个均不大于 M 的素数都成立.

类似地,当我们说第 131, 132 及 133 目中的定理到某个上界成立时,将作同样的理解. 容易看出, 如果

证明了基本定理到某个上界成立，那么，所说的这些定理到这个上界也都成立.

136.

通过直接检查，容易肯定基本定理对小的数成立，用这样的方法可以确定一个上界使得基本定理到这个上界一定成立. 假定已经做了这种检查，而且把这种检查进行到哪里是完全没有差别的；比如说，只要确定到数 5 这个定理成立就足够了；而这马上就可以看出，因为 $+5N3$ 及 $\pm 3N5$.

如果基本定理一般说不成立，那么将有这样的上界 T，使得至此基本定理成立，但对下一个数 $T+1$ 它就不成立. 按另一种方式，这也可说成：存在两个素数，其中大的一个就是 $T+1$，使得它们和基本定理的断言矛盾，但是，对任意两个素数，只要它们均比 $T+1$ 小，定理就成立；由此可推出：第 131，132 及 133 目中的定理也将到上界 T 都成立. 但是，我们立刻要来指出这个假定是不可能成立的. 为此，要相应于不同的可能性：即对于数 $T+1$ 的型式，以及小于 $T+1$ 的这样的素数的类型，来证明它与 $T+1$ 所组成的一对与定理的结论矛盾. 我们要区分以下的各种情形（同时以 p 表示所说的这种素数）.

若 $T+1$ 和 p 均为 $4n+1$ 型，则基本定理将不成立，如果以下两种情形有一个成立

$\quad$ 同时有 $\pm p R(T+1)$ 及 $\pm(T+1)Np$

或者

$\quad$ 同时有 $\pm p N(T+1)$ 及 $\pm(T+1)R p$

若 $T+1$ 和 p 均为 $4n+3$ 型，那么基本定理将不成立，如果

$\quad$ 同时有 $+p R(T+1)$ 及 $-(T+1)Np$

（或可把它转化为

$\quad$ 同时有 $-p N(T+1)$ 及 $+(T+1)R p$）

或者

同时有 $+p\,N(T+1)$ 及 $-(T+1)R\,p$
(或可把它转化为

同时有 $-p\,R(T+1)$ 及 $+(T+1)N\,p$)

若 $T+1$ 是 $4n+1$ 型,p 为 $4n+3$ 型,那么基本定理将不成立,如果

同时有 $\pm p\,R(T+1)$

及 $+(T+1)N\,p$(或 $-(T+1)R\,p$)

或者

同时有 $\pm p\,N(T+1)$

及 $-(T+1)N\,p$(或 $+(T+1)R\,p$)

若 $T+1$ 是 $4n+3$ 型,p 为 $4n+1$ 型,那么基本定理将不成立,如果

同时有 $+p\,R(T+1)$(即 $-p\,N(T+1)$)

及 $\pm(T+1)N\,p$

或者

同时有 $+p\,N(T+1)$(即 $-p\,R(T+1)$)

及 $\pm(T+1)R\,p$

如果能证明这八种情形没有一种可能出现,我们因此就显然推出:基本定理的正确性是没有任何上界限制的. 现在我们立即来给出这个证明. 但因其中的某些情形依赖于另一些情形,所以我们不能按它们在这里列出的次序来给出.

137.

第一种情形. 如果 $T+1(=a)$ 是 $4n+1$ 型,p 也有同样的类型,此外,还有 $\pm pRa$,那么就不可能有 $\pm aNp$. 这就是原来第一种情形所讨论的.

设 $+p \equiv e^2 \pmod{a}$,其中 e 是偶数且小于 a(这总是能取到的). 这时要分为两种情形.

I. 若 e 不能被 p 整除,则设 $e^2 = p + af$;这时,f 是 $4n+3$ 型正数(即 B 型),它小于 a 且不能被 p 整除. 进而有 $e^2 \equiv p \pmod{f}$,即 pRf,所以由第 132 目的定理 11(我们有权应用它,因为 p 和 f 都小于 a,所以对它们

这些定理成立）知 $\pm f R p$. 但是，我们也有 $\pm af R p$，由此推出 $\pm a R p$.

Ⅱ. 若 e 被 p 整除，则设 $e = gp$ 及 $e^2 = p + aph$，即 $pg^2 = 1 + ah$. 这时，h 是 $4n + 3$ 型（B 型）且与 p 和 g^2 均互素. 进而，有 $pg^2 R h$，所以也有 $p R h$，由此推出（根据第 132 目的定理 11）$\pm h R p$. 但是，因为
$$-ah \equiv 1 \pmod{p}$$
所以也有 $-ah R p$；由此推出 $\mp a R p$.

138.

第二种情形. 如果 $T + 1 (= a)$ 是 $4n + 1$ 型，p 是 $4n + 3$ 型，以及 $\pm p R(T + 1)$，那么就不能有 $+ (T + 1) N p$ 或 $- (T + 1) R p$. 这就是原来第五种情形所讨论的.

如上，设 $e^2 = p + fa$，这里 e 是偶数且小于 a.

Ⅰ. 若 e 不能被 p 整除，则 f 也不能被 p 整除. 此外，f 是小于 a 的 $4n + 1$ 型正数（即 A 型）. 进而有 $+ p R f$，所以 $+ f R p$（第 132 目的定理 10）. 但是，还有 $+ fa R p$，因而推出 $+ a R p$ 或 $- a N p$.

Ⅱ. 若 e 被 p 整除，则设 $e = gp$ 及 $f = ph$. 所以有 $g^2 p = 1 + ah$. 此外，h 是 $4n + 3$ 型正数（即 B 型），且与 p 和 g^2 均互素. 进而有 $+ g^2 p R h$，所以 $+ p R h$. 因此得 $- h R p$（第 132 目的定理 13）. 但是，我们还有 $- ha R p$，从而得 $+ a R p$ 和 $- a N p$.

139.

第三种情形. 如果 $T + 1 (= a)$ 是 $4n + 1$ 型，p 也有同样的类型，以及 $\pm p N a$，那么不能有 $\pm a R p$（这是原来第二种情形）.

任意取一个小于 a 的素数，使得 $+ a$ 是它的非剩余，我们先前已经证明这样的素数是存在的（第 125，129 目）. 但是，在这里我们必须分别讨论这素数是 $4n + 1$ 型或 $4n + 3$ 型两种情形，因为我们并没有证明

存在这样的两种类型的素数.

I. 设所说的素数是 $4n+1$ 型及等于 a'. 这时有 $\pm a'N a$(第131目),因而有 $\pm a'pRa$. 这样一来,可设 $e^2 \equiv a'p \pmod{a}$,这里 e 是小于 a 的偶数. 现在,需要再分为四种情形来讨论.

i. 若 e 既不能被 p 也不能被 a' 整除,则设 $e^2 = a'p \pm af$,而且要选择符号使得 f 为正. 这时,f 就小于 a,且 f 与 a' 和 p 都互素,以及当取上面的符号时 f 是 $4n+3$ 型,当取下面的符号时 f 是 $4n+1$ 型. 为简单起见,我们以 $[x,y]$ 来表示 y 的这样的素因数的个数:它以 x 为其非剩余. 因为 $a'pRf$,所以 $[a'p,f] = 0$. 因此,$[f,a'p]$ 是偶数(第133目的定理1,3),即等于0或2. 因此,f 或者是数 a',p 中每一个的剩余,或者是这两个数中每一个的非剩余. 然而,第一种情形是不可能的,因为,$\pm af$ 是 a' 的剩余及 $\pm aN a'$(根据假设),由此就推出 $\pm fN a'$. 这就意味着 f 一定是数 a',p 中每一个的非剩余. 但是,由于 $\pm af R p$,故有 $\pm a N p$,这就是所要证明的.

ii. 若 e 被 p 整除但不被 a' 整除,则设 $e = gp$ 及 $g^2 p = a' \pm ah$,而且要选择符号使得 h 为正. 这时,h 就小于 a,且 h 与 a',g 和 p 都互素,以及当取上面的符号时 h 是 $4n+3$ 型,当取下面的符号时 h 是 $4n+1$ 型. 将等式 $g^2 p = a' \pm ah$ 分别乘以 p 和 a',就容易推出下述关系式

(α) $pa' R h$;(β) $\pm ahp R a'$;(γ) $aa'h R p$

从(α)可推出 $[pa',h] = 0$,因此 $[h,pa']$ 为偶(第133目定理1,3),即 h 或者同时是两个数 p,a' 的非剩余,或者同时是剩余. 在第一种情形,从(β)推出 $\pm ap N a'$,以及因为由假设 $\pm a N a'$,就得到 $\pm p R a'$. 由于 p,a' 都小于 $T+1$,所以基本定理对数 p,a' 成立,因而推得 $\pm a' R p$. 由此及 $h N p$,从(γ)就推得 $\pm a N p$,这就是所要证明的. 在第二种情形,从(β)推出 $\pm ap R a'$,所以有 $\pm p N a'$,$\pm a' N p$,最后,

由此及 $h\,R\,p$，从 (γ) 就推出 $\pm a\,N\,p$，这就是所要证明的.

ⅲ. 如果 e 被 a' 整除但不被 p 整除，那么证明几乎同上一情形完全一样，不会出现任何新的困难.

ⅳ. 如果 e 同时被 a' 和 p 整除，因而它也被乘积 $a'p$ 整除（实际上，我们可以认为 a'，p 是不同的，因为，不然的话，我们想要证明的 $a\,N\,p$，已经包含在假设 $a\,N\,a'$ 中了），那么设 $e=ga'p$ 及 $g^2 a'p=1\pm ah$. 这时，h 就小于 a，且 h 与 a' 和 p 都互素，以及当取上面的符号时 h 是 $4n+3$ 型，当取下面的符号时 h 是 $4n+1$ 型. 容易看出，从后一等式可推出下面的关系式

(α) $a'p\,R\,h$，(β) $\pm ah\,R\,a'$，(γ) $\pm ah\,R\,p$

从关系 (α)，它同第二种情形中的 (α) 相同，同那里一样，可推出要么同时有 $h\,R\,p$ 和 $h\,R\,a'$，要么同时有 $h\,N\,p$ 和 $h\,N\,a'$. 但是，在第一种情形，由于关系 (β) 将推出 $a\,R\,a'$，这和假设矛盾. 所以，必有 $h\,N\,p$，因此由 (γ) 也得到 $a\,N\,p$.

Ⅱ. 当所说的素数是 $4n+3$ 型时，证明是同上面的如此相似，以致给出它看来是多余的. 对希望由自己来完成这一证明（这是我们所强力建议的）的人来说，我们只是指出，在得到等式 $e^2=bp\pm af$（这里 b 表示所说的素数）后，为了更清晰地获得证明应该分别讨论这两个符号.

140.

第四种情形. 如果 $T+1(=a)$ 是 $4n+1$ 型，p 是 $4n+3$ 型，以及 $\pm p\,N\,a$，那么不能有 $+a\,R\,p$ 或 $-a\,N\,p$（原来的第六种情形）.

这个结论的证明完全类似于第三种情形，为简单起见我们略去它.

141.

第五种情形. 如果 $T+1(=b)$ 是 $4n+3$ 型，p 有同

样的类型,以及有 $+pRb$ 或 $-pNb$,那么不能有 $+bRp$ 或 $-bNp$(原来的第三种情形).

设 $p \equiv e^2 \pmod{b}$,e 为偶且小于 b.

Ⅰ. 若 e 不能被 p 整除,则设 $e^2 = p + bf$. 这时,f 是小于 b 的正数,与 p 互素且是 $4n+3$ 型. 进而有 pRf 成立,因此,根据第 132 目定理 13 有 $-fRp$. 由此及 $+bfRp$,就推出 $-bRp$,所以 $+bNp$.

Ⅱ. 若 e 被 p 整除,则设 $e = pg$ 及 $g^2 p = 1 + bh$. 这时,h 是 $4n+1$ 型且与 p 互素,进而有 $p \equiv g^2 p^2 \pmod{h}$,因此有 pRh. 由此得 $+hRp$(第 132 目定理 10),由此及 $-bhRp$ 就推出 $-bRp$ 或 $+bNp$.

142.

第六种情形. 如果 $T+1(=b)$ 是 $4n+3$ 型,p 是 $4n+1$ 型,及 pRb,那么不能有 $\pm bNp$(原来的第七种情形).

它的证明和上面的完全类似,故略去.

143.

第七种情形. 如果 $T+1(=b)$ 是 $4n+3$ 型,p 有同样的类型,以及 $+pNb$ 或 $-pRb$,那么不能有 $+bNp$ 或 $-bRp$(原来的第四种情形).

设 $-p \equiv e^2 \pmod{b}$,e 为偶且小于 b.

Ⅰ. 若 e 不能被 p 整除,则设 $-p = e^2 - bf$. 这时 f 是 $4n+1$ 型正数,与 p 互素且小于 b(实际上,显然 e 不大于 $b-1$,及 $p < b-1$,因此 $bf = e^2 + p < b^2 - b$,即 $f < b-1$). 进而,有 $-pRf$,所以有 $+fRp$(第 132 目定理 10),而由此及 $+bfRp$,就推出 $+bRp$ 或 $-bNp$.

Ⅱ. 若 e 被 p 整除,则设 $e = pg$ 及 $g^2 p = -1 + bh$. 这时,h 是 $4n+3$ 型正数,与 p 互素且小于 b. 进而,有 $-pRh$,因此得 $+hRp$(第 132 目定理 14),由此及 $bhRp$,就推出 $+bRp$ 或 $-bNp$.

144.

第八种情形. 如果 $T+1(=b)$ 是 $4n+3$ 型,p 是 $4n+1$ 型,以及 $+pNb$ 或 $-pRb$,那么不能有 $\pm bRp$(原来的最后一种情形).

它的证明与上面情形是一样的.

§37 用类似方法证明第114目中的定理

第145目
145.

在以上的证明中我们总是取数 e 的值为偶数(第 137~144 目);要指出的是我们也能利用奇数值,但是这将会引出更多种的情形需要去分别讨论. 如果对这些研究有兴趣,自己愿意花些功夫去研究这些情况,那么这绝不是没必要的付出,你将会发现这是十分有益并会从中找到乐趣. 此外,与剩余 $+2$ 和 -2 有关的那些定理,这时应该是假定已经知道的. 但由于我们的证明没有利用这些定理,因此我们得到了证明它们的新方法①,这样做将不是没有意义的,因为这个方法要比上面用以证明 ± 2 是任一 $8n+1$ 型素数的剩余的方法更为直接. 我们将假定其他的情形(关于 $8n+3, 8n+5,$ 及 $8n+7$ 型素数的情形)已经用上面的方法给出了证明,而这个定理仅是由归纳方法所发现的;通过下面进一步的讨论,我们将证明这个由归纳所得的结论实际上是正确的.

如果 ± 2 不是所有 $8n+1$ 型素数的剩余,那么,假设以 $+2$ 或 -2 为其非剩余的最小的这种素数等于 a,这样,对所有小于 a 的这种素数定理都成立. 现在取

---

① 1797 年 2 月 4 日. —— 高斯手写的注

某个小于 $\frac{a}{2}$ 的素数,使 a 为其非剩余(从第 129 目容易看出这样的素数是存在的). 如果它等于 p,那么由基本定理知 $p\ N\ a$. 因而有 $\pm 2p\ R\ a$. 设
$$e^2 \equiv 2p \pmod{a}$$
这里 e 为小于 a 的奇数. 这时需要区分两种情形来讨论.

  Ⅰ. 若 e 不能被 p 整除,则设 $e^2 = 2p + aq$. 这时,q 是小于 a 的 $8n+7$ 或 $8n+3$ 型(相应于 p 是 $4n+1$ 或 $4n+3$ 型)的正数,且不能被 p 整除. 现在把 q 的所有素因数分为四类:$8n+1$ 型素因数有 e 个,$8n+3$ 型素因数有 f 个,$8n+5$ 型素因数有 g 个,及 $8n+7$ 型素因数有 h 个;再设第一类的所有因数的乘积等于 E,以及第二、三及四类的所有因数的乘积分别等于 F,G 及 H①. 这样做之后,我们首先来讨论 p 是 $4n+1$ 型及 q 是 $8n+7$ 型的情形. 这时,容易看出有 $2\ R\ E, 2\ R\ H$,因此有 $p\ R\ E, p\ R\ H$,以及最后由此推得 $E\ R\ p, H\ R\ p$. 此外,2 是每个型为 $8n+3$ 或 $8n+5$ 因数的非剩余,所以 p 也是;因而每个这样的因数将是数 p 的非剩余. 由此容易推出,当 $f+g$ 是偶数时,FG 是 p 的剩余,当 $f+g$ 是奇数时,FG 是 p 的非剩余. 但是,$f+g$ 不能是奇数;这是因为,讨论所有可能的情形后可以确信,不管各个 e,f,g,h 是怎样,如果 $f+g$ 是奇数,那么 $EFGH$ 即 q 将是 $8n+3$ 或 $8n+5$ 型,这与假设矛盾. 由此得到 $FG\ R\ p, EFGH\ R\ p$,或 $q\ R\ p$,以及最后,由于 $aq\ R\ p$,由此就推出 $a\ R\ p$,这与假设矛盾. 其次,若 p 是 $4n+3$ 型,则用类似的方法可证明 $p\ R\ E$,因此有 $E\ R\ p, -p\ R\ F$,由此推出 $F\ R\ p, g+h$ 是偶数,故得 $GH\ R\ p$,以及最后由此推出 $q\ R\ p, a\ R\ p$,这与假设矛盾.

---

① 当没有因数属于某一类时,就以 1 来代替相应的乘积.

Ⅱ. 当 e 被 p 整除时,可用类似的方法给出证明. 有技巧的数学家(本目也是为他们而写的)将能毫无困难地去完成这证明. 为简单起见我们略去它.

§38 一般问题的解法

第 146 目
146.

利用基本定理及关于剩余 -1 和 ± 2 的定理,对于给定的素数就总能确定任意给定的数是它的剩余还是非剩余. 但是,为了把上面得到的所有结论综合在一起,在这里再给以另一种形式的表述,这对解决下面的问题不是无益的.

问题 任意给出两个数 P,Q,确定 Q 是模 P 的剩余还是非剩余.

解 Ⅰ. 设 $P = a^\alpha b^\beta c^\gamma \cdots$,其中 $a,b,c,\cdots$ 表示不相等的正的(因为 P 可以认为是正的)素数. 为简单起见,我们在这里将把 x 是模 y 的剩余还是非剩余,简称为数 x 对数 y 的关系. 这样一来,Q 对 P 的关系就依赖于 Q 对 a^α,Q 对 b^β,$\cdots$ 的关系(第 105 目).

Ⅱ. 为了确定 Q 对 a^α(对另外的对 $Q,b^\beta,\cdots$ 是同样的)的关系,必须区分两种情形.

ⅰ. 如果 Q 被 a 整除,则设 $Q = Q'a^e$,其中 Q' 不被 a 整除. 这时,若 $e = \alpha$ 或 $e > \alpha$,则有 $Q\,R\,a^\alpha$;若 $e < \alpha$ 且为奇,则有 $Q\,N\,a^\alpha$;最后,若 $e < \alpha$ 且为偶,则 Q 对 a^α 的关系将和 Q' 对 $a^{\alpha-e}$ 的关系相同. 因此,这种情形就被归结为以下的情形:

ⅱ. Q 不被 a 整除. 这时要再区分两种情形.

(A) $a = 2$. 这时,当 $\alpha = 1$ 时总有 $Q\,R\,a^\alpha$;若 $\alpha = 2$,则 Q 需有 $4n+1$ 型;最后,若 $\alpha = 3$ 或 $\alpha > 3$,则 Q 应有 $8n+1$ 型. 如果这些条件满足,那么有 $Q\,R\,a^\alpha$.

(B) a 是任意其他的素数. 这时 Q 对 a^α 的关系将

和 Q 对 a 的关系相同(见第 101 目).

Ⅲ. 任意数 Q 对(奇)素数 a 的关系由下面的方法来确定. 若 $Q > a$, 则以 Q 对于模 a 的最小正剩余①来代替 Q. 这个剩余对 a 的关系和数 Q 对 a 的关系相同.

进而, 把 Q 或替代它的数分解为素因数 p,p', $p'',\cdots$, 当 Q 为负时, 它们中还要添加因数 -1. 这样, Q 对 a 的关系显然与各个因数对 a 的关系有关. 这就是说, 若在这些因数中有 $2m$ 个是 a 的非剩余, 则有 $Q\,R\,a$; 若它们中有 $2m+1$ 个是 a 的非剩余, 则有 $Q\,N\,a$. 还容易看出, 如果在因数 $p,p',p'',\cdots$ 中, 有 2 个, 4 个, 6 个, 或一般的 $2k$ 个相等, 那么就全然可以把它们删除.

Ⅳ. 如果在因数 $p,p',p'',\cdots$ 中出现 -1 和 2, 那么它们对 a 的关系可由第 108,112,113,114 目来确定. 而其他的因数对 a 的关系依赖于 a 对这些因数的关系(基本定理和第 131 目的定理). 如果它们中的一个是 p, 那么可以确信(如同前面对数 Q 和 a 一样来讨论数 a 和 p, 这里数 Q 和 a 分别比数 a 和 p 要大): 或者 a 对 p 的关系可由第 108~114 目来确定(这就是, 如果 a 对模 p 的最小剩余没有奇的素因数), 或者这关系还依赖于 p 对某个小于它的素数的关系. 这对其他因数 p', $p'',\cdots$ 同样成立. 容易看出, 继续进行这样的运算, 我们最后将得到这样的一些数, 它们的关系可利用第 108~114 目的定理来确定. 通过例子能更清楚地理解这一过程.

例 确定数 $+453$ 对 $1\,236$ 的关系. 我们有 $1\,236 = 4 \times 3 \times 103$. 由 Ⅱ.ⅱ(A) 知 $+453\,R\,4$; 由 Ⅱ.ⅰ 知 $+453\,R\,3$. 这样一来, 剩下只要来确定 $+453$ 对 103 的关系. 这关系与 $+41(\equiv 453\pmod{103})$ 对 103 的关系一样. 后者与 103 对 41 或 -20 对 41 的关系

---

① 剩余与第 4 目的意义相同. 通常取绝对最小剩余更好些.

一样(基本定理). 但是, $-20\ R\ 41$; 这是由于 $-20 = -1 \times 2 \times 2 \times 5$; $-1\ R\ 41$(第108目); 及 $+5\ R\ 41$, 因为 $41 \equiv 1$ 是 5 的剩余(基本定理). 由此推出, $+453\ R\ 103$, 以及最后得到 $+453\ R\ 1\ 236$. 事实上, 我们有 $453 \equiv 297^2 \pmod{1\ 236}$.

§39　以给定的数为其剩余或非剩余的全体素数的线性表示式

第 147 ~ 150 目

147.

如果任意给定一个数 A, 那么可以给出确定的公式, 它包含了所有与 A 互素且以 A 为其剩余的数, 也就是包含了 $x^2 - A$ 型的数(这里 x^2 表示任意平方数) 的所有可能的除数①. 为简单起见, 我们将只考虑与 A 互素的奇除数, 因为其他的容易归结为这种情形.

首先, 设 A 是 $4n+1$ 型素数取正号, 或是, $4n-1$ 型素数取负号. 这时, 由基本定理知, 所有是 A 的剩余且取正号的素数, 将是 $x^2 - A$ 的除数; 以及所有是 A 的非剩余的素数(2 除外, 它总是一个除数) 将不是 $x^2 - A$ 的除数. 将所有小于 A 的 A 的剩余(0 除外) 记为 r, r', r'', $\cdots$, 所有非剩余记为 n, n', n'', $\cdots$. 这样, 每个素数, 它属于型 $Ak+r$, $Ak+r'$, $Ak+r''$, $\cdots$ 中的一个, 将是 $x^2 - A$ 的除数; 而每个素数, 它属于型 $Ak+n$, $Ak+n'$, $Ak+n''$, $\cdots$ 中的一个, 将不是 $x^2 - A$ 的除数, 这里 k 表示任意整数. 我们将把这第一组中的型称作是表示式 $x^2 - A$ 的除数型, 而第二组中的型称作是表示式 $x^2 - A$

---

① 这些数将被简称为表示式 $x^2 - A$ 的除数; 说到非除数时其意义显然是清楚的.

的非除数型. 显然, 每一组中型的个数都是 $\frac{1}{2}(A-1)$. 进而, 如果 B 是一个奇合数, 及 $A R B$, 那么 B 的所有素因数, 因而 B 本身, 都将属于第一组的一个型中. 因此, 每一个属于非除数型的奇数将不是 $x^2 - A$ 的除数. 然而, 这个结论反过来不成立; 这是因为, 如果奇合数 B 是表示式 $x^2 - A$ 的非除数, 那么 B 的素因数中一定有若干个是非除数, 但是, 如果这样的素因数有偶数个, 那么 B 本身将属于某个除数型 (见第 99 目).

例 对 $A = -11$, 由所说的方法可推出, 表示式 $x^2 + 11$ 的除数型是 $11k + 1, 3, 4, 5, 9$; 而非除数型是 $11k + 2, 6, 7, 8, 10$. 因此, -11 是属于后一组型的所有奇数的非剩余, 以及是属于前一组型的所有素数的剩余.

对于任意的数 A, 关于表示式 $x^2 - A$ 的除数与非除数都有这样的型存在. 但是, 容易看出, 我们只要讨论那些没有平方因数的值 A; 这是因为, 若 $A = a^2 A'$, 则所有 $x^2 - A$ 的除数①显然也是 $x^2 - A'$ 的除数, 这对非除数也成立. 我们将区分三种情形: (1) A 是 $+(4n+1)$ 或 $-(4n-1)$ 型; (2) A 是 $-(4n+1)$ 或 $+(4n-1)$ 型; (3) A 是偶数, 即是 $\pm(4n+2)$ 型.

148.

第一种情形, A 是 $+(4n+1)$ 或 $-(4n-1)$ 型. 将 A 分解素因数, 且在那些 $(4n+1)$ 型的素因数前加正号, 及在那些 $(4n-1)$ 型的素因数前加负号 (这不会改变乘积, 即乘积仍等于 A). 设这些因数是 $a, b, c, d, \cdots$. 进而, 把所有小于 A 且与 A 互素的数分为两类. 第一类是所有这样的数: 它或者不是 $a, b, c, d, \cdots$ 中任

---

① 因为除数是与 A 互素的.

意一个数的非剩余,或者是其中 2 个数的非剩余,或者是其中 4 个数的非剩余,或者,一般地,是其中偶数个数的非剩余.第二类是所有这样的数:它是 $a,b,c,d,\cdots$ 中的 1 个数的非剩余,或者是其中 3 个数的非剩余,或者,一般地,是其中奇数个数的非剩余.第一类记为 $r,r',r'',\cdots$,第二类记为 $n,n',n'',\cdots$.这样,$Ak+r, Ak+r', Ak+r'',\cdots$ 将是表示式 x^2-A 的除数型,$Ak+n, Ak+n', Ak+n'',\cdots$ 将是表示式 x^2-A 的非除数型(即除 2 以外的每个素数将是表示式 x^2-A 的除数或非除数相应于它是属于第一类或第二类的型中的一个).事实上,如果 p 是取正号的素数,它是数 $a,b,c,\cdots$ 中的一个的剩余或非剩余,那么,这个数将是 p 的剩余或非剩余(基本定理).所以,如果在数 $a,b,c,\cdots$ 中有 m 个数以 p 为其非剩余,那么它们中将有 m 个是数 p 的非剩余.因此,如果 p 是属于第一类的型中的一个,那么 m 将是偶数,及 $A\ R\ p$;而如果它属于第二类的型中的一个,那么 m 将是奇数,及 $A\ N\ p$.

例 设 $A=+105=(-3)\times(+5)\times(-7)$.这时,数 $r,r',r'',\cdots$ 是下面这些数:$1,4,16,46,64,79$(它们不是数 $3,5,7$ 中任一个的非剩余);$26,41,59,89,101,104$(数 $3,7$ 的非剩余);$13,52,73,82,97,103$(数 $5,7$ 的非剩余).数 $n,n',n'',\cdots$ 是下面这些数:$11,29,44,71,74,86$;$22,37,43,58,67,88$;$19,31,34,61,76,94$;$17,38,47,62,68,83$.最前面的 6 个数是 3 的非剩余,其次的 6 个数是 5 的非剩余,接着的是 7 的非剩余,以及最后的那些同时是这 3 个数的非剩余.

由组合理论及第 32,96 目容易推出,数 $r,r',r'',\cdots$ 的个数等于
$$t\left(1+\frac{l(l-1)}{1\times 2}+\frac{l(l-1)(l-2)(l-3)}{1\times 2\times 3\times 4}+\cdots\right)$$
而数 $n,n',n'',\cdots$ 的个数等于
$$t\left(l+\frac{l(l-1)(l-2)}{1\times 2\times 3}+\frac{l(l-1)\cdots(l-4)}{1\times 2\times 3\times 4\times 5}+\cdots\right)$$

其中 l 表示数 $a,b,c,\cdots$ 的个数
$$t = 2^{-l}(a-1)(b-1)(c-1)\cdots$$
以及这两个级数一直写到不再能写下去为止.（实际上，有 t 个数是所有数 $a,b,c,\cdots$ 的非剩余，有 $\dfrac{t \times l \times (l-1)}{1 \times 2}$ 个数是它们中的 2 个的非剩余，等等；但是，为了必须简单起见，不允许我们详细地给出其证明.）每个级数①的和都等于 2^{l-1}. 这可以从分别组合级数

$$1 + (l-1) + \frac{(l-1)(l-2)}{1 \times 2} + \cdots$$

的项来得到：对第一个级数，把它的第二和第三项相加，第四和第五项相加，……；而对第二个级数，把它的第一和第二项相加，第三和第四项相加，……. 所以，表示式 $x^2 - A$ 的除数型和非除数型的个数一样多，即是

$$\frac{1}{2}(a-1)(b-1)(c-1)\cdots$$

149.

第二和第三种情形可以一起讨论. 在这里总能假定 A 等于 $(-1)Q$，或 $(+2)Q$，或 $(-2)Q$，其中 Q 是我们在上一目中所讨论的 $+(4n+1)$ 或 $-(4n-1)$ 型数. 一般地，设 $A = \alpha Q$，使得 $\alpha = -1$ 或等于 ± 2. 这时，A 将是所有这样的数的剩余，它们都同以 α 和 Q 为其剩余或非剩余；以及 A 将是所有这样的数的非剩余，它们都只以数 α, Q 中一个为其非剩余. 由此容易推出表示式 $x^2 - A$ 的除数型和非除数型. 若 $\alpha = -1$，则将所有小于 $4A$ 且与其互素的数分为两类：归入第一类的是这样的数，它属于表示式 $x^2 - Q$ 的某个除数

---

① 以后将不计因数 t.

型且同时是 $4n+1$ 型,以及它是属于 x^2-Q 的某个非除数型且同时是 $4n+3$ 型;所有其他的数归入第二类.如果第一类中的数是 $r,r',r'',\cdots$,第二类中的数是 $n,n',n'',\cdots$,那么,A 是所有属于任意一个 $4Ak+r$, $4Ak+r', 4Ak+r'',\cdots$ 型中的素数的剩余;以及 A 是所有属于任意一个 $4Ak+n, 4Ak+n',\cdots$ 型中的素数的非剩余.若 $\alpha=\pm 2$,则将所有小于 $8Q$ 且与其互素的数分为两类:归入第一类的是所有这样的数,它是属于表示式 x^2-Q 的某个除数型且同时是 $8n+1$ 或 $8n+7$ 型(在取上面的符号的情形),或是 $8n+3$ 或 $8n+5$ 型(在取下面的符号的情形),以及所有这样的数,它是属于表示式 x^2-Q 的某个非除数型且同时是 $8n+3$ 或 $8n+5$ 型(在取上面的符号的情形),或是 $8n+1$ 或 $8n+7$ 型(在取下面的符号的情形);所有其他的数归入第二类.这时,如果第一类中的数是 $r,r',r'',\cdots$,第二类中的数是 $n,n',n'',\cdots$,那么,$\pm 2Q$ 将是所有属于任意一个 $8Qk+r, 8Qk+r', 8Qk+r'',\cdots$ 型中的素数的剩余;以及是所有属于任意一个 $8Qk+n, 8Qk+n'$, $8Qk+n'',\cdots$ 型中的素数的非剩余.同样容易证明,在这里表示式 x^2-A 的除数型和非除数型的个数相同.

例 利用这个方法我们可以推出,$+10$ 是所有属于任一 $40k+1,3,9,13,27,31,37,39$ 型中的素数的剩余;所以也是所有属于任一 $40k+7,11,17,19,21$, $23,29,33$ 型中的素数的非剩余.

150.

这些型具有许多值得注意的性质,这里我们仅指出其中的一个.如果 B 是与 A 互素的合数,以及 B 的素因数中有 $2m$ 个属于表示式 x^2-A 的非除数型,那么 B 将属于这个表示式的一个除数型;如果有奇数个 B 的素因数属于表示式 x^2-A 的非除数型,那么 B 将属于一个非除数型.我们将略去这一并不困难的证明.由此就可推出,不仅是每个素数,而且,每个与 A 互素且属于某个非除数型的奇合数,它本身也是非除数;这是因为这样的数必须有一个素因数是非除数.

§40 其他数学家关于这些研究的工作

第151目
151.

毫无疑问,在这领域中,基本定理应该认为是最为优美的发现,至今还没有人以我们上面所给出的简洁形式介绍过它. 更为令人惊奇的是因为欧拉已经知道了其他一些定理,这些定理可以由它推出,以及同样的由这些定理也能容易地导出它. 他知道,存在这样一些型,它们包含了表示式 $x^2 - A$ 的所有素除数,以及存在另一些型,它们包含了表示式 $x^2 - A$ 的所有是素数的非除数,而且所有第一种的型不同于所有第二种的型,他还指出了找这样的型的方法;但是他所有企图给出证明的努力都没有成功,他只是通过归纳成功地对他发现的结论的真实性给出了较高的信任度. 确实,在他题为 *Novae demonstrationes circa divisores numerorum formae* $x^2 + my^2$ 的论文(他在1775年11月20日送交圣彼得堡科学院,并在这位杰出的数学家去世后发表于该院的 *Nova Acta* 第一卷)中,从第47页及其后可以看出,他认为他已经完成了证明;但是,他不知不觉地犯了一个错误,因为在第65页他预先默认了这种除数型与非除数型的存在性①,由此就可毫无困难地推测出这些型应该是什么样的;可是,作为

---

① 就是说一定存在小于 $4A$ 且各不相同的数 $r, r', r'', \cdots; n, n', n'', \cdots$,使得所有 $x^2 - A$ 的素除数属于型 $Ak + r, Ak + r', \cdots$ 之一,以及所有为素数的非除数属于型 $Ak + n, Ak + n', \cdots$ 之一(这里 k 表示任意整数).

所说的假设的根据,他所用的方法是难以适用的. 在另一篇文章 De criteriis aequationis $fx^2 + gy^2 = hz^2$ utrumque resolutionem admittat necne, Opusc. Analyt. T. Ⅰ.(这里 f,g,h 是给定的,而 x,y,z 是未知数)中,他通过归纳发现,如果这方程对 $h = s$ 的一个值可解,那么它对所有的对模 $4fg$ 同余于 s 的值也可解,只要这个值是素数;基于这个定理就能容易地证明所说的假设. 但是,他做了所有努力也没有能得到这个定理的证明①. 这是不值得奇怪的,因为在我们看来这一切都必须从基本定理开始. 这个定理的正确性将从我们在下篇中所阐述的结论自动推出.

在欧拉之后,著名的勒让德在其名著(Recherehes d'analyse indéterminée, Hist. de l'Acad. des Sc. ,1785,第 465 页及其后)中,致力于研究同样的问题. 他得到了与基本定理本质上同样的定理(第 465 页):如果 p, q 是两个正的素数,那么,方幂 $p^{\frac{q-1}{2}}, q^{\frac{p-1}{2}}$ 分别对模 q,p 的绝对最小剩余,当 p,q 中至少有一个是 $4n + 1$ 型时,两者将同为 + 1 或同为 - 1;当 p,q 均为 $4n + 3$ 型时,这两个绝对最小剩余中的一个为 + 1 而另一个为 - 1(第 516 页). 根据第 106 目,由此可推出: p 对 q 的关系与 q 对 p 的关系(按照第 146 目的意义),当 p,q 中至少有一个是 $4n + 1$ 型时是相同的;当 p,q 均是 $4n + 3$ 型时是相反的. 这个定理包含在第 131 目的那些定理中,它也可从第 133 目的定理 1,3,9 推出;同样的,由此也可推出基本定理. 勒让德也试图给出一个

---

① 正如他自己在我们所引文章的第 216 页中承认的:"这最漂亮定理的证明仍然在寻找,即使在这么长时间有这么多人对它做了无益的研究……. 任何一个能成功找到这样的证明的人毫无疑问的一定是最杰出的."这位伟大的智者以极大的热忱寻求这个定理以及一些只是基本定理的特殊情形的证明,我们还可以在其他许多地方看到,例如,Opusc. Analyt.

证明,由于这个证明极为巧妙,我们将在下篇详细地来讨论.但是,因为他预先假定了许多没有证明的东西,其中的一些结论至今还没有被人证明,而其中有一些结论,就我们判断,不借助于基本定理本身的帮助是无法证明的,所以他的路看来是走不通的,因此我们的证明应该认为是第一个.而且,以后我们还要给出这个最重要定理的另外两个证明,它们完全不同于前面的证明,且彼此亦不相同.

§41　一般形式的二次同余方程

第 152 目
152.

至此,我们已经讨论了最简同余方程 $x^2 \equiv A(\mod m)$,并指出了如何去解决是否可解的问题.从第 105 目可知,寻求这些根本身是被归结为 m 是素数或素数幂的情形,而后者,根据第 101 目,同样可被归结为 m 是素数的情形.关于最后这一情形,在第 61 目及其后几目的讨论中包括了几乎所有可用直接方法推出的结论,我们还将在第五,第八篇中做有关的讨论.一般说来,如果应用这些直接方法,我们将发现在大多数情形要比应用间接方法冗长得多得多,这些间接方法我们将在第六篇讨论;因此,它们之所以值得注意不是因为实用上的有效性而是由于它们的美.

任意的二次同余方程容易被归结为最简同余方程.如果给出了要对模 m 来解的同余方程
$$ax^2 + bx + c \equiv 0$$
那么,它等价于同余方程
$$4a^2x^2 + 4abx + 4ac \equiv 0 (\mod 4am)$$
即每个满足其中一个同余方程的数一定满足另一个.第二个同余方程可表为
$$(2ax + b)^2 \equiv b^2 - 4ac (\mod 4am)$$

以及由此可找出所有小于 $4am$ 的 $2ax+b$ 的值,如果它们存在的话. 如果我们以 $r,r',r'',\cdots$ 表这些值,那么所给的同余方程的全部解可由以下这些同余方程的解来得到

$$2ax \equiv r - b, 2ax \equiv r' - b, \cdots (\bmod 4am)$$

如何求解它们我们已在第二篇中给出. 但是,我们注意到利用各种技巧可简化解法,例如,代替所给的同余方程可找到另一个与它等价的同余方程

$$a'x^2 + 2b'x + c' \equiv 0$$

其中 a' 整除 m;为了简短起见,这里不允许我们来做更仔细的讨论,在下一篇我们还要遇到这些问题.

为了使读者能够快速了解本书的主要内容. 本书的版权经理李丹编辑还翻译了本书的目录:

1. 赫克对二次互反律的证明
2. 二次互反律的两种等价形式
3. 斯通 – 冯·诺依曼定理
4. 韦伊的学报论文
5. 久保田与上同调
6. 韦伊与久保田的形式论的代数协议
7. 赫克的挑战:进行中的一般相互性与傅里叶分析

参考书目、索引

由于李丹编辑的本科和硕士读的都是新闻专业,所以有些内容翻译得并不专业,还请各位读者见谅,并希望提出宝贵意见.

另外还有一件事需要向读者解释一下.

读到这里的读者可能都会有这样的疑问:为什么要附上这么长的一篇所谓的编辑手记. 其实真正的原因是这样的:买过图书版权的人都了解,国外(特别是那些知名的大公司)对图书的内容是很看重的,所以一本很薄的专业书其授权费都是不

菲的. 而这种原版影印的专业书,因其内容专业、语言障碍,所以真正的读者没有多少,那么将所有成本分摊到区区千册书上,可能会令许多人觉得"不值".

《读库》创始人张立宪先生在接受澎湃新闻采访时曾说:"中国的读者还是习惯买纸,如果一本书有五百多页,卖五十块钱,好像就是值得的! 如果只有二百多页,他就觉得'凭什么'? 其实书的物理属性不重要,还是上面印的字重要."

所以为了避免被国内读者认为不值,我们就得在书的厚薄上"下功夫". 于是这样一个"不伦不类"的所谓编辑手记便出现了,专业人士完全可以无视.

刘培杰
2020 年 6 月 30 日
于哈工大

毕达哥拉斯定理

E. S. 鲁姆斯　　编著

:编辑手记:

本书是一部钩沉的数学名著.

作者 E. S. 鲁姆斯（E. S. Loomis）博士在 1885～1895 年间担任鲍德温大学的数学系教授,1895～1923 年间在俄亥俄州,克利夫兰市的一所高中担任数学组主任. 1940 年,本书第二版出版发行时他被任命为鲍德温华莱士学院的名誉教授.

本书为第二版（1940 年密歇根州安娜堡市出版）,第一版的书名为《经典数学教学》（*Classics in Mathematics Education*）

本书的出版动机是始于国内出版界的一则出版事故（2020 年 6 月 19 日）. 人民教育出版社出版的《义务教育教科书数学八年级下册自读课本》,部分目录如下：

　　第十七章　　勾股定理
　　　1. 大禹治水与勾股定理
　　　2. 勾股定理简史
　　　3. 我国古代数学家对勾股定理的证明
　　　4. 传说中的毕达哥拉斯的证明
　　　5. 欧几里得对勾股定理的证明
　　　6. 美国总统对勾股定理的证明
　　　7. 爱因斯坦对勾股定理的证明
　　　8. 勾股定理所引发的第一次数学危机

9. 勾股数组
10. 毕达哥拉斯
11. 勾股定理的巧妙应用
12. 勾股定理趣话

粗一看目录没什么,很正常,但细一读问题就大了.不知道其他人读完这个目录是什么感觉,反正笔者看后是目瞪口呆,自以为见过"山寨"和"民科",但真没想到能这么"山寨",这么"民科",我们先来看一下原文:

爱因斯坦对勾股定理的证明

2005年是爱因斯坦建立相对论100周年.爱因斯坦在相对论中给出了一个著名的质能方程 $E = mc^2$,其中 E 表示物质所含的所有能量,m 是物质的质量,c 是光速.这个质能方程是现代制造核武器、核电站的理论基础.

据说,勾股定理也曾经引起了这位著名物理学家的浓厚兴趣,与大家不同的是,爱因斯坦是用相对论来证明勾股定理的.

假设直角三角形三条边为 a,b,c,过直角顶点作斜边 c 的垂线段(图1).

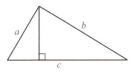

图1

假设原三角形面积为 E,根据相对论,有
$$E = mc^2$$
同理,内部分割出来的两个小三角形的面积分别是
$$E(a) = ma^2, E(b) = mb^2$$
因为内部两个小三角形拼成原三角形,所以

$$E = E(a) + E(b)$$

也就是

$$mc^2 = ma^2 + mb^2$$

两边约去 m,就得到了勾股定理

$$c^2 = a^2 + b^2$$

爱因斯坦的这个证明发表以后,震惊了国际数学界,大家发现原来相对论有这么大的威力. 后来德国著名的数学刊物 Mathematische Annalen 聘请爱因斯坦去做了多年的主编.

其实关键还是那位编者读书太少,如果是饱学之士还是能在某种程度上"自圆其说"的.

狭义相对论中的一些重要公式,是与四维闵可夫斯基空间的张量的性质及其运算规则密切相关的,尤其是一些标量公式可用四维张量的性质直接导出. 特别是狭义相对论中的一类具有"勾股定理"形式的标量公式,例如能量 – 动量"勾股定理",其应用广泛尤其重要,比如自由标量粒子的相对论性量子力学波动方程——克莱茵 – 戈丹(Klein-Gordon)方程,就是直接基于能量 – 动量"勾股定理"的形式而推导出来的. 在推导作为费米子的电子的相对论性波动方程时,也要求狄拉克(Dirac)方程的每一个单分量波函数具有克莱茵 – 戈丹方程的形式;在讨论光子质量的上限时,普洛卡(Proca)对麦克斯韦(Maxwell)方程在保持其洛伦兹(Lorentz)协变性的前提下做了合理推广,所得普洛卡方程也具有勾股定理的算符形式. 武汉大学物理科学与技术学院的周国全教授在 2020 年 5 月,运用四维闵可夫斯基空间张量的性质,介绍了用四维张量构造若干相对论不变量(四维标量)的方法,进而推导相对论中若干典型的勾股关系,并应用或验证于若干简单情形.

一、闵可夫斯基空间的四维张量与相对论不变量

在三维空间,不同物理量表现为不同的三维张量,三维 m 阶张量可以用 3^m 个元素表达,比如:标量 – 零阶张量,矢量 – 一阶张量. 与此类似,当我们选择了四维闵可夫斯基度规,将事件的四维空间坐标表达为

$$\boldsymbol{x}_\mu = (x, y, z, \mathrm{i}ct) = (x_1, x_2, x_3, x_4)$$

则在如此定义的复闵可夫斯基四维空间中,其他四维一阶张量(矢量)的第四个分量也是虚的. 不同物理量也可表达为相应的四维张量形式,四维 m 阶张量可以用 4^m 个元素表达. 其中四维零阶张量即四维标量,亦即在洛伦兹变换下的相对论不变量;还有其他一些"天然"的四维标量,如电荷的电量 q,波动的相位 φ,量子概率 P,粒子个数 N,等等. 一些在洛伦兹变换下的相对论不变量(四维标量),可以通过四维高阶张量的缩并运算而产生;这样产生的某些相对论不变量,在特定情形中又可以变形为"勾股定理"的数学形式. 周教授讨论了此法构造的若干"勾股定理".

通过四维高阶张量的缩并运算来构造四维标量,可有多种方式. 如在 S 系中的四维一阶张量(四维矢量)$\boldsymbol{A} = (A_1, A_2, A_3, A_4)$,在洛伦兹变换下变换到 S′ 系

$$A'_\mu = M_{\mu v} A_v, \mu = 1, 2, 3, 4 \qquad (1)$$

其中变换矩阵 $\boldsymbol{M}$ 为如下正交矩阵

$$\boldsymbol{M} = (M_{\mu v}) = \begin{pmatrix} \gamma_v & 0 & 0 & \mathrm{i}\gamma_v\beta_v \\ 0 & 1 & 0 & 0 \\ 0 & 0 & 1 & 0 \\ -\mathrm{i}\gamma_v\beta_v & 0 & 0 & \gamma_v \end{pmatrix} \qquad (2)$$

具体表达为如下分量变换式

$$A'_1 = \gamma_v (A_1 + \mathrm{i}\beta_v A_4) \qquad (3)$$

$$A'_2 = A_2 \qquad (4)$$
$$A'_3 = A_3 \qquad (5)$$
$$A'_4 = \gamma_v(\mathrm{i}\beta_v A_1 + A_4) \qquad (6)$$

其中 $\gamma_v = 1/\sqrt{1-v^2/c^2}$;$\beta_v = v/c$ 是两惯性系 S,S′系之间的相对论变换因子,v 是 S′系相对于 S 系沿 x 轴的速度大小. 从式(1),式(2) 或式(3) ~ (6) 可直接证明,两个四维矢量的内积是相对论不变的四维标量(也称为指标的一次缩并)

$$A'_\mu B'_\mu = M_{\mu m} M_{\mu n} A_m B_n = \delta_{mn} A_m B_m = A_n B_n \qquad (7)$$

其中相同指标满足爱因斯坦惯例,即从 1 到 4 求和. 作为以上性质的一个特例,一个四维矢量的长度平方(即与自己的内积) 是一个四维标量

$$A'^2_1 + A'^2_2 + A'^2_3 + A'^2_4 = A^2_1 + A^2_2 + A^2_3 + A^2_4 \qquad (8)$$

注意由于四维矢量的第四分量是虚的(如 x_μ 的第四分量是 $\mathrm{i}ct$),其平方为负,这就有可能使四维矢量的长度平方为负. 例如在两个不同的惯性系 S 及 S′系之间,四维空时矢量的内积满足

$$x_\mu x_\mu = x'_\mu x'_\mu$$

即
$$x^2 + y^2 + z^2 - c^2 t^2 = x'^2 + y'^2 + z'^2 - c^2 t'^2$$

它是一个四维标量,可正(类空)、可负(类时)、可为零(类光). 又如四维速度矢量 u_μ 的自身内积(模方) 是一个负定的四维标量

$$u_\mu u_\mu = u'_\mu u'_\mu = \gamma^2(v)(v^2 - c^2) = -c^2$$

此法则也就成为我们寻找和构造新的四维标量的方法之一. 类似地,两个二阶张量的二次缩并也是一个四维标量(相对论不变量),又如一个四维一阶张量(矢量) 的四维散度是一个四维标量,一个四维二阶张量的行列式也是一个四维标量(相对论不变量). 我们就从如此产生的相对论不变量中,寻找那些具有"勾股定理"数学形式的物理规律.

二、狭义相对论中若干"勾股定理"

1. 四维电流密度矢量构造的相对论不变量与"勾股定理"

在任意惯性参考系 S 中，四维电流密度矢量
$$J_\mu = (j_x, j_y, j_z, ic\rho)$$
在任意惯性参考系 S′ 中，相应的四维电流密度矢量为
$$J'_\mu = (j'_x, j'_y, j'_z, ic\rho')$$
其中 (j_x, j_y, j_z)，(j'_x, j'_y, j'_z) 是三维电流密度矢量分别在 S 系及 S′ 系的表达，ρ, ρ' 分别是 S 系及 S′ 系中的电荷密度。由四维一阶张量的缩并性质
$$J_\mu J_\mu = J'_\mu J'_\mu \qquad (9)$$
因此有
$$j^2 - c^2\rho^2 = j'^2 - c^2\rho'^2 \qquad (10)$$
其中
$$j^2 = j_x^2 + j_y^2 + j_z^2$$
$$j'^2 = j'^2_x + j'^2_y + j'^2_z$$

将式(10)应用于一个平动的带电体。在实验室惯性系中，$j = \rho v$，又将 S′ 系取为带电体的本体坐标系 S_0，则 S_0 系中
$$j' = \rho' v' = \rho_0 v_0 = 0, \rho' = \rho_0$$
于是
$$j^2 - c^2\rho^2 = 0^2 - c^2\rho_0^2 < 0 \qquad (11)$$
由此证明四维电流密度等矢量的长度平方是一个负定的类时四维标量，而三维矢量的长度平方即是一个正定的三维标量。实际上这正是四维矢量与三维矢量之重要的不同性质。式(11)表示的标量内积正比于随电荷运动的参考系中测得的电荷密度平方。将

上式整理可得如下两种形式的勾股关系

$$(\rho c)^2 = (\rho_0 c)^2 + j^2 \quad (12)$$

或

$$\rho^2 = \rho_0^2 + (j/c)^2 \quad (13)$$

分别如图 1,2 所示.

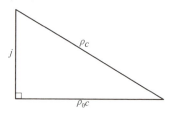

图 1　电流 – 电荷密度的勾股定理

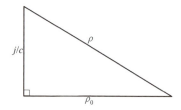

图 2　电流 – 电荷密度的勾股定理

2. 四维动量矢量构造的相对论不变量与"勾股定理"

在任意惯性参考系 S 系,粒子(质点)的四维动量

$$\boldsymbol{p}_\mu = (p_x, p_y, p_z, \mathrm{i}W/c)$$

在另一任意惯性参考系 S′ 系,粒子的四维动量

$$\boldsymbol{p}'_\mu = (p'_x, p'_y, p'_z, \mathrm{i}W'/c)$$

其中,W, W' 是同一粒子同一时刻分别在 S 系、S′ 系中的总能量;(p_x, p_y, p_z),(p'_x, p'_y, p'_z) 是同一粒子同一时刻分别在 S 系、S′ 系中的动量. 由一阶张量的缩并性质 $p_\mu p_\mu = p'_\mu p'_\mu$,可得

$$p^2 - \frac{W^2}{c^2} = p'^2 - \frac{W'^2}{c^2} \tag{14}$$

对于无质量粒子 $W_0 = 0$，上述四维动量长度平方恒为零（即类光的）。对于有质量粒子 $W_0 > 0$，可证上式的长度平方是负定和类时的，因为对于有质量粒子 ($W_0 > 0$)，将 S' 系取为有质量粒子的本体参考系

$$v' = 0, m' = m_0, W' = W_0 = m_0 c^2 > 0, p' = 0$$

由式(14)可得

$$p^2 - \frac{W^2}{c^2} = 0^2 - \frac{W_0^2}{c^2} < 0 \tag{15}$$

从而得到一个负定的类时四维标量，正比于有质量粒子在其本体坐标中所具有静能。由式(15)移项整理，可得勾股定理

$$W^2 = W_0^2 + (pc)^2 \tag{16}$$

这就是我们熟悉的相对论中著名的能量 – 动量"勾股定理"，它尤其在粒子物理与场论领域应用广泛，大受欢迎。上面的推导与通常教材中的方法异曲同工，但这里的方法更为标准且简洁。

3. 四维电磁矢势构造的相对论不变量与"勾股定理"

在任意惯性参考系 S 系中，四维电磁矢势可表达为

$$\boldsymbol{A}_\mu = (A_1, A_2, A_3, A_4) = \left(\boldsymbol{A}, \frac{\mathrm{i}\varphi}{c}\right) = \left(A_x, A_y, A_z, \frac{\mathrm{i}\varphi}{c}\right)$$

在另一任意惯性参考系 S' 系中，四维电磁矢势表达为

$$\boldsymbol{A}'_\mu = (A'_1, A'_2, A'_3, A'_4) = \left(\boldsymbol{A}', \frac{\mathrm{i}\varphi'}{c}\right) = \left(A'_x, A'_y, A'_z, \frac{\mathrm{i}\varphi'}{c}\right)$$

其中 (A_x, A_y, A_z) 与 (A'_x, A'_y, A'_z) 是给定电荷、电流系统分别在 S 与 S' 惯性系中的三维电磁矢势 $\boldsymbol{A}, \boldsymbol{A}$；$\varphi$ 与 φ' 是同一时刻，同一电荷、电流系统分别在 S 与 S' 惯

性系的电磁标势. 根据四维矢量的长度平方是相对论不变量(四维标量)的性质, $A_\mu A_\mu = A'_\mu A'_\mu$, 由此立即可得

$$A^2 - \frac{\varphi^2}{c^2} = A'^2 - \frac{\varphi'^2}{c^2} \qquad (17)$$

注意其中

$$A^2 = A_x^2 + A_y^2 + A_z^2, A'^2 = A'^2_x + A'^2_y + A'^2_z$$

现在将上式应用于一个有质量的带电粒子的电磁场. 将 S' 系取为带电粒子的本体参考系 S_0, 则有 $j' = \rho_0 v_0 = 0, \rho' = \rho_0$, 因而 $A' = 0, \varphi' = \varphi_0$, 根据式 (17), 可得

$$A^2 - \frac{\varphi^2}{c^2} = 0^2 - \frac{\varphi_0^2}{c^2} < 0 \qquad (18)$$

从而得到一个负定的类时四维标量, 正比于带电粒子在其本体坐标系中的静电势的平方. 移项整理, 即得勾股定理

$$\varphi^2 = \varphi_0^2 + (Ac)^2 \qquad (19)$$

例如在 S' 系中 $\boldsymbol{r}_0(x_0, y_0, z_0)$ 处的静止点电荷 q_0 的电荷体密度

$$\rho_0(x', y', z') = q_0 \delta(\boldsymbol{r}' - \boldsymbol{r}_0)$$

其矢势与标势分别为 $\boldsymbol{A}_0 = \boldsymbol{0}$, 及

$$\varphi' = \varphi_0(x, y, z) = \left(\frac{1}{4\pi\varepsilon_0}\right) \int_{V'} \frac{\rho_0(x', y', z')}{r} \mathrm{d}V' = \frac{q_0}{4\pi\varepsilon_0 R}$$

其中

$$r = \sqrt{(x-x')^2 + (y-y')^2 + (z-z')^2}$$
$$R = \sqrt{(x-x_0)^2 + (y-y_0)^2 + (z-z_0)^2}$$

对该粒子在任意惯性系 S 中的矢势 A 与标势 φ, 可以验证式(19)成立. 这个结论的一个合理的推广: 对于一个平动的带电体, 假如电荷分布相对于带电体的本体坐标系保持不变, 其动、静参系中的总的电磁场标势与矢势亦满足上述矢势 - 标势的"勾股定理".

4. 电磁场张量 $F_{\mu v}$ 构造的相对论不变量与"勾股定理"

在任意惯性参考系 S 系中,用四维矢势 A_μ 的时空导数定义电磁场二阶张量

$$F_{\mu v} \equiv \frac{\partial A_v}{\partial x_\mu} - \frac{\partial A_\mu}{\partial x_v} = -F_{v\mu}, \mu, v = 1,2,3,4 \quad (20)$$

$$(F_{\mu v}) = \begin{pmatrix} 0 & B_3 & -B_2 & -\frac{i}{c}E_1 \\ -B_3 & 0 & B_1 & -\frac{i}{c}E_2 \\ B_2 & -B_1 & 0 & -\frac{i}{c}E_3 \\ \frac{i}{c}E_1 & \frac{i}{c}E_2 & \frac{i}{c}E_3 & 0 \end{pmatrix} \quad (21)$$

对同一电磁场,在同一世界点,在另一任意惯性参考系 S′ 中,同样定义电磁场二阶张量

$$F'_{\mu v} \equiv \frac{\partial A'_v}{\partial x'_\mu} - \frac{\partial A'_\mu}{\partial x'_v} = -F'_{v\mu}, \mu, v = 1,2,3,4$$

其矩阵形式 $(F'_{\mu v})$ 与 $(F_{\mu v})$ 类似.在洛伦兹变换下,在两个惯性系 S 与 S′ 系之间电磁场二阶张量满足如下变换

$$F'_{\mu v} = M_{\mu m} M_{vn} M_{mn} \quad (22)$$

其中变换矩阵 $M(v)$ 即为式(2).相对论中电场 E 与磁感应强度 B 的洛伦兹变换为

$$\begin{cases} E'_x = E_x \\ E'_y = \gamma_v(E_y - vB_z) \\ E'_z = \gamma_v(E_z - vB_y) \end{cases} \quad (23)$$

$$\begin{cases} B'_x = B_x \\ B'_y = \gamma_v\left(B_y + \frac{v}{c^2}E_z\right) \\ B'_z = \gamma_v\left(B_z - \frac{v}{c^2}E_y\right) \end{cases} \quad (24)$$

按照四维二阶张量的二次缩并性质

$$F_{\mu\nu}F_{\mu\nu} = F'_{\mu\nu}F'_{\mu\nu}$$

可导出如下相对论不变量

$$F_{\mu\nu}F_{\mu\nu} = 2\left(B^2 - \frac{E^2}{c^2}\right) = F'_{\mu\nu}F'_{\mu\nu} = 2\left(B'^2 - \frac{E'^2}{c^2}\right)$$

(25)

即从 S 系到 S′ 系,同一时刻,对同一电磁场

$$B^2 - \frac{E^2}{c^2} = B'^2 - \frac{E'^2}{c^2} \quad (26)$$

对于真空中自由传播的平面简谐电磁波,上式是一个恒为零的四维标量,这种情形无法导出电场 - 磁场"勾股定理". 现在考虑一个平动的带电体的电磁场(所谓固有场),将 S′ 系取为带电体之本体坐标系(S_0 惯性系),$v' = 0$,在 S_0 系中 $\boldsymbol{B}' = \boldsymbol{B}_0 = \boldsymbol{0}$,$\boldsymbol{E}' = \boldsymbol{E}_0$,式(26) 即变为

$$B^2 - \frac{E^2}{c^2} = 0^2 - \frac{E_0^2}{c^2}$$

从而证明其为一个负定的四维标量,正比于带电体在其本体坐标系中激发的静电场强的平方. 将上式移项整理可得

$$E^2 = E_0^2 + (Bc)^2 \quad (27)$$

利用一些文献有关章节的例题,关于带电为 q 的粒子以匀速 v 运动时的电磁场的结论,可对上式验算. 设实验室参考系为 S 系,与粒子相对静止的参考系 S′ 沿 S 系 x 轴以速率 v 运动,在 $t = t' = 0$ 时,两坐标系原点重合,则 S′ 系中 $r'(x', y', z')$ 处带电粒子激发的电磁场

$$\boldsymbol{E}' = \boldsymbol{E}_0 = \frac{q\boldsymbol{r}'}{4\pi\varepsilon_0 r'^3}, \boldsymbol{B}' = \boldsymbol{B}_0 = \boldsymbol{0} \quad (28)$$

利用电磁场 $\boldsymbol{E}, \boldsymbol{B}$ 的变换式,在实验室参考系 S 中

$$\boldsymbol{E}_{/\!/} = \boldsymbol{E}'_{/\!/}, \boldsymbol{E}_\perp = \gamma_v(\boldsymbol{E}'_\perp - \boldsymbol{v} \times \boldsymbol{B}') \quad (29)$$

$$\boldsymbol{B}_{/\!/} = \boldsymbol{B}'_{/\!/}, \boldsymbol{B}_\perp = \gamma_v\left(\boldsymbol{B}'_\perp + \boldsymbol{v} \times \frac{\boldsymbol{E}'}{c^2}\right) \quad (30)$$

可得在同一时刻 $t = t' = 0$，同一位置 $r = (x, y, z)$ 处，同一带电粒子在实验室系 S 中的电磁场

$$E_x = \gamma_v \frac{qx'}{4\pi\varepsilon_0 r'^3}, E_y = \gamma_v \frac{qy'}{4\pi\varepsilon_0 r'^3}, E_z = \gamma_v \frac{qz'}{4\pi\varepsilon_0 r'^3}$$
(31)

$$B_x = 0, B_y = -\frac{\beta_v E_z}{c}, B_z = \frac{\beta_v E_y}{c} \quad (32)$$

并有如下关系

$$\boldsymbol{B} = \boldsymbol{v} \times \frac{\boldsymbol{E}'}{c^2} \quad (33)$$

注意以上诸式是在 $t = t' = 0$ 时，$x' = \gamma_v x, y' = y, z' = z$. 很容易验证：$\boldsymbol{E}, \boldsymbol{E}_0$ 及 $\boldsymbol{B}$ 满足勾股定理关系式 (27)，实际上在 $t, t' \neq 0$ 时，此勾股定理依然成立，只是表达式复杂一点而已.

本工作室成立已经十五年了，在这十五年中，读者和工作室已经完成了相互的身份认同. 笔者自以为本工作室图书的读者大多是专业和准专业的. 最起码是严肃的数学爱好者. 如果面对这样的读者去批评开始那段文字的乱编与"山寨"，是对读者的不尊重，也是对读者数学常识和科学史常识的轻视，只能将其视为我国现阶段初等数学教育乱象横生的一个标本. 所以本书想告诉读者们在爱因斯坦那个时代，西方在毕达哥拉斯(Pythagoras)定理的证明方法收集方面已经达到了什么程度. 估计在美国这本书还会有其他版本，可惜我们不知道.

本书是笔者的好友，原上海教育出版社的数学编辑叶中豪先生几年前推荐的.

本书的另一看点是世界著名数学史家贝尔(Bell)1931 年为其写的序言. 几代人都能从贝尔的代表作《数学大师》中获益. 1995 年成功证明了费马猜想的英国数学家怀尔斯(Weils)就说过，他十岁时在图书馆读到这本书方知道费马猜想，才立志证明它.

下面是贝尔为本书所写的序言：

作为数学著作应该有他永恒存在的品质,就像每个领域的经典一样,给读者带来快乐和指导. 当读者关注学校数学基础教育时,出版委员会需要寻求这一类涉及数学基础知识和实质性的著作. 有一些不被广泛阅读的但是经典的作品会被全国教师委员会重新发行. 本书就是被认为是值得再次发行的提供给数学基础教育的经典之作.

1907年,《毕达哥拉斯定理》的最初手稿开始着手准备,1927年第一次出版,1940年经鲁姆斯家族的同意再次出版. 除了一些必要的改动,如提供新的标题和版权页,并以解释的方式添加序言,没有以任何方式使本书看起来很现代化. 这样做只会降低而不能增加本书的价值.

在数学方面,如果一个人不知道公元前500年毕达哥拉斯在克罗顿(Croton)说过的关于直角三角形最长边的正方形的内容,或者忘记了有人在捷克斯洛伐克(Czechoslovakia)刚刚证明了关于不等式的内容,那么他很可能迷失了方向. 从古巴比伦到现代日本,大量的数学知识在今天依然如故.

本书的主题是一个定理. 中国称之为勾股定理. 西方则称之为毕达哥拉斯定理.

本书的作者颇有哲学素养. 在前言中还提到了国内中学数学老师中很少有人知到的英国著名哲学家休谟(Hume)和德国著名哲学家康德(Kant). 中译如下:

根据休谟(打断康德"教条主义的沉睡"的英国思想家)提出的论证可以分为(a)论证;(b)证明;(c)概率.

通过论证(demonstration),意思是一个推理组成的"一个或多个直言命题的一些命题引入问题证明时包含在其他命题假设和确定性,也必须承认某些命题问题,结果就是科学性、知识性和确定性."论证提供的知识是固定不变的,表示必然的推理,与第一原理的证明同义.

通过证明,意思是从经验中得出的论证是没有怀疑和反驳的余地的.支持论证的证据是确定的并且充分.

这项工作是为了给未来的读者提供简洁明了的毕达哥拉斯定理,并提出某种代数和几何证明的事实和相关几何图形.

第一,毕达哥拉斯定理有四种证明:

1. 基于线性关系(时间概念)的代数证明.
2. 基于面积比较(空间概念)的地貌证明.
3. 基于向量运算(方向概念)的四元迭代证明.
4. 基于质量和速度(包含力的概念)的动态证明.

第二,代数证明的数量是无限的.

第三,几何证明只能从几何图形的类型推论.

这三个分类作者没有明确的提出,但一旦建立,可能成为几何证明的分类基础.

第四,几何证明的数量是无限的.

第五,三角函数证明是不可能的.

通过查阅目录,读者可以确定他的证明属于哪个领域,然后通过阅读文本发现本书与其他同类书籍的不同.

希望这个简单阐述能给读者带来兴趣,作者会给每位读者带来对知识的渴望.

说到哲学,其实毕达哥拉斯在哲学上的影响力要远高于数学.借此机会也"炫耀"一下,显得有哲学气质(这在当下应不算是夸奖).

毕达哥拉斯和毕达哥拉斯学派的学说的创立及其演变,可以说是古希腊哲学史上最复杂的现象之一.许多著名的哲学史家认为要将这些问题讲清楚几乎是不可能的.

首先是毕达哥拉斯学派存在的时间很长,从公元前6世纪末古希腊开始,一直到公元3世纪古罗马时期,几乎有800年之久.他们的发展大体上经历了两个时期共三个阶段.一是,早期毕达哥拉斯学派,从公元前6世纪到公元前4世纪前半叶.这个时期又可以分为前后两个阶段:前期阶段,包括毕达哥拉斯和他的门徒;后期阶段,大体指公元前5世纪末到公元前4世纪前半叶的毕达哥拉斯学派,其中有姓名记载的如佩特罗斯(Pertos)、希凯塔俄(Hiketaos)、欧律托斯(Eurytos)、菲罗劳斯(Philolaos)、阿尔基塔(Archytas)等人.二是,希腊文化时期,作为一个学派,到公元前4世纪,毕达哥拉斯学派已经消亡,但他们的影响继续存在.

要了解毕达哥拉斯我们先要了解他的老师,毕竟名师出高徒.

据史学家考证,毕达哥拉斯肯定得到过泰勒斯(Thales)的指点.

很多人认为,泰勒斯是希腊科学、数学和哲学的创始人,甚至还认为他几乎是每一门知识的奠基者,就是说此时的西方哲学仍然是件新奇的事情.其博大的领域尚有待人们去探索(可以称其为当时的因特网,因为它吸引了近乎相同比例的神童、奇才和怪杰).很难说这种看法究竟有多少是后人加以渲染的.

据推测,泰勒斯的母亲是腓尼基人,然而有些人对此持怀疑态度.也许这个传说只能说明他受的是东方科学的教育.他当然访问过埃及,也许还去过巴比伦.可能希腊人所认为的他的多种成就,只不过是把从更古老人民口头传下的成就归于他一身罢了.

例如,据古希腊历史学家希罗多德所说的故事,最使泰勒斯享有盛名的一件事就是他曾预言了日食,并且就在他预言的那一年发生了日食.现代天文学的研究证明,泰勒斯时代发生在小亚细亚的唯一的一次日食是在公元前585年5月28日.因此,可以肯定,那次未成的战争是第一个可以肯定地指出日期的历史事件.

然而,早在泰勒斯时代之前至少二百年,巴比伦人已经找出预测月食的方法.与此相比,泰勒斯的事迹似乎也就算不上什么奇迹了.他只能预言这次日食发生在哪年,而没有预言发生的日子,这在东方无疑已能做到. 泰勒斯是第一个认为月亮是靠反射太阳光而发光的希腊人. 这一点巴比伦人可能也早已知道了.

泰勒斯还借用了埃及人的几何学,在这方面他做出了十分重要的发展. 他把几何学变成一种抽象的研究对象,我们知道,是泰勒斯首先把几何学用来研究假设没有任何厚度,绝对直的线条,而不是研究画在沙子上或刻写在蜡上的具有厚度且不完全直的线条(如果埃及人和巴比伦人已经发展到这一步,泰勒斯仍不失为有案可查的第一个建立这种观点的人,这是从后来的一些哲学著作中查到的).

看来,泰勒斯还是首先通过一整套有系统的论点证明数学命题的人,他整理了人们已有的知识,并自然地逐步得出理想的证明. 换言之,250 年后经欧几里得加以系统并进一步加工而成的演绎数学就是他发明的.

一些具体的几何定理后来被认为是泰勒斯发现的. 例如,圆的直径把圆分为两等份,所有的对顶角相等,等腰三角形的两底角相等.

后人还认为他曾把金字塔的影子和一已知长度竿子的影子进行比较,从而测出埃及金字塔的高度,这里用到了三角学的概念.

在物理方面,他是研究磁学的始祖. 更为重要的:据我们所知,他第一个提出了宇宙是由什么构成的这个问题,并在回答时不涉及上帝和鬼神.

泰勒斯的答案:宇宙的基本组成(我们今天会用"元素"这个词)是水,而地球只是浮在浩瀚无边的海洋上的一个扁盘. 这个回答在当时是最为合理的猜想了. 因为很清楚,至少生命依赖于水. 然而,问题本身的提出远比回答重要得多,因为它激励了一批包括赫拉克利特在内的哲学家来思考这一问题. 正是沿着这一思路,经过 2 000 年辛勤的思考,终于导致了现代化学的产生. 有人评论说泰勒斯有自发的唯物主义思想,他也是一位领袖级人物,是爱奥尼亚学派的创始人和领袖,被尊为七贤之首.

泰勒斯不仅是位哲学家,根据后来的传说,他还是位实干家. 在政治上他坚决主张成立希腊爱奥尼亚(今土耳其西南岸)各城邦的政治联盟(迈特利是其中之一)以进行自卫,反抗侵略成性的非希腊王国吕底亚. 随后的几百年充分说明,这是希腊人能够借以反抗周围民族保卫自己的唯一途径. 但是,希腊人不团结的情绪后来占了上风,造成了国家的毁灭.

亚里士多德(Aristotle)曾告诉了我们一则似乎是虚构的关于泰勒斯的轶事,用以回答为什么如此聪明的泰勒斯没有发财. 据说泰勒斯凭着他的气象知识预料某一年橄榄会丰收,于是他在迈利特悄悄买下了全部的橄榄榨油机及周围的土地,他规定了使用榨油机的垄断价格,所以在一个季度里就发了大财. 让那些俗人想不到的是,泰勒斯证明了他的能力后就放弃了经商,又继续从事他的哲学研究.

另一则故事则有些像清高的哲学家的自嘲,借以消除劳动人民同知识阶层那种由来已久的紧张关系,使其找到心理平衡. 据柏拉图(Plato)说当泰勒斯正在散步研究星球时,失足摔入井内,一老妪听到他的呼叫赶来将他救出,但随后轻蔑地说:"这个人想研究星星,可却看不见脚下是什么!"

柏拉图和亚里士多德生活的年代比泰勒斯要晚250年,人们对这位老哲学家的观点都记忆得不十分完整了. 这也是使他的事迹成为传奇的原因之一.

泰勒斯对哲学思想的评价高于科学的实际运用,这为后来的希腊哲学思想定下了调子. 结果,希腊工程师、发明家的工作被以后的希腊作家和后人大大忽视和低估. 因此,我们对泰勒斯时代的其他著名人物知之甚少,包括在当时(公元前600年左右)享有盛名的希腊建筑师欧帕利努斯(Eupalinus),竟是古希腊黄金时代的工程师中唯一在现代留下点名声的人物. 因为他的名字至少和一项特殊成就联系在一起,他是专攻水利的专家,约在公元前530年,在他的家乡梅加拉修建了一项水利工程,后来,爱琴海的萨摩斯岛上的波吕克拉底(Polycrates)让他在那里修建一条水渠. 为了修建这项工程,欧帕利努斯不得不凿穿一座山,挖了一条10英里(1英里 = 1.609千米)长的隧道. 隧道同时从两端开凿,在离中心只几英尺(1英尺 = 0.3048米)处两端相会,这一做法给希腊人留下了深刻的印象,也仅仅是这样伟大的工程,才能与哲学思想争辉.

据奥博瑞《生活简介》中记载,当17世纪英国哲学家托马斯·霍布斯(Thomas Hobbes)40岁时,参观了一家图书馆,他不经意地瞥见了摊在桌子上的一本欧几里得的《几何原本》.摊开的部分恰是毕达哥拉斯定理的证明,霍布斯惊呼:"我的上帝,这不可能!"于是,他阅读了这个证明,这又让他向前翻看了这个定理,他读了该定理.这又让他向前查另一个定理,这个定理他也读了.如此再三最后他被论证折服,确信了这个真理.这使他爱上了几何学.

罗素(Russell)同霍布斯是一样的途径迷上的几何,特别是迷上了毕达哥拉斯.不仅如此,少年罗素还在欧几里得几何学中发现了另一方面的乐趣,即欧几里得几何让他见识到,日后对他的哲学发展影响极大的哲学家们经常称为"柏拉图的理念世界"的东西.

在其论文《我为什么走向哲学》中,罗素澄清了这种形式的神秘主义在他自己的哲学动机上的重要性:"我一度发现,一个源自柏拉图但有所变化的理论令人满意.根据柏拉图的理论——我只以一种打折扣的方式接受它——有一个不变的无时间的理念世界,展现在我们感觉中的世界只是这个世界的不完善的摹本.根据这一理论,数学处理理念世界并且随之而来有着日常世界所缺乏的精确和完美.柏拉图从毕达哥拉斯发展而来的这种数学神秘主义,吸引了我."

从这个意义上讲,毕达哥拉斯对罗素而言是一位重要的标志性人物.正如罗在《西方哲学史》中所讲,"从理智上说(是)曾在世的最重要的人之一".

在《西方哲学史》中罗素写道:

> 对毕达哥拉斯而言,"充满激情的沉思"是理智的,并流行于数学知识中.这样,通过毕达哥拉斯主义,"理论"逐渐获得其现代意义;但是对于所有被毕达哥拉斯吸引的人来说,它保留了一个心醉神迷的启示的成分.在那些从学校里不情愿地学了一点数学的人看来,这或许是令人奇怪的;但对那些曾体验到数

学给予的顿悟所带来的使人陶醉的快乐的人来说,有时对那些爱它的人来说,毕达哥拉斯的观点将被视为完全自然的,即使它不是真实的.经验哲学家可以视其为材料的奴隶,而纯数学家,像音乐家一样,是他秩序井然的美丽世界的自由创造者.

笔者认识学数学的诗人不少,最著名的一位是浙江大学的蔡天新教授,他曾写过一首诗:

数字与玫瑰

毕达哥拉斯在直角三角形的斜边上
弹拨乐曲,一边苦苦地构想着
那座水晶般透明的有理数迷宫
他的故乡在爱琴海的萨摩斯岛
从小就没有想要做水手,也没有被
萨洛尼卡城里的漂亮姑娘诱惑
数字成为他心中最珍重的玫瑰
那些绯红、橙黄或洁白的花朵
巧妙地装饰着无与伦比的头脑
敦促其写下著名的断言:万物皆数
佛罗伦萨的莱昂纳多曾设法凑近
把妩媚的小美人吉勒芙拉摞在一旁
终于因为体格的缘故半途而废

亚里士多德在《形而上学》中论及到了毕达哥拉斯学派:

在这个时候,甚至更早些时候,所谓毕达哥拉斯学派曾从事数学研究,并且第一个推进了这门知识.他们把全部时间用在这种研究上,进而认为数学的本原就是万物的本原.由于在这些本原中数目是最基本的,而他们又以为自己在数目中间发现了许多特点,与存在物以及自然过程中所产生的事物有相似之处,比在火、土或水中找到的更多,所以他们认为数目的某一种特性是正义,另一种是灵魂和理性,还有一种是机会,其他一切也无不如此;由于他们在数目中间见到了各种各类和谐的特性与比例,而一切其他事物就其整个本性来说都是以数目为范型的,数目本身的存在则先于自然中的一切其他事物,所以他们从这一切进行推论,认为数目的元素就是万物的元素,认为整个的天是一种和谐,一个数目.因此,凡是他们能够在数目和各种和谐之间指出的类似之处,以及他们能够在数目与天的特性、区分和整个安排之间指出的类似之处,他们都收集起来拼凑在一起.如果在什么地方出现了漏洞,他们就贪婪地去找这个东西填补进去,使它们的整个系统能自圆其说.例如,因为他们认为十这个数目是充满的,包括了数目的全部本性,所以他们就认为天体的数目也应当是十个,但是只有九个看得见,于是他们就捏造出第十个天体,称之为"对地".

在古希腊之后,虽然毕达哥拉斯学派的以"中心火"作为宇宙中心的宇宙模型没有得到发扬,代之以流行开来的是亚里士多德-托勒密的地心说模型,但在那种以拯救现象为目标的本轮-均轮模型中,我们仍然可以看到像圆轨道这样的保留着数学意义上的和谐与美的传统.

在经过了严酷的、黑暗的中世纪后,到了文艺复兴时期,和谐的概念再次在宇宙认识中突显出来.更一般地说来,毕达哥拉斯学派相信自然是一个和谐宇宙,这个术语意味着一个理性的秩序.但言外之意还有对称和美丽的意思,以及存在于一个健康生物体中的和谐.当柏拉图的著作被重新发现,从而使得毕达哥拉斯学派的思维方式再次流行起来时,这种宇宙必定和谐的直觉,成为文艺复兴时期天文学发展的强大驱动力.

这些哲学家显然是把数目看作本原,把它既看作存在物的

质料因,又拿来描写存在物的性质和状态.①

哲学家的数学观点不一定是正确的,虽然对哲学会有某些帮助,一个明显的例子是黑格尔(Hegel).

由康德创始的德国古典唯心主义辩证法,在19世纪初期经过黑格尔之手才最后臻于系统化.这是同黑格尔本人所具有的精湛的数学和自然科学素养分不开的.即使置此不论,我们在他生前刊印的屈指可数的几部哲学著作中,例如,《精神现象学》序言部分,两部《逻辑学》的量论部分,《自然哲学》的论时空部分,以及《大逻辑》的论时空部分、本质论和概念论的有关部分,也同样可以看到他对数学材料的大量引证和对数学问题的详细讨论.

黑格尔关于数学的论述涉及初等数学,但更多的则是涉及高等数学,即由牛顿和莱布尼茨于17世纪所创立然而在当时还不够完善的微积分.他晚年再版《大逻辑》第一编"存在论"时所增加的专门论证微积分的长达100页的三个注释,几乎占了该编四分之一的篇幅.当然,这毫不意味着黑格尔是为了炫耀自己的渊博学识而有意编织一些神奇瑰丽的数学花环,而是无可争辩地表明了黑格尔哲学与数学之间的某种关联.英国新黑格尔主义者缪尔(Muir)早已看到了这一点.他写道,"黑格尔关于量的逻辑受到现代观点(它正力图使数学越来越强烈地摆脱空间和时间的限制,甚至力图使之在顺序而不是量的基础上)的影响究竟有多大,我无法判定.黑格尔似乎想要指明,正如自然科学为自然哲学提供了原料一样,数学同样也为量的逻辑提供了原料."然而,缪尔却没有看到其中最重要的东西.这种关联诚然包含在黑格尔利用数学来佐证其关于量的逻辑观点的意图中,但更主要的却是表现在自笛卡儿(Descartes)将变数引入数学里来的变数数学(数学辩证法)思想对黑格尔哲学的巨大影响中,以及反过来黑格尔运用辩证法的犀利解剖刀对数学所做的深刻剖析中,前者导致黑格尔在阐述自己的哲学

---

① 北京大学哲学系外国哲学史教研室.西方哲学原著选读:上册[M].北京:商务印书馆,1989.

观点时,连篇累牍地大谈数学,后者则是他关于量的哲学思想能够影响到现代科学思潮的关键所在.

黑格尔无疑是历史上自觉地从辩证思维的角度出发而去探讨数学中的哲学问题的第一人. 借助唯心辩证法思辨地论证数学基本概念,揭示数学的本质和意义. 强调数学认识和哲学认识,数学方法和哲学方法之间的原则区别,这大体上就是黑格尔数学哲学思想的主要内容. 然而,黑格尔对数学所做的这种哲学探讨的结果究竟如何,或者说,对黑格尔的数学哲学应该如何评价呢? 有两种不同的意见,一派是以哲学家缪尔为代表的,他们认为黑格尔哲学与当代数学是有一定关联的,但由于其太冗长,太专门化了才被人们所忽略;而英国现代哲学家和数学家罗素则全盘否定了黑格尔哲学中的数学部分. 他认为黑格尔哲学根本不能应用于数学,在学习了魏尔斯特拉斯的分析理论,康托的集合论以及非欧几何理论后,更觉得黑格尔《大逻辑》里所讲的数学都是错误的,甚至完全是胡说八道①,由此可否套用一句周国平式的名言,哲学家研究数学对数学和哲学都是一种伤害. 但毕达哥拉斯是一个例外,他在数形结合、公理化与数学美的标准方面以及数学方法中的经验归纳法都为数学家所称道. ②

毕达哥拉斯对数学的真正影响在于他对数学的认识,在毕达哥拉斯看来在现实世界之外还独立存在着一个数学统治的世界,柏拉图是与之一脉相承的,这种认识不乏追随者,如罗素就曾在一篇文章写道:

> 历史上对数学的研究可能比对希腊和罗马的研究还要多,但是,数学在人类的文明中,一直没有找到

---

① 胡作玄. 当代的大思想家 —— 罗素[J]. 自然辩证法通讯,1981(1).

② 关于黑格尔的数学哲学思想可参见江西大学哲学系何建南先生发表在由商务印书馆出版的《外国哲学》(7)上的文章"黑格尔哲学思想述评".

它恰当的位置.虽然传统业已裁定千千万万个有学识的人至少应该知道数学这门学科的组成部分,但是,这种传统产生的思考却被遗忘,被掩盖在故意卖弄学问、无足轻重、毫无意义的废话之中.对于那些努力探索数学的存在价值的人来说,最一般意义上的回答将是数学促进了机器的制造生产,方便了人们的旅行,帮助国家在战争中或在商品贸易中取得胜利……然而这些都不是数学这门学科存在的本质意义.众所周知,古希腊哲学家柏拉图把对数学真理的观照看作是神的旨意,并且他比任何其他人都深刻地意识到数学是人类生活必不可少的组成部分.

……对数学的正确看法是数学不仅仅拥有真理,而且它也是最伟大的美——一种像雕塑般的冷峻的严格的美,它对人类的脆弱的天性不感兴趣,也没有像图画或音乐那样华丽的装饰,然而它却是崇高的、纯粹的,它有着只有最伟大的艺术才能展现出来的严格意义上的完美.作为最优秀的标准,喜悦、兴奋、超凡脱俗的感觉,这些将会在数学和诗歌艺术中得到充分的体验……对于大多数人来讲,真实的生活是居第二位的,是在理想和可能之间做出永远的妥协的状态;但是在纯粹理性的世界里是没有妥协的,也没有实践上的限制,更没有在充满激情的志向中具体的创造活动的壁垒.

……对于严格的人来说,对真理的热爱永远是第一位的,并且,这种真理是在数学中而不是其他的学科中,对真理的向往与热爱对于苍白无力的信仰来说是一种鼓舞.

但是到了罗素70多岁时他的观点发生了改变,他认识到:柏拉图的客观数学真理的世界是一个幻想.在1951年,他写的一篇名为"数学是纯语言学吗?"的哲学论文中,他表述了上面的观点,他为他早期的数学理想的坟墓献上了一个花环:

毕达哥拉斯和之后的柏拉图各自的数学理论简洁、迷人……毕达哥拉斯认为数学是对数字的研究,每个数字都是居住在超感觉的天国中的独立的永恒的存在.当我年轻的时候我对此深信不疑……但是,随着研究的逐步深入,我对此产生了怀疑……数字其实只是为了语言上的方便,当包含数字的命题完成时数学即消失了.在天国中寻找数字与寻找"等等"一样都是徒劳无益的.

……所有的数学命题和逻辑命题都主张对若干字(词)正确使用.如果这个结论是正确的,那么它可以看作是毕达哥拉斯的墓志铭.

几乎与此同时,罗素还写了一个短篇小说,其中的故事情节戏剧性地表现了他在思考数学的时候思想变化的过程.这个小说的名字叫《数学家的噩梦》.故事的主人公是"平方底教授",他在研究了一整天的毕达哥拉斯的理论之后疲倦地在椅子上睡着了,这时,他做了一个奇怪的梦,在梦中各种数都是那样真实地存在着.但随着一声女妖的哀号,整个庞大的序列消散在迷雾中.并且,当他醒来时,他听见自己在说:"柏拉图不过如此."

通过这个故事罗素告诉自己,他青年时一直怀有的"毕达哥拉斯之梦",不过是一个噩梦罢了.

早在毕达哥拉斯学派时期,数学理论被分为绝对理论和应用部分,那时数的绝对理论指算术,而应用部分指音乐.在毕达哥拉斯看来,万物皆数.其理论核心是算术,他们说的算术不包括为实际事务需要而用的计算,主要还是今天称之为数论的内容,例如,完全数、亲和数、毕达哥拉斯数组、形数,等等.

亲和数自毕达哥拉斯提出第一对 220 与 284 以来已过了 2 000 多年,直到 1636 年费马给出第二对亲和数.公元 9 世纪塔比·伊本·库拉(Thabit Ibn Qurra)提出一个法则:若 $p = 3 \cdot 2^n - 1, q = 3 \cdot 2^{n-1} - 1, r = 9 \cdot 2^{2n-1} - 1(n$ 为正整数) 为 3 个素数,则 $a = 2^n pq, b = 2^n r$ 是一对亲和数.例如,$n = 2$ 时,有 $p = 11, q = 5, r = 71$ 都是素数,则 $a = 220, b = 284$ 是亲和数.费马

重新发现了这一法则,并验证了 $n = 4$ 时,$p = 47$,$q = 23$,$r = 1\ 151$ 都是素数,因此 $a = 17\ 296$ 和 $18\ 416$ 是第二对亲和数. 费马的工作鼓舞了同时代的数学家. 两年后,笛卡儿就发现了第三对亲和数 $9\ 363\ 584$ 与 $9\ 437\ 056$. 100 年后欧拉遵循同样的思路一下子找到了 62 对亲和数. 时至今日已发现的亲和数有 1 000 多对!

初等几何中最引人注目肯定的定理也是最著名最有用的一个定理,就是本书中的所谓的毕达哥拉斯定理:在任何直角三角形中,斜边上的正方形等于两条直角边上的正方形之和. 如果有一个定理可以当之无愧地算是数学史上的"菁华",那么毕达哥拉斯定理大概就是主要的候选者了,因为它可能是数学史上第一个真正名副其实的定理. 但是,当我们开始考虑该定理的渊源时,心里总觉得不是那么踏实,虽然传说是把这个著名的定理归功于毕达哥拉斯,但是 20 世纪对美索不达米亚出土的陶器铭文上的楔形文字考察的结果表明,早在毕达哥拉斯时代之前的 1 000 多年间,古巴比伦人就已经知道该定理了. 在古代印度和中国的有些著述中也可以见到对该定理的阐述,这些著述的时期至少可以上溯至毕达哥拉斯时代前. 不过,在提到这个定理的那些非古希腊文献或古希腊前的文献中,都没有对上述关系的证明;很可能是毕达哥拉斯或他那著名的哥老会的某个成员,第一个对该定理提供了合乎逻辑的演绎证明. 潘承彪教授曾把证明勾股定理当作 1979 年的高考数学试题,至今被人们称颂!

毕达哥拉斯的哲学,在风格上有印度渊源,其基本假设:全体正整数是人类和物质千差万别的诱因;简言之,全体正整数控制着大千世界的质与量. 正整数的这种观念和升华促使他们进行深入的研究,因为,谁知道呢,也许由于揭示出整数的奥妙性质,人类说不定就有办法在某种程度上支配或改善自己的命运呢. 因此,他们加紧了数的研究,而由于数与几何紧密相关,也加紧了几何的研究. 因为毕达哥拉斯的讲授纯系口述,而且哥老会的惯例是把所有的发现都归功于至尊开山祖师,所以现在很难弄清哪些数学发现应该算是毕达哥拉斯本人的功绩,哪些应该归在哥老会其他成员的名下.

现在回过头来再讲所说的那件数学史上的"菁华",我们自然很想知道,对于以毕达哥拉斯命名的那个名副其实的定理,他可能给出的证明的性质如何?对此有很多推测,一般认为大概是一种分解式的证明,如下所述.设 a,b,c 表示已知直角三角形的勾、股、弦,考虑图1所示两个正方形,都以 $a+b$ 为一边.图1(a)被分解成六块,即分别以勾、股为边的两个正方形以及与已知三角形全等的四个直角三角形.图1(b)被分解成五块,即以弦为边的一个正方形以及与已知三角形全等的四个直角三角形.于是,由等量减等量可见,以弦为边的正方形等于以勾、股为边的两个正方形之和.

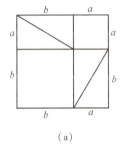 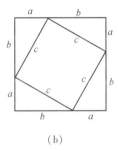

(a)　　　　　　　　(b)

图1

为了证明图1(b)分解当中的那一块的确是边长为 c 的正方形,我们要利用直角三角形诸角之和等于两个直角这个事实.不过,这个事实就一般三角形而言已经被认为是毕达哥拉斯学派的功劳了.由于对这个一般事实的证明又需要知道平行线的某些性质,所以平行线理论也被认为是毕达哥拉斯学派早期的功绩.

整个数学史上也许找不出第二个定理有毕达哥拉斯定理那样多的千姿百态的证明.在本书中,作者搜集了这个著名定理的370种证明,并加以分类整理.

两个面积(或两个体积) P 和 Q 叫作按加法全等,如果它们可以分解成若干对互相对应的全等图形. P 和 Q 叫作按减法全等,如果它们可以拼接成若干对互相对应的全等图形,使得所得到的两个新图形是按加法全等的.毕达哥拉斯定理有很多证明,其依据就是证明直角三角形弦上的正方形是按加法或按减法全等于该直角三角形勾、股上的正方形的拼合.上面扼要介绍的那个证明,据传可能是毕达哥拉斯提出的,就是一种按减法全等的证明.

图2和图3对毕达哥拉斯定理提出了两个按加法全等的证明,第一个是 H. 贝利果于 1873 年给出的,第二个是 H. E. 杜德内于 1917 年给出的.

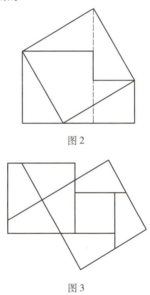

图 2

图 3

图4提出了一个按减法全等的证明,据说是达·芬奇(L. da Vinci)想出来的.

任何两个多边形的面积如果相等,就是按加法全等的,而且面积的分解总是可以用圆规、直尺作图. 另一方面,M. 德恩在 1901 年证明了两个多面体的体积即使相等,却不一定是按加法全等的,也不一定是按减法全等的. 特别是,不可能把一个正四面体分解成一些多面体图形,使得这些图形可以重新拼成一个立方体. 欧几里得在其《几何原本》中有时就使用分解方法来证明面积相等.

欧几里得在其《几何原本》卷 I 命题 47 中,基于图 5 对毕达哥拉斯定理给出了一个优美的证明.

图 5 有时叫作"圣方济会道袍",也叫作"新娘的花轿". 证明大意如下:$AC^2 = 2S_{\triangle JAB} = 2S_{\triangle CAD} = S_{ADKL}$;同样,$BC^2 = S_{BEKL}$. 因此

$$AC^2 + BC^2 = S_{ADKL} + S_{BEKL} = AB^2$$

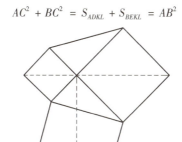

图 4

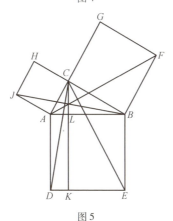

图 5

中学教师有时也向学生讲毕达哥拉斯定理的一个奇怪的证明,那是印度数学家兼天文学家巴斯卡拉给出的,他的学术

活动在 1150 年左右达到高峰. 证明是分解式的. 如图 6 所示, 弦上的正方形分成四个三角形, 都和已知直角三角形全等, 还有一个正方形, 边长等于已知直角三角形勾、股之差. 这些图形很容易重新拼成勾、股上的两个正方形之和. 巴斯卡拉画出了图, 没有多加解释, 只写了一个字:"瞧!"当然了, 添一点代数运算就把证明补全了, 因为, 如果 a,b,c 是已知直角三角形的勾、股、弦, 则有

$$c^2 = 4(ab/2) + (b-a)^2 = a^2 + b^2$$

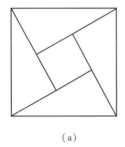 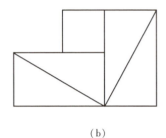

(a) (b)

图 6

也许, 电影放映出来的活动证明才是更加好"瞧"的证明, 这时, 经过图 7 所示各阶段, 弦上的正方形连续变形, 最后成为勾、股上两个正方形之和.

巴斯卡拉又画了一条高线垂直于弦, 提出了毕达哥拉斯定理的第二个证明. 由图 8 的相似直角三角形可见 $c/b = b/m$, $c/a = a/n$, 即是

$$cm = b^2, cn = a^2$$

相加得到

$$a^2 + b^2 = c(m+n) = c^2$$

这个证明在 17 世纪由英国数学家 J. 瓦里斯(1616—1703)重新发现.

美国有几位总统同数学有点瓜葛. G. 华盛顿(1732—1799, 美国第一任总统)曾经是一位著名的勘测员, T. 杰斐逊(1743—1826, 美国第三任总统)曾大力促进美国高等数学的教学工作, A. 林肯(1809—1865, 美国第十六任总统)据说研究了

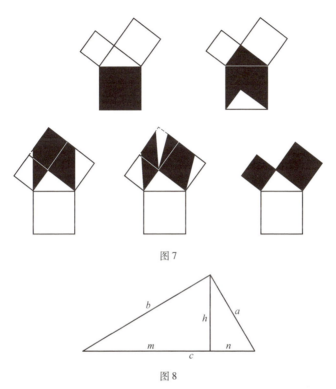

图 7

图 8

欧几里得的《几何原本》之后学会了逻辑. 更有创造力的是 J. A. 伽菲尔德(1831—1881, 美国第二十任总统), 他当学生的时候就对初等数学表现出热切的兴趣和良好的能力. 1876 年, 他在当众议员的时候, 也就是他当美国总统的前五年, 他独立发现了毕达哥拉斯定理的一个非常漂亮的证明, 他是在和一些国会议员讨论数学时灵机一动想出来的. 这个证明后来在《新英格兰教育杂志》上登出来了. 中学生看到这个证明总是很感兴趣. 只要学了梯形面积的公式以后马上就可以讲, 主要是用两种不同的方法来计算图 9 中梯形的面积: 先用梯形面积的公式(面积为上下底之和之半乘以高), 然后再把梯形面积表为它分成的三个直角三角形面积之和. 这样求得的梯形面积的两个表达式相等, 所以有

$$(a+b)(a+b)/2 = 2((ab)/2) + c^2/2$$
即
$$a^2 + 2ab + b^2 = 2ab + c^2$$
从而
$$a^2 + b^2 = c^2$$
由于勾、股、弦为 a,b,c 的任何直角三角形总是相应地有所画的那样一个梯形,所以就证明了毕达哥拉斯定理.

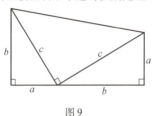

图 9

最近在一个叫老陶数学工作室的微信公众号上有人列出了他所认为的勾股定理的 10 种常见证法. 附于此, 供读者品评!

一、课本上的证明

作八个全等直角三角形,设它们的两条直角边长分别为 a,b, 斜边为 c, 再作三个边长分别为 a,b,c 的正方形, 把它们像图 1 那样拼成一个大正方形. 从图中可以发现, 拼成的两个大正方形边长都是 $a+b$, 所以面积相等. 即
$$a^2 + b^2 + 4 \times \frac{1}{2}ab = c^2 + 4 \times \frac{1}{2}ab$$
整理得
$$a^2 + b^2 = c^2$$

二、邹元治证明

如图 2 所示,以 a,b 为直角边,以 c 为斜边作四个全等的直角三角形,则每个直角三角形面积等于 $\frac{1}{2}ab$, 把这四个直角三角形拼成如图 2 所示形状, 使 A,E,B 三点在一条直线上, B,F,C 三点在一条直线上, C,G,D 三点在一条直线上.

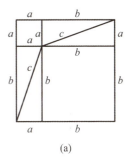
(a)

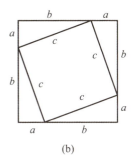
(b)

图 1

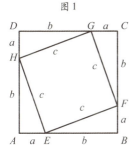

图 2

因为 $\text{Rt}\triangle HAE \cong \text{Rt}\triangle EBF$,所以
$$\angle AHE = \angle BEF$$

因为 $\angle AEH + \angle AHE = 90°$,所以 $\angle AEH + \angle BEF = 90°$,$\angle HEF = 180° - 90° = 90°$.

因此,四边形 $EFGH$ 是一个边长为 c 的正方形. 它的面积等于 c^2.

因为 $\text{Rt}\triangle GDH \cong \text{Rt}\triangle HAE$,所以
$$\angle HGD = \angle EHA$$

因为 $\angle HGD + \angle GHD = 90°$,所以 $\angle EHA + \angle GHD = 90°$.

又因为 $\angle GHE = 90°$,所以 $\angle DHA = 90° + 90° = 180°$,所以 $ABCD$ 是一个边长为 $a+b$ 的正方形,它的面积为 $(a+b)^2$. 因此

$$(a+b)^2 = 4 \cdot \frac{1}{2}ab + c^2$$

$$a^2 + b^2 = c^2$$

三、赵爽证明

以 a,b 为直角边 ($b > a$),以 c 为斜边作四个全等的直角三角形,则每个直角三角形的面积等于 $\frac{1}{2}ab$. 把这四个直角三角形拼成如图 3 所示的形状.

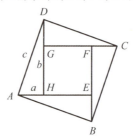

图 3

因为 Rt$\triangle DAH \cong$ Rt$\triangle ABE$,所以 $\angle HDA = \angle EAB$.

因为 $\angle HAD + \angle HAB = 90°$,所以

$$\angle EAB + \angle HAD = 90°$$

因此,$ABCD$ 是一个边长为 c 的正方形,它的面积等于 c^2.

因为

$$EF = FG = GH = HE = b - a$$
$$\angle HEF = 90°$$

所以 $EFGH$ 是一个边长为 $b - a$ 的正方形,它的面积等于 $(b - a)^2$. 因此

$$4 \cdot \frac{1}{2}ab + (b - a)^2 = c^2$$
$$a^2 + b^2 = c^2$$

四、1876 年伽菲尔德证明

以 a,b 为直角边,c 为斜边作两个全等的直角三角形,则每个直角三角形的面积等于 $\frac{1}{2}ab$. 把这两个直角三角形拼成如图 4 的形状,使 A,E,B 三点在一条

直线上.

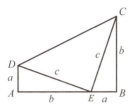

图 4

因为 Rt△EAD ≌ Rt△CBE,所以 ∠ADE = ∠BED.
因为 ∠AED + ∠ADE = 90°,所以
$$\angle AED + \angle BEC = 90°$$
$$\angle DEC = 180° - 90° = 90°$$
△DEC 是一个等腰直角三角形,它的面积等于 $\frac{1}{2}c^2$. 因此

$$\frac{1}{2}(a+b) = 2 \cdot \frac{1}{2}ab + \frac{1}{2}c^2$$
$$a^2 + b^2 = c^2$$

五、项明达证明

作两个全等的直角三角形,设它们的两条直角边分别为 $a,b(b>a)$,斜边为 c,再做一个边长为 c 的正方形,把它们拼成如图 5 所示的多边形,使 E,A,C 三点在一条直线上.

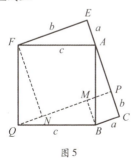

图 5

过点 Q 作 $QP \parallel BC$,交 AC 于 P,过点 B 作 $BM \perp PQ$,垂足为 M,再过点 F 作 $FN \perp PQ$,垂足为 N.

因为 $\angle BCA = 90°, QP \parallel BC$,所以
$$\angle MPC = 90°$$

因为 $BM \perp PQ$,所以 $\angle BMP = 90°$,所以 $BCPM$ 是一个矩形,即 $\angle MBC = 90°$.

因为 $\angle QBM + \angle MBA = \angle QBA = 90°, \angle ABC + \angle MBA = \angle MBC = 90°$,所以 $\angle QBM = \angle ABC$.

又因为 $\angle BMP = 90°, \angle BCA = 90°, BQ = BA = c$,所以 $\mathrm{Rt}\triangle BMQ \cong \mathrm{Rt}\triangle BCA$.

同理可证 $\mathrm{Rt}\triangle QNF \cong \mathrm{Rt}\triangle AEF$,从而将问题转化为梅文鼎证法.

六、欧几里德证明

作三个边长为 a, b, c 的正方形,把它们拼成如图 6 所示的形状,使 H, C, B 三点在一条直线上,联结 BF, CD,过 C 作 $CL \perp DE$,交 AB 于点 M,交 DE 于点 L.

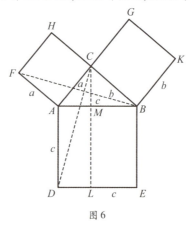

图 6

因为 $AF = AC, AB = AD, \angle FAB = \angle GAD$,所以 $\triangle FAB \cong \triangle CAD$.

因为 $\triangle FAB$ 的面积等于 $2, \triangle CAD$ 的面积等于矩形 $ADLM$ 的面积的一半,所以矩形 $ADLM$ 的面积等

于 a^2.

同理可证,矩形 $MLEB$ 的面积 $= b^2$.

因为

正方形 $ADEB$ 的面积 $=$ 矩形 $ADLM$ 的面积 $+$
矩形 $MLEB$ 的面积

所以 $c^2 = a^2 + b^2$,即 $a^2 + b^2 = c^2$.

七、杨作玫证明

作两个全等的直角三角形,设它们的两条直角边长分别为 $a,b(b>a)$,斜边长为 c 的正方形.把它们拼成如图 7 所示的多边形,过 A 作 $AF \perp AC$,AF 交 GT 于 F,AF 交 DT 于 R.过 B 作 $BP \perp AF$,垂足为 P.过 D 作 DE 与 CB 的延长线垂直,垂足为 E,DE 交 AF 于 H.

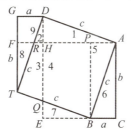

图 7

因为 $\angle BAD = 90°$,$\angle PAC = 90°$,所以
$$\angle DAH = \angle BAC$$
又因为
$$\angle DHA = 90°, \angle BCA = 90°, AD = AB = c$$
所以
$$\text{Rt}\triangle DHA \cong \text{Rt}\triangle BCA$$
$$DH = BC = a$$
$$AH = AC = b$$

由作法可知,$PBCA$ 是一个矩形,所以 $\text{Rt}\triangle APB \cong \text{Rt}\triangle BCA$,即 $PB = CA = b$,$AP = a$,从而 $PH = b - a$.

因为
$$\text{Rt}\triangle DGT \cong \text{Rt}\triangle BCA$$

$$\text{Rt}\triangle DHA \cong \text{Rt}\triangle BCA$$

所以
$$\text{Rt}\triangle DGT \cong \text{Rt}\triangle DHA$$
$$DH = DG = a, \angle GDT = \angle HDA$$

又因为 $\angle DGT = 90°, \angle DHF = 90°, \angle GDH = \angle GDT + \angle TDH = \angle HDA + TDH = 90°$，所以 $DGFH$ 是一个边长为 a 的正方形.

所以 $GF = FH = a. TF \perp AF, TF = GT - GF = b - a$.

所以 $TFPB$ 是一个直角梯形，上底 $TF = b - a$，下底 $BP = b$，高 $FP = a + (b - a)$.

用数字表示面积的编号（图7），则以 c 为边长的正方形的面积为
$$c^2 = S_1 + S_2 + S_3 + S_4 + S_5 \quad ①$$

因为
$$S_8 + S_3 + S_4 = \frac{1}{2}[b + (b - a)][a + (b - a)]$$
$$= b^2 - \frac{1}{2}ab$$
$$S_5 = S_8 + S_9$$
$$S_3 + S_4 = b^2 - \frac{1}{2}ab - S_8 = b^2 - S_1 - S_8 \quad ②$$

把式②代入①，得
$$c^2 = S_1 + S_2 + b^2 - S_1 - S_8 + S_8 - S_9$$
$$= b^2 + S_2 + S_9 = b^2 + a^2$$

因此，$a^2 + b^2 = c^2$.

八、切割定理证明

在 $\text{Rt}\triangle ABC$ 中，设直角边 $BC = a, AC = b$，斜边 $AB = c$. 如图8，以 B 为圆心，a 为半径作圆，分别交 AB 及 AB 的延长线于 D, E，则 $BD = BE = BC = a$. 因为 $\angle BCA = 90°$，点 C 在圆 B 上，所以 AC 是圆 B 的切线，由切割线定理，得
$$AC^2 = AE \cdot AD = (AB + BE)(AB - BD)$$

$$= (c+a)(c-a) = c^2 - a^2$$

即
$$b^2 = c^2 - a^2$$

所以
$$a^2 + b^2 = c^2$$

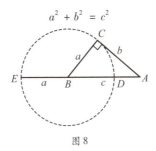

图 8

九、直角三角形内切圆证明

在 Rt△ABC 中,设直角边 $BC = a, AC = b$,斜边 $AB = c$,作 Rt△ABC 的内切圆圆 O,切点分别为 D, E, F(图9),设圆 O 的半径为 r.

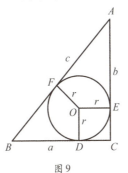

图 9

因为 $AE = AF, BF = BD, CD = CE$,所以
$$AC + BC - AB$$
$$= (AE + CE) + (BD + CD) - (AF + BF)$$
$$= CE + CD$$
$$= r + r$$
$$= 2r$$

即 $a + b - c = 2r$,所以
$$a + b = 2r + c$$
$$(a+b)^2 = (2r+c)^2$$
即
$$a^2 + b^2 + 2ab = 4(r^2 + rc) + c^2$$
因为 $S_{\triangle ABC} = \frac{1}{2}ab$,所以 $2ab = 4S_{\triangle ABC}$.又因为
$$S_{\triangle ABC} = S_{\triangle AOB} + S_{\triangle BOC} + S_{\triangle AOC}$$
$$= \frac{1}{2}cr + \frac{1}{2}ar + \frac{1}{2}br$$
$$= \frac{1}{2}(a+b+c)$$
$$= \frac{1}{2}(2r+c+c)r$$
$$= r^2 + rc$$
$$4(r^2 + rc) = 4S_{\triangle ABC}$$
$$4(r^2 + rc) = 2ab$$
$$a^2 + b^2 + 2ab = 2ab + c^2$$
$$a^2 + b^2 = c^2$$

十、反证法证明

如图 10,在 Rt$\triangle ABC$ 中设直角边 AC,BC 的长度分别为 a,b,斜边 AB 的长为 c,过点 C 作 $CD \perp AB$,垂足是 D.

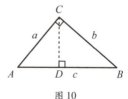

图 10

假设 $a^2 + b^2 \neq c^2$,即假设 $AC^2 + BC^2 \neq AB^2$,则由
$$AB^2 = AB \cdot AB$$
$$= AB(AD + BD)$$
$$= AB \cdot AD + AB \cdot BD$$

可知
$$AC^2 \neq AB \cdot AD$$
或者
$$BC^2 \neq AB \cdot BD$$
即
$$AD : AC \neq AC : AB$$
或者
$$BD : BC \neq BC : AB$$

在 $\triangle ADC$ 和 $\triangle ACB$ 中,因为 $\angle A = \angle A$,所以
$$AD : AC \neq AC : AB$$
则
$$\angle ADC \neq \angle ACB$$
在 $\triangle CDB$ 和 $\triangle ACB$ 中,因为 $\angle B = \angle B$,所以
$$BD : BC \neq BC : AB$$
则
$$\angle CDB \neq \angle CAB$$
又因为 $\angle ACB = 90°$,所以
$$\angle ADC \neq 90°, \angle CDB \neq 90°$$
这与作法 $CD \perp AB$ 矛盾. 所以, $AC^2 + BC^2 \neq AB^2$ 的假设不能成立.

因此, $a^2 + b^2 = c^2$.

毕达哥拉斯定理也像许多别的著名定理一样有很多推广,甚至在欧几里得时代这个定理就已经有一些推广了. 例如,《几何原本》卷 Ⅵ 命题 31 说:在直角三角形中,在弦上画出一个图形的面积等于在勾、股上用同样方法画出的两个相似图形面积之和. 这个推广只是把直角三角形三边上的三个正方形换成了任何三个作法相同的相似图形. 由《几何原本》卷 Ⅱ 命题 12 和 13 可以得到一个更有价值的推广. 这两个命题合并起来有一个稍许现代化的提法:在一个三角形中,钝角(锐角)对边的平方等于其余两边的平方和再加上(减法)其中一边与另一边在其上的投影之积的两倍. 按照图 10 的记号,就是说
$$AB^2 = BC^2 + CA^2 \pm 2BC \cdot DC$$

正负号视 △ABC 的 ∠C 是钝角或锐角而定. 如果我们使用有向线段, 就可以把《几何原本》卷 II 的命题 12 和 13 以及卷 I 的命题 47(毕达哥拉斯定理)合并成一个命题: 在 △ABC 中, 如果 D 是 BC 边上高线的垂足, 则有
$$AB^2 = BC^2 + CA^2 - 2BC \cdot DC$$
由于 $DC = CA\cos \angle BCA$, 所以我们看出, 最后这个式子实际上就是所谓的余弦定理, 的确是毕达哥拉斯定理极好的推广.

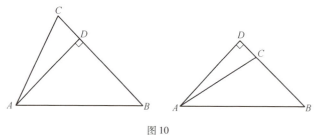

图 10

但是, 毕达哥拉斯定理最引人注目的推广可能是亚历山大港的巴布斯在其《数学荟萃》卷 IV 开头提出的推广了(约在公元 300 年). 巴布斯对毕达哥拉斯定理的推广如下: 如图 11 所示, 设 △ABC 是任意三角形, CADE, CBFG 是在边 CA 和 CB 上向外画出的任意平行四边形, DE 和 FG 相交于 H, 作 AL, BM 跟 HC 相等且平行, 于是, 平行四边形 ABML 的面积等于两个平行四边形 CADE 与 CBFG 面积之和. 这点容易证明, 因为我们有
$$CADE = CAUH = SLAR$$
$$CBFG = CBVH = SMBR$$
所以
$$CADE + CBFG = SLAR + SMBR = ABML$$
还应指出, 毕达哥拉斯定理的这一推广有两个方面: 毕达哥拉斯定理中的直角三角形换成了任意三角形, 而直角三角形勾、股上的正方形则换为任意平行四边形.

学几何的中学生在见到巴布斯对毕达哥拉斯定理的推广时几乎没有不感兴趣的, 所以这一推广的证明可以供学生作为很合适的练习, 更有才能的学生也许愿意证明巴布斯所做的下述进一步的(三维空间)推广: 如图 12 所示, 设 ABCD 是任意四

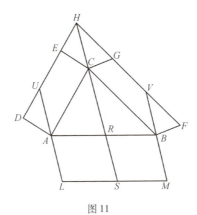

图 11

面体，$ABD-EFG, BCD-HIJ, CAD-KLM$ 是在 $ABCD$ 的面 ABD，BCD, CAD 上向外画出的三个任意三棱柱，Q 是平面 EFG, HIJ，KLM 的交点，$ABC-NOP$ 是三棱柱，其三条棱 AN, BO, CP 都是向量 QD 的平移．于是，$ABC-NOP$ 的体积等于 $ABD-EFG$，$BCD-HIJ, CAD-KLM$ 的体积之和．证明类似于前面对巴布斯推广提出的证明．

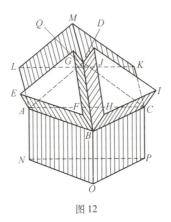

图 12

最后，我们提出毕达哥拉斯定理在三维空间中一个类似的结果，不加证明．这个结果经常叫作德卦定理．我们先提出一些

175

定义. 一个四面体如果有一个三面角, 其三个面上的角全都是直角, 则称为三直角四面体, 该三面角称为四面体的直角, 其相对面称为四面体的底. 于是, 德卦定理可以陈述如下: 三直角四面体底面积的平方等于其余三面的面积平方之和. 读者如果跃跃欲试, 不妨给以证明.

由于现在对星际探索的兴趣日益增长, 而宇宙中其他星球上可能存在生命, 所以不时有人建议, 在地球上建造某种巨大的图案, 借以向可能有的天外来客表明, 我们这个星球上是存在智慧的. 最可取的图案似乎是毕达哥拉斯定理的一种巨大的图示构形, 可以建造在撒哈拉沙漠上、西伯利亚大草原上或别的广阔地区. 任何有智慧的生物对于欧氏几何中这个杰出的定理必定是一目了然的, 而且似乎很难想出一个更好的、形象化的图案来达到这个目的了.

1971 年, 尼加拉瓜发行了一组邮票, 对世界"十大数学公式"表示敬仰. 每张邮票印有一个特殊的公式, 附上一幅适当的插图, 邮票的背面印有用西班牙文字对这一公式重要性的简要说明; 这套邮票中有一张就是纪念毕达哥拉斯公式 $a^2 + b^2 = c^2$ 的. 科学家和数学家见到这些公式如此受人景仰, 一定是喜笑颜开的, 因为这些公式对于人类发展的贡献肯定大大超过了邮票上经常出现的许多帝王将相的贡献.

本书的责编是位女士. 她不是学数学专业出身, 而是英语专业的硕士. 她细心地校订了原书中的一些英文印刷错误. 并为了方便读者阅读翻译了中文目录如下:

> 毕达哥拉斯定理
> 毕达哥拉斯简介
> 历史数据补充
> 从算术 – 代数角度看毕达哥拉斯定理
> 求 a, b, h 的整数值规则证明法
> 证明方法
> 　　线性关系的代数证明
> 　　　A. 相似直角三角形
> 　　　B. 比例原则

C. 直角三角形与圆
　　　D. 面积比例
　　　E. 通过极限理论的代数证明
　　　F. 通过代数－几何证明的代数证明
　　　G. 通过相似多边形证明代数－几何
　　　　证明
　　几何证明
　　四元迭代证明
　　动态证明
毕达哥拉斯的好奇心
毕达哥拉斯魔方
附录
一些证明记录

　　本书不仅对初中数学老师有用,对大学教师也有用,不论是讲哲学还是历史及自然辩证法.

　　在古希腊的米利都学派和赫拉克利特认识论有一个共同的特点是不脱离认识对象的感性特质,虽然包含着越来越强的理性主义因素,最终却仍然立足于对客观世界感性直观的把握之上. 可以说,他们的哲学标志着经验主义倾向的最早出现和向理性主义的转化,但毕达哥拉斯学派却走向了另外一条完全不同的道路."…… 他们不从感觉对象中引导出始基 …… 他们所提出的始基和原因,是用来引导他们达到一种更高级的实在的.""从哲学的角度讲毕达哥拉斯学派开了这样一个先例:不是从感性经验'上升'到理性的概括,而是直接从某种理性的抽象原则"下降"到经验世界的万事万物. 虽然在他这种早期哲学的朴素性中也包含着感性经验的因素,但就整个倾向来说,他在认识论上是第一个理性主义."[①]

　　毕达哥拉斯相信"万物皆数". 世上的众物,不管它是金字

[①] 陈修斋.欧洲哲学史上的经验主义和理性主义[M].北京:人民出版社,1986.

塔的建筑,自然界中的事物,音乐的和谐,或其他什么东西,都表达了一系列的数量关系,并能用这些关系来描述.毕达哥拉斯学派的悲剧在于他们最伟大、最知名的发现正是那消解这种观点的东西,即著名的关于直角三角形的毕达哥拉斯定理,这立即导致了不可度量性的发现.

由毕达哥拉斯定理知 $\sqrt{2}$ 是一个单位正方形的对角线长,但 $\sqrt{2}$ 却是一个无理数,它不可度量,不可像有理数那样表为两个整数之比,一个进一步的结论将是在世界上至少有一个东西不是数量关系的表达,而这与"万物皆数"是矛盾的,当然其他例子随之源源不断地产生出来,如 π,所以对古希腊人来讲,这恰好说明了,几何学而不是代数学是确定知识的最可靠的源泉.这也是欧几里得的《几何原本》备受青睐的原因之一.

这样看来,欲表明万物都可还原为代数关系的毕达哥拉斯之梦是完结了.

在美国独立学者和科学史专家马克·彭德格拉斯特所著的《镜子的历史》中,对毕达哥拉斯的描述:他将镜子向月亮举起,然后就能解读镜子里的未来.对于毕达哥拉斯来说,数字就是宇宙的灵魂.抽象的数学、音乐和天文学是神圣的.也许在他的魔法镜中,他看到了一个有秩序的宇宙.他认为,世界在这个宇宙中的进步是靠对立物之间的应对来实现的.

本书的出版在当年是大获成功的.

从当年的感谢信和出版评论来看,以下几封足以证明本书的价值:

1928 年,新书出版,214 页,定价 2 美元.来自一位数学老师的信:

167 个几何证明,58 个代数证明.除此之外,还包括其他几种详细、权威具有高水平的毕达哥拉斯定理的证明形式.鲁姆斯博士在收集和整理这些历史证明时,做了大量的工作.

然而,本书不仅是对这些有价值的资料的整理,而是给一些原创提供了一些组织建议.向读者简明扼要地介绍了毕达哥拉斯定理的相关内容,并阐述了相关事实.

H. C. Christoffenson

纽约市古伦比亚大学

这项工作,鲁姆斯博士对毕达哥拉斯证明做了如此完整的调查和分析,注定成为读者的参考书,并且发行商和赞助商为美国和欧洲一些国家的图书馆免费提供本书.

Masters and Wardens Association

1927年12月17日,俄亥俄州波利亚市巴尔德温-华莱士、院士、天文学教授奥斯卡 L. 杜斯海默博士写道:"鲁姆斯博士,我认为这本书是对数学文献的真正贡献,为你骄傲,我对本书非常满意."

奥斯卡 L. 杜斯海默

笔者感兴趣的还有一件事:1928年的2美元,今天值多少钱?

对美元笔者了解不多.因为手里没有,倒是人民币的购买力颇值得关注.因为笔者常与北京师范大学的刘洁民教授交流关于购书的心得.

与普通读者的感受有所不同.我们二人一致认为书价在今天并不高.今天看20世纪80年代我们节衣缩食的狂热买书行为并不是一个划算的"投资".

最为标准的算法无疑就是以货币的供应量来计算,1989年,我国的M2(广义的货币供应量)为10 786.2亿元;根据中国人民银行7月12日发布数据显示,2019年上半年M2余额192.14万亿元,也就是说30年间,我国的M2数据翻了178.13倍,如果按照M2计算,那么30年前的10元钱,就相当于现在的1 780.13元.

本书可读、可藏.最近笔者从上海交通大学出版社宗德宝副社长处要了一本好书(这几年要了不少).读之,其中有一段特有感触:

藏书没那么好,读书也没有那么高尚.高尔基还说过"书是人类最好的朋友",书害了多少人啊,比如焚书坑儒.读书最好是视书为没有书,读书就是读书,别的什么都不是.知识分子比别人多读"俩字儿"更麻烦.鲁迅说过一句话,大意是读书多了,最后平添了看不起人的毛病.我模仿了一句,读书的目的就是为了看不起人."红楼梦看过吗?""看过了.""我十年前就看过了.你看过几遍?""我看过两遍"."你看过两遍,我看过二十遍."我看过你没看过,我看得比你早,我看的遍数比你多,这些都是看不起人的资本.钱钟书为什么那么刺儿?就因为他读书读多了,他谁也看不起.跟老财主一样,读书多的一定看不起读书少的,读书早的一定看不起读书晚的,没有那么高尚,似是而非,似非而是,有很多误区.①

刘培杰
2020 年 7 月 15 日
于哈工大

---

① 谢其章.我的老虎尾巴书房[M].上海:上海交通大学出版社,2018.

集合论、数学逻辑和算法论问题（第5版）（俄文）

伊戈里·安德烈耶维奇·拉夫罗夫
拉丽莎·利沃夫娜·马克西莫娃 著

编辑手记

本书是一部版权引进自俄罗斯的俄文版数学教材,作者伊戈里·安德烈耶维奇·拉夫罗夫,俄罗斯人,数学逻辑和算法理论领域的知名专家;还有一位作者是拉丽莎·利沃夫娜·马克西莫娃,俄罗斯人,数学家和教育家,数学逻辑领域的专家.

本书内容比较初等、浅显,可见目录:

第1章　集合论
　　1. 集合运算
　　2. 关系式和函数
　　3. 特殊二元关系
　　4. 基数
　　5. 序数
　　6. 基数演算

第2章　数学逻辑
　　1. 逻辑代数
　　2. 逻辑代数函数
　　3. 逻辑计算
　　4. 谓词逻辑语言
　　5. 谓词逻辑公式可实现性
　　6. 谓词演算

7. 公理理论

8. 过滤后乘积

9. 可公理化类别

第 3 章　算法论

1. 部分递归函数

2. 图灵机

3. 递归集合和递归可数集合

4. Clinic 和 Post 编码

答案,解法,说明

参考文献

内容索引

原出版机构给出的介绍说:本书以问题的形式系统地阐述了集合论、数学逻辑和算法论的基础. 本书旨在积极研究数学逻辑和相关科学.

本书由三部分组成:集合论、数学逻辑和算法论,并针对问题提供了说明和答案,所有必要的定义都在每节的简要理论介绍中提出.

令笔者下决心购买本书版权的原因是看见了其中的第 3 章算法论,因为多年前笔者曾写过一篇题为《麦卡锡(McCarthy)函数和阿克曼(Ackermann)函数》的小册子,其中对数学竞赛中的递归函数做过介绍.

第 1 章　一道竞赛题 与麦卡锡函数

在南斯拉夫 1983 年数学奥林匹克试题中有如下试题.

试题 1　设 $n \in \mathbf{Z}$,函数 $f: \mathbf{Z} \to \mathbf{R}$ 满足
$$f(n) = \begin{cases} n - 10 & (n > 100) \\ f(f(n+11)) & (n \leqslant 100) \end{cases}$$
证明:对任意 $n \leqslant 100$,都有 $f(n) = 91$.

证明 首先,设 $n \leq 100$ 与 $n+11 > 100$,即 $90 \leq n \leq 100$,于是
$$\begin{aligned} f(n) &= f(f(n+11)) \\ &= f(n+11-10) \\ &= f(n+1) \end{aligned}$$

因此
$$f(90) = f(91) = \cdots = f(100) = f(101) = 91$$

现在设 $n < 90$,取 $m \in \mathbf{N}$,使得 $90 \leq n+11m \leq 100$,则有
$$\begin{aligned} f(n) &= f^{[2]}(n+11) \\ &\vdots \\ &= f^{[m+1]}(n+11m) \\ &= f^{[m]}(f(n+11m)) \\ &= f^{[m]}(91) = 91 \end{aligned}$$

这就证明了,对任意的 $n \leq 100$,都有 $f(n) = 91$.

熟悉计算机的人都知道,这个函数就是著名的 91-函数. 它是由计算机科学的创始人之一美国数学家麦卡锡提出的. 正因为有如此背景, 在许多数学竞赛中都可以看到以它为原型的试题. 例如 1984 年的美国数学邀请赛的第 7 题.

试题 2 函数 f 定义在整数集合上,满足
$$f(n) = \begin{cases} n-3 & (n \geq 1\,000) \\ f(f(n+5)) & (n < 1\,000) \end{cases}$$

求 $f(84)$.

解 比较自然也比较烦琐的解法是根据所给函数的定义推算出来
$$\begin{aligned} f(84) &= f(f(84+5)) \\ &= f^{[3]}(84+2\times 5) \\ &= f^{[4]}(84+3\times 5) \\ &\vdots \\ &= f^{[184]}(84+183\times 5) \\ &= f^{[184]}(999) \\ &= f^{[185]}(1\,004) \end{aligned}$$

$$= f^{[184]}(1\,001)$$
$$= f^{[183]}(998)$$
$$= f^{[184]}(1\,003)$$
$$= f^{[183]}(1\,000)$$
$$= f^{[182]}(997)$$
$$= f^{[183]}(1\,002)$$
$$= f^{[182]}(999)$$
$$\vdots$$
$$= f^{[2]}(99)$$
$$= f^{[3]}(1\,004)$$
$$= f^{[2]}(1\,001)$$
$$= f(998)$$
$$= f^{[2]}(1\,003)$$
$$= f(1\,000)$$
$$= 1\,000 - 3$$
$$= 997$$

由此可见,与其直接求 $f(84)$,倒不如从 $n = 1\,000$ 附近出发求 $f(n)$ 的值方便. 为了探索 $n = 1\,000$ 时的情况,我们先计算几个 $1\,000$ 附近数的函数值

$f(999) = f(f(1\,004)) = f(1\,001) = 998$
$f(998) = f(f(1\,003)) = f(1\,000) = 997$
$f(997) = f(f(1\,002)) = f(999) = 998$
$f(996) = f(f(1\,001)) = f(998) = 997$
$f(995) = f(f(1\,000)) = f(997) = 998$

据此,我们可以猜测

$$f(n) = \begin{cases} 997 & (若 n 是偶数且 n < 1\,000) \\ 998 & (若 n 是奇数且 n < 1\,000) \end{cases} \quad (1)$$

下面用数学归纳法证明式(1)(我们使用的是反向归纳法),即假定式(1)对 $n+1, n+2, \cdots, 999$ 成立. 证明式(1)对 n 也成立.

(1) 当 $n = 999, 998, \cdots, 995$ 时,由开始时的计算知(1)成立.

(2) 假设对于所有的 $m(n < m < 1\,000, n <$

995),式(1)都成立,往证当 $n = m$ 时式(1)也成立.

由于,当 n 是偶数时,$n + 5$ 是奇数,所以
$$f(n) = f(f(n+5)) = f(998) = 997$$
当 n 是奇数时,$n + 5$ 是偶数,所以
$$f(n) = f(f(n+5)) = f(997) = 998$$
从而式(1)得证.特别地,$f(84) = 997$.

显然此证法具有一般性.正是由于有此方法,在 1991 年的第 2 届希望杯全国数学邀请赛的高二试题中也出现了一个此形式的问题.

试题 3 在自然数集 **N** 上定义的函数为
$$f(n) = \begin{cases} n - 3 & (n \geq 1\,000) \\ f(f(n+7)) & (n < 1\,000) \end{cases}$$
则 $f(90)$ 的值是( ).

A. 997   B. 998   C. 999   D. 1 000

解 经特殊值计算后观察可猜测
$$f(n) = \begin{cases} 997 & (n = 4m, m \in \mathbf{N}) \\ 1\,000 & (n = 4m + 1, m \in \mathbf{N}) \\ 999 & (n = 4m + 2, m \in \mathbf{N}) \\ 998 & (n = 4m + 3, m \in \mathbf{N}) \end{cases}$$
此结论很容易由数学归纳法证明.故 $f(90) = f(4 \times 22 + 2) = 999$.

此外对于麦卡锡函数来说由于它的表达式最后可以写成
$$f(n) = \begin{cases} n - 10 & (n > 100) \\ 91 & (n \leq 100) \end{cases}$$
所以它有一个不动点(满足 $f(x) = x$ 的点),那么我们可以提出以下一般的问题.

试题 4(1990 年中国国家队模拟考试试题) 假设 a, b, c 是已知的自然数且 $a < b < c$.

(1)证明:函数 $f: \mathbf{N} \rightarrow \mathbf{N}$ 是唯一的.f 是由下列规则定义
$$f(n) = \begin{cases} n - a & (n > c) \\ f(f(n + b)) & (n \leq c) \end{cases}$$

(2) 找出 f 至少有一个不动点的充分必要条件.
(3) 用 a,b,c 来表示这样一个不动点.

证明 首先,我们可以逐步求出 $f(x)$ 的表达式
在 $n < c$ 时
$$f(n) = n - a$$
在 $c \geqslant n > c - (b-a)$ 时,有
$$f(n) = f(f(n+b))$$
$$= f(n+b-a)$$
$$= n(b-a) - a$$
在 $c - (b-a) \geqslant n > c - 2(b-a)$ 时,
$$f(n) = f(f(n+b))$$
$$= f(n+2(b-a))$$
$$= n + 2(b-a) - a$$
一般地,在 $c - k(b-a) \geqslant n > c - (k+1)(b-a)$ 时,有
$$f(n) = n + (k+1)(b-a) - a \quad (k = 0,1,\cdots,q)$$
这里 $q \in \mathbf{N}$,满足
$$q(b-a) \leqslant c < (q+1)(b-a)$$

因此,$f(n)$ 是唯一的. 若 f 有不动点 n,则
$$n = n + k(b-a) - a$$
即
$$(b-a) \mid a \qquad\qquad (2)$$

式(2)不但是必要条件,而且也是充分条件. 事实上,在这一条件成立时,设 $a = k(b-a)$,则满足 $c - (h-1) \cdot (b-a) \geqslant n > c - h(b-a)$ 的自然数 n 都是不动点.

对于麦卡锡函数我们有以下二元形式(它是数学奥林匹克待开发的矿床)

$$g(m,n) = \begin{cases} n - 10 & (n > 100, m = 0) \\ g(m-1, n-10) & (n > 100, m > 0) \\ g(m+1, n+11) & (n \leqslant 100) \end{cases}$$

这时我们可以证明

$$g(m,n) = f^{[m+1]}(n)$$

特别地,当 $m = 0$ 时,$g(0,n) = f(n)$.

利用 $g(m,n)$ 可以计算 $f(n)$,例如计算 $f(99)$ 时可这样做

$$\begin{aligned} f(99) &= g(0,99) \\ &= g(1,110) \\ &= g(0,100) \\ &= g(1,111) \\ &= g(0,101) \\ &= 91 \end{aligned}$$

用上面的方法求 $f(88)$ 可以当作竞赛试题,因为那是一个漫长的过程.

$g(m,n)$ 的计算,可以按图 1 中的流程图进行. 例如要算 $f(99) = g(0,99)$,开始时 $m = 0, n = 99$.

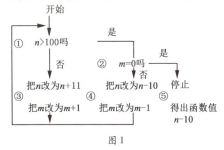

图 1

试题 5(1994 年中国香港代表队选拔赛试题) 给定正整数集合上一个函数 $f(n)$ 满足下述条件:如果 $n > 2\,000$,$f(n) = n - 12$;如果 $n \leqslant 2\,000$,$f(n) = f(f(n + 16))$.

(1) 求 $f(n)$.

(2) 求方程 $f(n) = n$ 的所有解.

解 从题目条件立即可得

$$f(2\,000) = f(f(2\,016)) = f(2\,004) = 1\,992$$
$$f(1\,999) = f(f(2\,015)) = f(2\,003) = 1\,991$$
$$f(1\,998) = f(f(2\,014)) = f(2\,002) = 1\,990$$

$f(1\,997) = f(f(2\,013)) = f(2\,001) = 1\,989$
$f(1\,996) = f(f(2\,012)) = f(2\,000) = 1\,992$
$f(1\,995) = f(f(2\,011)) = f(1\,999) = 1\,991$
$f(1\,994) = f(f(2\,010)) = f(1\,998) = 1\,990$
$f(1\,993) = f(f(2\,009)) = f(1\,997) = 1\,989$
$f(1\,992) = f(f(2\,008)) = f(1\,996) = 1\,992$
$f(1\,991) = f(f(2\,007)) = f(1\,995) = 1\,991$
$f(1\,990) = f(f(2\,006)) = f(1\,994) = 1\,990$
$f(1\,989) = f(f(2\,005)) = f(1\,993) = 1\,989$
$f(1\,988) = f(f(2\,004)) = f(1\,992) = 1\,992$
$f(1\,987) = f(f(2\,003)) = f(1\,991) = 1\,991$
$f(1\,986) = f(f(2\,002)) = f(1\,990) = 1\,990$
$f(1\,985) = f(f(2\,001)) = f(1\,989) = 1\,989$
(3)

于是猜测,对非负整数 k,这里 $k \leqslant 499, m \in \{0,1,2,3\}$,有

$$f(2\,000 - 4k - m) = 1\,992 - m \quad (4)$$

对非负整数 k 用数学归纳法. 由式(3) 可知, 当 $k = 0,1,2,3$ 时, 等式(4) 成立. 假设当 $k \leqslant t$ 时,这里 $t \geqslant 3$,有

$$f(2\,000 - 4k - m) = 1\,992 - m \quad (5)$$

这里 $m \in \{0,1,2,3\}$. 考虑 $k = t + 1$ 的情况,记

$$n = 2\,000 - 4(t + 1) - m \quad (6)$$

那么

$$n + 16 = 2\,016 - 4(t + 1) - m \leqslant 2\,000 \quad (7)$$

这里利用 $t + 1 \geqslant 4, m \geqslant 0$. 那么,利用式(6) 和式(7),有

$$\begin{aligned}f(n) &= f(f(n + 16)) \\ &= f(f(2\,000 - 4(t - 3) - m)) \\ &= f(1\,992 - m) \quad (\text{利用归纳假设}) \\ &= 1\,992 - m \quad (\text{利用式(3)}) \quad (8)\end{aligned}$$

因而利用数学归纳法,式(4) 成立,从而有

$$f(n) = \begin{cases} n - 12 & (n > 2\,000) \\ 1\,992 - m & (n = 2\,000 - 4k - m) \end{cases} \quad (9)$$

上式右端 $m \in \{0,1,2,3\}$, k 是非负整数, 而且 $k \leqslant 499$. 这就解决了式(3).

利用式(9), 若 $f(n) = n$, 则必有 $n \leqslant 2\,000$, 且
$$2\,000 - 4k - m = 1\,992 - m \quad (10)$$
从而有
$$k = 2 \quad (11)$$
故所求的 $n = 1\,992 - m$, 这里 $m \in \{0,1,2,3\}$. 那么, 满足 $f(n) = n$ 的全部正整数 n 是 1 992, 1 991, 1 990, 1 989.

一、麦卡锡难题也曾在集训班试题出现

中国数学奥林匹克委员会从1988年成立后, 即开始负责与 IMO(即国际数学奥林匹克竞赛)有关的各项工作, 其中包括选拔和训练准备参加 IMO 的选手.

每年中国数学奥林匹克(也称数学冬令营)赛后会选出 20 余名队员组成国家集训队. 集训队的训练工作由数学奥林匹克委员会的教练组负责.

训练分为两个阶段. 第一阶段从 3 月下旬到 4 月下旬, 约 1 个月. 这一阶段的主要目的是选出 6 名出国比赛的队员. 为此, 队员们需要进行 10 次左右的测试, 最后还要进行为期 2 天的选拔考试. 测试与最后考试的成绩各占 50%.

选拔考试由教练组及有关专家命题. 每天一个上午(4.5 小时), 做 4 道题. 其难度不亚于 IMO. 而且每天都比 IMO 多 1 道题(时间相同), 这些题目一般都有高等背景.

以下就是第三届全国数学奥林匹克集训班试题, 其中就涉及了所谓的模态逻辑:

数学老师把一个二位数 n 的因数的个数 $f(n)$ 告诉了学生 B, 把 n 的各位数字之和

$S(n)$ 告诉了学生 A. A 和 B 都是很聪明的学生,他们希望推导出 n 的准确数值而进行了如下的对话:

A:我不知道 n 是多少.

B:我也不知道,但我知道 n 是否为偶数.

A:现在我知道 n 是多少了.

B:现在我也知道了.

老师证实了 A 和 B 都是诚实可信的人. 他们的每一句话都是有根据的. 问: n 究竟是多少?为什么?

这个试题的背景是模态逻辑(modal logic)中的麦卡锡难题.

模态逻辑是数理逻辑的一个重要分支. 研究"必然""可能""不可能"和"偶然"等所谓"模态"概念的逻辑学说. 这里"模态"一词是英语词"modal"的音译,而"modal"又来自"modes of truth(真的方式)"中的"modes"一词.

模态概念的研究可一直溯源到亚里士多德时期. 在中世纪又有人进行了这种研究,但文艺复兴后大多已被遗忘. 直到 19 世纪末至 20 世纪初才有位叫 H. 麦科尔的逻辑学家迈出了近代模态逻辑研究的第一步. 但是,麦科尔没有提出任何公理. 因此,他的系统和当代的研究是迥然不同的. 这个问题的基本论述在当代的讨论中,是由克拉伦斯·埃文·刘易斯和库帕·哈罗德·伦福特在《符号逻辑》(1932) 中给出的. 书中提出了用来解释"如果……那么……"的逻辑功能的一个"严格蕴涵"模态系统.

模态逻辑在哲学、计算机科学(特别是程序理论)和数理逻辑学的另一分支证明论中均有重要的应用,而且它目前仍是数理逻辑各分支学科中最活跃的领域之一. 近些年来在模态逻辑专家中流传着下面一个谜题.

二、S先生与P先生谜题[①]

1962年6月,美国飞向金星的第一个空间探测器"水手1号"偏离航线坠落,原因是计算机导航程序出了偏差.虽然导致如此惊人后果的程序错误并不常见,但是程序设计的精确性日益被人们所忧虑.最近十多年来,计算机工作者试图用逻辑方法来证明程序的正确性,检测程序设计中的错误,甚至机械地生成程序.同时,随着数学、语言学、哲学等学科研究的深入,人们也对逻辑学提出了新的要求.这就使一门古老的逻辑学分支——模态逻辑得到了新的发展.

那么,什么是模态逻辑呢?还是让我们从国际上著名的"S先生与P先生谜题"谈起.

1.S先生与P先生谜题

不久前,美国斯坦福大学的麦卡锡提出了一个模态逻辑难题——S先生与P先生谜题.下面我们就来介绍这个谜题,并运用直观推理求出它的解.

S先生与P先生谜题 设有两个自然数m,n,$2 \leq m \leq n \leq 99$.S先生知道这两个数的和s,P先生知道这两个数的积p.他们二人进行了如下的对话:

S:我知道你不知道这两个数是什么,但我也不知道.

P:现在我知道这两个数了.

S:现在我也知道这两个数了.

由上述条件及两位先生的对话,试确定m,n.

解 我们用(u,v)表示s的一个"分拆"(即$s = u + v$)或p的一个"分拆"(即$p = uv$).容易明白,S对m,n的每一种推测$(m = u, n = v)$都是s的一个分拆(u,v),而每一个分拆又将导致S对p的一个推断$p' =$

[①] 王元元.从"S先生与P先生谜题"谈起——模态逻辑简介[J].自然杂志,1984,7(6):446-450.

uv,我们称这样的 p' 是分拆 (u,v) 导致的. 同样,P 对 m,n 的每一种推测也都是 p 的一个分拆,而这个分拆也将导致 P 对 s 的一个推断 s'.

用 F 表示我们从 S 先生与 P 先生的对话中获得的信息. 请注意, 这些信息也必然被 S 先生与 P 先生在对话过程中获得.

首先, S 先生: "我知道你不知道这两个数是什么, 但我也不知道." 据此我们有:

F_1: s 不可能有两个素数组成的分拆.

若不然, 设 (u,v) 是两个素数组成的 s 的一个分拆, 那么 (u,v) 导致的 p' 只有唯一的分拆, 这样, P 先生就有可能立即推测出这两个数, 因而 S 先生无理由断定 P 先生不知道这两个数.

F_2: s 不可能是偶数, 从而 s 的分拆必定由一奇一偶的两数组成.

我们知道哥德巴赫猜想对于比 2 大而又不很大的自然数是成立的, 因此 F_2 是 F_1 的明显推论.

F_3: s 的任一分拆中都没有大于 50 的素数.

否则, 设 (u,v) 是这样的分拆, 其中 v 是大于 50 的素数. 那么 (u,v) 导致的 $p' = uv$ 除了有分拆 (u,v), 不可能有合乎题意的其他分拆. 在这种情况下, S 先生也无理由断定 P 先生不知道这两个数. 为什么说 $p' = uv$ 不可能有其他分拆呢? 因为若有其他分拆则必呈 $(k_1, k_2 v)$ 形, $k_1 k_2 = u$ 且 $k_2 \geq 2$, 因而 $k_2 v > 100$, 不合题意.

F_4: $s < 54$.

F_4 是 F_2, F_3 的逻辑结果. 因为 54 是偶数, 与 F_2 不合; 而大于 54 的数可以有分拆 $(53, v)$, 但 53 是大于 50 的素数, 与 F_3 不合.

综合 $F_1 \sim F_4$, 得到 s 必须满足的条件如下:

$D_1(s)$: s 是大于 3 小于 54 的奇数, 并且没有两个素数组成的分拆.

满足 $D_1(s)$ 的数只有 11 个, 令它们组成的集合为

A,则

$$A = \{11,17,23,27,29,35,37,41,47,51,53\}$$

接着P先生说:"现在我知道这两个数了."请注意,P先生从不知道到知道,获取信息的渠道与我们是一样的,这就是 $D_1(s)$. 因此我们可以推断,P先生之所以能得出 m,n,是因为:

$D_2(p):p$ 的能导致满足 $D_1(s)$ 的 s' 的分拆 (u,v) 是唯一的.

这是 p 必须满足的条件,所以我们把它记为 $D_2(p)$.

最后S先生说:"现在我也知道这两个数了."S先生当然也是从 $D_2(p)$ 中获得了信息,因此我们又可推断,S先生知道这两个数是因为:

$D_3(s):s$ 的能导致满足 $D_2(p)$ 的 p' 的分拆 (u,v) 是唯一的.

这给出了 s 必须满足的又一个条件,所以我们把它记为 $D_3(s)$. 现在我们就用条件 $D_3(s)$ 来逐个分析集合 A 中的各个数.

首先考虑 11. 11 有这样两个分拆:$(4,7),(3,8)$,它们分别导致 $p_1' = 28 = 2^2 \times 7, p_2' = 24 = 2^3 \times 3$,但 p_1', p_2' 都满足 $D_2(p)$,因为它们都只有唯一的分拆 $(2^2,7),(3,2^3)$ 能导致满足 $D_1(s)$ 的 s',而其他分拆导致的 s' 都是偶数,当然不满足 $D_1(s)$. 这就是说,11 有两个分拆能导致满足 $D_2(p)$ 的 p',因此它不满足 $D_3(s)$.

从上面的分析还可以看出,事实上一切形如 $2^k \times$ 素数的数如果有导致满足 $D_1(s)$ 的 s' 的分拆,则这个分拆必定是唯一的,即这种数满足 $D_2(p)$. 由这一点,并用与上面同样的分析方法,可知 $23(=2^2+19=2^4+7),27(=2^2+23=2^3+19),35(=2^4+19=2^2+31),37(=2^3+29=2^5+5),47(=2^4+31=2^2+43),51(=2^2+47=2^3+43)$ 都不满足 $D_3(s)$. 因此,s 只可能是 17,29,41,53 之一.

其实 $s \neq 29$. 我们知道 29 有分拆 $(13,16)$ 及 $(12,17)$, 而由前述, $(13,16)$ 导致的 $p' = 2^4 \times 13$ 必满足 $D_2(p)$. 我们又可证明 $(12,17)$ 导致的 $p' = 12 \times 17 = 204$ 也满足 $D_2(p)$. 为此, 先列出 204 的所有分拆: $(3,68)$, $(6,34)$, $(12,17)$, $(4,51)$, $(2,102)$, 其中 $(6,34)$, $(2,102)$ 将导致偶数的 s'; $(3,68)$ 导致 $s' = 3 + 68 = 71 > 54$; $(4,51)$ 导致 $s' = 4 + 51 = 55 > 54$. 它们导致的 s' 都不满足 $D_1(s)$, 这就是说 204 的分拆中只有一个 $(12,17)$ 能导致满足 $D_1(s)$ 的 s', 因而它满足 $D_2(p)$. 于是 29 有两个分拆可导致满足 $D_2(p)$ 的 p', 因此 29 不满足 $D_3(s)$.

类似地, 可证明 $s \neq 41, s \neq 53$, 因为 $41 = 4 + 37 = 9 + 32, 53 = 16 + 37 = 21 + 32$, 而 $(4,37)$ 和 $(9,32)$, $(16,37)$ 和 $(21,32)$ 都能导致满足 $D_2(p)$ 的 p', 因此 $41, 53$ 都不满足 $D_3(s)$. 剩下的只有 17, 而且容易验证, 17 满足 $D_3(s)$. 因此, $s = 17$.

s 既已确定为 17, 我们便可以用 $D_2(p)$ 来确定 p, 最后可得 m, n.

考虑 17 的全部可能的分拆:
$(2,15)$, $(3,14)$, $(4,13)$, $(5,12)$, $(6,11)$, $(7,10)$, $(8,9)$.

现在 p 一定是上面这 7 个分拆所导致的 p' 之一. 由 $(2,15)$ 导致的 $p' = 30$. 30 的两个分拆 $(2,15)$, $(5,6)$ 导致的 s' 分别是 17 和 11, 它们都满足 $D_1(s)$, 所以 30 不满足 $D_2(p)$. 同理可排除 $(3,14)$, $(5,12)$, $(6,11)$, $(7,10)$, $(8,9)$. 只有 $(4,13)$ 导致的 52 满足 $D_2(p)$, 它有唯一的分拆 $(4,13)$ 导致满足 $D_1(s)$ 的 17, 因此 $p = 52$. 不难看出 $m = 4, n = 13$, 这就是本谜题的解.

2. 模态逻辑简介

"S 先生与 P 先生谜题"作为智力难题确实是耐人寻味的, 它的解决需要有较高的思维技巧和较强的推理能力. 但麦卡锡并不是把它作为一个智力难题而是把它作为一个模态逻辑难题提出的,即要求把这个谜题的推理过程形式化并求解. 我国北京大学的马希文成功地解决了这个难题,在他自己建立的"知道"模态逻辑系统中实现了这一谜题的形式化和求解[1,2].

我们知道,对于一般的逻辑趣题,可用寻常的一阶逻辑为工具把推理形式化,通过命题演算和谓词演算求得解答. 但是,"S 先生与 P 先生谜题"或类似的问题,在通常的逻辑演算(命题演算和谓词演算)中恰当地形式化和求解是不可能的. 在这个谜题中,m, n 不是通过一些关于 m, n 的事实来确定的,而需先由"知道某命题真"逻辑地导出关于 m, n 的性质后,再确定 m, n. 显然,"知道某命题真"与"某命题真"是不同的. 一般认为前者蕴涵后者,但反之却不然. 另一方面,"知道"的概念不是"静态"的,而是"动态"的. 在同一问题中,这一时刻不知道的事实,却可能在下一时刻知道,人们要求从这种关于"知道"的状态演变中逻辑地导出所需要的信息. 通常的逻辑演算无力表示"知道某命题真"与"某命题真"之间的关系,更无力从"知道"的状态的演变出发进行演绎. 例如,从 S 先生的第一句话,无法用通常的逻辑演算得出 s 必须满足 $D_1(s)$ 的结论.

幸运的是,逻辑学家和数学家为我们准备了一种处理这类问题的特殊逻辑工具——模态逻辑. 前面提到的关于"知道"的模态逻辑,也称认识论模态逻辑,是模态逻辑的一种. 除此之外,一般认为模态逻辑还有:关于"必然"的模态逻辑,也称真理论模态逻辑;关于"应该"的模态逻辑,也称道义论模态逻辑. 模态逻辑与通常的逻辑演算的显著区别是,它们有一种表示"势态"的逻辑联结词,像"必然""可能""知道……真""认可……真""应该""允许"等,这些称为模态词. 模态逻辑系统就是在原有的逻辑系统之内引入这些模态词而得到的系统. 当然,引入这些模态词以后,逻辑系统的内容便大大地丰富了.

关于"必然"的模态逻辑是最经典的一种模态逻辑,它在程序逻辑中应用最多,我们首先谈谈它.

从亚里士多德开始,"必然"和"可能"等概念就已被看作是逻辑概念,并且用它们作为模态词组成模态命题. 例如,用 α, β 表示"命题",则"必然 α""不可能 β"等就是模态命题. 为方便计,我们用 N 表示"必然",用 M 表示"可能",其他逻辑符号含义与通常命题演算和谓词演算中规定的意义相同,即"$\neg$"表示"非","$\wedge$"表示"且","$\vee$"表示"或","$\rightarrow$"表示"如果 …… 则 ……","$\longleftrightarrow$"表示"…… 当且仅当 ……".

自然语言中的"必然""可能"的含义是不清晰的,要想有一个讨论模态命题的逻辑系统,首先要恰当而形式地规定 $N\alpha$ 与 $M\alpha$ 的语义. 简单地把 $N\alpha$ 真看作 α 真,把 $\neg M\alpha$ 真看作 α 假是不行的,因为这就取消了模态词的作用,而且事实上人们常常做如下的被公认是合乎逻辑的判断:"事情的结局是这样,但并不必然如此.""他没有成功,但他不是不可能成功."因此必须另行规定模态词的形式语义. 为此,我们先讨论一下日常生活中这两个模态词的意义.

日常生活中"必然"与"可能"显然有如下关系

$$N\alpha \longleftrightarrow \neg M \neg \alpha$$
$$M\alpha \longleftrightarrow \neg N \neg \alpha \qquad (1)$$

即"必然 α 真当且仅当不可能非 α 真(α 假)""可能 α 真当且仅当并非必然 α 假". 式(1)也说明,本质上只需要一个模态词就够了. 另外,通常认为 $M\alpha$ 与 $M \neg \alpha$ 至少有一个为真,故有

$$M\alpha \vee M \neg \alpha \qquad (2)$$

但是 $N\alpha \vee N \neg \alpha$ 是不能接受的. 一般还认为"来者可能是张三或李四"与"来者可能是张三或来者可能是李四"意义相同,但"可能有人在讲课且没有人在听课"与"可能有人在讲课且可能没有人在听课"则意

义不同. 因此有
$$M(\alpha \vee \beta) \longleftrightarrow M\alpha \vee M\beta \qquad (3)$$
但 $M(\alpha \wedge \beta) \longleftrightarrow M\alpha \wedge M\beta$ 不真.

我们希望形式地规定 $N\alpha$, $M\alpha$ 的语义并使它们满足式(1)(2)(3). 当我们只对 $M\alpha$ 做规定, 而用式(1)来确定 $N\alpha$ 的语义时, 式(1)就自然被满足.

我们知道任一 n 元(或少于 n 元的)命题公式都可以化为 n 元的主析取范式, 例如 α 可化为
$$(\alpha \wedge \beta) \vee (\alpha \wedge \neg \beta)$$
$\alpha \vee \beta$ 可化为
$$(\alpha \wedge \beta) \vee (\alpha \wedge \neg \beta) \vee (\neg \alpha \wedge \beta)$$
为了满足式(3), 我们需要
$$M\alpha \equiv M((\alpha \wedge \beta) \vee (\alpha \wedge \neg \beta))$$
$$\equiv M(\alpha \wedge \beta) \vee M(\alpha \wedge \neg \beta)$$
$$M(\alpha \vee \beta) \equiv M((\alpha \wedge \beta) \vee (\alpha \wedge \neg \beta) \vee (\neg \alpha \wedge \beta))$$
$$\equiv M(\alpha \wedge \beta) \vee M(\alpha \wedge \neg \beta) \vee M(\neg \alpha \wedge \beta)$$

(这里"$\equiv$"表示真值相等, 即逻辑等价). 这就提示人们, 可以用 $M(\alpha \wedge \beta)$, $M(\alpha \wedge \neg \beta)$ 等作为规定 $M\alpha$ 的真值的成分命题, 就像规定 $\alpha \rightarrow \beta$ 的真值时以 α, β 为成分命题一样. 也就是说, 通过对 $M(\alpha \wedge \beta)$, $M(\alpha \wedge \neg \beta)$, $M(\neg \alpha \wedge \beta)$, $M(\neg \alpha \wedge \neg \beta)$ 做各种可能的指派, 可以确定各种二元模态命题公式的真值表(表1, 2, T 表示真, F 表示假).

表1 二元模态命题的真值表(对成分命题的各种指派)

$M(\alpha \wedge \beta)$	$M(\alpha \wedge \neg \beta)$	$M(\neg \alpha \wedge \beta)$	$M(\neg \alpha \wedge \neg \beta)$
T	T	T	T
T	T	T	F
T	T	F	T
T	T	F	F
T	F	T	T
T	F	T	F
T	F	F	T

续表1

M(α∧β)	M(α∧¬β)	M(¬α∧β)	M(¬α∧¬β)
T	F	F	F
F	T	T	T
F	T	T	F
F	T	F	T
F	T	F	F
F	F	T	T
F	F	T	F
F	F	F	T

表2 二元模态命题的真值表(一些模态命题公式的真值)

Mα	M¬α	M(α∨β)	M(α→β)	M(α↔β)	M(α∨¬α)	M(α∧¬α)
T	T	T	T	T	T	F
T	T	T	T	T	T	F
T	T	T	T	T	T	F
T	F	T	T	T	T	F
T	T	T	T	T	T	F
T	T	T	T	T	T	F
T	T	T	T	T	T	F
T	F	T	T	T	T	F
T	T	T	T	T	T	F
T	T	T	T	F	T	F
T	T	T	T	T	T	F
T	F	T	F	F	T	F
F	T	T	T	T	T	F
F	T	T	T	F	T	F
F	T	F	T	T	T	F

关于这个真值表,我们要做如下两点说明。

(ⅰ)M(α∧¬α)的成分命题集是空集,没有指派能使它为真,因此我们规定:对永假公式 A,MA 为永假,从而 $M(\alpha \wedge \neg \alpha)$ 永假.

(ji) 为保证式(3)被满足,成分命题的指派中取消了一组(F,F,F,F). 这是因为

$$M(\alpha \vee \neg \alpha)$$
$$\equiv M(\alpha \wedge \beta) \vee M(\alpha \wedge \neg \beta) \vee$$
$$M(\neg \alpha \wedge \beta) \vee M(\neg \alpha \wedge \neg \beta)$$

在这组指派下将取值 F,这与确认 $M(\alpha \vee \neg \alpha)(\equiv M\alpha \vee M\neg \alpha)$ 为永真的式(2)冲突.

利用这个真值表还可验证下列模态永真式

$$N\alpha \to M\alpha$$
$$N(\alpha \wedge \beta) \longleftrightarrow N\alpha \wedge N\beta$$
$$M(\alpha \wedge \beta) \to M\alpha \wedge M\beta$$
$$N\alpha \vee N\beta \to N(\alpha \vee \beta)$$
$$N\alpha \wedge N(\alpha \to \beta) \to N\beta$$
$$M\alpha \wedge N(\alpha \to \beta) \to M\beta$$
$$N\alpha \to N(\beta \to \alpha)$$
$$\neg M\alpha \to N(\alpha \to \beta)$$

等. 它们相当贴切地反映了人们应用"必然""可能"等模态概念进行逻辑推理的规律. 特别令人惊奇的是,它们都是以式(1)(2)(3)(4)为公理的形式系统中的定理. 这深刻地反映了上述语义规定是适当的.

上述语义规定还有一种有趣的直观解释. 我们看表 2 中的 $M\alpha$ 列. $M\alpha$ 真当且仅当 $M(\alpha \wedge \beta)$ 和 $M(\alpha \wedge \neg \beta)$ 中至少有一个为真. 如果把 $\alpha \wedge \beta$ 和 $\alpha \wedge \neg \beta$ 看作与 α 有关的"可能世界",把 $M(\alpha \wedge \beta) \equiv T$ 和 $M(\alpha \wedge \neg \beta) \equiv T$ 看作是 α 在这两个可能世界中真,那么所谓"可能 α 真"就是指"α 至少在一个与之有关的可能世界中真",且由式(1),$N\alpha$ 真则是指 $\neg M\neg \alpha$ 真,即 $\neg \alpha$ 在所有与之有关的可能世界中均为假.

注意,迄今我们并未讨论 α 与 $M\alpha$,$N\alpha$ 之间的关系. 由于直观上不难接受"α 真蕴涵 $M\alpha$ 真",因此可以添加第四条公理

$$\alpha \rightarrow M\alpha \qquad (4)$$

这时我们又可以利用式(1)(2)(3)(4)推得下列关系

$$N\alpha \rightarrow \alpha$$
$$(\alpha \rightarrow \beta) \rightarrow (\alpha \rightarrow M\beta)$$
$$(\alpha \rightarrow \beta) \rightarrow (N\alpha \rightarrow \beta)$$
$$(\alpha \rightarrow \beta) \rightarrow (N\alpha \rightarrow M\beta)$$

它们使人们的"模态逻辑推理"得到更加完全的刻画. 这些公式也可用真值表来验证, 但由于同时引进了 α 与 $M\alpha$, 语义规定(真值表)也需略加变动. 我们用一个例子来说明这一点. 表3是验证$(\alpha \rightarrow \beta) \rightarrow (\alpha \rightarrow M\beta)$的真值表. 这里除了原有的成分命题外, 还需增加成分命题 α, β. 并且由于要满足$\alpha \rightarrow M\alpha$, 必须去掉与此相悖的指派, 即必须去掉使 $\alpha \equiv T$ 而 $M\alpha \equiv F$ 的那些指派. 例如, 表3中去掉了 $\alpha \equiv T, \beta \equiv T, M(\alpha \wedge \beta) \equiv F$ 的指派, 因为这将使 $\alpha \wedge \beta \equiv T$ 而 $M(\alpha \wedge \beta) \equiv F$. 基于同样的理由, 去掉了 $\alpha \equiv F, \beta \equiv T$(从而$\neg \alpha \wedge \beta \equiv T$), $M(\neg \alpha \wedge \beta) \equiv F$ 的指派. 又由于$M\beta$的真值与$M(\alpha \wedge \neg \beta), M(\neg \alpha \wedge \neg \beta)$的指派无关, 表3中取消了对它们的两列指派.

表3 $(\alpha \rightarrow \beta) \rightarrow (\alpha \rightarrow M\beta)$ 的真值表

α	β	$M(\alpha \wedge \beta)$	$M(\neg \alpha \wedge \beta)$	$M\beta$	$\alpha \rightarrow \beta$	$\alpha \rightarrow M\beta$	$(\alpha \rightarrow \beta) \rightarrow (\alpha \rightarrow M\beta)$
T	T	T	T	T	T	T	T
T	T	T	F	T	T	T	T
T	F	T	T	T	F	T	T
T	F	T	F	T	F	T	T
T	F	F	T	T	F	T	T
T	F	F	F	F	F	F	T
F	T	T	T	T	T	T	T
F	T	F	T	T	T	T	T
F	F	F	T	T	T	T	T
F	F	T	T	T	T	T	T
F	F	F	F	T	T	T	T
F	F	F	F	F	T	T	T

在"水手1号"事件之后蓬勃兴起的各种程序逻辑中应用的通常是所谓"模态谓词逻辑",即在 $M\alpha$ 与 $N\alpha$ 中,α 可以是谓词演算中的一个公式. 人们这样规定模态逻辑公式 W 的语义:给出种种结构,每一结构包括一个由可能世界组成的空间以及空间上的一个二元关系 R;而一个可能世界又包括一个个体域和对 W 中各函数和谓词符号所做的指派. $N\alpha$ 在这个结构中真当且仅当 $N\alpha$ 在每个可能世界中真,而 $N\alpha$ 在可能世界 S 中真是指 α 在 S 以及与 S 有 R 关系的一切可能世界中都真. $M\alpha$ 在这个结构中真当且仅当 $M\alpha$ 在每个可能世界中真,而 $M\alpha$ 在可能世界 S 中真则是指 α 至少在一个与 S 有 R 关系的可能世界中真. 当我们利用这两条规定逐层去掉 N 和 M 后,便可讨论 W 在这个结构中的真假. 而 W 永真当且仅当在一切这样的结构中 W 都真.

我们在此仅对模态谓词逻辑的真值意义(语义)做这么一点粗浅的解释. 一则说明"可能世界"的说法导致了模态逻辑的进步,二则说明动态的概念是如何引入逻辑的. 这里的"可能世界"可以看作是计算机计算过程中的各个状态,R 则可以看作是各状态之间的转换关系. 对上述内容感兴趣的读者可参阅文献[3].

现在来谈谈关于"知道"的模态逻辑. 我们用符号":"表示"知道",":α"表示"知道 α 真",用符号"%"表示"认可","% α"表示"认可 α 真".

在日常推理中,当我们并不确知 α 假时,我们将认可 α 真,反之亦然. 这是因为人们对与自己现有知识不相悖的命题总是认可的. 另一方面,当我们确知 α 真时,我们将不认可 $\neg\alpha$,反之亦然. 这就是说

$$\% \alpha \longleftrightarrow \neg :\neg\alpha, :\alpha \longleftrightarrow \neg \% \neg\alpha \quad (5)$$

对于 α 与 $\neg\alpha$,任何人都至少认可一个,因此我们有

$$\% \alpha \vee \% \neg\alpha \quad (6)$$

同时,一般认为"认可费马大定理或哥德巴赫猜想"与"认可费马大定理或认可哥德巴赫猜想"这两句话意义相同.也就是说,在关于"知道"的模态逻辑中应有

$$‰(\alpha \vee \beta) \longleftrightarrow ‰\alpha \vee ‰\beta \qquad (7)$$

这样,我们可以看出,模态词:与 N,‰ 与 M 地位大致相同,因而我们也可以用规定 N 和 M 语义的方法来规定:与 ‰ 的语义.甚至可以用式(5)(6)(7)和

$$\alpha \rightarrow ‰\alpha \qquad (8)$$

为公理,建立起一个关于"知道"的模态逻辑系统,它在形式上应与关于"必然"的模态逻辑系统毫无二致.马希文建立的 W-JS 系统是一个关于"知道"的模态谓词逻辑系统,也就是说,它讨论的模态公式中还含有谓词和量词.至于如何用 W-JS 系统将"S 先生与 P 先生谜题"形式化并求解,则超出了本节的范围,读者可阅读文献[1,2].

在关于"应该"的模态逻辑中,与"必然""知道"地位相同的模态词是"应该";与"可能""认可"地位相同的模态词是"允许".不难理解,允许做的事情(某个性质或某一行为的实现)正是那些不是应该不做的事情;而应该做的事情,也正是那些不是允许不做的事情.另外,某一事情或者被允许或者不被允许,至少有一种情况成立.最后,对于"允许有私人产业或私人财产"与"允许有私人产业或允许有私人财产"通常是不加区别的.因此,我们也可以用前面的方法建立关于"应该"的模态逻辑的语义和形式系统.但有一点不同之处是须十分注意的:由于模态词"应该"和"允许"之后可以跟着一个表示实现某个行为的命题,因此讨论类似于 $\alpha \rightarrow M\alpha, \alpha \rightarrow ‰\alpha$ 的公式"$\alpha \rightarrow$ 允许 α"是没有意义的.这是因为,在日常推理中,一个行为的实现并不意味着这个行为是被允许的.一个盗贼所做的事情,往往是道义上不允许的.

上述三种模态逻辑中的模态词还可以复合而成新的模态词,像"必然知道""可能应该"等,从而发展出新的模态逻辑系统.这方面的知识,不少文献均有介绍,有兴趣的读者可参阅文献[4,5],这里不一一做介绍了.

参 考 资 料

[1] 马希文.有关"知道"的逻辑问题的形式化[J].哲学研究,1981(5):30-38.
[2] 马希文,郭维德.W - JS有关"知道"的模态逻辑[J].计算机研究与发展,1982(12):1-12.
[3] MANNA Z,孙永强.程序逻辑[J].计算机科学,1982(3):9-18.
[4] GEORG H V W. An essay in Modal Logic[M]. Amsterdam:North-Holland Publishing Company,1951.
[5] 莫绍揆.数理逻辑导论[M].上海:上海科学技术出版社,1965.

第2章　阿克曼函数

麦卡锡函数是递归函数.它在计算机的基础研究中非常重要.另一个重要的递归函数是由德国大数学家希尔伯特(Hilbert)的高足阿克曼提出的.阿克曼生于德国的苏涅贝克,曾在闵斯特尔任教授.主要研究数理逻辑,与希尔伯特合作写了专著《理论逻辑基础》(被译成多种文字).他还和希尔伯特一起在1920年至1930年间研究了希尔伯特的证明论.他提出的函数 $A(x,y)$,定义为

$$A(0,y) = y + 1 \qquad R_1$$
$$A(x + 1,0) = A(x,1) \qquad R_2$$
$$A(x + 1,y + 1) = A(x,A(x + 1,y)) \qquad R_3$$

称为阿克曼函数.

$$A(k,n) = \begin{cases} n+1 & (k=0) \\ A(k-1,1) & (k>0, n=0) \\ A(k-1, A(k, n-17)) & \\ & (k>0, n>0) \end{cases}$$

如要计算 $A(2,1)$,应该按下面的方法进行

$A(2,1) = A(1, A(2,0))$
$= A(1, A(1,1))$
$= A(1, A(0, A(1,0)))$
$= A(1, A(0, A(0,1)))$
$= A(1, A(0,2))$ （因 $A(0,1) = 1+1 = 2$）
$= A(1,3)$ （因 $A(0,2) = 2+1 = 3$）
$= A(0, A(1,2))$
$= A(0, A(0, (1,1)))$
$= A(0, A(0, A(0, A(1,0))))$
$= A(0, A(0, A(0, A(0,1))))$
$= A(0, A(0, A(0,2)))$
$= A(0, A(0,3))$
$= A(0,4)$
$= 5$

现在我们用已知函数来计算 $A(k,n)$ 的直接计算公式.

对 $k=0$,从定义可写出

$$A(0,n) = n+1$$

对 $k=1$ 有

$$A(1,n) = \begin{cases} A(0,1) & (n=0) \\ A(0, A(1, n-1)) & (n>0) \end{cases}$$

所以 $A(1,0) = A(0,1) = 1+1 = 2$. 而当 $n>0$ 时

$A(1,n) = A(0, A(1, n-1))$
$= A(1, n-1) + 1$

由此可得

$$A(1,n) = n+2 \quad (n=0,1,\cdots)$$

对 $k=2, A(2,0) = A(1,1) = 3$, 而当 $n>0$ 时

$$A(2,n) = A(1, A(2, n-1))$$

$$= A(2, n-1) + 2$$

因此
$$A(2, n) = \begin{cases} 3 & (n = 0) \\ A(2, n-1) + 2 & (n > 0) \end{cases}$$

由此, 又可求出 $A(2, n) = 2n + 3$.

再看 $k = 3$ 的情况, 仿照上面的办法可以求出
$$A(3, n) = \begin{cases} 5 & (n = 0) \\ 2A(3, n-1) + 3 & (n > 0) \end{cases}$$

从而
$$\begin{aligned} A(3, n) + 3 &= 2[A(3, n-1) + 3] \\ &= 2^2[A(3, n-2) + 3] \\ &\vdots \\ &= 2^n[A(3, 0) + 3] \\ &= 2^n \cdot 8 \\ &= 2^{n+3} \end{aligned}$$

所以 $A(3, n) = 2^{n+3} - 3$.

这个函数是双重递归定义的. 阿克曼证明了这个函数比任何单变量递归函数增长得都快, 计算机专家对此很感兴趣, 因为它比任何简单循环程序都增长得快. 为了看清这点, 我们取 x 作为函数的下标, 则可将阿克曼函数看作一函数序列, 即 $A(x, y) = f_x(y)$. 则定义式变为
$$\begin{cases} f_0(x) = x + 1 \\ f_n(0) = f_{n-1}(1) \\ f_n(x+1) = f_{n-1}(f_n(x_1)) \end{cases} \quad (n = 1, 2, \cdots)$$

显然
$$\begin{aligned} f_1(x) &= x + 2 \\ f_2(x) &= 2x + 3 \\ f_3(x) &= 4 \cdot 2^{n+1} - 3 \\ &\vdots \end{aligned}$$

令 $x = 0$, 可得
$$f_1(0) = 2$$

$$f_2(0) = 3$$
$$f_3(0) = 5$$
$$f_4(0) = 13$$
$$f_5(0) = 4 \cdot 2^{14} - 3$$

可见其函数值增长极快.

1981 年在美国举行的第 22 届 IMO 上,芬兰提供了一个计算阿克曼函数的试题.

试题 1 函数 $f(x,y)$ 对所有非负整数 x,y 满足:
(1) $f(0,y) = y + 1$;
(2) $f(x+1,0) = f(x,1)$;
(3) $f(x+1,y+1) = f(x,f(x+1,y))$.
试确定 $f(4,1\,981)$.

解 由
$$f(1,n) = f(0,f(1,n-1))$$
$$= f(1,n-1) + 1$$

及
$$f(1,0) = f(0,1) = 2$$

得
$$f(1,n) = n + f(1,0)$$
$$= n + 2$$

又由
$$f(2,n) = f(1,f(2,n-1))$$
$$= f(2,n-1) + 2$$
$$= 2n + f(2,0)$$
$$f(2,0) = f(1,1) = 3$$

所以
$$f(2,n) = 2n + 3$$

再由
$$f(3,n) = f(2,f(3,n-1))$$
$$= 2f(3,n-1) + 3$$
$$= 2[f(3,n-1) + 3] - 3$$

即有

$$\frac{f(3,n)+3}{f(3,n-1)+3}=2$$

从而有
$$f(3,n)+3=2^n[f(3,0)+3]$$

因为
$$f(3,n)=f(2,1)=5$$

所以
$$f(3,n)=2^{n+3}-3$$

最后我们计算 $f(4,n)$. 由
$$f(4,n)=f(3,f(4,n-1))$$
$$=2^{f(4,n-1)+3}-3$$

即
$$f(4,n)+3=2^{f(4,n-1)+3}$$

令 $t_n=f(4,n)+3, \varphi(x)=2^x$,则有
$$t_n=\varphi(t_{n-1})$$

于是
$$t_n=\varphi^{[n]}(t_0)=\underbrace{\varphi(\varphi\cdots(\varphi(t_0)))}_{n\text{重迭代}}$$

由于
$$t_0=f(4,0)+3$$
$$=f(3,1)+3$$
$$=2^4$$

所以
$$f(4,n)=\varphi^{[n]}(16)-3$$

故
$$f(4,1981)=\varphi^{[1981]}(16)-3$$
$$=2^{2^{\cdots^2}}-3$$

其中指数的重数为 1 984.

如要进一步了解阿克曼函数与递归函数.可以参看 Z. A. Melzac 的《数学之伴》(第 Ⅰ 集,纽约:Wileg 出版社,1993:76-78) 和 A. Grzegorczyk 在《数理逻辑论文选》(*Some classes of recursive functions*) 中的论述.

第3章　递归函数的历史与应用

1. 递归函数的历史是与数学基础探讨的历史有密切关系的

"循环级数"可当作递归函数的前驱(例如,斐波那契(Fibonacci)级数;欧拉已经把循环级数用于代数方程式的近似解法上;但阿基米德(Archimedes)已经把数 π 当作一个循环级数的极限而计算了).递归函数的其余历史便和数学基础的探讨历史有密切的关系.

2. 递归数论无须用到无穷集来构成

集论之矛盾的出现便结束了下面的趋向:把数学中无害的部门(例如数论)建基于集论之上,而出现了恰恰相反的倾向:斯柯林指出,初等数论中所用到的概念与推论可以不必用到无穷总合而建基起来.这里,递归式起了一个重要的作用,它可作为一个能够在有穷次步骤内计算函数值的数论函数的定义.

3. 证明论的计划;递归数论在元数学上的可用性

借助于限制"朴素"的集概念以后,集论的矛盾的确可以得到消除,但却不能保证在这样限制的集论系统内或者在数学的其他领域内不会产生新的矛盾.对于数学的可靠基础希尔伯特会提出下面的计划:把数学的各个分支与其中的证明加以叙述,使得这些证明亦能作为数学探讨的对象,正如数与函数一样(其第一步骤是公理化:把无须再证明的根本命题当作所处理的理论的公理而预先指定;各个允许的推理式的步骤亦然.基础概念(即由它可以定义出该理论的其他一切概念)当作被这些公理而隐定义的,对于基础概念,只用到公理中所说出的那些性质).然后我们便用纯粹数学方法来证明,在所处理的形式系统中,不可能引导出彼此相反的论断的两个公式来.当然,要证明出一个形式系统没有矛盾性,则证明的方法内不能够再包含有可疑的元素.在这个(把形式数学如上处理的)"元数学"的探讨中,不用到无穷总合的递归论便是很好的工具了.

此外,数论已经很早就由皮亚诺(Peano)归结到几条公理中去了(当然并未把所用的推理式完全指定出来).一个函数可由递归式定义,皮亚诺并没有作为公理;他认为当然包括在递归证法的公理之内.戴德金(Dedekind)指出,事实上这需要一个证明;他以及以后许多人给出了各种的、逐渐高明的证明.

4.希尔伯特对证明的连续统假设的计划:用永远"更高"类的递归式来做出数论函数

希尔伯特想借下法而证实他的证明论的功效,他想把有名的集论中未解决的问题,连续统问题,借助于他的证明论的方法来处理.这个问题亦可以如下叙述:实数集是共知的不可数的;但它能不能借助于第二数类的超穷序数而"数出"呢?数论函数集与实数集是同势的;希尔伯特便想用第二数类的数如下地"数出"数论函数:把永远更大的超穷数与永远"更高类"的递归式相对应,因而证明下面的假设:用永远更高的递归式所定义的数论函数取尽了一切数论函数,是不会引起矛盾的.

这个计划直到今天尚未做出(但哥德尔(Gödel)已经用同样的想法来证明,连续统假设并没有把矛盾带到集论的已知的公理系统中去),但是递归函数的基本探讨却已推进了.因为如果我们想把数论函数集用永远更高类的递归式所定义的函数来取尽,那么我们必须明白哪些递归式定义了相同的函数类,而哪些定义了不同的函数类(因为,我们当然可以设想,由更高类递归式所定义的函数亦可由较低类递归式来定义,因此,新递归方式的引入不过是一个似乎推得更远的步骤罢了).

5.哥德尔命题,用所讨论的系统的工具不能证明不矛盾性;算术化方法哥德尔的有名结果,会有一时刻很令人相信,希尔伯特的对数学不矛盾的奠基的程度是不能贯彻的.哥德尔证明,每一个有充分表达力的公理系统,其中推理式又是借有充分明显的限制的方法而进行的——如果它(在某种加强的意义上)是不矛盾的——必然含有一个不能判定的问题.一个系统的不矛盾性自身是一个可以在这个系统内叙述的,但却不能判定的问题:它与它的否定都不能借助于系统内所允许的推理式来证明.

在哥德尔的证明过程中,原始递归函数起着一个重要的作用.他构造了一个字典,其中把公理系统的记号对应于数,因而把系统内的证明来"算术化".公式是一个记号序列;这可借已知的方法而对应于一数.形式地处理时,证明亦是一个公式的序列.(其中每个公式或者是一个公理,或者是由序列中前面的公式经过一个允许的推理式而做出,并且最后一公式是所证明的命题.)如果在证明中所出现的公式依次地对应于下列各数

$$a_1, a_2, \cdots, a_r$$

则证明本身便对应于数

$$n = p_1^{a_1} p_2^{a_2} \cdots p_r^{a_r}$$

因此公理系统中关于公式与证明模式的命题便相应于关于自然数的命题.因此,如果一系统的推论式有足够明确的限制的方法,那么一大批这样的命题便对应于原始递归关系.例如命题:"以 m 为哥德尔数的公式是以 n 为哥德尔数的证明的最后一公式"便是这样.另一方面,如果这个系统有足够的表达力,则原始递归关系可以在其中叙述.这样便使得某些只是当作记号序列而处理的系统中的公式同时有了一个"意义".例如,说可以把一关系 $m < n$ 在一系统中形式化,是意指在这个系统中有一个含有两个变元的公式,当把其变元代以在系统中相应于任意的数 m, n 的表达式时,如果 $m < n$,它便变成一个可证公式,反之,

则变成一个可以反证的公式(即其否定是可证明的).这时,我们便可以说:系统中这个公式,"意指"或"说出了"它的第一个变元是小于第二个变元的.

  现在,如果把关于这个系统的证明的命题借助于字典而译成原始递归关系,然后再找该系统中的一个公式,相应于这个原始递归关系的,则我们亦可以达到一些其"意义"是悖论的命题:例如,哥德尔指出,有一个命题,可以用有效的构造法来给出,这个命题"说",它自己不能在这个系统内证明.我们可以精确地证明,这个公式的判定会引出一个矛盾.但由这个系统的无矛盾性可以推出,所讨论的公式是真的(它确是不能在系统内证明的),因此该系统的不矛盾性便不能在系统内证明.

  这个结果对于证明论是很有关系的,因为我们正是想把一公理系统的不矛盾性用比所处理的系统中的方法更无疑义的工具来证明;由哥德尔的命题,甚至于用所处理的系统的方法亦不能证明它自身的不矛盾性.

  6. 在数论系统内不能叙述的一个方法:超穷递归式

  在这种情况下,我们找一出路,暂时还只能限于"大全数论". 在大全数论内是容许那些利用无穷总合的命题与定义的. 例如,我们允许不给出一个关于数 n 的上界而只说最小的有下面性质的自然数 n,它使一个递归函数 $a(n)$ 为 0. 因此,大全数论的不矛盾性是有问题的. 为了要证明它,我们要找出一个方法,在所处理的数论的公理系统中不能叙述的但是可以一般地容易接受的.

  作为这种方法阿克曼应用了超穷递归式,这里递归变元的变域是按第一个"ε 数"型而良序的自然数

$$\varepsilon_0 = \omega^{\omega^{\omega^{\cdot^{\cdot^{\cdot}}}}}$$

7. 最一般的可计算函数与一般递归函数之等同

在数学的很多部门中,"可计算性""可构造性""有效性"这些模糊概念起了一定的作用;我们很乐意把这些概念赋以一个明确的意义. 丘奇(Church)提议,在最广泛的意义下,"可计算"函数等同于一般递归函数. 其论据已在前章说出.

一个不是从自由意志推出的、处处而且时时都可以重复的计算过程必须是机械的;又已证明,图灵的可机械计算的函数与一般递归函数是等同的. 我们还可以设想,每一个计算过程都有一定的工具,因而出现于一个封闭的系统内,而这个系统又可以公理化的. 例如,设有一个公理系统,其中可以叙述相等性与数,则在它之内 $\varphi(n)$ 的可计算性便意指着,在该系统内有一个含一自由变元的表达式,当把其中的变元代以在该系统中表示任意一数 n 的表达式时,便得出一个表达式,它与表示数 m 的表达式的相等性能够在系统中推出,当且只当 m 等于在值位 n 时的 φ 值. 现在我们可证,若在任意一个有足够表达力的而且用足够明确限制的推理法来进行的、无矛盾的公理系统中,一个函数是可计算的,则它亦是一般递归的.

如果我们承认,最一般的"可计算的"函数的概念与一般递归函数的概念相等同的话,那么对应用的可能性便开辟了一个广阔的领域了.

8. 在概率论上应用

例如,米斯(Mises)在概率计算的基础上便提出:如果不处理每一个试验而只处理"由某一个数学规定"所选出来的一序列试验,其挑选只与以前试验的结果有关,那么一个结果出现的相对频率将不变. 这个要求意指着,我们不能够构造一个其相对频率会更改的"游戏系". 所谓"游戏系"可用算术化加以明确,设把试验的结果对应于数(例如,设做一"面背"游戏,把一铜圆永远向上掷,且注意以哪一面在上而落下来. 因此,例如,可把"面"的结果对应于数 2,"背"

的结果对应于数 3,而比如说,序列
$$面,背,面,面$$
便对应于数 $p_1^2 p_2^3 p_3^2 p_4^2$),则一个游戏系可借助于如下所定义的函数来刻画

$$\varphi(m) = \begin{cases} 1 & (如果 m 是一个试验序列的哥德尔数,\\ & \text{ 其中最后的试验是处理的}) \\ 0 & (如果 m 是一个试验序列的哥德尔数,\\ & \text{ 其中最后的试验是不被处理的}) \\ 2 & (如果 m 不是一个试验序列的哥德尔数) \end{cases}$$

借助于 $\varphi(m)$ 可以由一试验序列中选出一个部分序列,第 n 个试验放在这部分序列之中与否,需视对于前面试验序列的哥德尔数 m 而言,$\varphi(m)$ 的值为 1 或 0 而定.

如果一个游戏系统可以叫作真的"系统",即是说,它不是由一时的自由意志所导引,而是一个可信托于他人的、可以重复的系统,那么 $\varphi(m)$ 必须是可机械地计算的,因而是一般递归的函数.

米斯的要求亦可如下加以明确:所处理的结果的发生的相对频率将不受到影响,如果不用整个试验序列,而只用由任意一个一般递归的"特征函数"所选出的部分序列来处理的话.

9. 在直觉主义逻辑上

在为了避免一切矛盾而做出的布劳威尔(Brouwer)数学系统,所谓直觉主义中,"可构造性"的概念起了一个特别重要的作用. 直觉主义的确只当被肯定其存在的东西亦能够有效地构作时才把该存在的命题当作真的.

因此,在他们的处理中,比如说,有一断定:"对于每一个 x 都有一个 y 使得 $\alpha(x,y) = 0$",其中 $\alpha(x,y)$ 为一个确定的数论函数,只当给出了一个有效的过程,使得对于每一个 m 都可做出一个 n 使得有 $\alpha(m,n) = 0$ 时,才被当作真的.

现在,可以把在直觉主义意义上来说是真的数论

命题与数相对应(我们说,这个数"实现了"所处理的命题).在这样的对应中,例如,命题
$$(x)(Ey)[\alpha(x,y) = 0]$$
对应于一个数,只当有一个有效的过程,使得对于每一个给出的 m 都可作一个 n 使得命题
$$\alpha(m,n) = 0$$
亦对应于一个数.而"有效过程"则如下明确之:有一个一般递归函数 $\varphi(m)$,对于任意一个 m 都取值 $\varphi(m) = n$,使得 $\alpha(m,n) = 0$ 亦对应于一个数.

因此,在直觉意义上一个数论命题的正确性可做如下的明确:这个命题是可"实现"的(即是说,它对应于一数,即使不是唯一地对应).

海丁(Heyting)已对直觉主义逻辑引入了一个形式演算.克利尼(Kleene)与纳尔逊(Nelson)探究了建基于其上的数论公理系统(S).他们表明了,在这个系统中,一个下面形式的公式
$$(x_1)(x_2)\cdots(x_k)(Ey)F(x_1,\cdots,x_k,y)$$
能够被推出,当且仅当有一个一般递归函数 $\psi(x_1,\cdots,x_k)$,使得每一次当 $n_1,\cdots,n_k,m$ 为非负整数,而且在
$$\psi(n_1,\cdots,n_k) = m$$
时,$F(n_1,\cdots,n_k,m)$ 永远是可实现的公式.在这个意义下,在直觉主义数论中,只能证明一般递归函数的存在.

可以证明,在(S)中所推出的公式都是可实现的.因此由直觉主义逻辑演算中经过代入而得出的数论公式亦全是可实现的;但此外却有某些形式数论公式不是可实现的,因此可以推得,一些(在古典意义上是真的)公式在直觉主义意义上是不能够证明的.

因此,借助于一般递归函数的应用,便把一些直觉主义的问题弄清楚了.

10. 在递归函数分支上的一例表明了:为什么直觉主义的慎重是必要的

直觉主义的慎重并非只是一个微不足道的争执,这点可由在原始递归函数范围内的一个例子来弄明白.

我们知道,对于一个正有理数 τ,函数 $[\tau \cdot n]$ 是原始递归的,对于正无理数 τ,则
$$[\tau \cdot n]$$
为原始递归,其必要与充分条件是,在以下阶乘展开式之中
$$\tau = a_0 + \frac{a_1}{1!} + \frac{a_2}{2!} + \cdots + \frac{a_n}{n!} + \cdots$$
$$(a_n \leqslant n-1, \text{当 } n = 1, 2, 3, \cdots \text{时})$$
其系数 a_n(当作 n 的函数)是原始递归的.

这里必须对无理数 τ 分别探究. 因为我们只能够对于一个无理数 τ 才能保证地说,在它的阶乘展开式中超过每一个界限都有
$$a_n < n-1$$
而这点在证明中是有判定性的. 这断定:"超出每一个界限都有一个 n 使得 $a_n < n-1$" 是一个存在命题,如果不给以有效过程来确定这个 n 的话,在直觉主义中便不能当作有意义的. 这里,我们来看一个例子,其中直觉主义的要求是主要的.

直到今日数论内有很多未解决的问题. 今论其一,即奇完全数的问题:是否有一个奇数,它等于它的"真"因子的和(数自身不算在它的真因子之内).

今以 $\sigma(n)$ 表示 n 的所有因子之和;如果 n 是 n 的真因子的和,则把完全数 n 自身亦加到因子中去后,使得到 $\sigma(n) = 2 \cdot n$.

以前所知道的完全数都是偶数的,例如
$$\sigma(6) = 1 + 2 + 3 + 6 = 12 = 2 \cdot 6$$
今把这个条件施于奇数 $2n+1$ 上,而且用于下列的 a_n 的定义中
$$a_n = \begin{cases} 0 & (\text{当 } \sigma(2n+1) = 2(2n+1) \text{ 时}) \\ n-1 & (\text{当其他情形时}) \end{cases}$$

显然,a_n是n的一个原始递归函数,而且对于$n = 1, 2, 3, \cdots$,有
$$a_n \leqslant n - 1$$
但因我们不知道是否有一个奇完全数,所以我们不知道是否有一个n使得
$$a_n < n - 1$$
级数
$$a_0 + \frac{a_1}{1!} + \frac{a_2}{2!} + \cdots + \frac{a_n}{n!} + \cdots$$
它是由刚刚定义的原始递归系数序列而做成的,收敛于一个非负实数ξ. 如果这个数是有理数,则$[\xi \cdot n]$是原始递归. 如ξ是无理数,则$[\xi \cdot n]$仍是原始递归. 但我们不能够推得那么远而断定:因此$[\xi \cdot n]$永远是原始递归. 因为由我们今日的知识,我们不能够判定,ξ是有理抑或是无理,甚至于我们不能计算$[\xi \cdot n]$在值位$n = 1$的值. 假使没有奇完全数,则有
$$\xi = 0 + \frac{1-1}{1!} + \frac{2-1}{2!} + \cdots$$
$$= 1 - \frac{1}{1!} + \frac{1}{1!} - \frac{1}{2!} + \cdots$$
$$= 1$$
因而
$$[\xi \cdot 1] = 1$$
但如果亦有奇完全数,则至少有一个正项需代以 0,因而有$\xi < 1$,故$[\xi \cdot 1] = 0$.

我们不知道奇完全数的存在问题是否是可判定的,亦不知道$[\xi \cdot 1]$的值是否是可以计算的. (为了使得对每一个值位的$[\xi \cdot n]$的值都可以计算,我们必须知道,是不是在超出每一界限之后都有奇完全数,或者必须知道这种数的一个上界.)

当然,其他的未判定的数论问题亦可应用来做出相似的例子;且可猜想到,在每一个时代都有未判定的问题存在.

11. 在集合论上

在集论中很早就有一个愿望,就是把模糊的概念明确起来.

设我们限于自然数集,则"朴素"的集概念可做如下明确:一自然数集可以当作给定的,如果我们对于每一个自然数都可以判定,它属于该集或否. 我们说,这是有效的可判定,如果我们可以给出一个一般递归函数 $\varphi(n)$,它对于亦只对于属于该集的 n 才为 0. (有时我们可改用另一个等价的叙述,即该集的特征函数 $\varphi(n)$ 是一般递归的,它对于任意的 n 取值 1 或 0,视 n 属于该集与否而定.)

计数的概念亦可相似地明确之. 自然数的一个部分集是"可有效地计数的",将意指有一个"有效的过程",它把所处理的部分集的元素按某一级数依次地给出. 而"有效过程"则如下明确之,有一个一般递归函数 $\varphi(n)$,当 $n=0,1,2,\cdots$ 时取不同的值,而这些值是这个被处理的集的元素.

我们可以证明,有一个自然数集,按前面的明确意义说来,不是有效地给出,但却是可有效地计数的(当 $n=0,1,2,3,\cdots$ 时,这个一般递归的计数函数 $\varphi(n)$ 并不是由自然数中依大小次序而抽出所处理的集的元素). 而一自然数集可以有效地给出,当且仅当它与它的补集都可有效地计数时.

12. 在特征超穷序数上

甚至于超穷数的有效表示这个模糊概念亦可应用递归函数的概念而加以明确.

为了这个目的,克利尼引入了部分递归函数的概念. 它与一般递归函数的区别在于,它除去了处处可计算的要求,因此它只要求所处理的函数在某一值位时的函数值,如果能够由定义等式系经过可允许的步骤而计算的话,则需要唯一地确定其值. 两个部分递归函数的全等,表示为

$$\varphi(n_1,\cdots,n_r) \simeq \psi(n_1,\cdots,n_r)$$

这意指,在 φ 有定义的每一值位处,ψ 亦有定义,以及反之.而且当这两个函数都有定义时,它们有相同的值.部分递归函数亦可以表示成显形

$$\varphi(a_1,\cdots,a_r) \simeq \psi(\mu_m(\tau(a_1,\cdots,a_r,m) = 0))$$

其中 ψ 与 τ 是原始递归的;函数 φ 只在下列值位 $(a_1,\cdots,a_r)$ 处有定义(否则作为无定义理解),即当有一 m 使得

$$\tau(a_1,\cdots,a_r,m) = 0$$

为了要有效地表示第一与第二数类的序数,我们必须有效地判定,一个已给的序数到底是 0,还是一个序数的后继者,抑或是一个上升序数序列的极限值.在第二种情形,我们要刻画它的先行序数;在第三种情形,要刻画一个上升的 ω 型序数序列,它以所处理的序数为极限值.因为用以表示的表达式可以当作记号序列而代以它们的哥德尔数,所以序数的刻画可以如下地得出:把序数对应于自然数,其中我们做下列的要求:

(1) 没有一个自然数可对应于不同的序数(但一个序数可对应于多个自然数).

(2) 函数 $\kappa(x)$ 需是部分递归的,它取值 0,1 或 2,需视 x 对应于 0 或对应于一序数的后继数或对应于一上升序数序列的极限而定.

(3) 有一个部分递归函数 $v(x)$,使得当序数 X,Y 分别对应于自然数 x,y;而且当 X 为 Y 的后继数时,有 $v(x) = y$.

(4) 有一个部分递归函数 $\mu(x,n)$ 使得当序数 X,$Y_1,Y_2,\cdots,Y_n,\cdots$ 分别地对应于自然数 $x,y_1,y_2,\cdots,y_n,\cdots$,而且当 X 为 ω 型序数序列 Y_n 的极限值时有 $\mu(x,n) = y_n$.

这里我们限于部分定义,因为对于那些值位,按算术化法对应于一些不表示序数的记号序列,则条件 (2)(3)(4) 中的 $\kappa(x)$,$v(x)$ 与 $\mu(x,n)$ 的值便全无作用,因此,如果要求函数在这些值位时亦做一些递归定义,将是一个无谓的限制.

对于每一个适合条件(1)(2)(3)(4)的对应,都有一个序数 ξ,它不对应于任何自然数,比它更大的序数亦否,但一切较小的序数都对应于一自然数.

可以给出一个适合条件的对应,对于它 ξ 是最大的.这个最大的 ξ 便是一个不能有效地表示第二数类的序数.

13. 在证明某些问题的不能有效判定上(例如,判定问题,半群的"字的问题")

有效性的明确化的重要应用是,证明某些问题是不能有效地判定的.

这里是指处理下列种类的问题,例如,如下叙述的费马问题:找出一个有效的过程来判定,对于哪一个指数 n,有三个正整数 x,y,z 使得
$$x^n + y^n = z^n$$
"有效的过程"这里是明确地指有效地给出一个有所说的性质的 n 的集,即是说,给出一个一般递归函数 $\varphi(n)$,它对于且仅对于那些 n 为 0,当对于这些 n 有适合条件的数 x,y,z 存在时.

我们有种种的这类的问题,都是不能有效地判定的.例如逻辑中狭义谓词演算的"判定问题",以及某些结合系统的"字的问题",后者可如下叙述.

有元素 $a,b,c,\cdots$ 的集 (H) 叫作一个结合系统,如果它适合下面两个条件:

(1) 对于 (H) 的任意两个元素 a,b 在 (H) 内都有一个确定的元素叫作它们之积,而且记为 ab.

(2) 乘法是结合的
$$(ab)c = a(bc)$$

这里我们处理一个结合系统,可由有穷多个"生成元" $x_1,\cdots,x_n$ 所构成的,即使得 (H) 中每一个元素或者是 1(这是指下列的元素,即对于 (H) 中一切元素 a,都有 $1a = a1 = a$),或者都是一些元素 $a_1,\cdots,a_t$ 的积,其中每一个 a_i 都是一个 x_j,此外还给出有穷多个生成元积偶之间的等式.

字的问题:是否有一个有效过程可以判定任意给定的生成元之间的两个积是相等的?

把有效性概念明确为一般递归性的概念后,波斯特以及(同时独立地)马尔柯夫都证明了不能有效地判定结合系统中的"字的问题".后者还证明了这个部门内其他问题的不能有效判定性(卡尔马曾在他的匈牙利科学院就职演说辞中对马尔柯夫的结果给了一个更简单的证明).

至于在这里明确的意义上必有不能有效判定的问题亦可以从哥德尔命题推出,它说,在某种结构的公理系统内,必有不能判定的问题.我们可以构造一个原始递归(甚至于初等的)函数 $\varphi(m,n)$,使得可直接地当作哥德尔命题的特例而证出下述的简单问题的不能有效判定性:"对于任意一个 m,哪一个自然数 n 是使得 $\varphi(m,n) = 0$ 的?"

通常把不能有效地判定的问题,其中有效性是用一般递归性的概念来明确的,叫作"绝对不可判定性".以区别于哥德尔的在某些公理系统内的不能判定的问题.但是无论如何,一个命题不能比以它为特例的命题具有更广的意义.因此,由前所述,不能有效判定的问题存在这件事,并非指在数学上有"绝对不能判定的问题",而是指:对有效性概念做明确的叙述而得的,这个叙述虽然是非常广泛的,但终究有一定限制.而数学的现实尚有很多的生气与发展来冲破这个古板的限制.

波斯特甚至于引入"低级或高级的不能有效地判定性"的概念.直到现在他尚未能提出,是否有在这个意义上不同级的不能有效判定的问题存在.

第4章 非原始递归函数一例

本章将证明,即使只是一层强嵌套,一般说来,都不能够化为没有嵌套的递归式.亦即不能化归为原始递归及迭置.为此,下面来证明:有一些用强嵌套二重递归式所定义的函数,不可能是原始递归函数.

这个例子首先由阿克曼做出(他第一个找出非原始递归函数的例子)

$$\begin{cases} f(u,0,n) = u+n \\ f(u,m+1,0) = N(m\dotdiv 1)+u\cdot N^2(m\dotdiv 1) \\ f(u,m+1,n+1) = f(n,m,f(u,m+1,n)) \end{cases}$$

这里用到三元函数.后来彼特把它改进,只用二元函数(不再用参数 u)

$$\begin{cases} f(0,n) = n+1 \\ f(m+1,0) = f(m,1) \\ f(m+1,n+1) = f(m,f(m+1,n)) \end{cases}$$

(彼特的原定义:$f(0,n) = 2n+1$,这里的是经罗宾逊(Robinson)改简了的).

为证明这个函数不是原始递归函数,先来探讨关于这个函数的性质.

引理 4.1 $f(m,n) > n$,即 $f(m,n) \geq n+1$.

证明 奠基:当 $m=0$ 时本断言成立.

归纳:今讨论情形 $m+1$.再用归纳法证明(可以叫作小归纳).

小奠基:当 $n=0$ 时有

$f(m+1,0) = f(m,1) \geq 1+1 > 0+1$

小归纳:对于情形 $n+1$ 来说

$f(m+1,n+1) = f(m,f(m+1,n))$
$\geq f(m+1,n)+1$
(由大归纳假设)
$\geq (n+1)+1$
(由小归纳假设)

故小归纳步骤得证.依数学归纳法,大归纳步骤得证.再由数学归纳法,本引理得证.

引理 4.2 $f(m,n+1) > f(m,n)$,即当 m 固定时,$f(m,n)$ 是 n 的严格增函数.

证明 当 $m = 0$ 时,$f(0,n) = n+1$ 是 n 的严格增函数.

设 $m \neq 0$,它可写成 $m+1$ 形,由引理 4.1 得
$$f(m+1, n+1) = f(m, f(m+1, n)) > f(m+1, n)$$
所以 $f(m+1, n)$ 也是 n 的严格增函数. 引理得证.

推论 当 $m_1 > m, n_1 \geq n$ 时
$$f(m_1, n_1) > f(m, n)$$

有了这些引理后,便可以证明 $f(m, n)$ 不是原始递归函数了.

定理 4.1 任给一个原始递归函数 $g(x_1, x_2, \cdots, x_r)$. 设 $u = \max(x_1, x_2, \cdots, x_r)$,则恒可找出一数 m,使得
$$g(x_1, x_2, \cdots, x_r) < f(m, u)$$

证明 我们知道,任意一个原始递归函数,均可由本原函数及 $x \dotdiv y, NEx(=N(\dotdiv[\sqrt{x}]^2))$ 出发,经过有限次的迭置及无参数弱原始复迭式而做成.

如果 g 为本原函数或开始函数,则 m 可如下找出
$$I_{nm}(x_1, \cdots, x_n) \leq x_n \leq u < u+1 = f(0, u)$$
$$O(x_1, \cdots, x_r) = 0 < 1 \leq u+1 = f(0, u)$$
$$Sx = x+1 = f(0, x) < f(1, x)$$
$$x \dotdiv y \leq \max(x, y) = u < u+1 = f(0, u)$$
$$NEx \leq 1 \leq u+1 = f(0, u) < f(1, u)$$

如果 g 由迭置做成,即设
$$g(x_1, \cdots, x_r) = A(B_1(x_1, \cdots, x_r), \cdots, B_h(x_1, \cdots, x_r))$$
而
$$A(a_1, \cdots, a_h) < f(m_0, \max(a_1, \cdots, a_h))$$
$$B_i(x_1, \cdots, x_r) < f(m_i, u) \quad (i = 1, 2, \cdots, h)$$

若令 $\widetilde{m} = \max(m_0, m_1, \cdots, m_h)$,则
$$g(x_1, \cdots, x_r) < f(m_0, \max(f(m_1, u), \cdots, f(m_h, u)))$$
$$\leq f(\widetilde{m}, f(\widetilde{m}, u))$$
$$< f(\widetilde{m}, f(\widetilde{m}+1, u))$$

$$= f(\widetilde{m} + 1, u + 1)$$
$$< f(\widetilde{m} + 2, u)$$

故可取 $\max(m_0, m_1, \cdots, m_h) + 2$ 为所求的 m.

如果 g 由无参数弱复迭式做成,即设
$$\begin{cases} g(0) = 0 \\ g(x+1) = Bg(x) \end{cases}$$

而有 m_1 使得 $B(x) < f(m_1, x)$. 今证可取 $m = m_1 + 1$,即有
$$g(x) < f(m_1 + 1, x) \tag{1}$$

奠基:当 $x = 0$ 时显然成立,这是因为
$$g(0) = 0 < f(m_1 + 1, 0)$$

归纳:试讨论情形 $x + 1$,则
$$g(x+1) = Bg(x) < f(m_1, g(x))$$
$$< f(m_1, f(m_1 + 1, x)) \quad (归纳假设)$$
$$= f(m_1 + 1, x + 1)$$

故归纳步骤得证. 依数学归纳法,式(1)永真. 故可取 $m_1 + 1$ 为相应于 $g(x)$ 的 m.

综上讨论,可知定理 4.1 成立.

定理 4.2 $f(m, n)$ 不可能是原始递归函数. 亦即,用以定义 $f(m, n)$ 的强嵌套二重递归式不可能化归为原始递归式及迭置.

证明 如果 $f(m, n)$ 为原始递归函数,那么可找出一数 m_0,使得
$$f(m, n) < f(m_0, \max(m, n))$$

取 $m = n = m_0$,即得 $f(m_0, m_0) < f(m_0, m_0)$,从这个矛盾结果即知定理成立.

三个思考问题

1. 试讨论彼特所定义的 $f(m, n)$,计算
$$f(1, n), f(2, n), f(3, n), f(4, 4)$$

2. 试对阿克曼所定义的 $f(u, m, n)$ 而计算
$$f(u, 0, n), f(u, 1, n), f(u, 2, n), f(3, 3, 3)$$

3. 在彼特所定义的 $f(m, n)$ 中,如果做下列更改,

结果将如何？

(1) $f(0,n) = n$；

(2) $f(0,n) = 2n$．

第5章 一类完全递归函数的分层[①]

A. Grzegorczyk 将原始递归函数类分成递增的无穷层原始递归函数子类，Ritchie 又将其中一个子类——初等函数类分层，完全递归函数类能否分成递增的无穷层呢？本章用 Grzegorczyk 的方法构造出一列递增的完全递归函数子类 $\mathcal{L}_0 \subseteq \mathcal{L}_1 \subseteq \cdots$，其中 $\mathcal{L}_0$ 是原始递归函数类，$\mathcal{L}_1$ 包含阿克曼函数和 $\mathcal{L}_0$ 的通用函数．$\bigcup_{n=0}^{\infty} \mathcal{L}_n$ 是完全递归函数的一个子类．

定义 5.1 构造函数列 $\{A_n(x,y)\}$ 如下

$$A_0(x,y) = y + x$$

$$\begin{cases} A_1(0,y) = y+1 \\ A_1(x+1,0) = A_1(x,1) \quad （阿克曼函数）\\ A_1(x+1,y+1) = A_1(x,A_1(x+1,y)) \end{cases}$$

$n \geq 1$ 时

$$\begin{cases} A_{n+1}(0,y) = A_n(y+1,y+1) \\ A_{n+1}(x+1,y) = A_{n+1}(x,A_{n+1}(x,y)) \end{cases}$$

定理 5.1 对 $n \geq 1$，函数列 $\{A_n(x,y)\}$ 有下列性质：

(1) $y < A_n(x,y)$．

(2) $A_n(x+1,y) > A_n(x,y)$．

(3) $A_n(x,y+1) > A_n(x,y)$．

(4) $A_n(x+1,y) \geq A_n(x,y+1)$．

(5) $A_n(2,y) \geq 2y$．

[①] 本章结果属于乔海燕，徐书润（南开大学数学所）．

(6) 对任意 $c_1,\cdots,c_r$, 存在 c 使得
$$\sum_{i=1}^{r} A_n(c_i,x) \leq A_{n+1}(c,x)$$
(7) $A_n(x,y) < A_{n+1}(x,y)$.
(8) $A_n(x,y) < A_{n+1}(1,x+y)$.
(9) $A_n(x,y)$ 是完全递归函数, 但不是原始递归函数.

本章所考虑的函数和常数都限于非负整数, 完全递归函数指处处定义的递归函数.

证明 当 $n=1$ 时, 性质(1)~(6)均成立, 下面对这几条归纳于 n 时, 均省去基始.

(1) 假设 $y < A_n(x,y)$, 对 $n+1$ 归纳于 x, 则
$$A_{n+1}(0,y) = A_n(y+1,y+1) > y \quad (对任意 y)$$
假设对任意 y 有
$$y < A_{n+1}(x,y)$$
则
$$A_{n+1}(x+1,y) = A_{n+1}(x,A_{n+1}(x,y))$$
$$> A_{n+1}(x,y) > y \quad (使用二次假设)$$
这就证明了性质(1)成立.

(2) 假设对 n 成立, 即
$$A_n(x+1,y) > A_n(x,y)$$
则
$$A_{n+1}(x+1,y) = A_{n+1}(x,A_{n+1}(x,y))$$
$$> A_{n+1}(x,y) \quad (由性质(1))$$
故性质(2)成立.

(3) 假设对 n 成立, 即
$$A_n(x,y+1) > A_n(x,y)$$
对 $n+1$ 归纳于 x, 则
$$A_{n+1}(0,y+1) = A_n(y+2,y+2)$$
$$> A_n(y+1,y+1)$$
$$= A_{n+1}(0,y) \quad (对任意 y)$$
设对任意 y 有
$$A_{n+1}(x,y+1) > A_{n+1}(x,y)$$

由定义和假设
$$A_{n+1}(x+1, y+1) = A_{n+1}(x, A_{n+1}(x, y+1))$$
$$> A_{n+1}(x, A_{n+1}(x, y))$$
$$= A_{n+1}(x+1, y)$$

故性质(3)成立.

(4)由性质(1)知
$$A_n(x, y) \geqslant y+1$$
再由定义和性质(3),知
$$A_{n+1}(x+1, y) = A_{n+1}(x, A_{n+1}(x, y))$$
$$\geqslant A_{n+1}(x, y+1)$$

故性质(4)成立.

(5) 对 $n = 1$ 已成立. 对 $n \geqslant 1$
$$A_{n+1}(2, y) = A_{n+1}(1, A_{n+1}(1, y))$$
$$> A_{n+1}(1, y) \quad (性质(1))$$
$$> A_{n+1}(0, y)$$
$$= A_n(y+1, y+1) \quad (性质(2))$$
$$\geqslant A_n(y, y+2) \quad (性质(4))$$
$$\geqslant A_n(0, 2y+2) \quad (性质(4))$$
$$> 2y \quad (性质(1))$$

故性质(5)成立.

(6) 对 $n = 1$ 已成立.

对 $n \geqslant 1$,先证 $r = 2$ 的情况,令 $d = \max\{c_1, c_2\}$,则
$$A_{n+1}(c_1, y) + A_{n+1}(c_2, y)$$
$$\leqslant 2A_{n+1}(d, y)$$
$$< A_{n+1}(2, A_{n+1}(d, y)) \quad (性质(5))$$
$$< A_{n+1}(d+2, A_{n+1}(d+2, y)) \quad (性质(2)(3))$$
$$= A_{n+1}(d+3, y)$$

对一般的 r 有
$$\sum_{i=1}^{r+1} A_{n+1}(c_i, y) = \sum_{i=1}^{r} A_{n+1}(c_i, y) + A_{n+1}(c_{r+1}, y)$$
$$\leqslant A_{n+1}(c, y) + A_{n+1}(c_{r+1}, y)$$

$$\leqslant A_{n+1}(d', y)$$

其中,$c = \max(c_1, \cdots, c_r) + 3r, d' = \max(c_1, \cdots, c_r, c_{r+1}) + 3(r+1)$,故性质(6)成立.

(7)归纳于 x,则
$$A_{n+1}(0, y) = A_n(y+1, y+1)$$
$$> A_n(0, y) \quad (对任意 y)$$

设对任意 $y, A_n(x, y) < A_{n+1}(x, y)$,则
$$A_{n+1}(x+1, y) = A_{n+1}(x, A_{n+1}(x, y))$$
$$> A_{n+1}(x, A_n(x, y)) \quad (假设性质(3))$$
$$> A_n(x, A_n(x, y))$$
$$= A_n(x+1, y)$$

故性质(7)成立.

(8) $A_{n+1}(1, x+y) > A_{n+1}(0, x+y) = A_n(x+y+1, x+y+1) > A_n(x, y)$.

(9)由定义知,$A_n(x, y)$ 是完全递归函数.

对任意原始递归函数 $f(x_1, \cdots, x_m)$ 存在常数 c,使得
$$f(x_1, \cdots, x_m) < A_1(c, x_1 + \cdots + x_m)$$

若 $A_n(x, y)(n \geqslant 1)$ 是原始递归函数,则对 $f_n(x) = A_n(x, x)$ 存在常数 c 使
$$f_n(x) < A_1(c, x)$$

令 $x = c$,得 $A_n(c, c) < A_1(c, c)(n \geqslant 1)$.

这与性质(7)矛盾!故 $A_n(x, y)(n \geqslant 1)$ 不是原始递归函数.

定义 5.2 ε_n 是满足下列条件的最小函数类:

(1)包含初始函数
$$O(x) = 0, S(x) = x + 1$$
$$O_i(x_1, \cdots, x_i, \cdots, x_m) = x_i \text{ 和 } A_n(x, y)$$

(2)对代入、递归和有界 μ 运算封闭.

显然,ε_0 便是原始递归函数类.

引理 5.1 对任意 $n \geqslant 0, A_n(x, y) \in \varepsilon_{n+1}$.

证明 用归纳法证明:对 $n \geqslant 1$,函数 $A_i(i < n)$

均可按定义 5.2 在 ε_n 中定义.

显然,$A_0(x,y) \in \varepsilon_n$.

以下先证 $A_1(x,y)$ 可在 ε_n 中定义.

用 $F(x,y)$ 记计算 $A_1(x,y)$ 所需的步数(这里一步指使用一次定义 5.1 中的递归式,规定自里向外计算),则有下列性质:

(10) $F(0,y) \leqslant 1, F(1,y) \leqslant 2y + 2$.

(11) $F(x+1,y) \leqslant y + 1 + F(x,1) + yF(x, A_n(x+1,y))$.

(12) $F(x,y) \leqslant y + 2xA_n(x,1)^x + 2xyA_n(x+1,y)^x, x,y \geqslant 1$.

其中性质(10)是明显的. 下证性质(11)(12)成立.

因
$$A_1(x+1,y) = A_1(x, A_1(x+1, y-1))$$
$$= A_1(x, A_1(x, \cdots, A_1(x+1, 0) \cdots))$$
$$= A_1(x, A_1(x, \cdots, A_1(x, 1) \cdots))$$

每层 A_1 的第二个变元均小于 $A_n(x+1,y)$,故有性质(11).

对性质(12),归纳于 x 证明. 令
$$G(x,y) = y + 2xA_n(x,1)^x + 2xyA_n(x+1,y)^x$$
$$F(1,y) \leqslant 2y + 2 \leqslant G(1,y) \quad (对任意 y)$$

设对任意 $y, F(x,y) \leqslant G(x,y)$,由性质(11)和假设及定理5.1,有

$F(x+1,y)$
$\leqslant y + 1 + F(x,1) + yF(x, A_n(x+1,y))$
$\leqslant y + 1 + (1 + 2xA_n(x,1)^x + 2xA_n(x+1,1)^x) +$
$\quad y(A_n(x+1,y) + 2xA_n(x,1)^x +$
$\quad 2xA_n(x+1,y)A_n(x+1, A_n(x+1,y))^x)$
$\leqslant y + 4xA_n(x+1,1)^x + 2 + yA_n(x+1,y) +$
$\quad 2xyA_n(x,1)^x + 2xyA_n(x+2,y)^{x+1}$
$\leqslant y + (4x+4)A_n(x+1,1)^x +$

$$2yA_n(x+1,y)(1+A_n(x,1)^x) +$$
$$2xyA_n(x+2,y)^{x+1}$$

因
$$1 + A_n(x,1)^x \leqslant A_n(x+2,1)^x$$
$$2 \leqslant A_n(x+1,1)$$

故有
$$F(x+1,y) \leqslant y + 2(x+1)A_n(x+1,1)^{x+1} +$$
$$2y(x+1)A_n(x+2,y)^{x+1}$$
$$= G(x+1,y)$$

这就证明了性质(12)成立.

令 $f(x,y,z)$ 是计算 $A_1(x,y)$ 的第 z 步结果对应的哥德尔数,则 $f(x,y,z)$ 是原始递归函数.

令 $\tau(x,y) = \mu z(f(x,y,z+1) = f(x,y,z))$,则由性质(12)知
$$\tau(x,y) = \mu z \leqslant G(x,y) \quad (f(x,y,z+1) = f(x,y,z))$$

由此得 $\tau(x,y) \in \varepsilon_n$. 又
$$A_1(x,y) = ex(0, f(x,y,\tau(x,y))) \dotminus 1$$

故 $A_1(x,y) \in \varepsilon_n$.

假设 $A_i(x,y) \in \varepsilon_n (i < n)$,则由定义
$$A_{i+1}(0,y) = A_i(y+1,y+1)$$
$$A_{i+1}(x+1,y) = A_{i+1}(x, A_{i+1}(x,y))$$

且
$$A_{i+1}(x,y) \leqslant A_n(x,y)$$

设 p_n 是第 $n+1$ 个素数,$\theta(x,y)$ 是一个配对函数.令
$$P(x,y) = p_{\theta(x,y)}, K(x,y) = P(x, A_n(x,y))^{2^{x+1}A_n(x,y)}$$

则
$$A_{i+1}(x,y) = \mu z \leqslant A_n(x,y)$$

由此可见,若 $ex(\theta(w,u)) \neq 0$,则
$$ex(\theta(w,u), m) = A_{i+1}(w,u) + 1$$

因此,若 $A_i(x,y) \in \varepsilon_n$,则 $A_{i+1}(x,y) \in \varepsilon_n$. 这表明 ε_n 包含其前面各层的初始函数,故有下面的定理.

定理 5.2 对任意 $n \geqslant 0, \varepsilon_n \subset \varepsilon_{n+1}$.

引理 5.2 对任意 $f(x_1,\cdots,x_m) \in \varepsilon_n$,存在 c 使
$$f(x_1,\cdots,x_m) < A_{n+1}(c,x_1+\cdots+x_m)$$

证明 对 $n=0$ 结论已有证明,下设 $n \geq 1$,先看 ε_n 的初始函数.

显然有
$$O(x) < A_{n+1}(1,x)$$
$$S(x) < A_{n+1}(2,x)$$
$$U_i(x_1,\cdots,x_m) < A_{n+1}(1,x_1+\cdots+x_m)$$
$$A_n(x,y) < A_{n+1}(1,x+y)$$

设 $f(x_1,\cdots,x_m), g_1(x_1,\cdots,x_s),\cdots,g_m(x_1,\cdots,x_s)$ 均属于 ε_n,且
$$f(x_1,\cdots,x_m) < A_{n+1}(c,x_1+\cdots+x_m)$$
$$g_i(x_1,\cdots,x_s) < A_{n+1}(c_i,x_1+\cdots+x_s) \quad (i=1,\cdots,m)$$

则由定理 5.1,存在 c' 使
$$f(g_1(x_1,\cdots,x_s),\cdots,g_m(x_1,\cdots,x_s))$$
$$< A_{n+1}(c,\sum_{i=1}^m g_i(x_1,\cdots,x_s))$$
$$\leq A_{n+1}(c,\sum_{i=1}^m A_{n+1}(c_i,x_1+\cdots+x_s))$$
$$\leq A_{n+1}(c,A_{n+1}(c',x_1+\cdots+x_s))$$
$$\leq A_{n+1}(\bar{c},x_1+\cdots+x_s)$$

其中 $\bar{c}=c+c'+1$. 又设
$$f(x_1,\cdots,x_m,0) = g(x_1,\cdots,x_m)$$
$$f(x_1,\cdots,x_m,y+1) = h(x_1,\cdots,x_m,y,f(x_1,\cdots,x_m,y))$$

其中
$$g(x_1,\cdots,x_m), h(x_1,\cdots,x_{m+2}) \in \varepsilon_n$$
$$g(x_1,\cdots,x_m) < A_{n+1}(c_1,x_1+\cdots+x_m)$$
$$h(x_1,\cdots,x_{m+2}) < A_{n+1}(c_2,x_1+\cdots+x_{m+2})$$

为证
$$f(x_1,\cdots,x_m,x) < A_{n+1}(c,x_1+\cdots+x_m+x)$$

只要证
$$f(x_1,\cdots,x_m,y)+x_1+\cdots+x_m+y$$
$$< A_{n+1}(c,x_1+\cdots+x_m+y)$$

对 y 用归纳法

$$f(x_1,\cdots,x_m,0) + x_1 + \cdots + x_m$$
$$= g(x_1,\cdots,x_m) + x_1 + \cdots + x_m$$
$$< A_{n+1}(c_1,x_1 + \cdots + x_m) + A_{n+1}(0,x_1 + \cdots + x_m)$$
$$< A_{n+1}(c_3,x_1 + \cdots + x_m)$$

其中 c_3 只与 c_1 有关.

假设 $f(x_1,\cdots,x_m,y) + x_1 + \cdots + x_m + y < A_{n+1}(c_3',x_1 + \cdots + x_m + y)$ 对一般情况,首先有

$$h(x_1,\cdots,x_m,y,z) + x_1 + \cdots + x_m + y + z$$
$$< A_{n+1}(c_4,x_1 + \cdots + x_m + y + z)$$

其中 c_4 与 m 无关,只与 c_2 有关. 令

$$c = \max(c_3',c_4)$$

则

$$f(x_1,\cdots,x_m,y+1) + x_1 + \cdots + x_m + y + 1$$
$$= h(x_1,\cdots,x_m,y,f(x_1,\cdots,x_m,y)) +$$
$$x_1 + \cdots + x_m + y + 1$$
$$< A_{n+1}(c_4,x_1 + \cdots + x_m + y + f(x_1,\cdots,x_m,y)) + 1$$
$$< A_{n+1}(c_4,A_{n+1}(c,x_1 + \cdots + x_m + y)) + 1$$
$$\leq A_{n+1}(c_3',A_{n+1}(c,x_1 + \cdots + x_m + y)) + 1$$
$$\leq A_{n+1}(c+1,x_1 + \cdots + x_m + y + 1) + 1$$

最后看有界 μ 运算:

设 $f(x_1,\cdots,x_m) = \mu y \leq F(x_1,\cdots,x_m)\{h(x_1,\cdots,x_m,y) = 0\}$,其中,$F(x_1,\cdots,x_m),h(x_1,\cdots,x_m,y) \in \mathscr{E}_n$,则

$$F(x_1,\cdots,x_m) < A_{n+1}(c,x_1 + \cdots + x_m)$$

显然

$$f(x_1,\cdots,x_m) \leq F(x_1,\cdots,x_m)$$
$$< A_{n+1}(c,x_1 + \cdots + x_m)$$

引理证毕.

定理 5.3 对任意 $n \geq 0$,$\mathscr{E}_n \neq \mathscr{E}_{n+1}$.

证明 若 $\mathscr{E}_n = \mathscr{E}_{n+1}$,则 $f(x) = A_{n+1}(x,x) \in \mathscr{E}_n$,故有常数 c 使

$$f(x) < A_{n+1}(c,x)$$

令 $x = c$，得出矛盾式子
$$A_{n+1}(c,c) < A_{n+1}(c,c)$$
故有 $\mathscr{X}_n \subsetneq \mathscr{X}_{n+1}$.

由此得到一类完全递归函数 $\bigcup_{n=0}^{\infty} \mathscr{X}_n$，则
$$\mathscr{X}_0 \subsetneq \mathscr{X}_1 \subsetneq \cdots$$
$\mathscr{X}_0$ 是原始递归函数类，$\mathscr{X}_n$ 是一个完全递归函数子类. 但是，$\bigcup_{n=0}^{\infty} \mathscr{X}_n$ 并未包含所有的完全递归函数.

如下定义 $R(n,x,y)$，则
$$R(0,x,y) = A_0(x,y)$$
$$R(1,x,y) = A_1(x,y)$$
$$R(n+1,0,y) = R(n,y+1,y+1)$$
$$R(n+1,x+1,y) = R(n+1,x,R(n+1,x,y))$$
可见 $R(n,x,y)$ 是完全递归函数，且 $R(n,x,y) = A_n(x,y)$.

但是 $R(n,x,y) \notin \bigcup_{i=1}^{\infty} \mathscr{X}_i$.

令
$$f(x) = R(x,x,x) = A_x(x,x)$$
若 $f(x) \in \bigcup_{n=1}^{\infty} \mathscr{X}_n$，比如 $f(x) \in \mathscr{X}_n$，则有 c，使
$$f(x) = A_x(x,x) < A_{n+1}(c,x)$$
取适当大的 d，如 $d > n+1+c$，则
$$A_x(x,x) < A_d(d,x)$$
再令 $x = d$，得出矛盾的式子.

下面证明 $\mathscr{X}_1$ 包含 $\mathscr{X}_0$ 的通用函数.

罗宾逊定理：由初始函数 $S(x) = x+1, e(x) = x - [\sqrt{x}]^2$ 和加法、代入、简单迭代三种运算可生成全部一元原始递归函数.

所谓简单迭代指
$$\begin{cases} f(0) = 0 \\ f(x+1) = h(f(x)) \end{cases}$$

设 $f(x)$ 是原始递归函数，n 是由上述定理生成

$f(x)$ 所使用运算的最小次数,则称 n 为 $f(x)$ 的阶.

定理 5.4 设 $f(x)$ 是 n 阶原始递归函数,则
$$f(x) \leqslant A_1(4n+1,x)$$

证明 （ⅰ）初始函数
$$S(x) \leqslant A_1(1,x)$$
$$e(x) \leqslant A_1(1,x)$$

因 $S(x), e(x)$ 的阶均为 0,故对 $n=0$ 成立.

设 $f_1(x) \leqslant A_1(c_1,x), f_2(x) \leqslant A_1(c_2,x)$.

（ⅱ）对加法运算有
$$f_1(x)+f_2(x) \leqslant A_1(c_1,x)+A_1(c_2,x)$$
$$\leqslant A_1(\max(c_1,c_2)+4,x)$$

（ⅲ）对代入运算有
$$f_2(f_1(x)) \leqslant A_1(c_2,A_1(c_1,x))$$
$$\leqslant A_1(\max(c_1,c_2),$$
$$A_1(\max(c_1,c_2)+1,x-1))$$
$$\leqslant A_1(\max(c_1,c_2)+1,x)$$
$$\leqslant A_1(\max(c_1,c_2)+4,x)$$

（ⅳ）对简单迭代,设 $h(x) \leqslant A_1(c,x)$,则
$$f(0)=0 \leqslant A_1(c+4,0)$$

假设 $f(x) \leqslant A_1(c+4,x)$,则
$$f(x+1)=h(f(x)) \leqslant A_1(c,f(x))$$
$$\leqslant A_1(c,A_1(c+4,x))$$
$$\leqslant A_1(c+4,x+1)$$

故有 $f(x) \leqslant A_1(c+4,x)$.

设定理对阶不大于 n 的函数成立,对 $n+1$ 阶的函数 $f(x)$,则有阶不大于 n 的函数 $f_1(x)$ 和 $f_2(x)$ 使
$$f(x)=f_1(x)+f_2(x)$$
或
$$f(x)=f_2(f_1(x))$$

或存在 n 阶函数 $h(x)$ 使 $f(x)$ 是由 h 简单迭代定义的,由以上（ⅱ）~（ⅳ）知
$$f(x) \leqslant A_1(4(n+1)+1,x)$$

定理 5.4 证毕.

定义 5.3 如下定义 $D(n,x)$,则

$$D(0,x) = 0$$

$$D(n+1,x)$$

$$= \begin{cases} D(ex(1,n+1),x) + D(ex(2,n+1),x) \\ \quad (\text{若 } ex(0,n+1) = 1) \\ D(ex(1,n+1),D(ex(2,n+1),x)) \\ \quad (\text{若 } ex(0,n+1) = 2) \\ 0 \quad (\text{若 } ex(0,n+1) = 3 \wedge x = 0) \\ D(ex(1,n+1),D(n+1,x \dotdiv 1)) \\ \quad (\text{若 } ex(0,n+1) = 3 \wedge x \neq 0) \\ Q(n+1,x) \quad (\text{其他情况}) \end{cases}$$

其中

$$Q(n,x) = S(x)\overline{sg}(|n-1|) + e(x)\overline{sg}(|n-3|)$$

$$\overline{sg}(n) = \begin{cases} 0 & (n > 0) \\ 1 & (n = 0) \end{cases}$$

$D(n,x)$ 是一元原始递归函数的通用函数.

定理 5.5 $D(n,x) \leqslant A_1(4n+1,x)$.

证明 对 $n = 0$ 显然成立. 假设对任意 $m \leqslant n$, 则

$$D(m,x) \leqslant A_1(4m+1,x)$$

下证

$$D(n+1,x) \leqslant A_1(4(n+1)+1,x)$$

先指出几个不等式:

(1) $A_1(c_1,x) + A_1(c_2,x) \leqslant A_1(\max(c_1,c_2) + 4,x)$.

(2) $ex(1,n+1) \leqslant n$.

(3) $ex(2,n+1) \leqslant n$.

不等式(2)的证明, 由

$$n + 1 \geqslant 3^{ex(1,n+1)} \geqslant ex(1,n+1) + 1$$

故有

$$ex(1,n+1) \leqslant n$$

接着证明定理.

(1) $ex(0,n+1) = 1$.

由不等式(2)(3)和假设

$$D(n+1,x)$$
$$= D(ex(1,n+1),x) + D(ex(2,n+1),x)$$
$$\leqslant A_1(4ex(1,n+1)+1,x) +$$
$$\quad A_1(4ex(2,n+1)+1,x)$$
$$\leqslant A_1(4n+1,x) + A_1(4n+1,x)$$
$$\leqslant A_1(4n+5,x)$$
$$= A_1(4(n+1)+1,x)$$

(2) $ex(0,n+1) = 2$,则有
$$D(n+1,x) = D(ex(1,n+1),D(ex(2,n+1),x))$$
$$\leqslant A_1(4ex(1,n+1)+1,$$
$$\quad A_1(4ex(2,n+1)+1,x))$$
$$\leqslant A_1(4n+1,A_1(4n+1,x))$$
$$\leqslant A_1(4n+2,x+1)$$
$$\leqslant A_1(4n+3,x)$$
$$\leqslant A_1(4(n+1)+1,x)$$

(3) $ex(0,n+1) = 3$,则有
$$D(n+1,0) \leqslant A_1(4(n+1)+1,0)$$
设 $D(n+1,x) \leqslant A_1(4(n+1)+1,x)$
则
$$D(n+1,x+1) = D(ex(1,n+1),D(n+1,x))$$
$$\leqslant A_1(4ex(1,n+1)+1,$$
$$\quad A_1(4(n+1)+1,x))$$
$$\leqslant A_1(4n+1,A_1(4(n+1)+1,x))$$
$$\leqslant A_1(4(n+1)+1,x+1)$$

(4) 对最后一种情形,显然有
$$D(n+1,x) = Q(n+1,x) \leqslant A_1(4(n+1)+1,x)$$
定理证毕.

定理 5.6 $D(n,x) \in \mathscr{B}_1$.

证明 仍然通过有界 μ 运算和素数列 P_n 来表示 $D(n,x)$.

设 θ 是一个配对函数 $P(x,y) = P_{\theta(x,y)}$,令
$$F(n,x) = P(n,A_1(4n+1,x))^{2n5^{A_1(4n+1,x)+n+1}}$$

$F(n,x)$ 同引理中 $K(x,y)$ 意义相同,用作下边 m 的界.估计 $F(n,x)$ 在于估计 m 分拆式中素因子的个数,即计算 $D(n,x)$ 时所用到的 $D(n_1,x_1)$ 的个数.按 $D(n,x)$ 的定义容易估算出上面的 $F(n,x)$,则
$$D(n,x) = \mu z \leq A_1(4n+1,x)$$
由此可知 $D(n,x) \in \mathscr{L}_1^*$.

讨论:

(1) 对于一般的 $\mathscr{L}_n$,可以证明类似于定理 5.6 的结论,即 $\mathscr{L}_n^*$ 有通用函数,并且这个通用函数属于上一层 $\mathscr{L}_{n+1}^*$.

(2) 使用本章的分层法,只要产生每层 $\mathscr{L}_n$ 的初始函数和运算是有穷的,所有这些初始函数不构成完全递归函数类,且给出这些初始函数的方法是递归的,则这种分层不能达到完全递归函数类.

(3) 下面两个命题等价:

P_1:完全递归函数类不能由有穷个初始函数和运算 $O_1, \cdots, O_s$ 生成;

P_2:完全递归函数类能分成递增的无穷层 $\mathscr{L}_0 \subsetneq \mathscr{L}_1 \subsetneq \cdots$,每个 $\mathscr{L}_n^*$ 对运算 $O_1, \cdots, O_s$ 封闭.

第6章 胡世华论递归结构理论

希尔伯特说,判定问题是"数理逻辑中的基本问题".在 ML(数理逻辑) 中对可判定性和不可判定性的研究都有很多成果.但是在可判定性研究成果中却没有包括公开的尚未解决的数学问题,这样就显得这种 ML 研究似乎对于数学"没有多大意义".

本章将提出一类代数结构称为 RS(recursive structure),即递归结构.提出 RS 是算法理论发展的需要,也是研究可解决性问题的需要.

§1 可数代数结构中的显定义

本节考虑一种可数代数结构 A. A 可以表作一个 3

元组
$$A = \langle A, \{f_i\}_{i \in I}, \{a_j\}_{j \in J} \rangle = \langle A, F, C \rangle.$$
其中 A 是一可数无穷集,称为 A 的论域. F 是一函数集,称为 A 的原始函数集:任何 $f \in F$ 都是一 $n \in \mathbf{N}_+$($\mathrm{非}\,0$ 自然数集,即 $\mathbf{N} - \{0\}$) 元函数
$$f : A^n \to A$$
即每一 $f_i \in F$ 都是一固定的 $n_i \in \mathbf{N}_+$ 元的函数
$$f^n : A^{n_i} \to A$$
$C \subset A$ 是 A 的一个固定的常元集. 一般可以假定 $I \subseteq \mathbf{N}, J \subseteq \mathbf{N}, J$ 不空.

涉及的形式语言是带等词的,等词写作"$\equiv$",把"$=$"用以表示直观的相等.

"显定义"一词可能引起混淆,今使用形式化方法对之做严格的定义. 设一结构 A 中有原始的或在其中定义的全函数 $f_1, \cdots, f_m$ 和常元集 $a_1, \cdots, a_n \in A$ 给定. 对这个给定函数和常元
$$\{f_1, \cdots, f_m; a_1, \cdots, a_n\}$$
令
$$\pounds = \{f_1^L, \cdots, f_m^L; a_1^L, \cdots, a_n^L\}$$
是这样一个语言,函数词 f_i^L 以给定的函数 $f_i(i = 1, \cdots, m)$ 为预定解释,$a_i^L(i = 1, \cdots, n)$ 是常个体词以给定的 $a_i(i = 1, \cdots, n)$ 为预定解释. 令 $t = t(v_1, \cdots, v_k)$ 是语言 $\pounds$ 中的项 $t \in \mathrm{Term}(\pounds), v_1, \cdots, v_k$ 是互异的 $k(k \in \mathbf{N}_+)$ 个自由变元符,所有在 t 中出现的自由变元符不超出这 k 个(可以不全在以至全不在 t 中出现). 设 f^L 是不在 $\pounds$ 中的函数词,f 是满足以下语句中 f^L 的预定解释的 A 的论域上的 k 元函数
$$\forall x_1 \cdots x_k [f^L(x_1, \cdots, x_k) \equiv t(x_1, \cdots, x_k)]$$
其中 x_i 是约束变元符(自由变元符和约束变元符采用两种不同符号). 当 f 和 $f_1, \cdots, f_m; a_1, \cdots, a_n$ 满足上述条件时,称 f 是由 $f_1, \cdots, f_m; a_1, \cdots, a_n$ 在 A 中经显定义(explicit definition) 而得. 当 $m = 0$ 时,给定的函数集

$\{f_1,\cdots,f_m\}$ 空,$n = 0$ 时常元集 $\{a_1,\cdots,a_n\}$ 空,$m = n = 0$ 时,£ 即空(语言 £ 的非 L 符号集空),许可 £ 空.

例1 设 g,h 是某一代数结构中的 4 元、5 元函数,a,b,c 是这个结构中的常元,f 是 3 元函数,对于讨论中的结构的论域中的任何元 x,y,z 恒有

$$f(x,y,z) = g(h(a,b,g,x,x),x,b,h(x,z,x,c,a))$$

则据定义,f 是由 g,h 和常元 a,b,c 经显定义而得.

例2 $(1) f(x,y) = a$.

$(2) f(x,y,z) = z$ 的 f 都是在所讨论的结构中可以经显定义而得(1)中的 f(2 元的),据以显定义的函数是一个常元 a,(2)中的 f(3 元的)据以显定义的函数和常元集是空集.

做如下约定:如在例 1 或例 2 中(1)(2)那样写出一个等式就表示任何 $x,y,z,\cdots$ 属于讨论中结构的论域,等式恒成立.这就是说"论域中任何 $x,y,\cdots$"那样的措辞省略.换言之,"x""y""z"等直观符号在元语言中表示结构论域的自由变元.

"显定义"不一定要用上面的"形式化方法"给出定义.

§2 原始递归函数和递归结构

称一可数代数结构 A 为一秩(rank),为 α 的递归结构(RS)是说它满足以下三个条件:

(1) 对 A 而言 α 给定,$\alpha \in \mathbf{N}_+ \cup \{\omega\}$.

(2) A 的常元集中恰好有一个元称为 A 的初始元(initial element),如 $C = \{0\}$. 初始元可随论域 A 的不同而使用不同的直观符号来表示. 例如,取自然数集 $\mathbf{N}$ 为论域则可写初始元为 0,$\mathbf{N}_+$ 为论域时则可写为 1,取一个字母表的字集为论域则以表示空字的符号来表示初始元(如 ⊙)是妥当的. 一般地,将写初始元为 0.

(3) A 的原始函数集 F 可以表作两个函数集的 L 和. $F = S \cup PR$,S 和 PR 两函数集应满足的条件分别陈述如下:

$S = \{\sigma_1, \cdots, \sigma_k\}$，当 $\alpha = k \in \mathbf{N}_+$ 时；
$S = \{\sigma_i \mid i \in \mathbf{N}_+\}$，当 $\alpha = \omega$ 时.

各 σ_i 都是1元函数，称 S 为 A 的后继函数集. 当给定的秩 $\alpha = 1$ 时，可记唯一的后继函数 σ_1 为 σ. 可以表示 A 为以下形式

$A = \langle A, S \cup PR, 0 \rangle$ 或 $A = \langle A_\alpha, S_\alpha \cup PR_\alpha, 0 \rangle$

关于 $F = S \cup PR$ 中 S 部分，在给定秩 α 的前提下施后继函数的运算于初始元0上恰好无重复地遍历 A 中所有元. 换言之，A 中任何元 a 必须 $\sigma_{i_1}, \cdots, \sigma_{i_m} \in S$，使 $a = \sigma_{i_1} \cdots \sigma_{i_m} 0$，如另有 $\sigma_{j_1}, \cdots, \sigma_{j_n} \in S$ 使 $a = \sigma_{j_1} \cdots \sigma_{j_n} 0$，则必有

$$m = n, i_1 = j_1, \cdots, i_m = j_m$$

例如，当 $\alpha = 2$ 时，A 中元恰好就是以下序列中的元

$0, \sigma_1 0, \sigma_2 0, \sigma_1 \sigma_1 0, \sigma_2 \sigma_1 0, \sigma_1 \sigma_2 0,$
$\sigma_2 \sigma_2 0, \sigma_1 \sigma_1 \sigma_1 0, \sigma_2 \sigma_1 \sigma_1 0, \sigma_1 \sigma_2 \sigma_1 0, \cdots$

为了说明 F 中 $PR(PR_\alpha)$ 部分所满足的条件，先给以下定义. 设 g 是 $n-1$ 元的 $h_1, \cdots, h_k$（当 $\alpha = k \in \mathbf{N}_+$ 时），$h_1, h_2, \cdots$（当 $\alpha = \omega$ 时）是 $n+1$ 元的由给定的函数和常元集

$$S \cup \{0\} \cup \{f_1, \cdots, f_m\}$$

的有穷子集经显定义而得. 当 f 是满足以下条件的 n 元函数，任何 $x_1, \cdots, x_n \in A$ 恒有

$$(P_\alpha) \begin{cases} f(0, x_2, \cdots, x_n) \\ = g(x_2, \cdots, x_n) \quad (\text{当 } n=1 \text{ 时为常元}) \\ f(\sigma_i x_1, x_2, \cdots, x_n) \\ = h_i(f(x_1, \cdots, x_n), x_1, \cdots, x_n) \end{cases}$$

其中，$i = 1, \cdots, k$，当 $\alpha = k \in \mathbf{N}_+$ 时；$i \in \mathbf{N}_+$，当 $\alpha = \omega$ 时，称 f 为由 $\{f_1^L, \cdots, f_m^L\}$（此集许可空）经原始递归定义模式 (P_α) 而得的函数. 现在陈述 F 中 $PR(PR_\alpha)$ 部分所满足的条件. PR_α 是满足以下两个条件的最小的函数集 P：(1) 所有由空函数集经原始递归模式 (P_α) 而得的 $f \in P$，(2) P 封闭于经模式 (P_α) 而得的函数，即，如果

$$f_1,\cdots,f_m \in P$$
则由 $\{f_1,\cdots,f_m\}$ 经 (P_α) 而得的 $f \in P$. 当
$$F = S \cup PR(S_\alpha \cup PR_\alpha)$$
时记 F 为 $PRF(PRF_\alpha)$，由此记 $\mathbf{A}$ 为
$$\mathbf{A} = \langle A, PRF, 0 \rangle$$
可记秩为 α 的 RSA 为 $\mathbf{A}_\alpha$，并记
$$\mathbf{A}_\alpha = \langle A_\alpha, PRF_\alpha, 0 \rangle$$
称一结构 $\mathbf{A}$ 为一 RS，当且仅当，它是一秩为 $\alpha \in \mathbf{N}_+ \cup \{\omega\}$ 的 RS.

称 $PRF(PRF_\alpha)$ 为 RSA 的原始递归函数集. 今后写" PRF "表示 $\mathbf{A}$ 中的这个函数集，又"作为原始递归函数"的简写. $PR_\alpha(PR)$ 是 $\mathbf{A}_\alpha$ 中借 (P_α) 定义而得的函数集." PR "既用以表示这个集，又用以代替措辞"原始递归". 从上下文可以分清同一措辞的不同的表示.

从上面对 RSA 的定义看，当论域 A 和后继函数集 $S = S_\alpha$ 一经给定，$PR = PR_\alpha$ 就确定了，从而 $PRF = PRF_\alpha$ 和 $\mathbf{A} = \mathbf{A}_\alpha$ 就确定了. 当然，初始元、后继函数集是和 $\mathbf{A}$ 一起给定的.

以上的定义可以写作与一般 ML 文献中的 PRF 的定义比较接近的形式，即通过以下五个定义模式以代 (P_α) 来做出. 这样五个模式是自然数域上的 PRF 的定义模式的一种推广. 常数 α（除了表示所讨论的结构的秩）表示 (1_α) 中给出了 α 个函数，(5_α) 中包括 $1 + \alpha$ 个等式（当 $\alpha = k \in \mathbf{N}_+$ 时 (5_α) 中包括 $1 + k$ 个等式）. 不同的是给定了一个可数无穷集 A，给出其中一个初始元 0 和 A 上的一个函数集 S_α（满足前面所讲条件），由此定义出一个 A 上的 PRF 集.

$(1_\alpha) f(x) = \sigma_i(x)$，其中 $i = 1,\cdots,k$ 当 $\alpha = k \in \mathbf{N}_+$，$i \in \mathbf{N}_+$ 当 $\alpha = \omega$；

$(2) f(x_1,\cdots,x_n) = a, a \in A$；

$(3) f(x_1,\cdots,x_n) = x_i, 1 \leq i \leq n$；

$(4) f(x_1,\cdots,x_n) = g(h_1(x_1,\cdots,x_n),\cdots,h_m(x_1,\cdots,$

x_n));

(5_α) 当 f 为 1 元时
$$\begin{cases} f(0) = a \quad (a \in A) \\ f(\sigma_i(x)) = h_i(f(x), s) \end{cases}$$
其中, $i = 1, \cdots, k$, 当 $\alpha = k$; $i \in \mathbf{N}_+$, 当 $\alpha = \omega$.

当 f 为 $n \geqslant 2$ 元时
$$\begin{cases} f(0, x_2, \cdots, x_n) = g(x_2, \cdots, x_n) \\ f(\sigma_i(x_1), x_2, \cdots, x_n) = h_i(f(x_1, \cdots, x_n), x_1, \cdots, x_n) \end{cases}$$
其中, $i = 1, \cdots, k$ 当 $\alpha = k$; $i \in \mathbf{N}_+$, 当 $\alpha = \omega$. 用这里的 (1_α)(2)(3)(4)(5_α) 来定义秩为 α 的 PRF 集 PRF_α 和前面用 (P_α) 来定义是等价的.

对于给定秩的 RSA 可以有无穷个. 以同一类数学对象为论域的 RS 而言, 秩为 1 的 RS 可以随论域 A、后继函数和初始元的不同而异. 例如令
$$N_n =_{df} \{x \in \mathbf{N} \mid x \geqslant n\}$$
则任一 $n \in \mathbf{N}$ 可以构造一秩为 1 的 RSA, A 的论域 A 即 N_n, 初始元取为 n, $\sigma x = x + 1$. 再比如令 $p_0, p_1, \cdots$ 为素数序列, 令 A 的论域 $A = \{p_i \mid i \in \mathbf{N}\}$, $p_0 = 2$ 为初始元, $\sigma p_i = p_{i+1}$, 这样的 A 也是秩为 1 的 RS.

上面定义了可数无穷个数学结构 $A_k (k \in \mathbf{N}_+)$ 和 A_ω, 称为 RS(递归结构). 这些结构将成为以后引进形式语言和形式理论的预定解释. 定义中对于 RS 没有进一步规定, 但是这样构造理论是和我们探讨的问题有关的.

设 f 是 1 元函数, 写 "$f(x)$" 和 "fx" 表示同样的意思. 如果 f 是 2 元函数, 往往写 $f(x, y)$ 为 (xfy) 或写作 xfy. 如 $+(x, y)$ 即写作 $x + y$.

引理 6.1 RS 的 PRF 集封闭于经显定义而得的函数. 换言之, 设 $f_1, \cdots, f_m \in PRF$, f 是由
$$S \cup \{0\} \cup \{f_1, \cdots, f_m\}$$
的有穷子集经显定义而得, 肯定 $f \in PRF$.

证明从略.

引理 6.2 设 $f_1, \cdots, f_m$ (一般可设 $m \geqslant 2$) 满足以下条件: 任何 $x_1, \cdots, x_n \in A$

$$\begin{cases} f_1(x_1,\cdots,x_n) = 0 \\ \vdots \\ f_m(x_1,\cdots,x_n) = 0 \end{cases}$$

中恰好有一个等式成立；又设有 m 个 n 元的 g_i, f 与 f_i, g_i 有以下关系

$$f(x_1,\cdots,x_n) =_{df} \begin{cases} g_1(x_1,\cdots,x_n) & （当 f_1(x_1,\cdots,x_n) = 0）\\ \vdots \\ g_m(x_1,\cdots,x_n) & （当 f_m(x_1,\cdots,x_n) = 0）\end{cases}$$

肯定

$$f_i, g_i (i = 1,\cdots,m) \in PRF \Rightarrow f \in PRF$$

证明 令 $h \in PR$ 定义如下

$$\begin{cases} h(0,y,z) =_{df} y \\ h(\sigma_i x, y, z) =_{df} z \end{cases}$$

其中 $i = 1,\cdots,k$，当 $\alpha = k$ 时 $i \in \mathbf{N}_+$，当 $\alpha = \omega$ 时. h 可以借 (P_α) 定义给出. 以下仅就 $n = 1$ 的情况写证明. $f_1(x),\cdots,f_m(x)$ 中有一个且只有一个 $f_j(x) = 0$，可于 $g_1,\cdots,g_m$ 中选出唯一的一个 $g_j(x)$，使 $f(x) = g_j(x).f$ 可以这样显定义之

$$f(x) =_{df} h(f_1(x), g_1(x), h(\cdots h(f_m(x), g_m(x), 0)\cdots))$$

据引理 6.1, $f \in PRF$.

在 RS 中的第一个后继函数为 σ_1. 令

$$0_1 =_{df} \sigma_1 0$$

一个 n 元的函数 f，对任何 $x_1,\cdots,x_n, f(x_1,\cdots,x_n)$ 恒于 $\{0, 0_1\}$ 中取值，则称 f 为一表示函数. 设 R 是一 n 元的关系，满足条件

$$R(x_1,\cdots,x_n) \Leftrightarrow f(x_1,\cdots,x_n) = 0$$
$$非 R(x_1,\cdots,x_n) \Leftrightarrow f(x_1,\cdots,x_n) = 0_1$$

称 f 表示 $R, f(x_1,\cdots,x_n)$ 表示 $R(x_1,\cdots,x_n)$.

上面所写的 PR 定义模式 (P_α) 给出了施 PR 于第 1 个变元的定义. 对 n 元函数有施 PR 于第 $j (1 \leq j \leq n)$ 个变元的定义模式，可写作

$$(P_\alpha)_{jn} \begin{cases} f(x_1,\cdots,x_{j-1},0,x_{j+1},\cdots,x_n) \\ \quad = g(x_1,\cdots,x_{j-1},x_{j+1},\cdots,x_n) \\ f(x_1,\cdots,x_{j-1},\sigma_i,x_{j+1},\cdots,x_n) \\ \quad = h_i(x_1,\cdots,x_{j-1},f(x_1,\cdots,x_n),x_{j+1},\cdots,x_n) \end{cases}$$

其中,$i=1,\cdots,k$,当 $\alpha = k \in \mathbf{N}_+$ 时;$i \in \mathbf{N}_+$,当 $\alpha = \omega$ 时. 任何给定的 $1 \leq n$,由这里的 $(P_\alpha)_{jn}$ 定义的 n 元的 f 不超出原来用 (P_α) 定义 PR_α 的范围.

RS 的论域 A 为可数无穷,A 中元可以是任何数学对象. 数学结构的论域自然不限于可数无穷. 但从可证明性、可判定性以至一般数学结构的形式化的要求看,RS 够了. RSA 的论域 A 中元都是集合,σ_i 满足 ZF 公理系统所表示的条件,则可以据此建立 A 的形式系统 Φ 与 ZF 系统等价.

第7章　林夏水、张尚水介绍　　　　数理逻辑在中国[①]

20 世纪初,我国少数学者到西方留学,开始接触到数理逻辑这一新兴学科. 1920 年,英国哲学家和逻辑学家罗素来到我国上海、杭州、长沙、北京等地浏览、讲学. 他在北京大学讲了"哲学问题""心的分析""物的分析""社会结构""数理逻辑"等问题. 罗素在"数理逻辑"的讲演中,简单地介绍了数理逻辑的内容——命题演算和逻辑代数. 这一讲演促使我国一些逻辑学者去研究数理逻辑. 20 世纪 20 年代初期,俞大维、沈有乾等少数人曾经从不同方面研究过数理逻辑,但他们后来没有继续做这方面的工作,所

[①] 本章为林夏水、张尚水两位教授参加 1981 年 11 月 9 日至 13 日在新加坡召开的东南亚数理逻辑会议而作,但因故未能出席. 后于 1983 年发表在《自然科学史研究》第 2 卷第 2 期 175 页至 182 页.

以,对我国数理逻辑的发展并没有产生什么影响.

从1927年起,金岳霖在清华大学讲授普通逻辑的同时,还开始讲授数理逻辑,为我国培养出一批研究数理逻辑的人才,其中有沈有鼎、王宪钧、胡世华等人.金岳霖是第一个在我国系统地传授数理逻辑的人.他著的《逻辑》一书1936年出版以后,又于1961年、1978年两次再版,对我国数理逻辑的发展产生过一定的影响.

此外,还有一些学者撰文或翻译介绍这一学科的内容.1922年,傅种孙、张邦铭翻译出版了罗素著的《罗素算理哲学》.该书又于1924年再版.1930年作为世界名著第二次重印,书名改为《算理哲学》.1982年商务印书馆出版新译本,取名为《数理哲学导论》.肖文灿于1931年发表《无理数之理论》,系统地介绍了无理数理论,其中包括戴德金和康托的理论;1933~1934年又发表连载文章《集合论》,系统地介绍集合论的内容.朱言钧于1934年和1936年发表《数理逻辑纲要》《数理逻辑导论》,分别介绍论断逻辑和命题演算及谓词演算.朱言钧还在1936年翻译了戴德金的论文《数之意义》,介绍集合和映射.

为了发展我国的数理逻辑,一些有志于这门学科的学者,在20世纪20年代末和20世纪30年代先后到美国、德国、英国等地求学,向怀特海、策梅罗、哥德尔、肖尔兹等著名数理逻辑学家和教育家学习.1938年,王宪钧回国后,在当时的西南联大讲授集合论和数理逻辑的其他内容.1941年,胡世华回国后,也从事于数理逻辑的教育和研究工作.他们对国外数理逻辑的传播,使我国数理逻辑的教学开始从逻辑学方面转到数学方面.当时,我国数理逻辑的课程一般是设在哲学系,但选修这门课程的大多是数学系的学生.

抗日战争时期,金岳霖、沈有鼎、王宪钧继续在西南联大(抗战后在清华大学)讲授数理逻辑.胡世华在中山大学、北京大学讲授数理逻辑.他们为我国培养了研究数理逻辑的第三代人才。20世纪40年代,我国又有一些数理逻辑的学者到国外学习。莫绍揆去瑞士学习。王浩到美国学习,他是知名的数理逻辑学家。

1949年以前,做过数理逻辑的教育和研究工作的还有汪奠基、张崧年、张荫麟、汤璪真、曾鼎和、王湘浩等人。

中华人民共和国成立前,从事数理逻辑工作的人是屈指可数的,而其中一些人后来又改做其他工作,剩下的少数人只能集中精力于教育。所以,当时我国的数理逻辑工作除了培养人才以外,科研成果甚少。

1949年以后,在中国共产党的领导下,我国的科学事业获得了新生,数理逻辑学科的发展也有了良好条件。特别是知识分子学习了辩证唯物主义和在数学界讨论数学哲学问题以后,数学界和逻辑学界开始运用辩证唯物主义的观点和方法,分析批判了数理逻辑中所混杂的唯心主义,把数理逻辑的科学内容和唯心主义的歪曲区别开来。这一工作在消除人们对数理逻辑的误解方面起了一定的作用。1955年,中国科学院数学研究所设立了数理逻辑研究组。同年,中国科学院哲学研究所(现改名为中国社会科学院哲学研究所)也建立了逻辑研究组,其中有少数人从事数理逻辑工作。研究机构的设立,标志着我国数理逻辑的发展已经从与教学相结合的阶段进入到部分学者从事专门研究的阶段。

1956年,数理逻辑与其他学科一样,制订了十二年远景发展规划,但它的执行还缺乏群众基础。一般人仍然没有认识到数理逻辑在科学技术发展中的重要性和哲学上的意义,甚至有少数人错误地认为数理逻辑是应该批判和否定的东西。所以,当时依然存在着数理逻辑要不要发展的问题。这就要求数理逻辑工作者通俗地介绍数理逻辑的内容,进一步划清数理逻辑与唯心主义的界限。王宪钧发表了《数理逻辑里的真值函项是复合命题的逻辑抽象》《批判逻辑实证主义的意义理论》,胡世华发表了《数理逻辑是应该重视的一门科学》《数理逻辑的基本特征与科学意义》,晏成书发表了《什么是数理逻辑》.这些文章介绍了数理逻辑的对象、内容以及数理逻辑与数学、逻辑学、计算机、语言学等学科的本质联系;论述了数理逻辑的科学性质及其在科学技术发展中的地位;批判了唯心主义对数理逻辑的歪曲和利用,说明研究数理逻辑的哲学意义.这些文章对于改变人们对数理逻辑的错误看法以及引起人们对这一学科的重视起了一定作用,使许多人对数理逻辑开始产生兴趣.1957年秋,北京大学数学力学系设立了我国第一个数理逻辑专门化课程;北京大学哲学系、南京大学数学系、北京师范大学数学系也先后开设了数理逻辑课程,为我国数理逻辑的发展培养人才.

1958年,数理逻辑工作者在理论联系实际的思想指导下,投入到生产实践中去,参加设计通用和专用的电子计算机,解决计算机发展中提出的逻辑问题.为了适应数理逻辑发展的需要,1958年秋,全国各地又有一些单位设置专业或举办训练班;同时还翻译出版了希尔伯特和阿克曼合著的《数理逻辑基础》、培特著的《递归函数论》两本书.在学术交流方面,当时我国邀请匈牙利的数理逻辑学家卡尔马来华访问.在访问期间,他介绍了数理逻辑在工程技术中的应用和匈牙利数理逻辑的概况.上述工作对我国数理逻辑的发展起到了促进作用.

1960年,南京大学数学系设置了数理逻辑专业.1962年,中国科学院数学研究所的数理逻辑组合并到中国科学院计算技术研究所.1963年,商务印书馆出版了塔尔斯基著的《逻辑和演绎科学方法论导论》一书的中译本,此书又于1980年再版.1963年,中国电子学会召开了第三次全国计算技术经验交流会,数理逻辑作为其中一个组交流了学术论文.这是我国第一次全国性的数理逻辑专业会议.

中华人民共和国成立到1966年,我国数理逻辑有了比较大的发展,无论是在研究队伍方面,还是在科研成果方面,都是新中国成立前所无法相比的.下面,就这一时期的一些主要成果做些简要介绍.

1. 逻辑演算方面

沈有鼎在《初基演算》中,对命题演算的各种不同系统做了比较,构造出一个比极小演算系统 J 更小的命题演算系统,他称之为"初基演算".初基演算是极小演算与路易斯的模态演算 S_4 的交的一部分.它包括2个模式和14条公理模式.把其中第二个公理模式加强就得到极小演算 J;再增加一个公理就得到直觉主义系统 H.

2. 集合论方面

沈有鼎在 Paradox of the class of all grounded classes 中构造一个集合论悖论.一个类 C 称为无根的(groundless),如果存在类的无穷序列 $C_1, C_2, C_3, \cdots$,使得 $\cdots C_n \in \cdots \in C_2 \in C_1 \in C$,否则称 C 为有根的(grounded).令 C 为所有有根的类的类,问:C 是有根的吗?或者 C 是否属于 C.容易看出,C 是有根的,当且仅当 C 是无根的.因此,所有有根的类的类是一个悖论.沈有鼎的这个悖论包括了著名的罗素悖论.沈有鼎还在 Two Semantical Paradoxes 中,构造出两个撒谎者型的语义悖论.

3. 递归函数论方面

胡世华在《递归算法——递归算法论Ⅰ》中,把自然数集上的递归函数论推广到字集上,从而建立一个可计算性理论——递归算法论.在递归算法论中,各种已有的可计算性理论——递归函数论、图灵机理论、丘奇的 λ-转换演算、马尔柯夫的正规算法论——都可以很自然而又直接地作为子理论而得到表达,而且不失其原来理论的特点,包括各种理论发展出来的技巧.可以说,递归函数论有机地把各理论统一于自身.它具有已有各个可计算性理论的优点,而没有或很少有各理论的缺点. 递归算法论在应用上比已有的各个理论更方便. 胡世华、陆钟万在《核函数——递归算法论 Ⅱ》中, 定义了一个极小的函数集: 字母表 $\mathscr{A}$ 中的核函数 $\Re$, $\Re$ 是满足下列条件的最小函数集:

(1) con $\in \Re$;

(2) $\Re$ 对于弱代入算子是封闭的;

(3) $\Re$ 对于拟受囿存在量词 $\exists_i$ 是封闭的.

其中 con 是函数

$$\mathrm{con}(x,y,z) = \begin{cases} \odot & (\text{当 } x = yz \text{ 时}) \\ o_1 & (\text{其他情况}) \end{cases}$$

($\odot$ 是空字, o_1 为字母表 $\mathscr{A}$ 中选定的一个字母). $\Re$ 是递归函数的真子集. 并且证明了 $\Re$ 中的函数可以表示成一种范式. 文中还利用这个函数集构造出一种正规算法的通用算法和一种图灵机器的通用计算机.

胡世华在《递归函数的范式——递归算法论 Ⅲ》中, 把字母表 $\mathscr{A}$ 中的递归函数表示成范式, 范式中的函数限于 $\Re$ 中的函数.

4. 模态逻辑方面

莫绍揆在《具有有穷个模态辞的模态系统》中, 从基本模态系统 B 出发, 研究具有有穷个模态辞的一些模态系统. 他使每一模态辞 $\neg\square^{\alpha_1}\neg\square^{\alpha_2}\cdots\neg\square^{\alpha_n}P$ 对应于数列 $\alpha_1,\alpha_2,\cdots,\alpha_n$, 并根据模态辞间的蕴涵、等价而规定数列间的顺序、相等. 这样, 就可以把模态辞的研究代数化, 从而使讨论更方便而又系统. 他还简化了帕里 (Parry) 的结果, 而且做了不少推广. 他在《有穷模态系统的基本系统》中, 研究了一般构造有穷模态系统的问题, 并且获得部分结果. 莫绍揆还在《模态系统与蕴涵系统》中, 比较详尽地研究了一般模态系统的构造. 他从一个很弱的系统出发, 一直讨论到最强的系统 (即二值系统), 列出在加强过程中所出现的中间系统, 并与一些常见的模态系统 (主要是路易斯的 S_2, S_3, S_4) 做了比较.

5. 程序设计理论方面

唐稚松在《论指令系统的递归性》中，提出一种多带图灵机作为计算机的模型. 他还研究了各种指令系统的计算功能，包括以重复指令代替条件转移的情况（这种代替对结构程序设计是重要的）. 文中构造一种多带图灵机 $\mathcal{G}^1$，它是一种通用的原始递归自动机. 这是首次见诸文献的、与原始递归性相应的自动机. 文章在讨论几组具有部分递归性的指令系统后，进一步证明了，如果 $\mathcal{G}^1$ 上的指令系统 $\mathcal{P}^1$ 中的重复指令的一个极为简单的限制取消，则所得的指令系统恰好具有部分递归性. 这样，就可以清楚地在自动机理论范围内，把原始递归性及部分递归性这两个概念联系起来.

此外，1965 年，莫绍揆发表了《数理逻辑导论》和《递归函数论》两本专著.

1966 年至 1976 年，在我国发生了"文化大革命". 它使我国遭受到新中国成立以来最严重的挫折和损失，数理逻辑的工作也不能幸免. 这一时期，我国的数理逻辑与国际水平的差距拉大了.

"文化大革命"结束后，我国的科学文化事业与其他事业一样，又开始走上正常的发展轨道. 为了弥补十年的损失，在数理逻辑的恢复工作中，急需解决后继乏人的问题. 1978 年，北京大学哲学系、中国科学院计算技术研究所、中国社会科学院哲学研究所、北京师范大学数学系、南京大学数学系五个单位招收了二十多名研究生. 这是新中国成立以来招收研究生最多的一年. 他们在老一辈的数理逻辑工作者的指导下，经过三年的学习，都走上了工作岗位，为我国数理逻辑的发展增添了新的力量. 1976 年以后，除了培养人才以外，还加强了学术交流. 1977 年 8 月，中国科学院计算技术研究所在北京召开了全国数理逻辑讨论会. 1978 年，中国数学会在成都召开年会，数理逻辑作为其中一个组交流了学术成果. 同年，在北京召开的全国逻辑学讨论会上,也讨论了数理逻辑的学术问题.当时数理逻辑方面的发言和文章共有八篇.1979年,全国逻辑学会在北京召开了第二次逻辑讨论会. 1979年和1980年,北京数学分会也讨论了数理逻辑的问题.这一期间在研究工作方面也取得了一些可喜的成果.

6. 递归函数论方面

杨东屏在《相对于 $\triangle_2^0$ 集的 α - 分离定理》中,把莫利(Morley)和索里(Soare)的相对于 $\triangle_2^0$ 集 S 的分离定理推广到一切可允许序数的前节上去,证明了下面的定理.

定理 7.1 对于任意驯服 $\triangle_2^0$ 集 S 及任意 α - 正则的 α - 递归可枚举集 A,若 A_s 是 $\mathfrak{S}$ 内的无补元素,则有 α - 递归可枚举集 $B,C.B,C$ 的下标可由 A 一致地给出,并且满足:

(1) $A = B \cup C, B \cap C = \varnothing$;

(2) B_s, C_s 在 $\mathfrak{S}$ 内无补;

(3) $B \leqslant_\alpha C$ 且 $CD \leqslant_\alpha B$.

由这个定理可以很容易地推出某些已被证明过的 α - 递归论上的结果,并可以很容易地把自然数集上递归论里的一些结果推广到一切可允许序数的前节上去.杨东屏还在《α - 非有丝分离集的存在性》中,证明了:存在 α - 正则的 α - 非有丝分离集.杨东屏在《α - 算子间隙定理》中,把 Constable 的算子间隙定理推广到广义计算复杂性理论中去.他证明了 α - 算子间隙定理:对于一切 α - 复杂性测度以及一切 α - 全能行算子 F,有任意大的单调增 α - 递归函数 t,使得若

$$t(\xi) \leqslant \Phi_\varepsilon(\xi) \leqslant F[t](\xi)$$

α - 无界地成立,那么

$$F[t](\eta) < \Phi_\varepsilon(\eta)$$

也是 α - 无界地成立.

7. 自动机理论方面

陶仁骥在《自动机及其归约》中，提出一种自动机作为数字计算机的数学模型．这种自动机 M 由它的字母表、结构参数和结构函数确定．文章还定义了正则自动机、编码自动机．作者证明了：字母表改变后，自动机可归约到它的编码自动机；正则自动机还可以归约到输入、输出为 1，每次至多有一个境输入或输出的正则自动机；扩大字母表后，任何自动机都可以归约到境数为 1 的、不同输入输出的正则自动机．

陶仁骥在《关于自动机功能的一些问题》中，讨论了上文所定义的自动机功能函数类的性质．文章首先证明了自动机与图灵机的等价性．然后考查了单一自动机的功能．作者证明了：单一自动机的功能函数类，在等价的意义上，是卡尔马初等函数类的一个真子集．

陶仁骥还在《通用计算机》中，讨论通用自动机的构造问题．文章利用置换的性质，用归约的方法直接构造出两种通用自动机．其中第二种通用自动机只有一个境，输入输出位数为 1，不同输入输出，并且是正则的．

8. 计算复杂性理论方面

洪加威在《论计算的相似性与对偶性》中，提出计算模型的相似性和计算时间与存储空间之间的对称性这两个重要概念．文章给出巡回的统一定义和计算类型的统一定义．证明了在一个固定计算类型下的所有合理的计算模型都是相似的：它们可以互相模拟，并且模拟者所使用的巡回不超过被模拟者所使用的空间多项式，同时模拟者所使用的空间也不超过被模拟者所使用的空间的一个多项式．文章进一步指出巡回和空间在某种程度上是互相对偶的：如果一个定理对巡回和空间成立，那么交换它们的位置后，定理仍然成立．文中还列出一系列对偶形式的元定理，这些元定理包括了这一领域内几乎所有已知定理和一些全新的结果.文章进一步提出了相似性原理和对偶性原理.在这两个原理成立的前提下,将有可能对所有的计算模型、所有的计算类型以及复杂性分类中的几乎所有定理做出统一处理,并将得到一系列全新的结果.

此外,这之后出版的专著:陶仁骥的《有限自动机的可逆性》(科学出版社,1979 年);胡世华、陆钟万合著的《数理逻辑基础》(科学出版社,1981 年上册;1982 年下册);王宪钧的《数理逻辑引论》(北京大学出版社,1982 年).

我国数理逻辑的发展与普及工作是分不开的,在这方面,许多数理逻辑工作者做了大量工作.数理逻辑在我国是一门新的科学,人们对它的认识需要有一个过程.在这一认识过程中,我国的数理逻辑工作者还就数理逻辑、形式逻辑的关系问题,进行过热烈讨论.讨论中所涉及的主要问题集中反映在1962年上海人民出版社出版的《逻辑问题讨论三集》的论文集中.

数理逻辑是唯物主义与唯心主义激烈争夺的一个重要领域.1949 年以前,数理逻辑工作者缺乏辩证唯物主义的思想武器,没有可能批判唯心主义对数理逻辑这门新的学科的歪曲和利用.1949 年以后,数理逻辑工作者学习了辩证唯物主义,他们开始应用辩证唯物主义的观点和方法,分析批判了对数理逻辑成果的唯心主义解释,研究这一新学科发展过程中提出的哲学问题,为辩证唯物主义提供了新的科学依据.此外,有的数理逻辑工作者还运用历史唯物主义观点,研究数理逻辑的发展历史.王宪钧在《数理逻辑引论》一书的第三部分中,发表他在数理逻辑史方面的研究成果.

在我国数理逻辑发展史上做过贡献的人当中,我们要特别提到王浩教授.他曾于1961 年为我国撰写一部《数理逻辑概要》.该书于1962 年由科学出版社出版英文版.从1972年起,他先后五次回国讲学、访问,介绍国外数理逻辑发展的情况,与我国学者进行学术交流.特别是1977年,他在中国科学院作了六次关于数理逻辑的广泛而又通俗的讲演.后来,这些讲演的内容又经他加工整理成书.1981年,由我国与美国合作出版该书的英文版,题为 Popular Lectures on Mathematical Logic;同时由科学出版社出版中文版《数理逻辑通俗讲话》.王浩教授的讲学对我国数理逻辑遭到十年挫折后的恢复以及后来的发展,无疑起到促进作用.

总之,数理逻辑在我国的历史还是很短的.1949年以前,它的发展是缓慢的.1949年以后,它虽然走过了曲折的发展道路,但毕竟获得了较快的发展,取得了可喜的成果.当然,这种发展还不能适应国家建设和科学技术发展的需要.我国数理逻辑的力量还是薄弱的,今后仍然需要大力发展.

本书的引进对我国读者至少有两大益处.

一是弥补了我国普通读者,甚至是一些专业人士在逻辑,特别是数理逻辑方面的不足.如逻辑的不矛盾律指出:不能既肯定 A 同时又否定 A.所以,一个组织或个人不能既执行 A 方案,又执行 A 的否定方案.可是,对立统一规律却宣称:任何事物都具有矛盾的性质,相互否定的性质可以两立.这样,辩证法就陷入了强盗逻辑的荒谬境地.波普尔指出,由于从自相矛盾命题可以推导出任何命题,所以,接受黑格尔辩证法的矛盾律,就意味着科学的彻底瓦解.能彻底瓦解科学的辩证法矛盾分析法,当然是极端野蛮的.

我们从受教育之初就把逻辑当作是文科内容来学习,甚至只是背诵后用于考试.所以成年之后头脑中逻辑性不强,易陷入混乱.如亚里士多德的逻辑中有个不矛盾律,意思是说,任何语句及其否定句这两者之间不能同真.根据这一规律,任何事物都不具有矛盾的性质.比如:苏格拉底既是哲学家又不是哲学家,这句话是病句,违反了不矛盾律,辩证法者当然反对.黑格尔是这样证明对立统一的矛盾律的:一方面,玫瑰花是红的;但另一方面,玫瑰花又不能和红画等号,所以,玫瑰花既是红的又不是红的.所以,玫瑰花是一个矛盾的统一体.

稍有逻辑知识的人不难看出其论证的荒谬性.确实,"玫瑰花是红的",这里的"是"为"包含于"的意思;"玫瑰花又不是红的",这里的"是"为"等于"的意思.所以,"玫瑰花是(属于)红的又不是(等于)红的"这句话是没有任何矛盾的.但黑格尔没认清这一点,把两个不同含义的"是"混为一谈,当成了一回事,以为是什么"对立统一的"的辩证法的必然,这才使他看出了"矛盾".黑格尔正是靠着这样错误的论证,才得出他的"矛盾无处不在"的怪诞学说.黑格尔对"是"的两种含义的混淆,罗素早就指出来了."苏格拉底是有死的",此句的"是"的含义为包含于,黑格尔却把"是"当成了"等于",这样,"苏格拉底"就等于"有死的";又因为"苏格拉底"是特殊的,"有死的"是一般的.所以,特殊即是一般,这就自相矛盾了.黑格尔仍然不怀疑这里有错,而是在个别(individual)或具体的一般(concreteuniversal)中将它们综合起来.这是一个例证,表明那些堂而皇之的哲学体系,如果不小心的话,其基础可能只是一些愚蠢而又浅薄的偷换概念.

这种数学逻辑的缺失甚至影响到我们对微积分的掌握:

在西方,芝诺提出"飞矢不动"(运动即静止)的悖论,还说田径名将阿基里斯追不上乌龟.这是西方最早的辩证法矛盾律思维的起源.数学家告诉我们,虽然阿基里斯的追赶过程可分为无穷多个时间段,但这无穷多个时间段相加却不是一个无穷大的值,而是存在着一个极限的.过了这个时间极限,阿基里斯就超过了乌龟.可见,辩证法是缺乏精确数理思维的糨糊思维产物!

黑格尔在解释芝诺的"飞矢不动"的悖论的时候说:"外在的感性运动本身是矛盾的直接实有.某物之所以运动,不是因为它在某个时刻在这里,而在另一个时刻在那里,而是因为它在同一时刻既在这里又不在这里.……运动本身就含有矛盾."

其二,数理逻辑的学习是现代人的必修课,因为计算机渗透进现代生活的方方面面,而计算机的理论基础离不开数理逻辑.

§1 抽象计算机

1. 抽象计算机的概念

本节介绍可计算理论的基本内容. 为此, 我们首先要有一种计算机的理论模型. 历史上的图灵机就是这样一种模型. 但从某种角度来看, 它还是比较具体的. 我们则要更加抽象、更加一般的模型.

计算机对输入做出适当的响应, 并以输出的形式表现出来. 抽象地说, 这就是在计算某个函数 $y = f(x_1, \cdots, x_n)$, 这里 $x_1, \cdots, x_n$ 表示输入, y 表示输出. 一个计算机到底在计算什么函数, 还与程序有关, 用 i 表示程序, 则相应的函数可以写成 F_i. 一般说来, 一个程序可以对不同数量的输入做出响应, 因此, 我们又用 $f_i^{(n)}$ 表示程序 i 计算的 n 元函数.

输出、输入、程序在计算机内可以用相同的物理形式表达, 因此, 我们可以认为它们的取值范围都是某个集合 D. 具体的计算机都只有有限的资源, 因此, D 是个有穷集合, 但在做理论研究时, 我们假定 D 是个可数集.

总之, 一个计算机总可以看成是一组函数 $C = \{f_i^{(n)} \mid i \in D, n > 0, f_i^{(n)} : D^n \to D\}$, 其中的函数叫作 C 可计算函数, 或简称可计算函数.

对于不同的计算机来说, 这组函数可能不同, 然而有几个性质是共同的. 例如:

(1) 常值函数是可计算的.

设 $n > 0, d \in D$. 一个函数, 对于一切 $\langle x_1, \cdots, x_n \rangle \in D^n$ 都取 d 为函数值, 就叫作以 d 为值的 n 元常值函数, 记为 $\underline{d}^{(n)}$, 所以 $\underline{d}^{(n)}(x_1, \cdots, x_n) = d$. 我们说常值函数是可计算的, 就是指对任何 $n > 0, d \in D$, 都有某个程序 $i \in D$, 使 $f_i^{(n)} = \underline{d}^{(n)}$. 当然, 一般说

来,这样的 i 可能不只一个,但更重要的是,应该有一种办法.对任给的 n 和 d 确定出某个能计算 $\underline{d}^{(n)}$ 的程序来.因此,应该有一组可计算函数 k_n,使 $k_n(d)$ 的值恰好是所需要的程序,也就是说 $f_{k_n(d)}^{(n)} = \underline{d}^{(n)}$ 对一切 d, n 成立.于是我们认为:

公理 A_1 存在一组可计算的函数 $\{k_n \mid n = 1, 2, \cdots\}$,使得 $f_{k_n(d)}^{(n)} = \underline{d}^{(n)} (d \in D)$.

(2) 投影函数是可计算的.

对于任何 $n > 0$ 及 $1 \leqslant j \leqslant n$,投影函数是指满足 $\bar{j}^{(n)}(x_1, \cdots, x_n) = x_j (\langle x_1, \cdots, x_n \rangle \in D^n)$ 的函数.我们认为:

公理 A_2 对任何 $n > 0, 1 \leqslant j \leqslant n, \bar{j}^{(n)}$ 是可计算的.

(3) 计算机可以进行基本的数学计算.

如果 D 是自然数集合,四则运算就是一些基本的数学计算,而这些运算从理论上来看,可以归结为最简单的一种运算:给了某个自然数 x,求 $x + 1$.函数 $f(x) = x + 1$ 叫作后继函数.因此,对于自然数集合上的计算机来说,只用规定后继函数可计算就够了.在更一般的情况,我们只需要利用后继函数的这样一种性质:其函数值与自变量的值总不相等.因此,我们应认为:

公理 A_3 有一个(一元的)可计算函数 ω,使 $\omega(x) \neq x (x \in D)$.

(4) 计算机有"条件转移"的能力.

这里所说的"条件转移",指计算机能根据不同情况选择进一步的计算方向.从理论上说,需要这样一个函数

$$\Lambda(x, y, u, v) = \begin{cases} u & (x = y) \\ v & (x \neq y) \end{cases}, (x, y, u, v) \in D$$

这个函数叫作选择函数.我们认为:

公理 A_4 Λ 是可计算的.

(5) 可计算函数的复合函数是可计算的.

设 h 是 m 元函数, $g_1, \cdots, g_m$ 是 m 个 n 元函数. 如果对任何 $\langle x_1, \cdots, x_n \rangle \in D^n$, 有

$$f(x_1, \cdots, x_n) = h(g_1(x_1, \cdots, x_n), \cdots, g_m(x_1, \cdots, x_n))$$

则说 f 是 h 与 $g_1, \cdots, g_m$ 的复合, 记为 $f = h \circ \langle g_1, \cdots, g_m \rangle$ (若 $m = 1$, $h \circ \langle g_1 \rangle$ 又简记为 $h \circ g_1$). 如果 h, $g_1, \cdots, g_m$ 都是可计算的, 用 $i_0, i_1, \cdots, i_m$ 表示相应的程序, 那么 f 也是可计算的, 而且它的程序可以从 $i_0, \cdots, i_m$ 计算出来. 换句话说:

公理 B 对任何 $n, m > 0$, 存在可计算的 $m+1$ 元函数 $h_{n,m}$ 使

$$f^{(n)}_{h_{n,m}(i_o, i_1, \cdots, i_m)} = f^{(n)}_{i_o} \circ \langle f^{(n)}_{i_1}, \cdots f^{(n)}_{i_m} \rangle$$

(6) 通用函数的可计算性.

计算机的计算过程是机械地进行的, 因此可以写出一种解释执行程序来说明这种计算的过程, 也就是说, 根据被解释的程序 i 和输入 $x_1, \cdots, x_n$ 计算出 $y = f^{(n)}_i(x_1, \cdots, x_n)$ 来. 用 U 表示解释执行程序所计算的函数, 那么

$$U(i, x_1, \cdots, X_n) = f^{(n)}_i(X_1, \cdots, x_n)$$

这里 U 是一个 $n+1$ 元的函数, 把它记作 $U^{(n+1)}$, 叫作 $n+1$ 元通用函数. 因此, 我们认为:

公理 C 对任何 $n > 0$, 通用函数 $U^{(n+1)}$ 是可计算的.

以下, 我们只讨论满足以上诸公理的抽象计算机.

在此我们要补充说明一点, 我们以上讨论的函数原则上应包括部分函数在内. 所谓 D^n 上的一个部分函数, 实际上就是以 D^n 的某个子集为其定义域的函数. 简而言之, 这个子集可以是空集, 这时我们就得到一个空函数, 它处处无定义. 以后, 我们用 $f(x_1, \cdots, x_n) = \bot$ 表示 f 在 $\langle x_1, \cdots, x_n \rangle$ 处无定义, 用 $\bot^{(n)}$ 表示 n 元空函数. $\bot^{(n)}(x_1, \cdots, x_n)$ 总是等于 $\bot$.

如果某个函数的定义域是 D^n 本身,我们就说这个函数是全函数. 从定义来看,$\underline{d}^{(n)},\bar{j}^{(n)},\omega,\Lambda,k_n,h_{n,m}$ 都应该是全函数.

2. 抽象计算机的基本性质

从公理 A_1 我们知道,对任何 $d \in D$ 及 $n > 0$,$\underline{d}^{(n)}$ 是可计算的,$k_n(d)$ 是相应的程序,从公理 A_2,A_3,A_4, C 我们知道计算 $\bar{j}^{(n)},\omega,\Lambda,U^{(n+1)}$ 的程序是存在的,用 P_n,j,w,λ 和 u_0 表示相应的程序. 由此,并利用公理 B,可以知道许多函数是可计算的,并写出它们的程序.

例 1 恒等函数 $I,I(x) = x$(一切 $x \in D$).I 就是 $\bar{1}^{(1)}$,$p_{1,1}$ 是相应的程序.

例 2 对角线函数 $\delta,\delta(x) = f_x^{(1)}(x)$(一切 $x \in D$). 由于 $\delta(x) = U^{(2)} \circ (x,x)$,所以 $\delta = U\langle I,I\rangle$,相应的程序是 $h_{1,2}(u_1,p_{1,1},p_{1,1})$.

例 3 设 $f = f_i^{(2)}$ 是一个可计算的二元函数,$d \in D$,$g(y) = f(d,y)$. g 是一个一元数,而且 $g = f \circ \langle \underline{d}^{(n)},I\rangle$,因此,$g$ 是一个可计算函数,而相应的程序是 $h_{1,2}(i,k_1(d),p_{1,1})$. 令

$$s(z_1,z_2) = h_{1,2}(z_1,k_1(z_2),p_{1,1})$$

那么 $s = h_{1,2} \circ \langle \bar{1}^{(2)},k_1 \circ \bar{2}^{(2)},p_{1,1}^{(2)}\rangle$ 也是一个可计算函数,而且

$$f_{s(i,d)}^{(1)}(y) = g(y) = f(d,y) = f_i^{(2)}(d,y)$$

因此

$$f_{s(i,x)}^{(1)}(y) = f_i^{(2)}(x,y) \quad (x \in D)$$

而且,由于 $h_{1,2},k_1$ 都是全函数,s 也是全函数. 一般说来,可以证明:

定理 1 对任何 $m,n > 0$ 存在可计算的全函数 $S_{m,n}$,使

$$f_{S_{m,n}(i,x_1,\cdots,x_m)}^{(a)}(y_1,\cdots,y_n) = f_i^{(n+m)}(x,\cdots,x_m,y_1,\cdots,y_n)$$

证明留给读者.

然而不可计算的函数也确实是存在的.

例4 设 d 是 D 中的某个元素，g 是满足如下条件的函数

$$g(x) = \begin{cases} \omega(\delta(x)) & （当 \delta(x) \neq \perp 时）\\ d & （当 \delta(x) = \perp 时）\end{cases}$$

则 g 是不可计算的.（注意 $\delta(x) \neq \perp$ 表示 δ 在 x 处有定义，$\delta(x) = \perp$ 表示 δ 在 x 处无定义.）实际上，如果 g 是可计算的，那么存在 $i \in D$，使 $g = f_i^{(1)}$，于是

$$\delta(i) = f_i^{(1)}(i) = g(i)$$
$$= \begin{cases} \omega(\delta(i)) & （当 \delta(i) 有定义时）\\ d & （当 \delta(i) 无定义时）\end{cases}$$

这是不可能的.

这个例子告诉我们，一切计算机都不是万能的. 对这一点的认识十分重要，这有点像物理学关于永动机之不可能的定律.

例5 对角线函数不是全函数.（否则 $\omega \circ \delta$ 也是全函数，而且是可计算的，所以存在 $i, f_i^{(1)} = \omega \circ \delta$. 于是 $\delta(i) = f_i^{(1)}(i) = \omega(\delta(i))$，这是不可能的.）因此存在某个 $d \in D$，$\delta(d) = \perp$. 令 $f = \delta \circ \underline{d}^{(n)}$，则 f 是 n 元函数，对任何 $\langle x_1, \cdots, x_n \rangle \in D$，总有

$$f(x_1, \cdots, x_n) = \delta(d^{(n)}(x_1, \cdots, x_n)) = f(d) = \perp$$

可见 f 就是空函数 $\perp^{(n)}$. 这样，我们已经证明了：

定理2（空函数可计算性） 对任何 $n > 0$，空函数 $\perp^{(n)}$ 是可计算的.

3. 几个经典的判定问题

在 D 中取定一个元素，用 0 表示这个元素，用 1 表示 $\omega(0)$，则 $0 \neq 1$.

设 A 是 D 的某个子集，函数 C_A 满足

$$C_A(x) = \begin{cases} 0 & （当 x \in A 时）\\ 1 & （当 x \notin A 时）\end{cases}$$

则 C_A 叫作 A 的特征函数或判定函数. 如果 C_A 是可计算的，A 就叫可判定的，反之 A 叫不可判定的.

定理 3(对角线函数的定义域不可判定) 设 $A = \{X \mid \delta(x) \neq \bot\}$,则 A 是不可判定的.

证明 令 δ 是 A 的判定函数,则
$$\hat{\delta}(x) = \begin{cases} 0 & (\delta(x) \neq \bot) \\ 1 & (\delta(x) = \bot) \end{cases}$$

令 $g = U^{(2)} \circ \langle \Lambda \circ \langle \delta \underline{1}^{(1)}, \underline{a}^{(1)}, \underline{b}^{(1)} \rangle, I \rangle$,其中 $a = k_1(0)$,b 是任何计算 $\bot^{(1)}$ 的程序(即 $f_b^{(1)} = \bot^{(1)}$). 如果 δ 是可计算的,g 也是可计算的,而且

$g(x) = U^{(2)}(V(\delta(x),1,a,b),x)$

$= \begin{cases} U^{(2)}(V(0,1,a,b),x) & (当 \delta(x) \neq \bot 时) \\ U^{(2)}(V(1,1,a,b),x) & (当 \delta(x) = \bot 时) \end{cases}$

$= \begin{cases} U^{(2)}(b,x) & (当 \delta(x) \neq \bot 时) \\ U^{(2)}(a,x) & (当 \delta(x) = \bot 时) \end{cases}$

$= \begin{cases} f_b^{(1)}(x) & (当 \delta(x) \neq \bot 时) \\ f_a^{(1)}(x) & (当 \delta(x) = \bot 时) \end{cases}$

$= \begin{cases} \bot & (当 \delta(x) \neq \bot 时) \\ 0 & (当 \delta(x) = \bot 时) \end{cases}$

用 i 表示计算 g 的一个程序,则

$g(i) = f_i^{(1)}(i) = g(i) = \begin{cases} 0 & (当 g(i) = \bot 时) \\ \bot & (当 g(i) \neq \bot 时) \end{cases}$

这是不可能的. 定理得证.

推论(停机问题不可判定) 设 $n > 0$,$T_n = \{\langle i, x_1, \cdots, x_n \rangle \mid f_i^{(n)}(x_1, \cdots, x_n) \neq \bot\}$,则 T_n 不可判定.

证明 设 T_n 的判定函数是 Δ_n,则

$\Delta_n(i, x_1, \cdots, x_n) = \begin{cases} 0 & (当 f_i^{(n)}(x_1, \cdots, x_n) \neq \bot 时) \\ 1 & (当 f_i^{(n)}(x_1, \cdots, x_n) = \bot 时) \end{cases}$

取 i,使 $f_i^{(n)} = \delta \circ \bar{1}^{(1)}$,则 $f_i^{(n)}(x,0,\cdots,0) = \delta(x)$,这样又有

$\Delta_n(i,x,0,\cdots,0) = \begin{cases} 0 & (当 \delta(x) \neq \bot 时) \\ 1 & (当 \delta(x) = \bot 时) \end{cases}$

可见 $\Delta_n(i,x,0,\cdots,0) = \delta(x)$,就是说 $\delta = \Delta_n \circ \langle \underline{i}, I, \underline{0}, \cdots, \underline{0} \rangle$. 由定理知,$\delta$ 不可计算,所以 Δ_n 也不可计算,

从而 T_n 不可判定. 推论得证.

定理4(全定义性不可判定) 集合 $A = \{i \mid f_i^{(1)}$ 是全函数$\}$ 是不可判定的.

证明 设 A 的判定函数是 t, 则
$$t(x) = \begin{cases} 0 & (当 f_x^{(1)} 是全函数时) \\ 1 & (当 f_x^{(1)} 不是全函数时) \end{cases}$$

我们应证明 t 是不可计算的. 为此, 我们只须找到一个可计算的全函数 q, 使 $\delta = t \circ q$, 即要使
$$t(q(x)) = \begin{cases} 0 & (当 f_x^{(1)}(x) \neq \perp 时) \\ 1 & (当 f_x^{(1)}(x) = \perp 时) \end{cases}$$

从 t 的定义可知上式左端应为
$$t(q(x)) = \begin{cases} 0 & (当 f_{q(x)}^{(1)} 是全函数时) \\ 1 & (当 f_{q(x)}^{(1)} 不是全函数时) \end{cases}$$

(注意:这里要用到 q 是全函数). 由此可见, q 的取法应使 $f_{q(x)}^{(1)}$ 是全函数的充要条件是 $f_x^{(1)}(x)$ 有定义, 例如令
$$f_{q(x)}^{(1)} = \begin{cases} \underline{0}^{(1)} & (当 f_x^{(1)} \neq \perp 时) \\ \underline{1}^{(1)} & (当 f_x^{(1)} = \perp 时) \end{cases}$$

于是 $f_{q(x)}^{(1)}(y) = g(x, y)$, 其中
$$\begin{aligned} g(x, y) &= \begin{cases} 0 & (当 \delta(x) \neq \perp 时) \\ \underline{1} & (当 \delta(x) = \perp 时) \end{cases} \\ &= \underline{0}^{(1)}(\delta(x)) \end{aligned}$$

所以 $g = 0^{(1)} \circ \delta \circ \bar{1}^{(2)}$ 是可计算的. 由定理1, 存在可计算的全函数 s 使
$$f_{x(i,x)}^{(1)}(y) = f_i^{(2)}(x, y)$$

取 i 为计算 g 的程序, 就有
$$f_{s(i,x)x}^{(1)}(y) = g(x, y)$$

而令 $q = s \circ \langle \bar{i}, I \rangle$, 则 $q(x) = s(i, x)$, 于是 $f_{q(x)}^{(1)} = g(x, y)$, 这个 q 当然是全函数. 定理得证.

定理5(程序等价性不可判定) 设 $A = \{\langle x, y \rangle \mid f_x^{(1)} = f_y^{(1)}\}$, 那么 A 是不可判定的.

证明 令 p 是如下的函数

$$p(x) = \begin{cases} 0 & (\text{当 } f_x^{(1)} = I \text{ 时}) \\ 1 & (\text{否则}) \end{cases}$$

我们先证明 p 是不可计算的.

令 $g = \overline{1}^{(2)} \circ \langle \overline{2}^{(2)} \circ U^{(2)} \circ \langle \overline{1}^{(2)}, \overline{2}^{(2)} \rangle \rangle$,则 g 是可计算的,而且

$$g(x,y) = \overline{1}(y, f_x^{(1)}(y))$$

$$= \begin{cases} y & (\text{当 } f_x^{(1)}(y) \text{ 有定义时}) \\ \bot & (\text{当 } f_x^{(1)}(y) \text{ 无定义时}) \end{cases}$$

用 i 表示 g 的程序,那么由定理1存在可计算的全函数 s,使

$$f_{s(r,x)}^{(1)}(y) = f_r^{(2)}(x,y) = g(x,y)$$

取 $q = s \circ \langle i, I \rangle$,则 q 是可计算的全函数,而且 $q(x) = s(i,x)$,所以 $f_{q(x)}^{(1)}(y) = g(x,y)$.

若 $f_x^{(1)}$ 是全函数,则 $f_{q(x)}^{(1)}(y) = y$,(一切 $y \in D$) 所以 $f_{q(x)}^{(1)} = I, p(q(x)) = 0$. 反之,如果 $f_x^{(1)}$ 不是全函数,那么存在

$y \in D, f_x^{(1)}(y) = \bot, g(x,y) = \bot, f_{q(x)}^{(1)}(y) = \bot$ 所以 $f_{q(x)}^{(1)} \neq 1, p(q(x)) = 1$,总之

$$p(q(x)) = \begin{cases} 0 & (\text{当 } f_x^{(1)} \text{ 是全函数时}) \\ \bot & (\text{当 } f_x^{(1)} \text{ 不是全函数时}) \end{cases}$$

$$= t(x)$$

这个 t 就是上一定理中已证明为不可计算的函数.再由 q 是可计算的全函数,可知 p 也不可计算.

现在用 e 表示定理中集合 A 的判定函数

$$e(x,y) = \begin{cases} 0 & (\text{当 } f_x^{(1)} = f_y^{(1)} \text{ 时}) \\ \bot & (\text{当 } f_x^{(1)} \neq f_y^{(1)} \text{ 时}) \end{cases}$$

设 i 是计算 I 的程序,那么 $e(x,i) = p(x)$. 于是 $p = e \circ \langle I, i \rangle$,由于 p 是不可计算的,e 也不可计算. 定理得证.

4. 递归定理

在计算机实践中,常用递归定义的办法给出函数

的定义,例如
$$f(x,y) = \begin{cases} x & (x = y) \\ \omega(f(x,\omega(y))) & (x \neq y) \end{cases}$$
这样的式子是怎样确定函数 f 的呢?

如果 f 是这个式子确定的可计算函数,那么它应该是某个 $f_i^{(2)}$. 于是,计算 $\omega(f(x,\omega(y)))$ 的程序应是 $g(i) = h_{1,1}(w, h_{1,2}(i, p_{1,1}, h_{1,1}(w, p_{2,2})))$,而上面的定义就成了

$$f_i^{(2)}(x,y) = U^{(3)}(\Lambda(x,y,p_{2,1},g(i)),x,y)$$
$$= f_{r(i)}^{(2)}(x,y)$$

其中
$$r(i) = h_{3,3}(u_2, h_{4,2}(\lambda, p_{2,1}, p_{2,2}, k_1(p_2,1),$$
$$k_1(g(i))), p_{2,1}, p_{2,2})$$

现在问题就成了 $f_x^{(2)} = f_{r(x)}^{(4)}$ 是否有解的问题了.

定理 6(抽象递归定理) 设 $n > 0$, f 是一个可计算的全函数,则存在 m,使
$$f_m^{(n)} = f_{f(m)}^{(n)}$$

证明 令
$$g = U^{(n+1)} \circ \langle U^{(2)} \circ \langle \overline{1}^{(n+1)}, \overline{1}^{(n+1)} \rangle,$$
$$\overline{2}^{(n+1)}, \cdots, \overline{n+1}^{(n+1)} \rangle$$

则存在 $i \in D, g = f_i^{(n)}$,而且
$$g(u, x_1, \cdots, x_n)$$
$$= \begin{cases} f_{\delta(u)}^{(n)}(x_1, \cdots, x_n) & (\text{当 } \delta(u) \neq \bot \text{ 时}) \\ \bot & (\text{当 } \delta(u) = \bot \text{ 时}) \end{cases}$$

由定理 1,存在可计算的全函数 s,使
$$f_{s(i,u)}^{(n)}(x_1, \cdots, x_n) = f_i^{(n+1)}(u, x_1, \cdots, x_n)$$
$$= g(u, x_1, \cdots, x_n)$$

令 $\psi = s \circ \langle i, I \rangle$,则
$$f_{\psi(u)}^{(n)}(x_1, \cdots, x_n)$$
$$= \begin{cases} f_{\delta(u)}^{(n)}(x_1, \cdots, x_n) & (\text{当 } \delta(u) \neq \bot \text{ 时}) \\ \bot & (\text{当 } \delta(u) = \bot \text{ 时}) \end{cases}$$

设 $f \circ \psi = f_v^{(1)}, m = \psi(v)$,则
$$f_m^{(n)}(y_1, \cdots, y_n)$$
$$= f_{\psi(v)}^{(n)}(x_1, \cdots, x_n)$$
$$= \begin{cases} f_{\delta(v)}^{(n)}(x_1, \cdots, x_n) & \text{（当 } \delta(v) \text{ 有定义时）} \\ \bot & \text{（当 } \delta(v) \text{ 无定义时）} \end{cases}$$

但 ψ, f 都是全函数,$\delta(v) = f_v^{(1)}(v) = f(\psi(v))$ 是有定义的,所以上式右端就是
$$f_{\delta(v)}^{(n)}(x_1, \cdots, x_n) = f_{f(m)}^{(n)}(x_1, \cdots, x_n)$$
于是有 $f_m^{(n)} = f_{f(m)}^{(n)}$. 定理得证.

抽象递归定理虽然保证了满足递归定义的可计算函数存在,却不能保证其唯一性. 要解决唯一性的问题,还要对论域 D 以及计算过程,做进一步的规定.

§2 S 表 达 式

1. S 表达式的概念

上一节中讨论可计算性时,为了不使问题复杂化,我们尽量采用数学中常用的术语和记号. 因此,我们把同一程序不同变元数的函数都做了区别. 而实际上对应于同一程序 i 的所有函数 $f_i^{(1)}, f_i^{(2)}, \cdots$ 共同构成了集合 $D^1 \cup D^2 \cup \cdots$ 到 D 的一个映像. $D^1 \cup D^2 \cup \cdots = \{\langle x_1, \cdots, x_n \rangle \mid n > 0, x_1 \in D, \cdots, x_n \in D\}$ 中的元素,也就是向量,从现在起,叫作(D 上的)字. 特别地,我们允许有"空字",就是 $\langle \rangle$. 但是,要注意区别 D 中的元素 x 和一维向量 $\langle x \rangle$,后者是字,前者不是. 我们把 D 中的元素叫作原子. 令 $D^0 = \{\langle \rangle\}$,则字的集合是 $D^* = D^0 \cup D^1 \cup \cdots$.

把 $f_i^{(1)}, f_i^{(2)}, \cdots$ 结合起来看成 D^* 到 D 的映像,记作 F_i. 设 $x \in D^*, x$ 在 F_i 下的像记作 $F_i: x$,于是 $F_i: \langle x_1, \cdots, x_n \rangle = f_i^{(n)}(x_1, \cdots, x_n)$ 在不引起混淆的地方,

$f{:}x$ 可以略写为 fx，于是
$$F_i\langle x_1,\cdots,x_n\rangle = f_i^{(n)}(x_1,\cdots,x_n)$$

今后我们将常采用左端这种记法。注意这时 $F_i\langle\ \rangle$ 也可以有适当的定义。此外 F_ix 与 $F_i\langle x\rangle$ 是不同的。

设 $g_1,\cdots,g_m$ 是一组从 D^* 到 D 的函数，那么 $g = \langle g_1,\cdots,g_m\rangle$ 是一个如下的从 D^a 到 D^* 的函数：$g{:}x = \langle g_1{:}x,\cdots,g_m{:}x\rangle$。这样一来复合函数 $f\circ\langle g_1,\cdots,g_m\rangle$ 就可以写成 $f\circ g$。我们规定 $f\circ g$ 在不产生混淆的地方也可以写成 fg，于是 $(fg)x = (f\circ g){:}x = f{:}(g{:}x) = f(gx)$。这样，上式两端都可以简记为 fgx。

以上的记号常常使我们的公式写得紧凑、清楚，例如
$$Ix = x$$
$$If = f = fI$$
$$\langle f_1,\cdots,f_m\rangle x = \langle f_1x,\cdots,f_mx\rangle$$

字的概念还使我们得以简化投影函数。令 α 是这样的函数
$$\alpha\langle\ \rangle = \perp$$
$$\alpha\langle x_1,\cdots,x_n\rangle = x_1 \quad (n>0)$$
那么，当 $n>0$ 时，$\alpha = \overline{1}^{(n)}$。再令 β 是这样的函数
$$\beta\langle\ \rangle = \perp, \beta\langle x_1,\cdots,x_n\rangle = \langle x_2,\cdots,x_n\rangle \quad (n>0)$$
那么，当 $n\geqslant 2$ 时
$$\alpha\beta\langle x_1,\cdots,x_n\rangle = \alpha\langle x_2,\cdots,x_n\rangle = x_2$$
所以 $\alpha\beta = \overline{2}^{(n)}$。不难看出，如果 $1\leqslant j\leqslant n$，总有 $\alpha\beta^{j-1} = \overline{j}^{(n)}$，这里 f^k 表示 $\underbrace{f\circ\cdots\circ f}_{k个}$。

与 α,β 两函数相应，我们规定一个并入运算如下：设 x 是原子 $y = \langle y_1,\cdots,y_m\rangle$ 的字，则
$$x\cdot y = x\cdot\langle y_1,\cdots,y_m\rangle = \langle x,y_1,\cdots,y_m\rangle$$
叫把 x 并入 $\langle y_1,\cdots,y_m\rangle$ 所得到的字。显然，如果 $z = x\cdot y$，则 $\alpha z = x, \beta z = y$，就是说
$$\alpha(x\cdot y) = x, \beta(x\cdot y) = y$$
此外，如果 $x\neq\langle\ \rangle$，则 $x = \alpha x\cdot\beta y$。

利用并入运算,可以把字写成如下的形式
$$\langle x \rangle = x \cdot \langle \rangle$$
$$\langle x,y \rangle = x \cdot (y \cdot \langle \rangle)$$
$$\langle x,y,z \rangle = x \cdot (y \cdot (z \cdot \langle \rangle))$$
$$\vdots$$

我们约定运算"·"是向右结合的,于是上式中的括号都可以省略.

并入运算带来一个新的问题,就是它的前后项不平等:右项不能是字,左项不能是原子. 为了消除这种不平等,要把 D^* 再适当扩大为某个集合 S,这个集合应满足:(1) $D \subset S, \langle \rangle \in S$ (D 中的元素和 $\langle \rangle$ 都叫原子);(2) 若 $x,y \in S$,则 $x \cdot y \in S$;(3) S 只包含能从 (1)(2) 中得到的对象.

S 叫作 D 上的符号表达式的集合,S 中的元素叫作(D 上的) 符号表达式或 S 表达式. 如果 $a,b \in D$,那么
$$a \cdot b$$
$$a(b \cdot \langle \rangle) = \langle a,b \rangle$$
$$(a \cdot b \cdot \langle \rangle) \cdot (a \cdot \langle \rangle) = \langle \langle a,b \rangle \rangle$$
$$((a \cdot b) \cdot (b \cdot a) \cdot \langle \rangle) = \langle a \cdot b, b \cdot a \rangle$$

都是 S 表达式. 可以只用尖括号而不用圆点写出来的 S 表达式在应用中特别重要,我们把这种 S 表达式叫作表.

把字推广为 S 表达式,并入运算就成了 S 上的一个普通的二元运算,对以下的讨论带来了许多方便.

2. S 表达式的函数

我们可以把整数与 S 表达式的一个子集一一对应起来. 设 a 是一个原子,那么
$$\langle \rangle \leftrightarrow 0$$
$$\langle a \rangle \leftrightarrow 1$$
$$\langle a,a \rangle \leftrightarrow 2$$
$$\vdots$$

就是一个明显的一一对应关系. 特别地,可以取 $a =$

$\langle\rangle$，就是说使 $\underbrace{\langle\langle\rangle,\cdots,\langle\rangle\rangle}_{n\uparrow}$ 与 n 对应起来。

今后我们就采用这种办法来做这种对应，并且就把相应的 S 表达式叫作自然数。

由此，$\langle\rangle$ 可以写成 0，$\langle\langle\rangle\rangle = \langle 0 \rangle = 0 \cdot 0$ 可以写成 1，$\langle\langle\rangle, \langle\rangle\rangle = \langle 0, 0 \rangle = 0 \cdot 0 \cdot 0$ 可以写成 2，……。这也可以说是自然数的某种记法。

函数 numberp 在自然数集合 $\mathbf{N}$ 上取值为 1，在其余的地方取值为 0，则

$$\text{numberp}{:}x = \begin{cases} 1 & （当 x \in \mathbf{N} 时） \\ 0 & （否则） \end{cases}$$

显然 numberp 可以递归定义如下

$$\text{numberp}{:}x = \begin{cases} 1 & （当 x = 0 时） \\ 0 & （当 x 是原子，但不是 0 时） \\ \text{numberp}{:}\beta x & （当 x 不是原子时） \end{cases}$$

如果采用以下两个函数

$$\text{null}{:}x = \begin{cases} 1 & （当 x = 0 时） \\ 0 & （当 x \neq 0 时） \end{cases}$$

$$\text{atom}{:}x = \begin{cases} 1 & （当 x 是原子时） \\ 0 & （当 x 不是原子时） \end{cases}$$

那么就有

$$\text{numberp}{:}x = \begin{cases} \text{null}{:}x & （当 \text{atom}{:}x = 1 时） \\ \text{numberp}{:}\beta x & （当 \text{atom}{:}x = 0 时） \end{cases}$$

这似乎就是 numberp$:x = \Lambda\langle\text{atom}{:}x, 1, \text{null}{:}x, \text{numberp}{:}\beta x\rangle$ 了。实际上这个写法有问题。例如当 $x = 0$，βx 无定义，那么上式就成了无意义的式子了。在上一节中，这类问题要借用通用函数来处理（参看上节中的定理 3 的证明）。在应用时很不方便。我们规定一个三元运算如下

$$x \to y; z = \begin{cases} \bot & （当 x = \bot 时） \\ z & （当 x = 0 时） \\ y & （当 x \neq 0, \bot 时） \end{cases}$$

那么上式可以改为

numberp:x = atom:$y \to$ null:x; numberp:βx
这个运算叫作分支. 这个写法更符合我们的直觉. 我们今后将采用分支运算来代替函数 Λ.

以上几个函数 numberp, null, atom 都是只取 1, 0 两个值的函数, 这样的函数也叫谓词, 而 1, 0 分别表示真、假.

下面的函数 length 叫作长度函数: length:x = atom:$x \to 0; 0 \cdot ($length:$\beta x)$.

对于 $x \in D^*$ 的情况(以及 x 是表的情况) 它给出 x 的长度, 例如

$$\begin{aligned}
\text{length}:\langle a,b \rangle &= \text{atom}:\langle a,b \rangle \to 0; 0 \cdot (\text{length}:\langle b \rangle) \\
&= 0 \cdot (\text{length}\langle b \rangle) \\
&= 0 \cdot (\text{atom}:\langle b \rangle \to 0; 0 \cdot (\text{length}:\langle\,\rangle)) \\
&= 0 \cdot (0 \cdot \text{length}:0) \\
&= 0 \cdot 0 \cdot (\text{atom}:0 \to 0; 0 \cdot (\text{length}:\beta 0)) \\
&= 0 \cdot 0 \cdot 0 \\
&= \langle 0, 0 \rangle \\
&= 2
\end{aligned}$$

下面的函数 append 叫作并置函数: append$\langle x, y \rangle$ = atom:$x \to y$; $ax \cdot$ append$\langle \beta x, y \rangle$ 对于 $x = \langle x_1, \cdots, x_n \rangle$, $y = \langle y_1, \cdots, y_m \rangle$ 的情况, append$\langle x, y \rangle$ = $\langle x_1, \cdots, x_n, y_1, \cdots, y_m \rangle$, 对于 x, y 都是自然数的情况, append$\langle x, y \rangle$ 也是自然数, 而且等于 x 与 y 的和. 因此, 以后我们常用 $x + y$ 表示 append$\langle x, y \rangle$.

下面的函数 reverse 叫作翻转函数

reverse:x = atom:$x \to x$; reverse:$\beta x + \langle \alpha x \rangle$
如果 $x = \langle x_1, \cdots, x_n \rangle$, 则 reverse:$x = \langle x_n, \cdots, x_1 \rangle$. reverse:$x$ 常写成 x^*.

下面的函数叫作末梢函数: fringe:x = atom:$x \to \langle x \rangle$; fringe:$\alpha x +$ fringe:βx 实际上, fringe:x 是一个字, 其中的各原子恰好是 x 中的各原子, 次序不变, 只是打乱了原有的结构. 例如

fringe$((a \cdot b) \cdot (c \cdot d)) = \langle a, b, c, d \rangle$

$(a,b,c,d$ 是原子$)$

以上的 numberp, length, append, reverse, fringe 各函数都是递归定义的. 上节末尾的讨论指出：这种定义是否唯一地确定了一个函数尚需进一步研究. 但对于本节这几个函数，则不难证明这种唯一性. 以 length 函数为例，我们应证明，有唯一的函数 f 满足

$$fx = \text{atom } x \to 0; 0 \cdot f\beta x$$

设其不然，那么有 f_1, f_2 都满足上式，而 $f_1 \neq f_2$，于是存在某个 $x, f_1 x \neq f_2 x$. 取定一个含有最少的原子的 x 由于

$$f_1 x = \text{atom } x \to 0; 0 \cdot f_1 \beta x$$
$$f_2 x = \text{atom } x \to 0; 0 \cdot f_2 \beta x$$

可见 atom $x = 0$，而且 $0 \cdot f_1 \beta x \neq 0 \cdot f_2 \beta x$，从而 $f_1 \beta x \neq f_2 \beta x$，而 βx 比 x 的原子少. 这就出现了矛盾.

一般说来，如果一个函数 f 是用如下的递归定义来规定的

$$fx = \text{atom } x \to \cdots; \cdots f\alpha x \cdots f\beta x \cdots$$

其中等号右端的 f 都是在 $f\alpha x$ 或 $f\beta x$ 中出现的，这个定义叫原始递归定义. 采用原始递归定义，可以唯一地确定满足这个定义的函数 f. 此外，可以证明：如果 $\cdots$ 对于 x 是原子的情况都有意义，在 $\cdots f\alpha x \cdots f\beta x \cdots$ 中用任何 S 表达式 u, v 替换 $f\alpha x, f\beta x$ 得到的 $\cdots u \cdots v \cdots$ 都有意义，那么这个定义所确定的函数一定是全函数. 对于多元函数

$$f\langle x_1, \cdots, x_n \rangle = \text{atom } x_1 \to \cdots$$
$$\cdots f\langle \alpha x_1, x_2, \cdots, x_n \rangle \cdots f\langle \beta x_1, x_2, \cdots, x_n \rangle \cdots$$

也有类似的结论.

讨论用原始递归定义所定义的函数的性质常常可以用结构归纳法.

结构归纳法原理 设有关于 S 表达式 x 的命题 P_x. 欲证 P_x 只用证明：

(1)（基始）对于原子 x, P_x 成立.

(2)（归纳）设 P_u 及 P_v 成立，则 $P_{u \cdot v}$ 成立. 这叫作

S 表达式的归纳法.

如果其中的 P_x 只是关于字的命题, 那么为证 P_x 成立, 只用证:

(1) 对空字 0, P_0 成立.

(2) 若 u 是任何原子, v 是字且 P_v 成立, 则 $P_{u \cdot v}$ 成立.

例 1 设 x, y, z 是字, 求证
$$(x + y) + z = x + (y + z)$$

证明 对 x 用归纳法. 对于 $x = 0$, 有
$$\begin{aligned}
\text{append}\langle 0, y\rangle &= y, x + (y + z) \\
&= \text{append}\langle 0, y + z\rangle \\
&= y + z
\end{aligned}$$

所以
$$(0 + y) + z = y + z = x + \langle y + z\rangle$$

设 u 是原子, v 是字
$$(v + y) + z = v + (y + z)$$

则
$$\begin{aligned}
u \cdot v + y &= \text{append}\langle u \cdot v, y\rangle \\
&= u \cdot \text{append}\langle v, y\rangle \\
&= u \cdot (v + y)
\end{aligned}$$

所以
$$\begin{aligned}
(u \cdot v + y) + z &= (u \cdot (v + y)) + z \\
&= \text{append}\langle u \cdot (v + y) \cdot z\rangle \\
&= \text{append}\langle u, (v + y) + z\rangle \\
&= u \cdot ((v + y) + z) \\
&= u \cdot (v + (y + z))
\end{aligned}$$

而
$$\begin{aligned}
u \cdot v + (y + z) &= \text{append}\langle u \cdot, v, y + z\rangle \\
&= u \cdot \text{append}\langle v, (y + z)\rangle \\
&= u \cdot (v + (y + z))
\end{aligned}$$

于是
$$(u \cdot v + y) + z = u \cdot v + (y + z)$$

这就是所要证明的.

例 2 (1) 若 x, y 是字, $x + y$ 也是字; (2) fringe x 是字.

证明 (1) 对 x 用归纳法. 若 x 是空字, $x + y = y$ 是字. 若 $x = u \cdot v, u$ 是原子, v 是字, $v + y$ 是字, 则 $x + y = u \cdot (v + y)$ 是原子并入字所得到的结果, 从而也是字, 证完.

(2) 用归纳法. 若 x 是原子, 则 fringe $x = \langle x \rangle$ 是字. 若 fringe u, fringe v 都是字, 则 fringe $(u \cdot v) =$ fringe u + fringe v, 由(1) 知, 也是字, 证完.

常用的逻辑词项(等于、与、或、非), 因考虑到程序语言中的习惯, 重新定义如下:

函数 weq(弱相等) 的定义是

$$\text{weq}(x,y) = \begin{cases} 1 & (\text{当 } x = \text{T 或 } y = \bot \text{ 时}) \\ 1 & (\text{当 } x = y \neq \bot \text{ 时}) \\ 0 & (\text{当 } x \neq y, x \neq \bot, y \neq \bot \text{ 时}) \end{cases}$$

$$\text{or } \langle x,y \rangle = x \to x; y$$
$$\text{and } \langle x,y \rangle = x \to y; 0$$

注意这些函数对于不具有 $\langle x,y \rangle$ 形式的自变量的值都没有定义

$$\text{not } x = \text{weq } \langle x,0 \rangle = \text{null } x$$

以下我们也用 $x \neq y$ 表示 weq$\langle x,y \rangle$, 用 $x \vee y$ 表示 or$\langle x,y \rangle$, 用 $x \wedge y$ 表示 and $\langle x,y \rangle$, 用 $\neg x$ 表示 not x(或 null x).

3. 程序代数

S 表达式函数的集合可以做成一个代数系统, 叫程序代数. 在这个代数中:

(1) 有一些基本函数, 如 I, α, β, atom(今后也略记为 ⓐ), weq 等. 此外, 对每个 S 表达式 s 都有一个相应的常值函数 $\underline{s}$.

(2) 有一些运算: 复合、并入、分支. 满足 $hx = f$: $(g:x)$ 的函数记为 $f \circ g$ 或 fg, 这就是复合. 满足 $hx = fx \cdot gx$ 的函数记为 $f \cdot g$, 这就是 f 并入 g. 满足 $hx =$

$fx \to g_1x; g_2x$ 的函数 h 记为 $f \to g_1; g_2$. 这就是分支.

这些函数运算之间有一些关系, 可以以代数定律的形式写出来, 例如

$$(f \cdot g)h = fh \cdot gh$$
$$(f \to g_1; g_2)h = fh \to g_1h; g_2h$$
$$h(f \to g_1; g_2) = f \to hg_1; hg_2$$
$$f \to (f \to g_1; g_2); g_1 = f \to g_1; g_2$$
$$(f \to g_1; g_2) \cdot h = f \to g_1 \cdot h; g_2 \cdot h$$
$$h \cdot (f \to g_1; g_2) = f \to h \cdot g_1; h \cdot g_2$$
$$\alpha(u \cdot v) = u, \beta(u \cdot v) = v$$
$$fI = f = If$$

等. 能用基本函数的代数式定义的函数叫代数函数. 此外, 我们约定用 $\bot$ 表示空函数, 用 $\langle f_1, \cdots, f_n \rangle$ 表示 $f_1 \cdots f_n \cdot 0$.

一个函数 f 叫作定义小于 g, 如果在 f 有定义的地方两个函数有相同的值: $fx = gx$ 或 $\bot$.

用 $f \leqslant g$ 表示 f 定义小于 g, 则可证 (1) $f \leqslant f$; (2) 若 $f \leqslant g$ 且 $g \leqslant f$, 则 $f = g$; (3) 若 $f \leqslant g$ 且 $g \leqslant h$, 则 $f \leqslant h$. 这说明 "$\leqslant$" 是一个半序关系.

因为 $\bot \leqslant f$, 所以 $\bot$ 是这个半序最小元素.

又因为 f 是全函数的充要条件: 如果 $f \leqslant g$, 那么 $f = g$, 所以全函数都是这个半序的极大元素, 反之亦然.

复合、并入、分支这几种运算都是保序的. 换句话说, 如果 $f_1 \leqslant f_2, g_1 \leqslant g_2$, 那么

$$f_1f_2 \leqslant g_1g_2, f_1 \cdot f_2 \leqslant g_1 \cdot g_2$$

如果又有 $h_1 \leqslant h_2$, 那么

$$f_1 \to g_1; h_1 \leqslant f_2 \to g_2; h_2$$

由此可知 $f_1 \leqslant g_1, \cdots, f_n \leqslant g_n$, 则 $\langle f_1, \cdots, f_n \rangle \leqslant \langle g_1, \cdots, g_n \rangle$.

利用程序代数的方法有时可以把函数之间的关系表示得十分简明. 比如说我们可以写

$$\alpha \cdot \beta \leqslant I$$

表明在 α,β 都有定义的地方，$\alpha \cdot \beta$ 的值与 I 的值一样，这就是说，如 x 不是原子，$\alpha x \cdot \beta x = x$。

又如我们可以写
$$\underline{s}\, f \leqslant \underline{s}$$
这表示在 f 有定义的地方
$$sfx = \underline{s}x = s$$

我们可以把上节介绍的函数用程序代数的形式重新定义如下：

$$\text{null} = \text{weq} \cdot \langle I, \underline{0} \rangle$$
$$\text{numberp} = \text{ⓐ} \to \text{null}; \text{numberp}\, \beta$$
$$\text{length} = \text{ⓐ} \to \underline{0}; \underline{0} \cdot \text{length}\, \beta$$
$$\text{append} = \text{ⓐ}\, \overline{1} \to \overline{2}; \alpha\, \overline{1}, \text{append}\langle \beta\, \overline{1}, \overline{2} \rangle$$
$$\text{reverse} = \text{ⓐ} \to I; \text{append}\langle \text{reverse}\, \beta, \langle \alpha \rangle \rangle$$
$$\text{fringe} = \text{ⓐ} \to \langle I \rangle; \text{append}\langle \text{fringe}\, \alpha, \text{fringe}\, \beta \rangle$$

这些函数中 null 是显式定义的，其余则是通过函数方程（递归）定义的。以 fringe 为例，它被定义为如下方程的解：$F = \text{ⓐ} \to \langle I \rangle; \text{append}\langle F\alpha, F\beta \rangle$ 这里 F 是函数变元。这样的方程，其右端是含有 F 的代数式，它可以看成一个泛函 φ，即

$$\varphi[F] = \text{ⓐ} \to \langle I \rangle; \text{append}\langle F\alpha, F\beta \rangle$$

这样的泛函叫代数泛函。代数泛函在计算理论中极为重要。

§3 递 归 函 数

1. S 表达式抽象计算机

S 表达式抽象计算机是指一组 S 到自身的函数 $C = \{F_s \mid s \in S\}$，其中的每个函数都叫作可计算函数，如果以下命题成立：

(A'_1) $I, \alpha, \beta, \text{ⓐ}, \text{weq}$ 都是可计算函数。

(A'_2) 存在可计算的全函数 const, 对任何 $s \in S$, $F_{\text{const};s} = s$.

(A'_3) 存在可计算的全函数 cons, 对任何 $s_1, s_2 \in S, F_{\text{cons}(s_1, s_2)} = F_{s_1} \cdot F_{s_2}$.

(A'_4) 存 可计算的全函数 cond, 对任何 $s_1, s_2, s_3 \in S, F_{\text{cond}}\langle s_1, s_2, s_3 \rangle = F_{s_1} \to F_{s_2}; F_{s_3}$.

(B') 存在可计算的全函数 comb, 对任何 $s_1, s_2 \in S, F_{\text{comb}(s_1, s_2)} = F_{s_1} \cdot F_{s_2}$.

(C') 存在可计算函数 U, 对任何 $x, s \in S, U\langle s, x \rangle = F_s : x$.

首先应注意, 对任何 $s_1, \cdots, s_n \in S, \langle F_{s_1}, \cdots, F_{s_n} \rangle$ 是可计算的, 而且

$$\text{cons}\langle s_1, \text{cons}\langle \cdots \text{cons}\langle s_n, \text{consto}\rangle \cdots \rangle \rangle$$

是计算它的程序, 我们把它记为 $1_n\langle s_1, \cdots, s_n \rangle$.

现在我们就可以规定

$$f_s^{(n)}(x_1, \cdots, x_n) = F_s\langle x_1, \cdots, x_n \rangle$$

于是得到一组 $C' = \{f_s^{(n)} \mid s \in S, n > 0, f_s^{(n)} \text{ 是 } S^n \text{ 到 } S$ 的函数$\}$, 我们将看到 C' 是前文意义下的抽象计算机. 实际上, 我们只用验证公理 A_1, A_2, A_3, A_4, B, C 成立即可.

公理 A_1 可以从命题(A'_2)直接得出.

公理 A_2 是因为

$$\overline{1}^{(n)} = \alpha, \overline{1}^{(n)} = \alpha\beta, \overline{2}^{(n)} = \alpha\beta^2, \cdots$$

再由命题(A'_1)和(B')得出.

公理 A_3 只用取 $\omega(x) = x \cdot 0$ 即可由命题(A'_1)(A'_2)(A'_3)得出.

公理(A_4)是因为

$$\Lambda(x, y, u, v) = \text{weq}(x, y) \to u; v$$

再由命题(A'_1)(A'_2)(A'_4)可以得出.

公理 B, 可以从命题(B')得出.

公理 C, 取 $U^{(n+1)}(s, x_1, \cdots, x_n) = U\langle S, \langle x_1, \cdots, x_n \rangle \rangle$ 即可得到.

总之C'是一个抽象计算机. 因此第一节中结果都可以对C'来使用, 于是得到C中相应的结果. 例如:设r是一个可计算的全函数, 则存在$s,F_s=F_{r(s)}$(抽象递归定理). 本节的目的在于构造一个具体的S表达式的抽象计算机.

2. 代数方程的解

如果φ是一个代数泛函, 那么形为$F=\varphi[F]$的方程叫作一个代数方程. 我们来讨论其解的存在唯一性问题.

设f是一个函数, $f=\varphi[f]$, 则说f是泛函φ的不动点. 如果此外又有:若g是φ的不动点, 则$f\leqslant g$, 我们就说f是φ的最小不动点, 不难看出最小不动点如果存在, 一定是唯一的. 我们把φ的最小不动点叫作方程$F=\varphi[F]$的最小解, 也说是φ所定义的函数.

为此, 我们要对单调上升序列以及它的上确界做一点说明.

设$f_0\leqslant f_1\leqslant\cdots$是一个单调序列, 其中$f_i$的定义域是$A_i$, 那么, $A_0\subset A_1\subset\cdots$. 令$A=\bigcup A_i$, 则对$x\in A$, 有一个最小的足标$k$使$x\in A_k$, 于是$x\in A_{k+1},\cdots$. 这说明$f_k:x=f_{k+1}:x=\cdots$. 取它们的公共值为$f:x$, 在$A$以外令$F:x=\bot$. 显然$f_i\leqslant f$, 即$f$是$\{f_i\}$的上界. 此外, 若$g$也是$\{f_i\}$的上界, 则$f_i\leqslant g$, 可见在$A_i$上$f_i:x=g:x$, 即$f:x=g:x$. 这个关系对一切$i$都成立. 因此, 对任何$x\in A, f:x=g:x$. 而$A$是$f$的定义域, 所以$f\leqslant g$. 这说明$f$就是$\{f_i\}$的最小上界. 以下用$\sup\{f_i\}$表示这个最小上界.

于是我们证明了:

引理 1 单调上升序列$f_0\leqslant f_1\leqslant\cdots$一定有最小上界. 用$f$表示这个最小上界, 则对任何$x$, 以下两种情况之一成立:

(1)$fx=\bot$, 这时一切$f_ix=\bot$.

(2)$fx\neq\bot$, 这时存在某个k, 当$i\geqslant k$时, $f_ix=fx$.

利用这个引理,可以证明以下的几个推论.

推论1 设 $f_0 = g_0 \circ h_0, f_1 = g_1 \circ h_1, \cdots$ 而 $\{g_i\}$,$\{h_i\}$ 是上升序列, $g = \sup\{g_i\}$, $h = \sup\{h_i\}$,那么 $\{f_i\}$ 也是上升序列,此外 $\sup\{f_i\} = g \circ h$.

证明 因为复合运算保持半序"$\leqslant$",所以 $\{f_i\}$ 是单调上升的,由引理1,存在 $f = \sup\{f_i\}$.任取 x,我们来证明 $fx = ghx$.分以下几种情况讨论.

如果 $hx = \bot$,这时 $ghx = \bot$.由引理1,一切 $h_i x = \bot$,从而一切 $f_i x = g_i k_i x = \bot$,由引理1,$fx = \bot = ghx$.

如果 $hx = y \neq \bot$,而 $gy = \bot$,这时 $ghx = \bot$.由引理1,存在 k,当 $i \geqslant k$ 时 $h_i x = y$,而一切 $g_i y = \bot$.因此,当 $i \geqslant k$ 时 $f_i x = g_i h_i = g_i y = \bot$,由 $\{f_i\}$ 是单调上升的,对 $i < k$ 也有 $f_i x = \bot$,可见 $fx = \bot = ghx$.

如果 $hx = y \neq \bot$,$gy = z \neq \bot$,这时 $ghx = z$.由引理1,存在 k_1,当 $i \geqslant k_1$ 时 $h_i x = y$,又存在 k_2,当 $i \geqslant k_2$ 时 $g_i y = z$.取 k_1, k_2 中较大的为 k,则当 $i \geqslant k$ 时 $f_i x = g_i h_i = g_i y = z$.再由引理1,$fx = z = ghx$.推论得证.

推论2 设 $f_0 = g_0 \cdot h_0, f_1 = g_1 \cdot h_1, \cdots, \{g_i\}$,$\{h_i\}$ 是上升序列, $g = \sup\{g_i\}$, $h = \sup\{h_i\}$,那么 $\{f_i\}$ 也是上升序列,此外 $\sup\{f_i\} = g \cdot h$.

推论3 设 $f_0 = g_0 \to h_0; h'_0, f_1 = g_1 \to h_1; h'_1, \cdots$,而 $\{g_i\}\{h_i\}\{h'_i\}$ 都是上升序列,而且
$$\sup\{g_i\} = g, \sup\{h_i\} = h, \sup\{h'_i\} = h'$$
那么 $\{f_i\}$ 也是上升序列,而且 $\sup\{f_i\} = g \to h; h'$.

推论2和推论3的证明从略.

我们再引进一个关于泛函性质的术语.

定义1 一个泛函 φ 叫作连续的,如果对任何上升序列 $f_0 \leqslant f_1 \leqslant \cdots$ 都有 $\varphi[f_0] \leqslant \varphi[f_1] \leqslant \cdots$,而且 $\sup\{\varphi[f_i]\} = \varphi[\sup\{f_i\}]$.

我们来证明一个预备定理:

定理7(代数泛函的连续性) 设 φ 是一个代数泛函,则 φ 是连续的.

证明 代数泛函是由函数符号、函数变元符号

通过复合、并入、分支这几种运算结合成的. 我们就对其中运算的个数做归纳法证明.

如果 φ 中没有运算, 那么 φ 只能是由一个基本函数符号或一个函数变元符号组成的. 在前一种情况, φ 是常值泛函, 无论变元符号用什么函数替换, φ 总是等于某个特定的函数, 定理当然成立. 在后一种情况, $\varphi[f] = f$. 定理也成立.

如果其中含有运算, 那么总有一个是最后结合的运算. 那么 $\varphi[F] = \varphi_1[F] \circ \varphi_2[F]$ 或是 $\varphi[F] = \varphi_1[F] \cdot \varphi_2[F]$ 或是 $\varphi[F] = \varphi_1[F] \to \varphi_2[F]$; $\varphi_3[F]$. 而 φ_1, φ_2 (以及 φ_3) 中含有的运算数比 φ 少. 在用归纳法时, 可以假定对于 φ_1, φ_2 (以及 φ_3) 定理是成立的. 再利用引理 1 的推论 1, 2, 3 就可以证明定理对于 φ 成立. 定理得证.

现在我们来证明本节的主要定理:

定理 8 (不动点原理) 设 φ 是一个连续泛函, 令 $f_0 = \bot, f_1 = \varphi[f_0], f_2 = \varphi[f_1], \cdots$, 则 $\{f_i\}$ 是上升序列, 而且 $f = \sup\{f_i\}$ 是 φ 的最小不动点.

证明 因为 $\bot$ 是最小元, 可见 $f_0 \leq f_1$. 由 φ 的连续性 $\varphi[f_0] \leq \varphi[f_1]$, 从而 $f_1 \leq f_2$, 同理 $f_2 \leq f_3, \cdots$ 可见 $\{f_i\}$ 是上升序列. 由 φ 的连续性, $\{\varphi[f_i]\}$ 是上升序列, 而且 $\sup\{\varphi[f_i]\} = \varphi[\sup\{f_i\}]$ 右端就是 $\varphi[f]$, 左端是 $\sup\{f_{i+1}\} = \sup\{f_i\} = f$, 因此 $f = \varphi[f]$. 可见 f 是 φ 的不动点. 设 g 也是 φ 的不动点, $\varphi[g] = g$. 由 $\bot \leq g$, 可知 $f_0 \leq g$, 由 φ 的连续性 $\varphi[f_0] \leq \varphi[g]$, 即 $f_1 \leq g$, 同理 $f_2 \leq g, \cdots$. 可见 g 是 $\{f_i\}$ 的上界, 于是 $f \leq g$. 这说明 f 是 φ 的最小不动点. 定理 8 得证.

把以上两个定理结合起来, 就得到:

推论 代数泛函一定有最小不动点.

这个推论也就是说, 代数方程的最小解一定存在.

不动点原理的另一个重要推论:

定理 9 (不动点归纳法) 设 f 是 φ 最小不动点.

为证 $f \leq g$,只用证 $\varphi[g] \leq g$.

证明 把定理 8 的证明的后一半逐字重复一遍即可.

推论 如果 φ 的不动点都是全函数,则它有唯一的不动点.

证明 设 f 是 φ 的最小不动点,g 是 φ 的不动点,则 $\varphi[g] = g$. 由定理 9 知,$f \leq g$. 但 f 是最大元,所以 $f = g$,证完.

上节曾讨论过原始递归定义的合理性问题. 现在我们可以把它表述如下:

定理 10(原始递归定理) 设 φ 是一个代数泛函,它具有如下的形式,$\varphi[F] = \text{ⓐ} \to g_1; g_2 \cdot \langle I, F_\alpha, F_\beta \rangle$,其中 g_1, g_2 是已知的全函数,则 φ 的最小不动点是全函数.

证明 证 f 是 φ 的任何不动点. 用结构归纳法很容易证明 f 的定义域是 S 的全体,即 f 是全函数. 再由上一定理的推论就可以证明定理 10.

例 1 length 是全函数. 证明:length 的原始递归定义是

$$\text{length} = \text{ⓐ} \to \underline{0}, \underline{0} \cdot \text{length } \beta$$

取 $g_1 = \underline{0}$,则

$$g_2 x = \begin{cases} 0 & (\text{当 } x \text{ 不具有} \langle x_1, x_2, x_3 \rangle \text{ 的形式时}) \\ 0 \cdot x_3 & (\text{当 } x = \langle x_1, x_2, x_3 \rangle \text{ 时}) \end{cases}$$

那么 g_1, g_2 都是全函数,而且

$$g_2 \langle I, F\alpha, F\beta \rangle x = g_2 \langle x, F\alpha x, F\beta x \rangle = 0 \cdot F\beta x$$

可见

$$g_2 \langle I, F\alpha, F\beta \rangle = \underline{0} \cdot F\beta$$

于是

$$\varphi[F] = \text{ⓐ} \to g_1; g_2 \circ \langle I, F\alpha, F\beta \rangle$$
$$= \text{ⓐ} \to \underline{0}; \underline{0} \cdot F\beta$$

由原始递归定理,这个方程有唯一的解,而且是全函数.

例 2 append$\langle x, y \rangle$ 对任何 x, y 都有定义.

证明 取定 $y = s$,令 $fx = \text{append}\langle x,s\rangle$,那么 f 应满足

$$f = \text{\textcircled{a}} \to \underline{s}; \alpha \cdot f\beta$$

依照上例可以证明 f 是全函数,这说明 $\text{append}\langle x,y\rangle$ 对一切 x,y 都有定义.

3. 递归计算

在计算与递归定义有关的表达式的值时,我们通常总是用递归展开的办法来计算. 上一章曾举例说明 $\text{length}:\langle a,b\rangle$ 的计算过程,就是这种计算办法. 本节我们就来讨论这种计算和最小不动点的关系.

设 φ 是一个代数泛函, f 是它的最小不动点,即方程 $F = \varphi[F]$ 的最小解.

设 ψ 是另一个代数泛函,那么 $\psi[f]$ 就是一个含有 f 的代数式,它表示一个函数 g. 我们来说明给定 x 之后如何计算 $g:x = \psi[f]:x$. 这时有以下几种情况:

(1) 若 ψ 是由单个已知函数 h 组成的泛函,则 $g = h, gx = hx$.

(2) 若 ψ 是由单个函数变元组成的泛函,则 $\psi[F] = F, g = f = \varphi[f]$,于是 gx 的计算归结为 $\varphi[f]x$ 的计算.

(3) 若 ψ 是 $\psi_1 \circ \psi_2$,则 $g = \psi_1[f] \circ \psi_2[f], gx = \psi_1[f] \circ \psi_2[f]:x = \psi_1[f]:\psi_2[f]:x$,于是应先计算出 $\psi_2[f]:x$,再求 $\psi_1[f]:(\psi_2[f]:x)$.

(4) 若 ψ 是 $\psi_1 \to \psi_2; \psi_3$,则 $g:x = \psi_1[f]:x \to \psi_2[f]:x; \psi_3[f]:x$,于是应先计算 $\psi_1[f]:x$,再根据不同情况计算 $\psi_2[f]:x$ 或 $\psi_3[f]:x$.

(5) 若 ψ 是 $\psi_1 \cdot \psi_2$,则 $g:x = (\psi_1[f]:x) \cdot (\psi_2[f]:x)$,于是应先分别求出 $\psi_1[f]:x$ 及 $\psi_2[f]:x$,再求出 $g:x$.

这就是递归计算的定义. 这个定义本身也是递归的,因此要用适当的办法来说明它到底是否定义了一个明确的对象. 这又要引起新的一轮不动点原理的讨

论. 但我们可以避免这种麻烦, 办法是利用通用函数.

首先规定程序的写法.

因为 $I, \alpha, \beta, \text{ⓐ}, \text{weq}$ 都是可计算的, 应该有程序计算它们. 设 ID, CAR, CDR, ATOM, WEQ 是相应的程序, 不妨认为这些都是 S 表达式中的非零原子.

设
$$\text{const} \, s = \langle \text{CONST}, s \rangle$$
$$\text{comb} \langle s_1, s_2 \rangle = \langle \text{COMB}, s_1, s_2 \rangle$$
$$\text{cond} \langle s_1, s_2, s_3 \rangle = \langle \text{COND}, s_1, s_2, s_3 \rangle$$
$$\text{cons} \langle s_1, s_2 \rangle = s_1 \cdot s_2$$

CONST, COMB, COND 都是 S 表达式中的非零原子, 它们本身不是程序 (假定只是为了理解的方便, 在逻辑上用不着).

一个函数, 如果是由基本函数组成的代数式给出的, 我们就可以用上面的办法写出它的程序了, 例如: $\text{ⓐ} \to \underline{0}; \alpha \cdot \text{weq} \langle \beta \cdot \underline{0} \rangle$ 相应的程序是 $\langle \text{COND}, \text{ATOM},$ $\langle \text{CONST}, 0 \rangle, \text{CAR} \cdot \langle \text{COMB}, \text{WEQ}, \langle \text{CDR}, \langle \text{CONST},$ $0 \rangle \rangle \rangle$. (注意 $\ln(s_1, \cdots, s_n) = \text{cons}(s_1, \cdots, \text{cons}(s_n,$ $0) \cdots) = \langle s_1, \cdots, s_n \rangle$.)

现在我们规定用 VAR 表示函数变元的"程序"(VAR 也看作是一个原子), 那么就可以把上面的办法扩大, 写出代数泛函对应的"程序". 例如: $\text{ⓐ} \to \underline{0};$ $\underline{0} \cdot F\beta$ 对应的"程序"是 $\langle \text{COND}, \text{ATOM}, \langle \text{CONST}, 0 \rangle;$ $\langle \text{CONST}, 0 \rangle \cdot \langle \text{COMB}, \text{VAR}, \text{CDR} \rangle \rangle$.

这里我们把"程序"加上了引号, 因为它已不是原来意义下的程序了. 我们可以把这种做法形式地规定如下.

定义 2 一个表达式 C 叫作一个程序表达式或简称一个 C 表达式, 如果 $\text{cexp} \, c = 1$, 其中 cexp 递归定义如下:

$\text{cexp} \, x = \text{bas} \, x \to 1; \text{var} \, x \to 1; \text{ⓐ} x \to 0;$
$\text{weq} \langle \alpha x, \text{CONST} \rangle \to \text{ⓐ} \beta x \to 0; \text{null} \, \beta\beta x;$
$\text{weq} \langle \alpha x, \text{COMB} \rangle \to (\text{ⓐ} \beta x \to 0; \text{ⓐ} \beta\beta x \to 0;$

null $\beta\beta\beta x \to$ cexp $\bar{2}x \wedge$ cexp $\bar{3}x;0)$;
weq$\langle \alpha x,$COND$\rangle \to ($ⓐ$\beta x \to 0;$ⓐ$\beta\beta x \to 0;$
ⓐ$\beta\beta\beta x \to \beta\beta\beta\beta x \to$ cexp $\bar{2}x \wedge$ cexp $\bar{3}x \wedge$ cexp $\bar{4}x;0)$;
cexp $\alpha x \wedge$ cexp βx.

其中 bas x = null $x \vee$ weq $(x,$ID$) \vee$ weq $(x,$CAR$) \vee$ weq$(x,$CDR$) \vee$ weq$(x,$WEQ$)$, var x = weq$(x,$ VAR$)$.

我们给出了这样一个非常形式的定义,是为了说明 cexp 是一个全函数(用原始递归定理证明),从而清楚地提供 C 表达式的定义. 其实从这个定义可以看出:

(1) 空表,ID,CAR,CDR,WEQ,VAR,都是 C 表达式,其他的原子不是 C 表达式.

(2) $\langle$CONST,$s\rangle$ 是 C 表达式.

(3) $\langle$COMB,$c_1,c_2\rangle$ 是 C 表达式,当且仅当 c_1,c_2 是 C 表达式.

(4) $\langle$COND,$c_1,c_2,c_3\rangle$ 是 C 表达式,当且仅当 c_1,c_2,c_3 是 C 表达式.

(5) $c_1 \cdot c_2$ 是 C 表达式,当且仅当 c_1,c_2 是 C 表达式(除了(2)(3)(4) 中已讨论过的情况以外).

为了说一个 C 表达式 c 对应的泛函 μc 是什么泛函,我们应分几种情况定义如下:

(1) 空表对应于恒为 $\underline{0}$ 的常值泛函,即
$$\mu 0[F] = \underline{0}. \mu \text{ID} = I$$
$$\mu \text{CAR}[F] = \alpha$$
$$\mu \text{CDR}[F] = \beta$$
$$\mu \text{WEQ}[F] = \text{weq}$$
都是常值泛函. μVAR$[F] = F$ 是恒等泛函.

(2) 若 $c = \langle$CONST,$S\rangle$,则 $\mu c[F] = \underline{s}$ 也是常值泛函.

(3) 若 $c = \langle$COMB,$c_1,c_2\rangle$,则
$$\mu c[F] = \mu c_1[F] \circ \mu c_2[F]$$

(4) 若 $c = \langle \mathrm{COND}, c_1, c_2, c_3 \rangle$，则
$$\mu c[F] = \mu c_1[F] \to \mu c_2[F] ; \mu c_3[F]$$
(5) 若 $c = c_1 \cdot c_2$，则
$$\mu c[F] = \mu c_1[F] \cdot \mu c_2[F]$$

从这个定义可以看出，如果 C 表达式 c 中 VAR 不出现，则 μc 中 F 也不出现，就是说 μc 是一个常值泛函，用 ρc 表示 μc 的值，$\mu c[F] = \rho c$ (一切 F)，而 ρc 是一个函数(对 c 用结构归纳法易证)。此外，设 c' 也是一个 C 表达式，用 c 替换 c' 中的 VAR 得到 c''，则 c'' 中也没有 VAR，而且 $\mu c'[\rho c] = \rho c''$ (对 c' 用结构归纳法不难证明)。

现在设 $\mu c = \psi, \mu e = \varphi, f$ 是 φ 的最小不动点。我们来看看 $\psi[f]:x$ 应该是什么。我们分别考虑 ψ 的不同情况。

(1) 如果 ψ 是常值泛函，$\psi = h$ 是已知函数，那么
$$\psi[f]:x = hx$$
(2) 如果 ψ 是恒等泛函，$\psi = F$，那么
$$\varphi[f]:x = fx$$
(3) 如果 ψ 是 $\psi_1 \circ \psi_2$，$\psi[f] = \psi_1[f] \circ \psi_2[f]$，那么
$$\psi[f]:x = \psi_1[f]:(\psi_2[f]:x)$$
(4) 如果 ψ 是 $\psi_1 \to \psi_2 ; \psi_3$，那么
$$\psi[f] = \psi_1[f] \to \psi_2[f] ; \psi_3[f]$$
$$\psi[f]:x = \psi_1[f]:x \to \psi_2[f]:x ; \psi_3[f]:x$$
(5) 如果 ψ 是 $\psi_1 \cdot \psi_2$，那么
$$\psi[f]:x = (\psi_1[f]:x) \cdot (\psi_2[f]:x)$$

令 $v\langle c,e,x\rangle = \psi[f]:x$，那么从 μc 的定义可以看出，v 应满足以下的条件：

(1') $v\langle c,e,x\rangle = \mathrm{val}\langle c,x\rangle$ (当 bas $c = 1$ 时)，这里，$\mathrm{bval}\langle c,x\rangle = \mathrm{nullc} \to 0; \mathrm{weq}\langle c,\mathrm{ID}\rangle \to x; \mathrm{weq}\langle c,\mathrm{CAR}\rangle \to \alpha x; \mathrm{weq}\langle c,\mathrm{CDR}\rangle \to \beta x; \mathrm{weq}\langle c,\mathrm{WEQ}\rangle \to \mathrm{weq}\ x; 0$.

(2') $v\langle c,e,x\rangle = fx$ (当 var $c = 1$ 时)。

$(3')\ v\langle c,e,x\rangle = s$（当 $c = \langle \text{CONST},s\rangle$ 时）.

$(4')\ v\langle c,e,x\rangle = v\langle c_1,e,v\langle c_2,e,x\rangle\rangle$（当 $c = \langle \text{COMB},c_1,c_2\rangle$ 时）.

$(5')\ v\langle c,e,x\rangle = v\langle c_1,e,x\rangle \to v\langle c_2,e,x\rangle ; v\langle c_3,e,x\rangle$（当 $c = \langle \text{COND},c_1,c_2,c_3\rangle$ 时）.

$(6')\ v\langle c,e,x\rangle = v\langle c_1,e,x\rangle \cdot v\langle c_2,e,x\rangle$（当 $c = c_1 \cdot c_2$ 时）.

现在回到递归计算的问题. 设 $\mu c = \psi, \mu e = \varphi, f$ 是 φ 的最小不动点, $u\langle c,e,x\rangle$ 是按递归计算的办法求出的值, 则:

$(1'')\ u\langle c,e,x\rangle = \text{bval}\langle c,x\rangle$（当 basc = 1 时）.

$(2'')\ u\langle c,e,x\rangle = u\langle e,e,x\rangle$（当 varc = 1 时）.

$(3'')\ u\langle c,e,x\rangle = s$（当 $c = \langle \text{CONST } s\rangle$ 时）.

$(4'')\ u\langle c,e,x\rangle = \langle u\langle c_1,e,u\langle c_2,e,x\rangle\rangle\rangle$（当 $c = \langle \text{COMB},c_1,c_2\rangle$ 时）.

$(5'')\ u\langle c,e,x\rangle = u\langle c_1,e,x\rangle \to u\langle c_2,e,x\rangle ; u\langle c_3,e,x\rangle$（当 $c = \langle \text{COND},c_1,c_2,c_3\rangle$ 时）.

$(6'')\ u\langle c,e,x\rangle = u\langle c_1,e,x\rangle \cdot u\langle c_2,e,x\rangle$（当 $c = c_1 \cdot c_2$ 时）.

现在我们已能写出如下的方程

$$u\langle c,e,x\rangle = \text{bas } c \to \text{val }\langle c,x\rangle; \text{val } c \to u\langle e,e,x\rangle$$

$$\text{wep }\langle \alpha c,\text{CONST}\rangle \to \overline{2c}$$

$$\text{wep }\langle \alpha c,\text{COMB}\rangle \to u\langle \overline{2c},e,\langle \overline{3c},e,x\rangle\rangle$$

$$\text{wep }\langle \alpha c,\text{COND}\rangle \to u\langle \overline{2c},e,x\rangle \to$$

$$u\langle \overline{3c},e,x\rangle; u\langle \overline{4c},e,x\rangle$$

$$u\langle \alpha c,e,x\rangle \cdot u\langle \beta c,e,x\rangle$$

函数 u 可以定义为这个泛函的最小不动点.

到此为止, 我们做了三件事:

(1) 定义了一种 C 表达式, 每个 C 表达式 c 相应于一个泛函 μc, 不含 VAR 的 C 表达式 c 相应的泛函 μc 是常值泛函, 用 ρc 表示它的值.

(2) 设 $\mu c = \psi, \mu e = \varphi, f$ 是 φ 的不动点,

$v\langle c,e,x\rangle = \psi[f]:x$，则 $v\langle c,e,x\rangle$ 应满足一组等式 $(1')\sim(6')$.

（3）如何根据 c,e,x 递归地计算 $v\langle c,e,x\rangle$，我们暂时还不知道这样计算的结果就是 $v\langle c,e,x\rangle$，所以令 $u\langle c,e,x\rangle$ 表示它. u 是递归定义的，它满足等式 $(1'')\sim(6'')$.

下面我们就来证明 $u = v$.

4. 递归计算的基本定理

在本小节中，我们取定 e 及 $\mu e = \varphi$. 略去 u 和 v 中的 e 不写，以求简便.

令 s 是如下的函数：$s\langle x,y\rangle = \text{ⓐ}x \to (\text{var } x \to y;x);s\langle \alpha x,y\rangle \cdot s\langle \beta x,y\rangle$ 不难证明 $s\langle s,y\rangle$ 是把 x 中所有的 VAR 用 y 替换的结果.

定理 11（程序替换） 设 c_1,c_2 是两个 C 表达式，$c = s\langle c_1,c_2\rangle$，则 c 也是 C 表达式，而且对任何函数 g 都有
$$\mu c[g] = \mu c_1[\mu c_2[g]]$$

证明 对 c_2 用结构归纳法可证.

推论 在定理中，如果 c_2 中不含 VAR，则 c 中也不含 VAR，而且 $\rho c = \mu c_1[\rho c_2]$.

这个推论上节已经说明过.

现在我们讨论 u 与 s 的关系.

引理 2 $u\langle s\langle c,e\rangle,x\rangle = u\langle c,x\rangle$.

证明 对 c 用结构归纳法.

以下用 ω 表示一个相应于 $\bot$ 的程序，例如 $\langle\text{COMB},\text{CAR},\langle\text{CONST }0\rangle\rangle,\rho\omega = \alpha\underline{0} = \bot$.

引理 3 $u\langle s\langle c,\omega\rangle,x\rangle = \bot$ 或 $u\langle c,x\rangle$.

证明 对 c 用结构归纳法.

现在令 $e^0 = \text{VAR}, e^1 = s\langle e,e^0\rangle, e^2 = s\langle e,e^1\rangle,\cdots$，注意 $e^1 = e$.

引理 4 $s\langle s\langle x_1,x_2\rangle,x_3\rangle = s\langle x_1,s\langle x_2,x_3\rangle\rangle$.

证明 对 x_1 用结构归纳法可证.

引理5 $u\langle s\langle c,e^i\rangle,x\rangle = u\langle c,x\rangle.$

证明 由于 $s\langle c,e^i\rangle = s\langle c,s\langle e,e^{i-1}\rangle\rangle = s\langle s\langle c,e\rangle,e^{i-1}\rangle$ 用数学归纳法易从引理2证明本引理.

再令 $e_i = s\langle e^i,\omega\rangle$,则 $e_0 = \omega, \rho e_0 = \bot$.

引理6 $u\langle s\langle c,e_i\rangle,x\rangle = u\langle c,x\rangle$ 或 $\bot$.

证明 $s\langle c,e_i\rangle = s\langle c,s\langle e^i,\omega\rangle\rangle = s\langle s\langle c,e^i\rangle,\omega\rangle$. 由引理3, $u\langle s\langle c,e_i\rangle,x\rangle = u\langle s\langle s\langle c,e^i\rangle,\omega\rangle,x\rangle = u\langle s\langle c,e^i\rangle,x\rangle$ 或 $\bot$. 再用引理5, 即可证明本引理.

现在记 $c_i = s\langle c,e_i\rangle$. e_i 和 c_i 中都不含 VAR.

比较上节关于 v 和 u 的 $(1') \sim (6'), (1'') \sim (6'')$ 各式, 对 c 用归纳法可证, 如果 c 中不含 VAR, 则 $u\langle c,x\rangle = v\langle c,x\rangle$. 因此 $v\langle c_i,x1\rangle = u\langle c_i,x\rangle = u\langle s\langle c,e_i\rangle,x\rangle = u\langle c,x\rangle$ 或 $\bot$. 而 $v\langle c_i\cdot x\rangle = \rho c_i:x = \mu c[\rho e_i]:x$.

另一方面, $s\langle e,e_i\rangle = s\langle e,s\langle e^i,\omega\rangle\rangle = s\langle s\langle e,e^i\rangle,\omega\rangle = s\langle e^{i+1},\omega\rangle = e_{i+1}$, 所以 $\mu e[\rho e_i] = \rho e_{i+1}$, 即 $\varphi[\rho e_i] = \rho e_{i+1}$. 再由 $\rho e_0 = \bot$ 可知 $\rho e_i = \varphi^i[\bot]$. 因此 $\{\rho e_i\}$ 的最小上界是 f. 而 μc 是代数泛函, 是连续的, 所以 $\{\mu c[\rho e_i]\}$ 的最小上界是 $\mu c[f] = \psi[f]$.

综合以上的讨论, 只要 $v\langle c,x\rangle = \psi[f]:x = y \ne \bot$, 则存在 k, 当 $i \geqslant k$ 时 $\mu c[\rho e_i]:x = y$, 也就是 $v\langle c_i,x\rangle = y$, 因此 $y = u\langle c,x\rangle$ 或 $\bot$. 这说明 $v\langle c,x\rangle = u\langle c,x\rangle$ 或 $\bot$. 从而 $v \leqslant u$.

回顾 u 的定义, 它是上节末尾的方程的最小解. 由 v 的性质 $(1') \sim (6')$ 很容易看出 v 也满足这个方程(注意 $v\langle e,e,x\rangle = \mu e[f]:x = \varphi[f]:x = fx$). 可见 $u \leqslant v$.

上面已经证明了 $v \leqslant u$, 现在又有 $u \leqslant v$, 因此 $u = v$. 这样我们就证明了:

定理12(递归计算的基本定理) 对任何 c,e,x, $u\langle c,e,x\rangle = \psi[f]:x$, 其中 $\psi = \mu c, f$ 是 $\varphi = \mu e$ 的最小不动点.

5. 递归计算机

给了一对 C 表达式 c 和 e, 令 $\mu c = \psi, \mu e = \varphi, f$ 是 φ

的最小不动点，则 $\psi[f]$ 叫作由 $\langle c,e \rangle$ 计算的递归函数. 我们将证明，全体递归函数组成一个 S 表达式抽象计算机. 为此只用验证本节的命题 $(A'_1) \sim (C')$ 即可.

用 $F_{\langle c,e \rangle}$ 表示由 $\langle c,e \rangle$ 计算的递归函数. $F_{\langle c,e \rangle} x = \psi[f] x = v\langle c,e,x \rangle$. 取 $U = v\langle \overline{11}, \overline{21}, \overline{2} \rangle$, 则 $U\langle \langle c,e \rangle, x \rangle = v\langle c,e,x \rangle = F_{\langle c,e \rangle} x$. 这就是 (C'). 此外, $(A'_1)(A'_2)$ 都是不言而喻的.

现在讨论 (A'_3)，设 $s_1 = \langle c_1, e_1 \rangle, s_2 = \langle c_2, e_2 \rangle$. 如果 $e_1 = e_2 = e$，那么令 $c = c_1 \cdot c_2$，即有 $F_{\langle c,e \rangle} = F_{\langle c_2,e \rangle} \cdot F_{\langle c_2,e \rangle}$，于是只要取 $\mathrm{cons}\langle s_1, s_2 \rangle = \langle c,e \rangle$ 即可. 问题即在于 e_1, e_2 可以不等.

引理 7 设 $\langle c_1, e_1 \rangle, \langle c_2, e_2 \rangle$ 是两组 C 表达式. 存在 C 表达式 c'_1, c'_2, e 使由 $\langle c'_1, e \rangle, \langle c'_2, e \rangle$ 计算的递归函数分别等于由 $\langle c_1, e_1 \rangle$ 和 $\langle c_2, e_2 \rangle$ 计算的递归函数.

证明 设 $\mu c_1 = \psi_1, \mu c_2 = \psi_2, \mu e_1 = \psi_1, \mu e_2 = \varphi_2$. 又设 f_1, f_2 分别是 φ_1, φ_2 的最小不动点. 那么由 $\langle c_1, e_1 \rangle, \langle c_2, e_2 \rangle$ 计算的递归函数分别是 $\psi_1[f_1]$ 及 $\psi_2[f_2]$.

现在令 $\varphi[F] = \langle \varphi_1[\overline{1} \circ F], \varphi_2[\overline{2} \circ F] \rangle$. 很容易证明 $\varphi[F]$ 的最小不动点就是 $f = \langle f_1, f_2 \rangle$. 令 $\varphi'_1[F] = \psi_1[\overline{1} \circ F], \psi'_2[F] = \psi_2[\overline{2} \circ F]$，那么 $\psi'_1[f] = \psi_1[\overline{1} \circ f] = \psi_1[f_1], \psi'_2[f] = \psi_2[\overline{2} \circ f] = \psi_2[f_2]$. 不难看出 $\varphi, \varphi'_1, \psi'_2$ 都是代数泛函，取它们相应的 C 表达式为 e, c'_1, c'_2 即可证明引理. 这个引理也可以推广到三组 C 表达式的情况.

引理中的 e, c'_1, c'_2 也可以写出显式的表达式. 令
$$s'_1 = \langle \mathrm{COMB}, \mathrm{CAR}, \mathrm{VAR} \rangle$$
$$s'_2 = \langle \mathrm{COMB}, \langle \mathrm{COMB}, \mathrm{CAR}, \mathrm{CDR} \rangle, \mathrm{VAR} \rangle$$
则

$$\mu s'_1 = \overline{1} \circ F, \mu s'_2 = \overline{2} \circ F$$

令 $e'_1 = s\langle e_1, s'_1 \rangle$，则 $\mu e'_1[g] = \mu e_1[\mu s'_1[g]] = \varphi_1[\overline{1} \circ g]$，于是不难证明取 $e = \langle s\langle e_1, s'_1 \rangle, s\langle e_2, s'_2 \rangle \rangle$ 即可. 同理，可取 $c'_1 = s\langle c_1, s'_1 \rangle, c'_2 = s\langle c_2, s'_2 \rangle$.

回到 (A'_3) 的讨论，可知取 $\mathrm{cons}\langle s_1, s_2 \rangle = \langle c'_1 \cdot c'_2, e \rangle$ 即可，其中 e, c'_1, c'_2 如前述. 因此，cons 是可计算的函数，对任何 $s_1, s_2, \mathrm{cons}\langle s_1, s_2 \rangle$ 有定义.

(A'_4) 和公理 B 可以与此类似地证明.

这就是说，递归函数的集合是一个 S 表达式抽象计算机，我们把它叫作递归函数计算机.

§4 顺序计算

1. 顺序计算的概念

顺序计算是一种与现代计算机的机制更加接近的计算模型. 按照顺序计算的观点，计算一个函数分为三个大的步骤.

(1) 编码：把输入的信息用适当的办法通过计算机的内部状态表示出来.

(2) 机器的运转：计算机内部状态按照一定的规则改变，这种改变是递进式的，每一次改变都使计算机进入一个新的状态；同时，每当计算机出现一个新的状态时，都要按一定的规则检查一下是否应停止运转.

(3) 解码：计算机停止于某个状态之后，又要用适当的办法解释这种状态表示什么输出信息. 这三个大步骤中，最复杂的是运转.

设 t, w 是两个函数，是 $tz \neq 0$ 或 $tz = 0$ 表示当计算机处于状态 z 时应该停止计算或继续计算. 如果要继续计算，其下一个状态就是 wz. t 和 w 分别叫作计算机的停止条件和步进函数. t 应该规定为全函数,w 则至少应对 $tz = 0$ 的 z 都有意义,对于 $tz \neq 0$ 的 z,w 的值并不重要,为了理论上的方便,我们假定这时 $wz = z$. 这样的一对 $\langle t, w \rangle$ 叫作一个迭代.

从状态 z 出发,经过 i 次迭代以后到达的状态用 $\tilde{w}\langle z, i \rangle$ 来表示,那么应该有 $\tilde{w}\langle z, i \rangle = $ null$i \to z$; $w\tilde{w}\langle z, \beta i \rangle$.

这是一个全函数(注意 βi 就是比 i 小 1 的数).

任取一个 z,令 $z_i = \tilde{w}(z, i)$,则序列 $\{z_i\}$ 有两种情况:

(1) $tz_0 = tz_1 = \cdots = 0$.

(2) 有某个 k,当 $i < k, tz_i = 0$,但 $tz_k \neq 0$(这样就有 $z_k = z_{k+1} = z_{k=2} = \cdots$).

用 $\bar{w}z$ 表示从状态 z 出发的计算过程停止时的状态. 那么在上述情况(2), $\bar{w}z = z_k$,在上述情况(1), $\bar{w}z = \bot$. 函数 $\bar{w}$ 叫作迭代 $\langle t, w \rangle$ 的解. 从 $\bar{w}$ 的定义不难看出,$\bar{w}z = tz \to z; \bar{w}wz$. 换句话说,$\bar{w}$ 是如下泛函的不动点

$$\eta[F] = t \to I; Fw$$

下面我们将证明:$\bar{w}$ 是 η 的最小不动点. 为此,我们来研究更一般的方程

$$F = t \to v; Fw$$

(其中 v 在 t 取非零值的地方都有定义),把上式右端记为 φ,令 $f_i = \varphi^i[\bot]$,则有

$$f_0 = \bot$$
$$f_1 = \varphi[f_0] = t \to u; \bot$$
$$f_2 = \varphi[f_1] = t \to v; vw; \bot$$
$$\vdots$$
$$f_k = \varphi[f_{k-1}] = t \to v; \cdots; tw^{k-1} \to vw^{k-1}; \bot$$

令 $\int \{f_i\}$ 是 $\{f_i\}$ 的最小上界,也就是 φ 的最小不动点,那么对任何 x 一定出现以下两种情况之一:

(1) 对任何 $i, tw^i x = 0$.

(2) 对 $i < k, tw^i x = 0$, 而 $tw^k \neq 0$.

（由于 t, w 都是全函数）在情况(2)，我们有
$$f_0 x = \cdots = f_k x = \bot$$
而 $f_{k+1} x = vw \neq \bot$. 在情况(1)，我们有
$$f_0 x = f_1 x = \cdots = \bot$$
因此
$$fx = \begin{cases} \bot & （对于情况(1)） \\ vw^k x & （对于情况(2)） \end{cases}$$

现在我们规定如下的记号：设 $\{p_k\}, \{q_k\}$ 是两个函数序列，用无穷条件式
$$p_0 \to q_0; \cdots; p_k \to q_k; \cdots$$
表示这样的函数 g：对任何 x，顺序考查 $p_1 x, p_2 x, \cdots$ 直到遇到第一个不等于 0 的 $p_k x$ 为止. 如果这时 $p_k x = \bot$, 那么 $gx = \bot$. 如果这时 $p_k x = a \neq \bot$, 那么 $gx = q_k x$. 此外，如果 $p_1 x = p_2 x = \cdots = 0$, 那么 $gx = \bot$.

利用这种记号，上面的函数 f 可以写成：$f = t \to v; \cdots; tw^k \to vw^k; \cdots$

于是我们已经证明了如下的引理：

引理 8 设 t, w 都是全函数，v 在 t 取非零值的地方都有定义，则泛函 $\varphi[F] = t \to v, Fw$ 的最小不动点是 $f = t \to v; \cdots; tw^k \to vw^k; \cdots$

推论 1 迭代 $\langle t, w \rangle$ 的解是
$$\bar{w} = t \to I; \cdots; tw^k \to w^k; \cdots$$

推论 2 在引理的条件下
$$f = v\bar{w}$$

证明 略.

如果 $vw = v$, v 叫作关于 w 的不变函数. 不变函数的概念在程序逻辑中十分重要.

定理 13（不变函数） 在引理 8 的条件下，如果又有 v 是关于 w 的不变函数，那么 $f \leqslant v$. 特别地，如果 f 是全函数，那么 $f = v$.

证明 略.

2. 顺序可计算函数

设 p,q,t,w 是四个全函数. 把 p,q 分别看成编码和解码, 迭代 $\langle t,w\rangle$ 看成计算机的运转过程, 那么 $f = q\bar{w}p$, 就是这个机器所计算的函数, 其中 $\bar{w}$ 是迭代 $\langle t, w\rangle$ 的解. 这样的函数 f 叫作顺序可计算的.

设 f 是一个递归的全函数, 那么 f 是顺序可计算的. 实际上, 取 $p = I, q = f, t = \underline{1}, w = I$, 则 $\langle t,w\rangle$ 的解是 I, 而 $q\bar{w}p = fII = f$.

对于不是全函数的函数, 什么是顺序可计算性并不显然. 不过我们至少可以看出, 只要 p,q,t,w 都是递归函数, $\bar{w}$ 也是递归函数, 从而 $q\bar{w}p$ 也是递归函数. 因此, 一切顺序可计算的函数都是递归函数. 其实, 我们还能证明:

定理 14 一切递归函数都是顺序可计算的.

我们下节将证明一个更强的定理, 因此就不用证明这个定理了. 本节中, 我们要证明另外一个重要的定理:

定理 15（值域定理） 设 f 是一个非空的顺序可计算函数, 则存在一个递归全函数 g, f 与 g 的值域相同.

证明 令 $f = q\bar{w}p, \bar{w}$ 是迭代 $\langle t,w\rangle$ 的解, 则 $\bar{w} = t \to I; \cdots; tw^k \to w^k; \cdots$

令 u 是满足下式的函数
$$u\langle z,n\rangle = \text{\textcircled{a}}n \to z; wu\langle z,\beta n\rangle$$
利用原始递归定理可知 $u\langle z,n\rangle$ 对于一切 z 和 n 都有定义. 此外, 用归纳法易证 $u\langle z,n\rangle = w^n z$ 对一切自然数 n 成立.

设 f 的值域是 A; 因为 $f \neq \bot$, 所以 A 不是空集. 任取 $a \in A$. 令
$$gx = \text{\textcircled{a}}x \to a$$
$$\text{number}\beta x \to h\langle pdx, \beta x\rangle$$
$$\alpha$$

其中 $h\langle z,n\rangle = tu\langle z,n\rangle \to qu\langle z,n\rangle; a = tw^n z \to qw^n z;$ a. 用 B 表示 g 的值域，g 是全函数.

我们只要证明 $A = B$.

先设 $y \in A$. 那么存在 x, 使 $fx = y$. 令 $z = px$, 则 $y = \overline{qwz}$, 可见 $\overline{wz} \neq \bot$. 于是存在 k, 使 $w^k z = 0$, 而 $\overline{wz} = w^k z$, $y = qw^k z$. 于是 $h\langle z,k\rangle = y$. $g(x \cdot k) = h\langle p,k\rangle = y$, 就是说 $y \in B$. 这说明 $A \subset B$.

再设 $y \in B$, $gx = y$. 如果 $y = a$, 那么 $y \in A$. 如果 $y \neq a$, 那么 x 不是原子, 令 $\alpha x = x_1, \beta x = x_2$, 于是有 $x = x_1 \cdot x_2$. 这时, x_2 是自然数, $h\langle px_1, x_2\rangle = y$. 令 $z = px_1, n = x_2$, 则 $h\langle z,n\rangle = y$, 那么 $tw^n z \to qw^n z; a = y$, 而 $y \neq a$, 可见 $tw^n z \neq 0$, 而 $qw^n z = y$. 对于小于 n 的任何自然数 k, $tw^k z$ 都等于 0. (否则, 因为 $tz \neq 0$ 时 $wz = z$, $w^{k+1} \cdot z = w(w^k z) = w^k z$, 从而 $tw^{k+1} z = tw^k z = 0$, 同理 $tw^{k+2} z = tw^{k+3} z = \cdots = tw^n z = 0$) 于是 $\overline{wz} = tz \to z; \cdots;$ $tw^k z \to w^k z; \cdots = w^n z, fx_1 = \overline{qwpx_1} = \overline{qwz} = qw^n z = y$. 可见 $y \in A$. 这说明 $B \subset A$. 定理得证.

这个定理的如下推论在下文中有重要的作用.

推论　设 f 是非空的递归函数, 则存在递归的全函数 g, 与 f 有相同的值域.

证明　由本节的两个定理立得.

在顺序可计算函数中, 有一类很重要的函数. 设 $w\langle x,y\rangle = t\langle x,y\rangle \to \langle x,y\rangle; \langle x,0\cdot y\rangle$. 如果 y 是自然数, 那么在计算停止以前, 每一次递进, 都使状态的第二个分量增加 1. 可见

$$\overline{w}\langle x,0\rangle = \begin{cases} \langle x,k\rangle & (\text{当 } k \text{ 是使 } t\langle x,k\rangle \neq 0 \text{ 的最小自然数时}) \\ \bot & (\text{当 } t\langle x,k\rangle = 0(\text{对一切自然数})\text{ 时}) \end{cases}$$

以下用 $\mu n\{a n\}$ 表示使 $a_n \neq 0$ 的最小自然数 n, 如果这种自然数存在的话. 上面的式子就可以写成

$$\overline{w}\langle x,0\rangle = \langle x, \mu n\{\langle x,n\rangle\}\rangle$$

从而 $\mu n\{t\langle x,n\rangle\} = 2\overline{w}\langle x,0\rangle$. 这是一个顺序可计算函数, 从而也是递归函数. 于是有：

定理 16 设 f 是全函数（其实，只要对一切 $x \in S, n \in N$ 有定义即可），则 $\mu n\{f\langle x,n \rangle\}$ 是递归函数.

3. 顺序计算的基本定理

定理 17(顺序计算的基本定理) 设 f 是递归函数,则存在 p,q,t,w,它们既是全函数,又是代数函数,而 $f = q\bar{w}p$,其中 $\bar{w}$ 是迭代 $\langle t,w \rangle$ 的解.

为了证明这个定理,我们先要证明一个引理.

基本引理 上节中的 $v\langle c,e,x \rangle$ 具有定理中所说的性质.

从引理证明定理是很容易的. 设 $v = q'\bar{w}'p'$. 其中 $\bar{w}'$ 是迭代 $\langle t',w' \rangle$ 的解. 因为 f 是递归函数,所以存在 c 和 e,使 $fx = v\langle c,e,x \rangle$. 于是 $f = q'\bar{w}'p'\langle \underline{c},\underline{e},I \rangle$. 取 $p = p'\langle \underline{c},\underline{e},I \rangle, q = q', t = t', w = w'$,则 $\bar{w} = \bar{w}', q\bar{w}p = q'\bar{w}'p'\langle \underline{c},\underline{e},I \rangle = f$. 由于 p',q',t',w' 都是代数全函数,p,q,t,w 也如此. 这就是所要证明的. 现在我们来证明基本引理.

现在令 $t\langle s,r,e \rangle =$ null r,而 w 满足

$$w\langle s,o,e \rangle = \langle s,o,e \rangle$$
$$w\langle x \cdot s, o \cdot r, e \rangle = \langle o \cdot s, r, e \rangle$$
$$w\langle x \cdot s, c \cdot r, e \rangle$$
$$= \langle \text{val}\langle c, x \rangle \cdot s, r, e \rangle \quad (\text{当 bas } c = 1 \text{ 时})$$
$$w\langle x \cdot s, \text{VAR} \cdot r, e \rangle = \langle x \cdot s, e \cdot r, e \rangle$$
$$w\langle x \cdot s, \langle \text{CONST}, d \rangle \cdot r, e \rangle = \langle d \cdot s, r, e \rangle$$
$$w\langle x \cdot s, \langle \text{COMB}, C_1, C_2 \rangle \cdot r, e \rangle$$
$$= \langle x \cdot s, C_2 \cdot C_1 \cdot r \cdot e \rangle$$
$$w\langle x \cdot s, \langle \text{COND}, C_1, C_2, C_3 \rangle \cdot r, e \rangle$$
$$= \langle x \cdot x, s, C_1 \cdot \langle \text{COND}, C_2, C_3 \rangle \cdot r, e \rangle$$
$$w\langle x \cdot s, \langle \text{COND}, C_2, C_3 \rangle \cdot r, e \rangle$$
$$= x \to \langle s, C_2 \cdot r, e \rangle; \langle s, C_3 \cdot r, e \rangle$$
$$w\langle x \cdot y \cdot s, \langle \text{COND}, o \rangle \cdot r, e \rangle = \langle y \cdot x \cdot s, r, e \rangle$$

$$w\langle x \cdot y \cdot s, \langle \text{COND}, 1\rangle \cdot r, e\rangle = \langle (y \cdot x) \cdot s, r, e\rangle$$
$$w\langle x \cdot s, (C_1 \cdot C_2) \cdot p\rangle$$
$$= \langle x \cdot x \cdot s, C_1 \cdot \langle \text{COND}, o\rangle \cdot$$
$$C_2 \cdot \langle \text{COND}, 1\rangle \cdot r, e\rangle$$

$wz = z$ （当 z 不具有以上各式之形式时）

注意 t, w 都是代数全函数.

设 $\langle t, w\rangle$ 的解是 $\bar{w}$. 我们将证明:

引理 9 $\bar{w}\langle x \cdot s, c \cdot r, e\rangle = \bar{w}\langle v\langle c, e, x\rangle \cdot s, r, e\rangle$.

从这个引理很容易证明基本引理. 只用取 $p = \langle \bar{3} \cdot \underline{o}, \bar{1} \cdot \underline{o}, \bar{2}\rangle$ 及 $q = aa$, 即有

$$q\bar{w}p\langle c, e, x\langle = aa\bar{w}\rangle x \cdot o, c \cdot o, e\rangle$$
$$= aa\bar{w}\langle v\langle c, e, x\rangle \cdot o, o, e\rangle$$
$$= aa\langle v\langle c, e, x\rangle \cdot o, o, e\rangle$$
$$= a(v\langle c, e, x\rangle \cdot o)$$
$$= v\langle c, e, x\rangle$$

（其中第三个等号是因为 $\bar{w}\langle s, o, e\rangle = t\langle s, o, e\rangle \to \langle s, o, e\rangle; \bar{w}\bar{w}\langle s, o, e\rangle = $ null $o \to \langle s, o, e\rangle; \bar{w}\bar{w}\langle s, o, e\rangle = \langle s, o, e\rangle$.）

以下我们只剩下证明引理 9 了.

先定义一个辅助函数

$$g\langle s, o, e\rangle = \langle s, o, e\rangle$$
$$g\langle x \cdot s, o \cdot r, e\rangle = g\langle o \cdot s, r, e\rangle$$
$$g\langle x \cdot s, \langle \text{COND}, C_1, C_3\rangle \cdot r, e\rangle$$
$$= x \to g\langle s, C_2 \cdot r, e\rangle; g\langle s, C_3 \cdot r, e\rangle$$
$$g\langle x \cdot y \cdot s, \langle \text{CONS}, o\rangle \cdot r, e\rangle = g\langle y \cdot x \cdot s, r, e\rangle$$
$$g\langle x \cdot y \cdot s, \langle \text{CONS}, 1\rangle \cdot r, e\rangle = g\langle (y \cdot x) \cdot s, r, e\rangle$$
$$g\langle x \cdot s, c \cdot p, e\rangle = g\langle v\langle c, e, x\rangle \cdot s, r, e\rangle$$

当作 C 表达式.

容易验证 g 是泛函 $\varphi[F] = t \to I, Fw$ 的不动点. 这只用分别考查 c 的不同情况即可, 例如, 当 $c = \langle \text{COND}, C_1, C_2, C_3\rangle$, 我们有

$\varphi[g]\langle x \cdot s, \langle \text{COND}, C_1, C_2, C_3\rangle \cdot r, e\rangle$

$$= gw\langle x \cdot s, \langle \text{COND}, C_1, C_2, C_3\rangle \cdot r, e\rangle$$
$$= g\langle x \cdot x \cdot s, C_1 \cdot \langle \text{COND}, C_2, C_3\rangle \cdot r, e\rangle$$
$$= g\langle v\langle C_1, e, x\rangle \cdot x \cdot s, \langle \text{COND}, C_2, C_3\rangle \cdot r, e\rangle$$
$$= v\langle C_1, e, x\rangle \to g\langle x \cdot s, C_2 \cdot r, e\rangle; g\langle x \cdot s, C_3 \cdot r, e\rangle$$
$$= v\langle C_1, e, x\rangle \to g\langle v\langle C_2, e, x\rangle \cdot s, r, e\rangle; g\langle v\langle C_3, e, x\rangle \cdot s, r, e\rangle$$
$$= g\langle v\langle C_1, e, x\rangle \to \langle v\langle C_2, e, x\rangle, r, e\rangle \cdot s; \langle v\langle C_3, e, x\rangle \cdot s, r, e\rangle\rangle$$
$$= g\langle (v\langle C_1, e, x\rangle \to v\langle C_2, e, x\rangle; v\langle C_3, e, x\rangle) \cdot s, r, e\rangle$$
$$= g\langle v\langle c, e, x\rangle \cdot s, r, e\rangle$$
$$= g\langle x \cdot s, c \cdot r, e\rangle$$

因为 g 是 φ 的不动点,而 $\overline{w}$ 是 φ 的最小不动点,所以 $\overline{w} \leqslant g$。

现在我们来证明 $g \leqslant \overline{w}$. 这时又要用到两个引理:

引理 10 若 $v\langle s\langle c, w\rangle, e, x\rangle = y \neq \bot$,则 $\overline{w}\langle x \cdot s, c \cdot r, e\rangle = g\langle x \cdot s, c \cdot r, e\rangle$.

证明 对 c 用结构归纳法易证. 若 c 是原子,而 $v\langle s\langle c, w\rangle, e, x\rangle = y \neq \bot$,则 $c \neq \text{VAR}$. 这时引理 10 成立是不成问题的. 若 c 不是原子可以按不同情况分别验证. 例如 c 是 $\langle \text{COND}, C_1, C_2, C_3\rangle$. 这时
$$g\langle x \cdot s, c \cdot r, e\rangle = g\langle v\langle c, e, x\rangle \cdot s, r, e\rangle$$
而
$$s\langle c, w\rangle = \langle \text{COND}, s\langle C_1, w\rangle, s\langle C_3, w\rangle\rangle$$
因为
$$v\langle s\langle C, w\rangle, e, x\rangle = v\langle s\langle C_1, w\rangle, e, x\rangle \to$$
$$\qquad v\langle s\langle C_2, w\rangle, e, x\rangle; v\langle s\langle C_3, w\rangle, e, x\rangle$$
可见
$$v\langle s\langle C_1, w\rangle, e, x\rangle \neq \bot$$
按归纳法假设 $\overline{w}\langle x \cdot s, C_1 \cdot r, e\rangle = g\langle x \cdot s, C_2 \cdot r, e\rangle$,注意这里 s, r 是任意的,所以

$$\bar{w}\langle x \cdot s, c \cdot r, e\rangle$$
$$= \langle x \cdot x \cdot s, C_1 \cdot \langle \mathrm{COND}, C_2, C_3\rangle \cdot r, e\rangle$$
$$= g\langle x \cdot x \cdot s, C_1 \cdot \langle \mathrm{COND}, C_2, C_3\rangle \cdot r, e\rangle$$
$$= g\langle v\langle\langle \mathrm{COND}, C_1, C_2, C_3\rangle, e, x\rangle \cdot s, r, e\rangle$$
$$= g\langle v\langle c, e, x\rangle \cdot s, r, e\rangle$$
$$= g\langle x \cdot s, c \cdot r, e\rangle$$

如此即可证明引理 10.

引理 11 $\bar{w}\langle x \cdot s, c \cdot r, e\rangle = \bar{w}\langle x \cdot s, s\langle c, e\rangle \cdot r, e\rangle$.

证明 对 c 用结构归纳法易证.

现在就可以证明 $g \leqslant \bar{w}$ 了. 对于 $v\langle c, e, x\rangle = \bot$ 的情况, $g\langle x \cdot s, c \cdot r, e\rangle = \bot$. 对于 $v\langle c, e, x\rangle = y \neq \bot$ 的情况, 从上章的讨论可知存在 i, 使 $v\langle c_i, e, x\rangle = y$, 令 $c^0 = c, c^{k+1} = s\langle c^k, e\rangle (k = 0, 1, 2, \cdots)$. 用上节的引理 4 可证 $c_i = s\langle c^i, w\rangle$. 于是有 $v\langle s\langle c^i, w\rangle, e, x\rangle = y \neq \bot$.

由上面的引理 10, 可得
$$\bar{w}\langle x \cdot s; c^i \cdot r, e\rangle = g\langle x \cdot s, c^i \cdot r, e\rangle$$
$$= g\langle v\langle c^i, e, x\rangle \cdot s, r, e\rangle$$

由 c^i 的定义, 反复用上面的引理 11 可得
$$\bar{w}\langle x \cdot s, c^i \cdot r, e\rangle = \bar{w}\langle x \cdot s, c \cdot r, e\rangle$$

再由上节的引理 2 (注意 $u = v$), 有
$$v\langle c^i, e, x\rangle = v\langle c, e, x\rangle$$

结合以上三个等式, 即有
$$\bar{w}\langle x \cdot s, c^i \cdot r, e\rangle = g\langle v\langle c, e, x\rangle \cdot s, r, e\rangle$$
$$= g\langle x \cdot s, c \cdot r, e\rangle$$

总之, 我们证明了 $g\langle x \cdot s, c \cdot r, e\rangle = \bot$ 或 $\bar{w}\langle x \cdot s, c^i \cdot r, e\rangle$ 这说明 $g \leqslant \bar{w}$. 前面已经证明了 $\bar{w} \leqslant g$, 所以 $\bar{w} = g$. 就是说 $\bar{w}\langle x \cdot s, c \cdot r, e\rangle = g\langle x \cdot s, c \cdot r, e\rangle = \bar{w}\langle v\langle c, e, x\rangle \cdot s, r, e\rangle$. 引理 9 得证.

4. 控制流图

控制流图(简称框图)是程序设计时常用的工

具.其实,这是一种没有严格规范的图解式语言.图1和图2就是一个控制流图,如果起始时x是字1,y是自然数n,到了停止时,x变成了o,y变成了$n + \text{length } 1$. x, y叫程序变量.

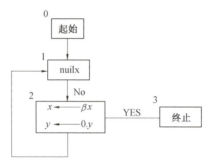

图1

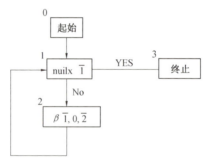

图2

图中所画各框都有不同编号."←"则表示要改变程序变量的值.

为了方便,把程序变量做成一个向量$\langle x, y \rangle$,把它看成一个量s.那么图中就不必写出程序变量,只写对它施行的函数.这时,图1的框图就成了图2.

要说明这个控制流图的计算过程,可以设想一个顺序计算的过程,它的状态由标号n和程序变量s组成,w表示从$\langle n, s \rangle$出发的下一点应该是什么状态.

所以
$$w\langle o,s\rangle = \langle 1,s\rangle$$
$$w\langle 1,s\rangle = \text{null } \overline{1s} \to \langle 3,s\rangle;\langle 2,s\rangle$$
$$w\langle 2,s\rangle = \langle 1,\beta\,\overline{1s},o\cdot\overline{2s}\rangle$$

至于 $w\langle 3,s\rangle$ 如何定义已不重要,不妨认为
$$w\langle 3,s\rangle = \langle 3,s\rangle$$

再用
$$t\langle n,s\rangle = \text{weq}\langle n,3\rangle$$

表示停止条件,就得到一个迭代.由此就可以把控制流图的计算通过这个迭代来描述.

因此,用控制流图计算的函数都是递归函数.反之,任何递归函数都是可以顺序计算的,也不难用如图 3 的控制流图来描述.

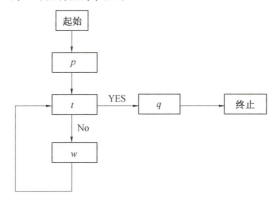

图 3

控制流图所计算的函数的性质可以利用相应的迭代来证明.在本节的例子中,$\text{append}\langle\overline{2},\text{length }\overline{1}\rangle{:}s$ 就是一个不变函数.

如何把本节的内容做妥善的形式处理,此处就不赘述了.

§5 可举集合

1. 可举集合

在可计算理论中可举集合是一个重要的工具. 本节介绍可举集合的基本性质, 并用于讨论非决定性计算的问题.

定义 3 一个集合 $A \subset S$ 叫作可举的 (递归可枚举的), 如果 A 是空集, 或者存在递归全函数 g, 使 $A = \{g \mid n \in \mathbf{N}\}$. (这里用 $\mathbf{N}$ 表示自然数集合, 它是 S 的子集.)

注意, S 的一切子集都是可数的, 因此都和 $\mathbf{N}$ 一一对应, 但这种对应关系未必是可计算的. 因此, 可举集的概念并不是无价值的. 实际上, 不可举的集合是有的.

引理 12 (不可举集存在) 存在不可举的集合.

证明 令 $T = \{x \mid x \in S, F_x \text{ 是全函数}\}$, 则 T 是不可举的. 实际上, 如果 T 是可举的, 因为 T 不是空集, 则存在递归的全函数 g, $T = \{gx \mid x \in \mathbf{N}\}$. 令 $h = \omega U \langle g, I \rangle$, 则 h 是可计算的, 存在 $a \in s$, $h = F_a$. 另一方面, 对任何 $x \in \mathbf{N}, gx \in T, F_{gx}$ 是全函数, 所以 $hx = \omega U \langle g, I \rangle x = \omega F_{gx} x \neq \perp$, 这说明 h 是全函数. 由 T 的定义及 $h = F_a$ 可知 $a \in T$. 再由 g 的定义, 存在 $n \in \mathbf{N}$, 使 $a = gn$. 这样一来, 就有 $hn = \omega F_{gn} n = \omega F_a n = \omega hn \neq hn$. 于是出现了矛盾. 引理得证.

引理 13 设 A 是任何可举集, f 是递归全函数, 则 $\{fx \mid x \in A\}$ 也是可举集.

证明 由定义, 存在一个全函数 g, 使 $A = \{gn \mid n \in \mathbf{N}\}$, 于是 $\{fx \mid x \in A\} = \{fgn \mid n \in \mathbf{N}\}$, 而 fg 是全函数. 引理得证.

本节其余部分要证明 S 是可举集.

先证一个引理.

引理14 设 f 是一个递归全函数,a 是任一个 S 表达式,则 $\{f^i a \mid i = 0,1,\cdots\}$ 是可举集.

证明 令 $g = \text{\textcircled{a}} \to a;fg\beta$,则由原始递归定理,$g$ 是全函数.此外不难用归纳法证明 $gn = f^n a, n = 0, 1,\cdots$,于是引理得证.

定义4 令 $B = \{0,1\}$(这里 $1 = \langle 0 \rangle$),B 上的字集合 B^* 叫二进字集.

定理18(二进字集可举) B^* 是可举的.

证明 由上面的引理14,我们只用构造一个递归全函数 f,使 $B^* = \{f^i 0 \mid i = 0,1,2,\cdots\}$.为此,我们取 $f = \text{\textcircled{a}} \to 1; \text{\textcircled{a}} a \to 1 \cdot \beta; 0 \cdot f\beta$,则有
$$f\langle\rangle = \langle 0 \rangle, f\langle 0 \rangle = \langle 1 \rangle, f\langle 1 \rangle = \langle 0,0 \rangle$$
$$f\langle 0,0 \rangle = \langle 1,0 \rangle, f\langle 1,0 \rangle = \langle 0,1 \rangle$$
$$f\langle 0,1 \rangle = f\langle 1,0 \rangle, f\langle 1,1 \rangle = \langle 0,0,0 \rangle,\cdots$$

实际上,如果 $x = \langle 1,\cdots,1,0,\cdots \rangle$,那么 $fx = \langle 0,\cdots,0,1,\cdots \rangle$.由此不难证明,如果是自然数,$i+1$ 的二进展开式是 $d_0 + d_1 2 + \cdots + d_k 2^k + 2^{k+1}$,那么
$$f^i 0 = \langle d_0,\cdots,d_k \rangle$$

这样就可以证明定理.(详细的形式证明就略去了.)

定义5 自然数的字集合记为 $\mathbf{N}^*$.

定理19 $\mathbf{N}^*$ 是可举集.

证明 我们只用找到一个递归函数 f,使
$$\mathbf{N}^* = \{fx \mid x \in B^*\}$$

即可.令 $f = \text{\textcircled{a}} \to 0; \overline{\alpha} \to 0 \cdot f\beta; (0 \cdot \overline{a f\beta}) \cdot \overline{\beta} f\beta$,其中 $\overline{\alpha} = \text{\textcircled{a}} \to I; \alpha\beta = \text{\textcircled{a}} \to I; \beta$ 都是全函数,所以 f 也是全函数.很容易看出,如果 $x \in B^*$,那么 $fx \in \mathbf{N}^*$.反之,如果 $\langle n_1,\cdots,n_k \rangle \in \mathbf{N}^*$,令 $x = n_1 + \langle 1 \rangle + \cdots + n_k + \langle 1 \rangle \in B^*$,那么有 $fx = \langle n_1,\cdots,n_k \rangle$.这就是所要证明的.

现在我们研究集合 S 的可举性.我们首先要假定原子的集合 A 是可举的.即 $A = \{hn \mid n \in \mathbf{N}^*\}$,其中 h 是全函数.这样,每一个原子 a 都可以和一个自然数

对应，即 $\mu n \{\text{weq}\langle a, hn \rangle\}$. 令 $\gamma = 0 \cdot \mu n \{\text{weq}\langle a, hn \rangle\}$，则对一切原子 a，γa 是正整数，而且 $h\beta\gamma a = a$，γa 叫 a 的编码。

用前缀表达式的形式写出 S 表达式，例如把 $(A \cdot B) \cdot (C \cdot D)$ 改写为"$\cdot \cdot AB \cdot CD$"，再把"$\cdot$"改为"0"，把原子改为它的编码，就得到一个 $\mathbf{N}^*$ 中的字。比如上面的 S 表达式可以写成 $\langle 0,0,1,2,0,3,4 \rangle$。（假定 $1,2,3,4$ 分别是 A,B,C,D 的编码。）

为从这样的字得到原来的 S 表达式，可以自左向右扫描这个字的各项，遇到 0，把它推入堆栈；遇到非零的项 y，如栈顶是 0，用 y 替换栈顶，如栈顶是非零的 x，把 x 从栈中弹出，用 $x \cdot y$ 替换 y，重新扫描。以上面的字为例，计算过程如下（左边是栈，右边是被扫描的字）：

$\langle \rangle$	$\langle 0,0,1,2,0,3,4 \rangle$	$\langle 1 \cdot 2 \rangle$	$\langle 0,3,4 \rangle$
$\langle 0 \rangle$	$\langle 0,1,2,0,3,4 \rangle$	$\langle 0,1 \cdot 2 \rangle$	$\langle 3,4 \rangle$
$\langle 0,0 \rangle$	$\langle 1,2,0,3,4 \rangle$	$\langle 3,1 \cdot 2 \rangle$	$\langle 4 \rangle$
$\langle 1,0 \rangle$	$\langle 2,0,3,4 \rangle$	$\langle 1 \cdot 2 \rangle$	$\langle 3 \cdot 4 \rangle$
$\langle 0 \rangle$	$\langle 1 \cdot 2,0,3,4 \rangle$	$\langle \rangle$	$\langle (1 \cdot 2) \cdot (3 \cdot 4) \rangle$
		$\langle (1 \cdot 2) \cdot (3 \cdot 4) \rangle$	$\langle \rangle$

用 x, y 分别表示计算过程中的左右两部分，那么前进函数应该是

$w\langle x, y \rangle = @y \to \langle x, y \rangle$; null $\alpha y \to \langle 0 \cdot x, \beta y \rangle$
$@x \to \langle x, y \rangle$; null $\alpha x \to \langle \alpha y \cdot \beta x, \beta y \rangle$
$\langle \beta x, (\alpha x \cdot \alpha y) \cdot \beta y \rangle$

注意，我们加入了 $@y, @x$ 两种情况下的处置是为了使 w 是全函数。停止条件也正是这个条件

$t\langle x, y \rangle = @y \to 1$; null $\alpha y \to 0$; $@x$

严格说来，为使 t, w 是全函数，还要考虑到不是 $\langle x, y \rangle$ 形式的变量值的情况，所以

$tz = @z \to 1$; $@\bar{\beta}z \to 1$; $@\bar{2}z \to 1$; null $\alpha \bar{2}z \to 0$; $@\alpha z$

w 也应做相应的调整。经过这样的调整，$\langle t, w \rangle$ 就是一

300

个迭代了. 不难证明,每经过一步,x 的长度与 y 的长度之二倍的和都要减少. 这样,对任何 $\langle x,y \rangle$,顺序计算一定会在有限步骤之内停止,于是,$\bar{w}$ 是全函数,而当 y 是与某个 S 表达式 s' 相应的字时,$\bar{w}\langle 0,y \rangle = \langle s', 0 \rangle$,其中 s' 是把 s 的各原子 a 都换成 γa 所得到的. 再令

$$g'z = \text{numberp } z \to h\beta z; \text{ⓐ} z \to 0$$
$$g'\alpha \cdot g'\beta$$

则 $g's' = s$. 于是令 $f = g'\alpha \bar{w}\langle 0,I \rangle$,则 $s = \{fy \mid y \in \mathbf{N}^*\}$ 而 f 是递归的全函数.

这样就可以证明:

定理 20(S 表达式可举) 如果原子集是可举集,则 S 表达式集也是可举集.

详细证明就省略了.

2. 可举集合的基本性质

定理 21 一个非空集合 A 是可举的,当且仅当它是某个递归全函数 g 的值域.

证明 设 A 是非空的可举集,则存在递归全函数,$A = \{fn \mid n \in \mathbf{N}\}$. 取定 $a \in A$,令

$$g = \text{numberp} \to f; a$$

则当 $x \in \mathbf{N}$,有 $gx = fx$,否则 $gx = a$. 由此即可证明 $A = \{gx \mid x \in S\}$,且 g 是递归全函数.

反之,设 $A = \{gx \mid x \in S\}$,g 是递归全函数. 设 $S = \{fn \mid n \in \mathbf{N}\}$,$f$ 是递归全函数,所以 $A = \{gfn \mid n \in A\}$,gf 是递归全函数. A 是可举的. 定理证完.

推论 一个集合是可举的,当且仅当它是某个递归函数 g 的值域.

证明 由于空集是空函数的值域,由定理 21 立得必要性. 充分性由值域定理及定理 21 得证.

定理 22 一个集合 A 是可举的,当且仅当它是某个递归函数 f 的定义域,即 $A = \{x \mid fx \neq \bot\}$.

证明 必要性. 若 A 是空集,它是空函数的定义

域. 若 A 不是空集, 存在递归全函数 g 使 $A = \{gn \mid n \in \mathbf{N}\}$. 令 $fx = \mu n[\text{weq}\langle x, gn \rangle]$, 则 f 是递归的, 其定义域是 A.

充分性. 设 $A = \{x \mid fx \neq \bot\}$. 令 $g = \text{weq}\langle f, f \rangle \to I; \bot$, 则 g 是递归函数, 而且当 $x \in A, gx = x$, 当 $x \notin A$, $gx = \bot$, 所以 $A = \{gx \mid x \in S\}$. 由定理 21 的推论, A 是可举的. 定理 22 得证.

推论 A 是可举集, 当且仅当存在递归函数 f, $A = \{x \mid fx = 0\}$.

证明 若 A 可举, 则存在递归函数 $A = \{x \mid gx \neq \bot\}$, 令 $f = 0g$, 则 $A = \{x \mid fx = 0\}$. 反之, 若 $A = \{x \mid fx = 0\}$, f 是递归函数. 令 $g = f \to \underline{\bot}; 0$, 则 $A = \{x \mid gx \neq \bot\}$. 推论得证.

定理 23 一个集合 $A \subset S$ 可举, 当且仅当存在递归全函数 f, 使 $A = \{x \mid$ 存在 y 使 $f\langle x, y \rangle = 0\}$.

证明 充分性. 设 $A = \{x \mid$ 存在 y 使 $f\langle x, y \rangle = 0\}$, f 是递归全函数. 设 $s = \{hn \mid n \in \mathbf{N}\}$, 则 $A = \{x \mid$ 存在 n 使 $f\langle x, hn \rangle = 0\}$. 令 $gx = \mu n\{f\langle x, hn \rangle = 0\}$, 则 g 是递归函数, $A = \{x \mid gx \neq \bot\}$, 所以 A 是可举集.

必要性. 设 A 是非空可举集, 则存在递归全函数 $g, A = \{gx \mid x \in S\}$. 令 $f_1\langle x, y\rangle = \text{weq}\langle x, gy \rangle \to 0; 1$ 则 $f_1\langle x, y \rangle = 0$ 的充要条件是 $x = gy$, 从而, 存在 y 使 $f_1\langle x, y \rangle = 0$ 的充要条件是 $x \in A$. 再令 $f = \textcircled{a} \to 1;$ $\textcircled{a}\beta \to 1; f_1\langle \overline{1,2} \rangle$, 则 f 即满足定理 23 的要求. 如果 A 是空集, 取 $f = \underline{1}$ 即满足定理 23 的要求. 定理 23 得证.

设 f 是一个函数, $G = \{\langle x, fx \rangle \mid x \in S\}$ 叫作 f 的图形.

定理 24(图形定理) 设 G 是 f 的图形. f 递归当且仅当 G 可举.

证明 由 $G = \{\langle 1, f\rangle x \mid x \in S\}$, 易证必要性. 现证充分性, 设 G 是可举的. 由定理 23, 存在递归全函数

g, 使 $A = \{\langle x,y \rangle \mid 存在 z 使 g\langle\langle x,y \rangle, z\rangle = 0\}$. 设 $S = \{hn \mid n \in \mathbf{N}\}$, 令

$$g'\langle x,n \rangle = \text{ⓐ} hn \to 0; \text{null } g\langle\langle x, \alpha hn\rangle, \beta hn\rangle$$

则 g' 对一切 $x \in S, n \in \mathbf{N}$ 有定义, 令 $f'x = \alpha h \mu n\{g'\langle x,n \rangle\}$ 则 f' 是递归的. 现在证明 $f = f'$.

先设 $fx = y \neq \bot$, 存在 z, 使 $g\langle\langle x,y\rangle,z\rangle = 0$, 于是存在 $n \in \mathbf{N}$ 使 $hn = y \cdot z$, 从而 $g'\langle x,n \rangle \neq 0$, 于是 $\mu n\{g'\langle x,n \rangle\}$ 是使 $g'\langle x,n \rangle$ 不为 0 的最小正整数 k, 此时 $g\langle\langle x,\alpha hk\rangle, \beta hk\rangle = 0$, 就是说

$$g\langle\langle x, \alpha h\mu n\{g'\langle x,n\rangle\}\rangle, \beta h\mu n\{g'\langle x,n\rangle\}\rangle = 0$$

于是存在 z', 使 $g\langle\langle x, f'x \rangle, z'\rangle = 0, \langle x, f'x \rangle \in G$. 从而 $fx = f'x$.

再设 $fx = \bot$, 对任意 y, z 都有 $g\langle\langle x,y\rangle, z\rangle \neq 0$, 可见 $g'\langle x,n \rangle = 0,($ 一切 $n \in \mathbf{N})$. 于是 $\mu n\{g'\langle x,n \rangle\} = \bot, f'x = \bot$.

这样就证明了 $f = f'$. 因此 f 是递归的.

3. 递归集

设 $A \subset S, C_A$ 是 A 的特征函数

$$C_A x = \begin{cases} 0 & (x \in A) \\ 1 & (x \notin A, x \neq \bot) \\ \bot & (x = \bot) \end{cases}$$

如果 C_A 是递归函数, 就说 A 是递归集合. 其实很容易证明 A 是递归集合的充要条件是存在递归全函数 f, 使 $A = \{x \mid fx = 0\}$. (必要性是显然的, 充分性只要注意 $C_A = \text{null null} f$ 即可.) 由此及定理 13 的推论又可知 A 是可举的.

设 A 是递归的, 任给一个 x, 用计算 $C_A x$ 的办法总可以判断 x 是否属于 A. 所以又说 A 是可判定的. 设 A 是可举的, $A = \{x \mid fx = 0\}$, 其中 f 不一定是全函数, 所以只有当 $x \in A$ 时, 可以用计算 fx 的办法证实这一点, 如果 $x \notin A, fx$ 的计算可能毫无结果(例如死循环). 所以 A 又叫半可判定的.

定理 25(递归性与可举性的关系) 一个集合 $A \subset S$ 是递归的,当且仅当 A 与 A 的补集 $A_1 = S - A$ 都是可举的.

证明 必要性. 若 A 是递归的,A 是可举的已如上述. A_1 的可举性由
$$A_1 = \{x \mid C_A = 1\} = \{x \mid \text{null } C_A = 0\}$$
立得.

充分性. 设 $A = \{f_0 x \mid x \in \mathbf{N}\}$, $A_1 = \{f_1 x \mid x \in \mathbf{N}\}$, f_0, f_1 都是全函数. 令 $gx = \mu n \{\text{weq}\langle f_0 n = x\rangle \vee \text{weq}\langle f_1 n = x\rangle\}$ 不难看出 g 是全函数. 再令 $h = f_0 g \to 0; 1$, 则 h 是 A 的特征函数. 定理 25 得证.

推论 设 A 是可举集. 那么, A 是递归集的充要条件是 A 的补集是可举集.

证明 略.

利用这个推论又可以证明:

定理 26(非递归可举集的存在性) 存在非递归的可举集.

证明 令 $A = \{x \mid \delta x \neq \bot\}$, 因为 δ 是递归的, A 是可举的. A 的补集是 $A_1 = \{x \mid \delta x = \bot\}$. 我们来证明 A_1 不是可举的.

用反证法. 设 A_1 是可举的, 那么存在递归的 $f = F_1$, 使 $A_1 = \{x \mid fx \neq \bot\}$. 由于 A 与 A_1 互为补集, 所以对任何 x, fx 与 δx 总是一个有定义, 一个无定义, 所以 $fx \neq \delta x$. 另一方面, $fa = F_1 a = \delta a$, 矛盾. 定理 26 得证.

定理 27(递归集的投影) A 是可举集的充要条件是: 存在递归集 A_1, 使
$$A_1 = \{x \mid \text{存在} y, \text{使}\langle x, y\rangle \in A_1\}$$

证明 充分性易证, 因为 $A = \{Tz \mid z \in A_1\}$, 而 A_1 是可举集. 现在证必要性. 设 A 可举, 由上节定理 3, 存在递归全函数 f, 使 $A = \{x \mid \text{存在} y, f\langle x, y\rangle = 0\}$. 令 $A_1 = \{\langle x, y\rangle \mid f\langle x, y\rangle = 0\}$, 则 A_1 是递归集合, 而 $A = \{x \mid \text{存在} y, \text{使}\langle x, y\rangle \in A_1\}$. 定理 27 得证.

4. 非决定性计算

非决定性计算就是要借助于外部信息来完成的计算. 因此，其输出值不但依赖于输入值，还依赖于外部信息. 用 x 表示输入值，r 表示外部信息，则输出值 $y = g\langle x,r\rangle$.

一个函数 f 叫作非决定性可计算的，如果存在递归函数 g，使得：

(1) 若 $fx = \bot$，则对任何 $r, g\langle x,r\rangle = \bot$.

(2) 若 $fx = y \neq \bot$，则存在 r，使 $g\langle x,r\rangle = y$，而且对任何 $r, g\langle x,r\rangle = y$ 或 $\bot$.

取定 r，令 $g_r x = g\langle x,r\rangle$ 可以得到一个递归函数. 上面的定义也可以说成是 $f = \sup\{g_r\}$.

定理 28（非决定性计算的基本定理） 一个函数 f 是非决定性可计算的，当且仅当它是递归的.

证明 若 f 是递归的，令 $g\langle x,r\rangle = fx (r \in S)$，则 $f = \sup\{g_r\}$. 所以 f 是非决定性可计算的.

若 f 是非决定性可计算的，那么存在递归函数 $g\langle x,r\rangle$，使 $f = \sup\{g_r\}$. 用 G 表示 g 的图形，$G = \{\langle\langle x,r\rangle, g\langle x,r\rangle\rangle \mid x, r \in S\}$，则 G 是可举集. 注意，当 r 取遍 S 时，$g\langle x,r\rangle$ 的值只要有定义总不外是 fx 或 $\bot$，而如果 $fx \neq \bot$，它总与某个 $g\langle x,r\rangle$ 相等，所以又可以写成 $G = \{\langle\langle x,r\rangle, fx\rangle \mid x, r \in S\}$，令 $G' = \{\langle x, fx\rangle \mid x \in S\}$ 及 $h = \langle \overline{1}\,\overline{1}, \overline{2}\rangle$，则有 $G' = \{hz \mid z \in G\}$ 可见 G' 也是可举集，而 G' 是 f 的图形，所以 f 是递归的. 定理得证.

非决定性的顺序计算在理论上尤其重要.

设给了停止条件 t 和前进函数 w，对于给定的初始状态 z 和一串外部信息 $r = \langle r_1, \cdots, r_n\rangle$，从 z 开始由 r 引导的计算过程是如下办法确定的序列 $z_1, z_2, \cdots$ 其中 $z_1 = z, z_{k+1} = t\langle z_k, r_k\rangle \to z_k, w\langle z_k, r_k\rangle$. 如果不存在 k 使 $t\langle z_k, r_k\rangle = 0$，我们就令 $z' = \bot$；否则，取 z' 等于使

$t\langle z_k, r_k\rangle = 0$ 的 z_k 中足标最小者. z' 叫作从 z 开始由 r 引导的终止状态. 用 $u\langle z,r\rangle$ 表示这个状态.

再设 p,q 是编码、解码函数, 那么 $qu\langle px,r\rangle$ 就是在外部信息为 r 的时候, 由输入 x 所造成的输出. 令 $g_1 x = qu\langle px,r\rangle$, 如果 $\sup\{g_r\}$ 存在, 它就是由 $\langle p,q,t,w\rangle$ 所计算的函数.

定理 29 设 p,q,t,w 是递归全函数, f 是由 $\langle p,q,t,w\rangle$ 所计算的函数, 则 f 是递归函数.

证明 令 $t'\langle z,r\rangle = \text{\textcircled{a}} r \to 1; t\langle z,\alpha r\rangle, w'\langle z,r\rangle = t\langle z,r\rangle \to \langle z,r\rangle; \langle w\langle z,\alpha r\rangle, \beta r\rangle$. u' 是迭代 $\langle t',w'\rangle$ 的解, 即 $u'\langle z,r\rangle = t'\langle z,r\rangle \to \langle z,r\rangle; u'w'\langle z,r\rangle$. 不难证明, 如果 $r = \langle r_1,\cdots,r_n\rangle$, 且计算在第 k 步尚未停止, 那么

$$w'\langle z_k, \beta^{k-1} r\rangle = \langle z_{k+1}, \beta^k r\rangle$$

于是可知

$$u'\langle z,r\rangle = \begin{cases} u\langle z,r\rangle, \beta^k r\rangle & \text{(如果计算在第 } k \text{ 步终止)} \\ \langle z_n, 0\rangle & \text{(如果计算在第 } n \text{ 步未终止)} \end{cases}$$

令 $u''\langle z,r\rangle = \overline{2} u'\langle z,r\rangle \to \overline{1} u'\langle z,r\rangle; 0$, 则有

$$u''(z,r) = \begin{cases} \langle u\langle z,r\rangle\rangle & \text{(如果 } n\langle z,r\rangle \neq \perp) \\ 0 & \text{(如果 } u\langle z,r\rangle = \perp) \end{cases}$$

再令 $u''' = au''$, 则 $u''' = u$. 可见 u 是递归的. 由此, 根据非决定性计算的基本定理, 可证 f 是递归的. 定理得证.

§6 逻辑计算

1. 逻辑计算的概念

设要计算 $y = \text{length}(A \cdot B \cdot 0)$. 由定义

$$\text{length } o = 0$$
$$\text{length}(x_1 \cdot x_2) = 0 \cdot \text{length } x_3$$

如果能求出 y 的值,比如 $y = 0 \cdot 0 \cdot 0$,那么就可以从上面两个式子证明
$$\text{length}(A \cdot B \cdot 0) = 0 \cdot 0 \cdot 0$$
把 $\text{length } x = y$ 简记为 $L(x,y)$.我们的问题就归结为是否可以找到一个 S 表达式 y,使得 $L(A \cdot B \cdot 0, y)$ 可以从
$$L(0,0)$$
$$L(x_2, x_3) \to L(x_1 \cdot x_3, 0 \cdot x_3)$$
证明出来.

这种问题的一般形式:给了一组逻辑公式 $p_1, \cdots, p_m$,求 y,使 $R(y)$ 可以从 $p_1, \cdots, p_m$ 证明出来.这里我们可以对逻辑公式的形式做进一步的规定,就是限于 $\alpha_1 \wedge \cdots \wedge \alpha_n \to \alpha_0$ 的形式,其中 $\alpha_0, \alpha_1, \cdots, \alpha_n$ 都是原子公式(以下简称元式).

现在我们给出严格的定义.

我们不必关心变元、项和元式的详细定义.对我们来说重要的:

(1) 变元的集合是原子集合的递归子集.

(2) 项的集合是 S 表达式集的递归子集.

(3) 元式集的集合也是 S 表达式集的递归子集.

不含有变元的项叫常项,不含有变元的元式叫底元式.

为了说明不同元式之间在形式上的关系,我们常用代换.所谓代换,指的是由一组变元和一组项组成的对偶表.设 $v_1, \cdots, v_n$ 是一组变元,$t_1, \cdots, t_n$ 是一组项,则 $\sigma = \langle v_1 \cdot t_1, \cdots, v_n \cdot t_n \rangle$ 叫作一个代换,设 a 是一个元式,σ 是一个代换,$a\sigma$ 是表示对 a 施行代换 σ 所得的结果.我们约定:

(4) 对任何元式 a 和任何代换 σ,$a\sigma$ 是一个元式,叫作 a 的例式.

注意,$a\sigma$ 可以从 a 和 σ 计算出来.

设 W_1, W_2 是两个有穷的元式集,则 W_1/W_2 叫作由这两个元式集组成的分式.如果 W_2 只有一个元式

$w, w_2 = \{w\}$，那么 W_1/W_2 叫作线性分式或线性式，并简记为 W_1/w. 我们就用这种记号来代替 $w_1 \wedge \cdots \wedge w_n \to w$（这里 $W_1 = \{w_1, \cdots, w_n\}$）. 如果 W_2 是空集，我们就把 W_1/W_2 叫作整式，并简记为 W_1. 如果 W_1 和 W_2 都是空集，我们就把相应的分式叫作空式.

元式和分式统称合式.

设 W_1/W_2 是分式，σ 是代换. 对 W_1, W_2 中的所有元素都施行代换 σ，得到相应的两个元式集 W'_1, W'_2. 则 W'_1/W'_2 叫作 W_1/W_2 的例式，并记作 $(W_1/W_2)\sigma$，或者 $W_1\sigma/W_2\sigma$.

一个分式 W_1/W_2 中，若 W_1, W_2 都是底元式的集合，就说这个分式是底分式. 如果 $(W_1/W_2)\sigma$ 是底分式，就说它是 W_1/W_2 的底例式，而 σ 是 W_1/W_2 的底代换.

以下我们用 $0, 1$ 分别表示假、真，以便讨论合式的逻辑关系. 设每个合式 w 都有一个真值 φW 与它对应，则 φ 叫作一个赋值系，如果：

（1）$\varphi w = 1$，当且仅当它的一切底例式 w' 都有 $\varphi w' = 1$.

（2）设 W_1/W_2 是任一底分式. $\varphi(W_1/W_2) = 0$，当且仅当 W_1 中每个底元式 w_1 都有 $\varphi w_1 = 1$，而且 W_2 中每个底元式 w_2 都有 $\varphi w_2 = 0$.（或者说 $\varphi(W_1/W_2) = 1$ 当且仅当有某个 $w_1 \in W_1$ 使 $\varphi w_1 = 0$ 或有某个 $w_2 \in W_2$ 使 $\varphi w_2 = 1$.）

设 w 是一个合式，φ 是一个赋值系. 若 $\varphi w = 1$，则说 φ 满足 w. 又设 $\mathscr{W}$ 是一组合式，若 φ 满足其中的每一个合式，则说 φ 满足 $\mathscr{W}$，并记为 $\varphi\mathscr{W} = 1$，否则说 φ 不满足 $\mathscr{W}$，并记为 $\varphi\mathscr{W} = 0$.

若存在 φ，使 $\varphi\mathscr{W} = 1$，则说 $\mathscr{W}$ 是可满足的，否则说 $\mathscr{W}$ 是不可满足的.

合式 w 叫作合式集 $\mathscr{W}$ 的推论，如果任何满足 $\mathscr{W}$ 的赋值系 φ 都满足 w.

现在我们终于可以给出如下的定义了.

定义 6 设线性分式集 $\mathscr{P} = \{p_1,\cdots,p_n\}$，$r$ 是一个元式，则 $\langle \mathscr{W},r\rangle$ 叫作一个线性逻辑方程。r 的一个底代换 σ 叫作方程 $\langle \mathscr{W},r\rangle$ 的一个解，如果 $r\sigma$ 是 $\mathscr{W}$ 的推论。

2. 预备定理

引理 15 设 r 是一个元式，$w = \{r\}/\phi$。σ 是 r 底代换。那么，对任何估值系，$r\sigma$ 满足 φ 的充要条件是 $w\sigma$ 不满足 φ。

证明 由赋值系的定义，$\varphi w\sigma = 0$ 的充要条件是 $\varphi r\sigma = 1$，引理得证。

引理 16 设 $\langle \mathscr{P},r\rangle$ 是线性逻辑方程，$w = \{r\}/\phi$，那么 σ 是这个方程的解，当且仅当 $\mathscr{P} \cup \{w\sigma\}$ 不可满足。

证明 设 σ 是方程的解，$r\sigma$ 是 $\mathscr{P}$ 的推论。对任何赋值系 φ，只要 $\varphi\mathscr{P} = 1$，就有 $\varphi\sigma = 1$，由引理 1，$\varphi wr = 0$。可见 $\varphi(\mathscr{P} \cup \{w\sigma\}) = 0$。因此，$\mathscr{P} \cup \{w\sigma\}$ 不可满足。

反之，如果 $\mathscr{P} \cup \{w\sigma\}$ 不可满足，那么对任何赋值系 φ，只要 $\varphi\mathscr{P} = 1$，就有 $\varphi w\sigma = 0$，从而 $\varphi r\sigma = 1$。因此 $r\sigma$ 是 $\mathscr{P}$ 的推论，因此 σ 是方程的解。引理得证。

设 $\mathscr{W}$ 是合式集，$\overline{\mathscr{W}}$ 是 $\mathscr{W}$ 中各合式的所有底例式的集合，则说 $\overline{\mathscr{W}}$ 是 $\mathscr{W}$ 的全例集。很显然，对任何赋值系 φ，$\varphi\mathscr{W} = 1$ 的充要条件是 $\varphi\overline{\mathscr{W}} = 1$。因此，$\mathscr{W}$ 不可满足的充要条件是 $\overline{\mathscr{W}}$ 不可满足。

我们将要证明如下的基本引理。

基本引理 设 $\mathscr{W}$ 是合式集。$\mathscr{W}$ 不可满足的充要条件是 $\mathscr{W}$ 的全例集 $\overline{\mathscr{W}}$ 有不可满足的有穷子集 $\overline{\mathscr{W}_0} \subset \overline{\mathscr{W}}$。

证明 若 $\overline{\mathscr{W}_0}$ 是不可满足的，$\overline{\mathscr{W}}$ 更是如此，$\mathscr{W}$ 也就不可满足。这就是充分性。现在证明必要性。设 $\mathscr{W}$ 是不可满足的，那么 $\overline{\mathscr{W}}$ 也是不可满足的。我们来证明存在

$\overline{\mathscr{W}}$ 的一个有穷的不可满足的子集,用反证法,设 $\overline{\mathscr{W}}$ 的一切有穷子集都是可满足的.

注意 $\overline{\mathscr{W}}$ 是一些 S 表达式的集合,所以是可数集. 设 $\overline{\mathscr{W}} = \{w_1, w_2, \cdots\}$,用 $\mathscr{A}$ 表示 $\overline{\mathscr{W}}$ 中出现的一切底元式的集合,这也是一个可数集,设 $\mathscr{A} = \{a_1, a_2, \cdots\}$.

设 $b = \{b_1, b_2, \cdots\}$ 是一个二进序列. 我们说 b 满足 w_j,如果存在 φ, φ 满足 w_j,而且 $\varphi a_1 = b_1, \varphi a_2 = b_2, \cdots$. 这时,任何赋值系 φ',只要 $\varphi' a_1 = b_1, \varphi' a_2 = b_2, \cdots$ 总有 φ' 满足 w_j.

令 $B_k = \{b \mid b \text{ 满足 } w_1, w_2, \cdots, w_k\}$,则
$$B = \{b \mid b \text{ 满足一切 } w_j, (j = 1, 2, \cdots)\}$$

显然 B_k 都不是空集,而 B 是空集. 此外 $B_1 \supset B_2 \supset \cdots$ 是一个下降序列,而且 $B = \cap B_k$.

用 $C_n(b)$ 表示二进序列 b 的前 n 项组成的向量. 若 $b = \{b_1, b_2, \cdots\}$,则 $C_n(b) = \langle b_1, \cdots, b_n \rangle$. 特别地,令 $C_0(b) = 0$. 设 $Q_k = \{C_n(b) \mid b \in B_k, n = 0, 1, 2, \cdots\}$,则 $Q_1 \supset Q_2 \supset \cdots$ 是一个下降序列,令 $Q = \cap Q_k$. 显然 $0 \in Q$.

用 n_k 表示出现在 $w_1, \cdots, w_k$ 中的元式 a_j 的最大足标. 不难看出,一个赋值系是否能满足 $w_1, \cdots, w_k$ 只依赖于 $\varphi a_1, \cdots, \varphi a_{n_k}$ 的值. 因此,若 $C_{n_k}(b) = C_{n_k}(b')$,则 b 与 b' 同时属于或不属于 B_k.

任取 $\langle x_1, \cdots, x_n \rangle \in Q$,那么对任何 $Q_k, \langle x_1, \cdots, x_n \rangle \in Q_k$. 可见存在 $b \in B_k, C_n(b) = \langle x_1, \cdots, x_n \rangle$. 于是 $C_{n+1}(b) = \langle x_1, \cdots, x_n, x_{n+1} \rangle \in Q_k$,其中 x_{n+1} 是 0 或 1. 换句话说,$\langle x_1, \cdots, x_n, 0 \rangle$ 和 $\langle x_1, \cdots, x_n, 1 \rangle$ 中总有一个在 Q_k 中. 于是可以把 $Q_1, Q_2, \cdots$ 分为两组,第一组中的 Q_k 含有 $\langle x_1, \cdots, x_n, 0 \rangle$,第二组中的 Q_k 不含 $\langle x_1, \cdots, x_n, 0 \rangle$ 但含有 $\langle x_1, \cdots, x_n, 1 \rangle$. 这两组中至少有一组是无穷的. 因此,$\langle x_1, \cdots, x_n, 0 \rangle$ 和 $\langle x_1, \cdots, x_n, 1 \rangle$ 中至少有一个属于无穷多个 Q_k. 而 $Q_1 \supset Q_2 \supset \cdots$ 是下降序列,所以属于无穷多个 Q_k,也就属于 Q.

总之，若$\langle x_1,\cdots,x_n\rangle \in Q$，则存在$x_{n+1}$，使$\langle x_1,\cdots,x_n,x_{n+1}\rangle \in Q$. 上面已经说明$0 \in Q$，利用这个结果，存在$\langle x_1\rangle \in Q$，从而又存在$\langle x_1,x_2\rangle \in Q$，$\cdots$ 于是存在一个二进序列$x = \{x_1,x_2,\cdots\}$，使得一切$C_n(x) \in Q$. 从而对一切n和k，$C_n(x) \in Q_k$，特别是$C_n(x) \in Q_k$. 因此，存在$b \in B_k, C_n(b) = C_k(X)$. 由前面的讨论，这说明$x \in B_k$. 这里的$k$是任意的，因此$x \in B$，与$B$是空集矛盾. 这就证明了基本引理.

现在把基本引理用于逻辑方程，我们可以证明：

预备定理 设$\langle \mathscr{P},r\rangle$是线性逻辑方程，$\sigma$是$r$的底代换，$w = \{r\}/\phi$，那么，$\sigma$是方程解的充要条件是：存在$\mathscr{P}$的全例集的有穷子集$\mathscr{P}'$，使$\mathscr{P}' \cup \{w\sigma\}$不可满足.

证明 充分性是显然的，若$\mathscr{P}' \cup \{w\sigma\}$不可满足，$\mathscr{P} \cup \{w\sigma\}$也不可满足，由引理2，$\sigma$是方程的解. 现在证明必要性，设$\sigma$是方程的解. 由引理2，$\mathscr{P} \cup \{w\sigma\}$不可满足. 设$\mathscr{P}$的全例集是$\overline{\mathscr{P}}$，由于$w\sigma$是底式，$\mathscr{P} \cup \{w\sigma\}$的全例集是$\overline{\mathscr{P}} \cup \{w\sigma\}$. 根据基本引理，存在$\overline{\mathscr{P}} \cup \{w\sigma\}$的有穷子集$\mathscr{P}_0$，不可满足. 令$\mathscr{P}' = \mathscr{P}_0 - \{w\sigma\}$即可. 引理得证.

3. 底消解法

设$\mathscr{P} = \{P_1/a_1,\cdots,P_m/a_m\}$是一个线性底分式集，$G = G/\phi$是一个底整式. 底消解法的目的，是提供一个算法来判定$\mathscr{P} \cup \{G\}$是否不可满足.

定义7 (1) 设P/a是底分式，Q是底整式. 若$a \in Q$，则说Q可以用P/a进行底消解. 这时，令$R = (Q - \{a\}) \cup P$，则R(作为底整式)叫作Q关于P/a的底消解式，记为$R = Q \times \dfrac{P}{a}$.

(2) 设$\mathscr{P}$是底分式集. 若Q可以用$\mathscr{P}$中的某个底分式进行底消解，则说Q可以用$\mathscr{P}$进行底消解，这时

相应的底消解式 R 叫作 Q 关于 $\mathscr{P}$ 的一个底消解式,记为 $R: Q \times \mathscr{P}$.

(3) 设 $\mathscr{P}$ 是底分式集. 一个底整式序列 $\mathscr{P} = \{G_0, G_y, \cdots, G_n\}$ 叫作 Q 关于 $\mathscr{P}$ 的一个底消解过程,如果 $G_0 = Q$,而且对每个 $k,(1 \leq k \leq n)$,有 $G_k: G_{k-1} \times \mathscr{P}$. 此外,如果又有 $G_n = \phi$,那么说 $\mathscr{P}$ 是 Q 关于 $\mathscr{P}$ 的一个底反驳.

引理 17 设 $R = Q \times \dfrac{P}{a}$. 如果 φ 满足 Q 与 $\dfrac{P}{a}$,那么 φ 也满足 R.

证明 设 $\varphi Q = 1, \varphi(P/a) = 1$. 由于 $\varphi Q = 1$,存在 $q \in Q, \varphi q = 0$,取定这个 q.

若 $\varphi a = 1$,则 $a \neq q, q \in Q - \{a\} \subset R$,可见 $\varphi R = 1$.

若 $\varphi a = 0$,则由 $\varphi(P/a) = 1$,可知存在 $p \in P$,使 $\varphi p = 1$,而 $p \in R$,所以 $\varphi R = 1$.

引理得证.

这个引理说明底消解法是一个可靠的推理规则,若存在底整式 Q 关于底分式集 $\mathscr{P}$ 的底反驳 $\mathscr{P}$,那么,对任何满足 $\mathscr{P} \cup \{Q\}$ 的赋值系 φ,φ 一定满足 $\mathscr{P}$ 中的每个整式,从而满足最后的空式. 但空式是不可满足的,可见 $\mathscr{P} \cup \{Q\}$ 也是不可满足的. 因此 $\mathscr{P} \cup \{Q\}$ 不可满足的一个充分条件:存在 Q 关于 $\mathscr{P}$ 的底反驳. 我们将证明这个条件还是必要的. 为此先要引进一些术语.

我们说 $\mathscr{P}$ 关于 Q 是冗余的,如果存在 $\mathscr{P}$ 的真子集 $\mathscr{P}', \mathscr{P}' \cup \{Q\}$ 不可满足.

我们把 $\mathscr{P}$ 叫作三角的,如果(经过适当的排序)$\mathscr{P}$ 可以写成 $\{P_1/a_1, \cdots, P_m/a_m\}$,使 $P_1 = \phi. \{a_1\} \subset P_2, \cdots, \{a_1, \cdots, a_{m-1}\} \subset P_m$.

现在设 $\mathscr{P} \cup \{Q\}$ 不可满足. 若对 $\mathscr{P}$ 的一切真子集 $\mathscr{P}', \mathscr{P}' \cup \{Q\}$ 都是可满足的,$\mathscr{P}$ 就是非冗余的,否则有某个真子集 $\mathscr{P}', \mathscr{P}' \cup \{Q\}$ 是不可满足的,取元素最少的某个这样的真子集 $\mathscr{P}'$,则 $\mathscr{P}'$ 是(关于 Q)非冗

余的. 总之，我们不妨假定 $\mathscr{P}$ 是关于 Q 非冗余的.

现在证明一个引理.

引理 18 设 $\mathscr{P} = \{P_1/a_1, \cdots, P_m/a_m\}$，$Q$ 是非空的整式. 若 $\mathscr{P} \cup \{Q\}$ 不可满足，而且 $\mathscr{P}$ 关于 Q 是非冗余的，则 $\mathscr{P}$ 是三角的.

证明 对 m 用归纳法.

先考虑 $m = 1$ 的情况. 这时只用证明 P_1 是空集即可. 如果 $p \in P_1$，总可以有 φ 不满足 p 和 Q 中的某个 q，这时 φ 就满足 P_1/a_1 与 Q. 这与 $\mathscr{P} \cup \{Q\}$ 不可满足矛盾，可见 P_1 是空集.

设引理对于 $m = k$ 的情况是正确的. 现在设 $m = k + 1$. 如果每个 P_i 都非空，那么可以取 $p_1 \in P_1, \cdots, p_{k+1} \in P_{k+1}, q \in Q$，总可以有 φ 满足 $p_1, \cdots, p_{k+1}$ 及 q，从而也满足 $p_1/a_1, \cdots, p_{k+1}/a_{k+1}$ 及 Q，这与 $\mathscr{P} \cup \{Q\}$ 不可满足矛盾. 可见有某个 P_i 是空集，比如说 P_1 是空集（必要时可适当排列 $\mathscr{P}$ 的各元素）.

由于 $\phi/a_1 \in \mathscr{P}$，及 $\mathscr{P}$ 的非冗余性，不难证明 $a_2, \cdots, a_{k+1}$ 都不等于 a_1（否则把 ϕ/a_1 从 $\mathscr{P}$ 中去掉，$(\mathscr{P} - \{\phi/a_1\}) \cup \{Q\}$ 仍然是不可满足的）.

现在令 $P'_2 = P_2 - \{a_1\}, \cdots, P'_{k+1} = P_{k+1} - \{a_1\}$，$Q' = Q - \{a_1\}$，$\mathscr{P}' = \{P'_2/a_2, \cdots, P'_{k+1}/a_{k+1}\}$. 于是 a_1 在 $\mathscr{P}'$ 及 Q' 中均不出现.

$\mathscr{P}' \cup \{Q'\}$ 仍然是不可满足的. 反之，若 φ 满足 $\mathscr{P}' \cup \{Q'\}$，取一个新的赋值系 φ' 使 $\varphi a_1 = 1$，而凡是出现在 $\mathscr{P}' \cup \{Q'\}$ 中的元式（底元式）a 都有 $\varphi' a = \varphi a$. 这样，φ' 满足 a_1 及 $\mathscr{P}' \cup \{Q'\}$，由此可知 φ 满足 $\phi/a_1, P_2/a_2, \cdots, P_{k+1}/a_{k+1}$ 及 Q. 这是不可能的.

$\mathscr{P}' \cup \{Q'\}$ 还是非冗余的. 就是说，若 $\mathscr{P}''$ 是 $\mathscr{P}'$ 的真子集，则 $\mathscr{P}'' \cup \{Q'\}$ 可满足. 不妨假定 P_{k+1}/a_{k+1} 不在 $\mathscr{P}''$ 中. 由于 $\mathscr{P}$ 关于 $\{Q\}$ 非冗余，所以 $(\mathscr{P} - \{P_{k+1}/a_{k+1}\}) \cup \{Q\}$ 可满足. 设 φ 满足它，则有 $\varphi(\mathscr{P} - \{P_{k+1}/a_{k+1}\}) = 1, \varphi Q = 1$. 而因为 P_1 是空集，$\varphi(\phi/a_1) = 1$，所以 $\varphi a_1 = 1$. 由此可知 $\varphi(P'_1/a_1) =$

$1, j = 2, \cdots, k$,及 $\varphi Q' = 1$. 这说明 φ 满足 $\mathscr{P}'' \cup \{Q'\}$.

于是 $\mathscr{P}' \cup \{Q'\}$ 不可满足,而且 $\mathscr{P}'$ 关于 $\{Q'\}$ 是非冗余的,因此 $\mathscr{P}'$ 是三角的. 这样就不难看出 $\mathscr{P}$ 是三角的. 引理得证.

定理 30(底反驳定理) 设 $\mathscr{P}$ 是一组线性底分式,q 是一个底整式,那么 $\mathscr{P} \cup \{Q\}$ 不可满足的充要条件是存在 q 关于 $\mathscr{P}$ 的底反驳.

证明 充分性已如前述. 只用证必要性. 不妨认为 $\mathscr{P}$ 是关于 q 非冗余的,由引理知,$\mathscr{P}$ 是三角的. 设 $\mathscr{P} = \{\phi/a_1, P_2/a_2, \cdots, P_m/a_m\}$.

很容易看出 $Q \subset \{a_1, \cdots, a_m\}$. 反之,如果存在 $q \in Q$, q 与 $a_1, \cdots, a_m$ 都不同,那么就存在 φ,使 $\varphi q = 0$ 而 $\varphi a_1 = \cdots = \varphi a_m$. 于是可证 φ 满足 $\mathscr{P}$ 及 Q 是不可能的.

取 $G_0 = Q$. 设在 G_0 中出现的那些 a_j 中,足标最大的是 a_{k_0},即 $G_0 \subset \{a_1, \cdots, a_{k_0}\}$, $a_{k_0} \in G_0$. 令 $G_1 = G_0 \times \dfrac{P_{k_0}}{a_{k_0}}$,于是 $G_1 \subset \{a_1, \cdots, a_{k_0-1}\}$. 设在 G_1 中出现的 a_j 中足标最大的是 a_{k_1},则 $k_1 \leqslant k_0 - 1 < k_0$. 重复这一步骤,可以看到序列 $G_0, G_1, \cdots$ 其中每一项都是前一项关于 $\mathscr{P}$ 的底消解式,而 $k_0 > k_1 > \cdots$,这里 a_{k1} 是在 G_1 中出现的 a_j 中足标最大的一个. 因此,有某个 $a_{kn} = 0$,于是 $G_n = \phi$. $\langle G_0, G_1, \cdots, G_n \rangle$ 就是 Q 关于 $\mathscr{P}$ 的底反驳. 定理得证.

推论 设 $\langle \mathscr{P}, r \rangle$ 是线性逻辑方程,σ 是 r 的底代换,$Q = \{r\}/\phi$,那么 σ 是方程的充要条件:存在 $\mathscr{P}$ 的全例集的有穷子集 $\mathscr{P}'$,使 $Q\sigma$ 有关于 $\mathscr{P}$ 的底反驳.

证明 由上节预备定理和本定理得证.

4. 一般的消解法

用底消解法求解逻辑方程,就要逐个验证每个底代换是否反例. 在每次验证时又要逐个检查全集例的每个有穷子集. 因此, 这不可能是实用的方法.

一般消解法对此做了极大的改进. 对于给定的逻辑方程 $\langle \mathcal{P}, r \rangle$, 它不从底例式入手, 而是一边消解、一边寻找代换.

定义 8 (1) 设 Q 是整式, P/a 是线性分式, ξ 是一个代换. 若 $a\xi \in Q\xi$, 则说 Q 可以用 P/a 进行 ξ 消解, 这时, 令 $R = (Q\xi - \{a\xi\}) \cup P\xi$, 则 R 叫作 Q 关于 P/a 的 ξ 消解式, 记为 $R = Q \times \xi \dfrac{P}{a}$.

(2) 设 Q 是整式, $\mathcal{P}$ 是线性分式集. 设 ξ 是一个代换. 若 Q 可以用 $\mathcal{P}$ 中的某个分式进行 ξ 消解, 则说 Q 可以用 $\mathcal{P}$ 进行 ξ 消解. 这时相应的消解式 R 叫作 Q 的一个关于 $\mathcal{P}$ 的 ξ 消解式, 记作 $R:Q \times \xi\mathcal{P}$.

(3) 设 $\xi^* = \langle \xi_1, \cdots, \xi_n \rangle$ 是一组代换, $\mathcal{P} = \langle G_0, \cdots, G_n \rangle$ 是一个整式序列, $G^0 = Q$, 而且对 $k = 1, \cdots, n, G_k : G_{k-1} \times \xi\mathcal{P}$, 则说 $\mathcal{G}$ 是 Q 关于 $\mathcal{P}$ 的一个 ξ^* 消解过程. 此外, 如 G_n 是空式, 则 $\mathcal{G}$ 又叫 Q 关于 $\mathcal{P}$ 的一个 ξ^* 反驳.

引理 19 设 Q 与 $\dfrac{P}{a}$ 不含共同变元, Q' 和 $\dfrac{P'}{a'}$ 分别是 Q 与 $\dfrac{P}{a}$ 的例式, $R = Q' \times \dfrac{P'}{a'}$, 则存在 ξ, 使 $R = Q \times \xi \dfrac{P}{a}$.

证明 设 $\dfrac{P'}{a'} = \dfrac{P}{a}\xi_1, Q' = Q\xi_2$. 因为 $\dfrac{P}{a}$ 与 Q 不含共同变元, 所以不妨假定 ξ_1, ξ_2 中也不涉及相同的变元. 把两个代换并置为一个代换 ξ, 则 $\dfrac{P'}{a'} = \dfrac{P}{a}\xi$, $Q' = Q\xi$. 由此即可证明引理.

设 ξ, η 是两个代换. 对任何合式相继使用这两个代换, 其结果相当于施行一个代换 ζ. 我们把 ζ 记为 $\xi\eta$, 即 $(w\zeta)\eta = w\zeta = w(\xi\eta)$. 此外不难证明 $(\xi\eta)\zeta = \xi(\eta\zeta)$. 有了这些说明, 我们就可以转而证明如下的

引理:

引理 20 设 $R = Q \times \xi \dfrac{P}{a}, R' = R\eta$ 是 R 的底例式, ζ 是 $a\xi\eta$ 的任何底代换, $\omega = \xi\eta\zeta$, 则 $Q' = Q\omega$ 及 $\dfrac{P'}{a'} = \left(\dfrac{P}{a}\right)\omega$ 都是底例式, 而且 $R' = Q' \times \dfrac{P'}{a'}$.

证明 $R = (Q\xi - \{a\xi\}) \cup P\xi$, 而 R' 中不含变元, 所以 $R' = R'\zeta = R\eta\zeta = (Q\omega - \{a\omega\}) \cup P\omega$. 由于 R' 不含变元, $Q\omega, P\omega$ 也不含变元, 此外 $a\omega$ 是 a 的底例式, 于是 $R' = Q' \times \dfrac{P'}{a'}$ 是底消解式. 引理得证.

注意, 这里的 ζ 虽然不是唯一的, 但是可以有算法任意确定一个.

推论 设 $\mathscr{G} = \langle G_0, \cdots, G_n \rangle$ 是 Q 的一个关于 $\mathscr{P}$ 的 ξ^* 的消解过程, $G'_n = G_n\eta$ 是 G_n 的底例式, 则存在一个代换 η_0 及一个 $Q\eta_0$ 关于 $\mathscr{P}'$ 的底消解过程 $\mathscr{G}' = \langle G'_0, \cdots, G'_n \rangle$, 这里 $\mathscr{P}'$ 是 $\mathscr{P}$ 的全例集的某个有穷子集.

证明 设 $\xi^* = \langle \xi_1, \cdots, \xi_n \rangle$. 令 $\eta_n = \eta_0$, 由于 G_{n-1} 是 G_n 关于 $\mathscr{P}$ 的 ξ_n 消解式, 存在 $\dfrac{P}{a} \in \mathscr{P}$, 使 $G_{a-1} = G_n \times \xi_n \dfrac{P_n}{a_n}$. 任取 $a\zeta_n\eta_n$ 的底代换 ξ_n, 令 $\eta_{a-1} = \xi_n\eta_n\zeta_n$, $G'_{n-1} = G_{0n-1}\eta_{n-1}$, 则 $G'_{n-1} = G'_n \times \dfrac{P_n\eta_{n-1}}{a_n\eta_{a-1}}$ 是底消解式, G'_{n-1} 是底例式.

重复这个过程, 直到求出 $\eta_0 = \xi_1\eta_1\zeta_1, G'_0 = G_{0\eta_0}$ 是 $G_0 = Q$ 的底例式. 这里 $\eta_0 = \xi_1 \cdots \xi_n \eta \zeta_n \cdots \zeta_1$. 由此即可证明推论.

定理 31(一般消解法) 设 $\langle \mathscr{P}, r \rangle$ 是一个线性逻辑方程, $Q = \{r\}/\phi$. 那么:

(1) $\langle \mathscr{P}, r \rangle$ 有解的充要条件是 Q 有一个关于 $\mathscr{P}$ 的 ξ^* 反驳 $\mathscr{G}$;

(2) $\langle \mathscr{P}, r \rangle$ 的解 σ 可以从 $\mathscr{G}$ 和 ξ^* 计算出来.

证明 从赋值系的定义不难看出,把一个合式中的变元系统地换成新的变元并不改变这个合式的真值.因此,不妨假定 $\mathscr{P}$ 和 Q 没有共同的变元.

先证(1)中的充分性.设 Q 有一个关于 $\mathscr{P}$ 的 ξ^* 反驳 $\mathscr{G}$,由上面的推论,可知存在 Q 的一个底例式 $Q' = Q\sigma$,使 Q' 有一个关于 $\mathscr{P}'$ 的底反驳,而 $\mathscr{P}'$ 是 $\mathscr{P}$ 的全例集的有穷子集.再由底反驳定理的推论就可以证明 σ 是 $\langle \mathscr{P}, r \rangle$ 的解.顺便指出, σ 是可以从 $\mathscr{G}$ 和 ξ^* 计算出来的,这就是本定理中的(2).

现在证(1)中的必要性.设 $\langle \mathscr{P}, r \rangle$ 有解 σ.由底反驳定理的推论,存在 $\mathscr{P}$ 的全例集的有穷子集 $\mathscr{P}'$ 及 $Q\sigma$ 关于 $\mathscr{P}'$ 的底反驳 $\mathscr{P}' = \langle G'_0, \cdots, G'_n \rangle$.其中 $G'_0 = Q\sigma, G'_n = \phi$.

现在令 $G_0 = Q, G'_0$ 是 G_0 的底例式.因为 $G'_1 : G'_0 \times \mathscr{P}'$,所以有 $\dfrac{P'}{a'} \in \mathscr{P}$ 使 $G'_1 = G'_0 \times \dfrac{P'}{a'}$. $\dfrac{P'}{a'}$ 是 $\mathscr{P}$ 中某个分式 $\dfrac{P}{a}$ 的底例式.由引理1,存在 ξ_1,使 $G'_1 = G_0 \times \xi_1 \dfrac{P}{a}$.取 $G_1 = G'_1, G'_1$ 也是 G_1 的底例式.这个过程可以继续下去,最后得到 Q 的一个关于 $\mathscr{P}$ 的 ξ^* 消解过程 $\mathscr{G} = \langle G_0, \cdots, G_n \rangle$,而 G_n 的例式 G'_n 是 ϕ,可见 $G_n = \phi$.于是 $\mathscr{G}$ 又是一个底反驳.定理得证.

5. 同化

设 a_1, a_2 是两个元式, ξ 是代换.如果 $a_1\xi = a_2\xi$,那么说 ξ 是 a_1 和 a_2 的同化代换,或说 ξ 同化 a_1, a_2.这时, a_1 与 a_2 叫作可同化的.同化代换简称同代.

设 ξ, η 是两个代换,而且存在代替 ζ 使 $\xi\zeta = \eta$,则说 ξ 广于 η.

如果 ξ 同化 a_1, a_2,而且广于 a_1 与 a_2 的任何同化代换,那么称 ξ 是 a_1 与 a_2 的最广同化代换,简称 a_1 与

a_2 的最广同代.

我们将给出一个算法来判断两个元式是否可同化,并在它们确实可同化时,求出它们的一个最广同代.(这时最广同代一定存在.)

定义9 (1) 设 $R = Q \times \xi \dfrac{P}{a}$,而且 ξ 是 a 与 Q 中的某个 q 的最广同代,则 R 又叫 Q 与 $\dfrac{P}{a}$ 的消解式.

(2) 设 $\mathscr{G} = \langle G_0, \cdots, G_n \rangle$ 是 Q 关于 $\mathscr{P}$ 的 ξ^* 消解过程.若每个 G_k 都是 G_{k-1} 关于 $\mathscr{P}$ 中的某个分式 $\dfrac{P}{a}$ 的消解式,则说 $\mathscr{G}$ 是 Q 关于 $\mathscr{P}$ 的消解过程.此外若又有 $G_n = \phi$,则说 $\mathscr{G}$ 是 Q 关于 $\mathscr{P}$ 的反驳.

定理32(消解法) 设 $\langle \mathscr{P}, r \rangle$ 是逻辑方程,$Q = \{r\}/\phi$.那么,$\langle \mathscr{P}, r \rangle$ 有解的充要条件是存在 Q 关于 $\mathscr{P}$ 的反驳 $\mathscr{G}$.此外,可以通过 $\mathscr{G}$ 计算出方程的一个解.

为了证明这个定理,先要介绍同代的一些性质.首先我们要把同代的概念推广到一般的 S 表达式.设 s_1, s_2 是两个 S 表达式,则令 $E(s_1, s_2) = \{\sigma \mid s_1 \sigma = s_2 \sigma\}$.其中的代换叫 a_1, a_2 的同化代换,如果 $E(a_1, a_2) = \phi$,那么 a_1 与 a_2 是不可同化的.

设 E 是任一个代换集合,用 λE 表示这样的集合:$\lambda E = \{\sigma \mid \sigma$ 广于 E 中所有的代换$\}$.因此,$\lambda E(s_1, s_2)$ 就是 s_1, s_2 的最广同代的集合.

一个代换叫换名,如果它具有 $\langle v_1 \cdot v'_1, \cdots, v_n \cdot v'_n \rangle$ 的形式,其中 $v_1, \cdots, v_n, v'_1, \cdots, v'_1$ 都是变元.不难看出:设 τ 是一个换名,则存在另一个换名 τ',使 $\tau\tau'$ 和 $\tau'\tau$ 都是恒等变换,也就是说,τ' 是 τ 逆.

设 σ 是一个代换,τ 是一个换名,则 $\sigma\tau$ 广于 σ,σ 也广于 $\sigma\tau$.其还可以证明,如果 σ 广于 σ',σ' 也广于 σ,那么存在一个换名代换 τ 使 $\sigma' = \sigma\tau$.由此可知,最广同代如果存在,那么是一些彼此相差一个换名的代换.

以下的几个引理很容易证明.

引理 21 $E(s_1,s_2) = E(s_2,s_1); \lambda E(s_1,s_2) = \lambda E(s_2,s_1)$.

引理 22 设 v 是变元,s 中不含有 v 则 $\langle v \cdot s \rangle$ 是 v 与 s 的一个最广同代:$\langle v \cdot s \rangle \in \lambda E \langle v,s \rangle$;若 s 中含有 v,则 $\lambda E(v,s) = \phi$.

引理 23 设 s_1,s_2 都不含变元,则
$$\lambda E(s_1,s_2) = \begin{cases} \phi & \text{(当 } s_1 \neq s_2 \text{ 时)} \\ \{0\} & \text{(当 } s_1 = s_2 \text{ 时)} \end{cases}$$
(注意 0 就是恒等代换).

引理 24 $E(s_1 \cdot s'_1, s_2 \cdot s'_2) = \{\sigma\sigma' \mid \sigma \in E(s_1,s_2), \sigma' \in E(s'_1\sigma_1, s'_2\sigma)\}$.

引理 25 $\lambda E(s_1 \cdot s'_1, s_2 \cdot s'_2) = \{\sigma\sigma' \mid \sigma \in \lambda E(s_1,s_2), \sigma' \in \lambda E(s'_1\sigma, s'_2\sigma)\}$.

由上面各引理可以证明:

定理 33(最广同代) 设 s_1,s_2 是两个 S 表达式,$E(s_1,s_2) \neq \phi$,则 $\lambda E(s_1,s_2) \neq \phi$. 也就是说,两个 S 表达式如果可同化,就一定有最广同代.

证明可以同结构归纳法,此处略.

定理 34(同化算法) 存在一个递归函数 f,使
$$\zeta f \langle s, s_s \rangle = \begin{cases} \langle \sigma \rangle & \text{(当 } s_0, s_2 \text{ 可同化,且 } \sigma \text{ 是它们的一个最广同代时)} \\ 0 & \text{(当 } s_1, s_2 \text{ 不可同化时)} \end{cases}$$

证明 注意变元集合是递归的. 所以存在递归全函数 g,使 $gx = 0$ 的充要条件:x 是变元,记 null $g = f_0$. 于是 f_0 是递归全函数,当且仅当 $f_0 x \neq 0$ 时,x 是变元.

不难写出一个递归全函数 f_1,对任何 S 表示式 s 及代换 σ,都有 $f_1 \langle s, \sigma \rangle = s\sigma$.

不难写出一个递归全函数 f_2,对任何两个代换 σ 及 σ' 都有 $f_2 \langle \sigma, \sigma' \rangle = \sigma\sigma'$. 实际上,设 $\sigma = \langle v_1 \cdot s_1, \cdots, v_n \cdot s_n \rangle$,则令
$$f_2 \langle \sigma, \sigma' \rangle = \langle v_1 \cdot (s_1\sigma_1), \cdots, v_n \cdot (s_n\sigma') \rangle + \sigma'$$

即可.

此外,不难写出一个递归全函数 f_3,对任何变元 v 及 S 表达式 s,$f_3\langle v,s\rangle \neq 0$ 的充要条件是 v 在 s 中出现.

基于以上的各辅助函数,f 可以按如下的办法定义:

$$f\langle x,y\rangle$$
$$= f_0 x \to f_3\langle x,y\rangle \to 0;\langle\langle x \cdot y\rangle\rangle;$$
$$f_0 y \to f_3\langle y,v\rangle \to 0;\langle\langle y \cdot v\rangle\rangle;$$
$$@x \to \mathrm{weq}\langle x,y\rangle \to \langle 0\rangle;0;$$

$$@y \to 0;$$
$$f\langle \alpha x, \alpha y\rangle \to$$
$$f\langle f,\langle \overline{1,3}\rangle, f_2\langle \overline{1,3}\rangle\rangle \to$$
$$\langle f_2\langle \overline{3}, af\langle f_1\langle \overline{1,3}\rangle,$$
$$f_2\langle \overline{1,3}\rangle\rangle\rangle\langle \beta x, \beta y, af\langle \alpha x, \alpha y\rangle\rangle;0;0$$

详细证明要用结构归纳法,此处略.

现在我们可以转而证明本节的主要定理. 先证明一个引理:

引理26 设 Q 与 $\dfrac{P}{a}$ 不含共同变化,$Q' = Q\eta$ 是 Q 的例式,$R' = Q' \times \xi \dfrac{P}{a}$. 又设 $\mathscr{V}$ 是一个有穷的变元集,则存在 Q 关于 $\dfrac{P}{a}$ 的一个消解式 R,使 R' 是 R 的例式,而 R 中不含 $\mathscr{V}$ 中的变元.

证明 $R' = (Q'\xi - \{a\xi\}) \cup P\xi$,而且 $a\xi \in Q'\xi = Q\eta\xi$.

又由于 $\dfrac{P}{a}$ 和 Q 不含共同变元,把 η 中与 Q 无关的部分去掉,得到 η',则对 Q 中的每个 q,$q\eta' = q\eta$,而对 p 中的每个 p,$p\eta' = t$,此外 $a\eta' = a$. 因此,$a\eta'\xi = a\xi \in Q\eta\xi = Q\eta'\xi$,所以存在 q,$a\eta'\xi = q\eta'\xi$. 这说明 a 与 q 可同化,用 σ 表示 a 与 q 的一个最广同代.

取适当的换名 τ,使 $(P_0 \cup Q_0)\tau$ 中不含 v 中的变元. 记 $\omega = \sigma\tau$,则 ω 也是 a 与 q 的最广同代. 而 $\eta'\xi$ 是 a 与 q 的同代,所以存在 ζ,$\omega\zeta = \eta'\xi$.

于是 ω 消解式 $R = Q \times \omega \dfrac{P}{a}$ 是消解式，而且 $R\zeta((Q\omega - \{a\omega\}) \cup P\omega)\zeta = (Q\eta'\xi - \{a\eta'\xi\}) \cup R\eta'\xi = (Q'\xi - a\xi) \cup P\xi = R'$，因此 R' 是 R 的例式. 另外，$R = (Q\omega - \{a\omega\}) \cup P\omega \subset Q\sigma\tau \cup P\sigma\tau$，所以 R 中不含 $\mathscr{V}$ 中的变元.

引理得证.

利用引理证明定理时，用 $\mathscr{V}$ 表示出现于 $\mathscr{P}$ 中的变元的集合. 然后对于上节一般消解法定理中的反驳 $\mathscr{G}$，反复利用引理即可. 详细证明此处就省略了.

本节开头已把函数计算的问题归结为逻辑方程求解的问题. 现在我们又把逻辑方程求解的问题归结为求反驳的问题. 在求反驳的每一步 G_{k-1} 应与 $\mathscr{P}$ 中的哪一个分式进行消解这个过程的非决定性因素，要靠外部信息来完成. 这种非决定性的计算就是逻辑计算.

本节介绍的消解法在相关文献中叫作线性消解法. 用消解法完成逻辑计算是逻辑型语言的理论基础. 由于这是一种非决定性的计算，又因为同化算法比较复杂，逻辑型语言的实现面临着效率问题. 这是算法复杂性研究的焦点之一.

本次引进的是本书的第 5 版 (2009 年)，其中第 1 版 (1973) 的前言中指出：

当前，数学逻辑学和相关科学越来越受到关注. 这是由于这些科学本身的深入发展及其在数学和各个技术领域中的广泛应用.

数学逻辑课程在几年前成了苏联大学和师范学院数学系的必修课程. 最初，该专业的教师和学生非常缺少教材. 目前，这一不足已经得到了一定程度的改善. 现在有一系列的有关数学逻辑的教科书和著作，其中也有苏联作家的作品，但大多是翻译作品. 然而指导实习的人却遇到了巨大的困难，并不是因为没有问题研究. 大量的数学逻辑问题分散在不同的书中. 直到最近, 金迪金(Gindikin) 的作品《问题中的逻辑代数》一书才出现, 该书收集了有关逻辑代数的大量材料.

本书试图以问题的形式系统地介绍集合论、数学逻辑和算法论的基础. 读者无须进行任何准备. 他可以使用这本书来学习数学逻辑, 而无须诉诸其他教科书和手册. 尽管如此, 我们还是提供了俄文文献的简短列表. 每节前面都有简短的介绍, 其中包含本节问题中使用的所有基本概念的定义. 以前引入的概念和定义经常不加援引地使用, 在这种情况下, 读者可以使用术语和名称索引.

主要定理以问题的形式展现. 为了使证明尽可能简单, 技术引理也被以单独问题的形式划分出来.

大多数问题都配有答案和指导. 有时, 我们会为简单的问题提供详细的答案, 以举例说明首次遇到的推理方法. 后续将只限于简要说明, 困难的问题标有星号.

每个部分的大多数问题无须参考其他部分即可解决. 必要时, 我们在问题本身或其指导中提供了相应的索引.

自然, 这本书没有涉及现代数学逻辑的许多领域. 有些主题仅做概述, 对于它们仅给出了最初步的概念和结果. 例如, 公理集理论(第 2 部分第 7 节) 只占用很小的篇幅, 尽管实际上第 1 部分中的所有问题都可以在 ZF 理论的框架内解决. 第 3 部分从算法概念的各种改进中, 仅选择了递归函数和图灵机.

我们为自己设定了目标, 主要是将现有的问题系统化. 因此, 本书中包含一组标准问题, 以及很少一部分作者专门构思的问题. 如果是我们喜欢的问题, 我们将从其他书中提取出来, 并不做援引.

本书中使用了以下一些通用符号:

$\mathcal{N}, \mathcal{Z}, \mathcal{L}, \mathcal{D}, \mathcal{B}$—— 分别为自然数, 整数, 有理

数,实数,复数的集合;

$\Rightarrow$ —— 如果 …… 那么 ……;

$\Leftrightarrow$ —— 当且仅当 ……;

$\rightleftharpoons$ —— 根据定义;

$\{x \mid \cdots x \cdots\}$ —— 条件为 $\cdots x \cdots$ 的此类元素 x 的集合;

$\{x_1, x_2, \cdots\}$ —— 由 $x_1, x_2, \cdots$ 组成的集合;

$\langle x_1, x_2, \cdots, x_n \rangle$ —— $x_1, x_2, \cdots, x_n$ 元素的有序序列.

本书是基于作者在 1970 年由新西伯利亚国立大学出版社出版的《逻辑问题》一书. 该书已经被大幅扩展, 进行了重新修订, 我们尝试考虑了收到的各类意见.

本书在国内估计会被当作图书馆藏书供好学读者作为课外读物阅读, 虽不是正式课本, 但很重要. 正如项海帆院士[1]回忆[2]:

> 当时的上海英租界工部局小学的教室后墙都有一排书柜, 按不同年级陈列着科学家传记、世界著名儿童文学丛书和自然科学丛书等丰富的课余小读物. 我从小学三年级起一直担任副班长, 其职责之一就是负责管理这些书籍的借还手续. 这一工作不但培养了我的管理能力, 而且使我有更多机会在知识的海洋中遨游.

刘培杰

2020 年 12 月 30 日

于哈工大

---

[1] 项海帆, 桥梁及结构工程专家. 1935 年 12 月 19 日出生于上海, 浙江杭州人. 1955 年毕业于同济大学桥梁与隧道工程专业本科. 1958 年桥梁工程专业研究生毕业. 1995 年当选为中国工程院院士.

[2] 卢嘉锡, 等. 院士思维[M]. 合肥: 安徽教育出版社, 2003.

组合学手册(第一卷)（英文）

R. L. 格拉哈姆
M. 格罗切尔　著
L. 洛瓦兹

编辑手记

按鲁迅先生的说法,好书都不必弄序跋之类的东西,编辑手记也是如此,但由于本书是英文原版的影印版,所以出版的理由及内容简介总该是要有的. 在此唠叨几句.

哈尔滨工业大学最近有一个大消息,是著名数学家菲尔兹奖得主吴宝珠教授受聘为哈尔滨工业大学讲座教授. 哈尔滨工业大学数学研究院的许全华院长表示要以此为契机,开辟哈尔滨工业大学在数论和组合数学的新方向. 哈尔滨工业大学出版社本着为学校教学和科研服务的办社宗旨出版本书在情理之中.

现代组合数学进入我国的历史并不长. 早年间大家熟知的数学家中并没有专门的组合学家,有几位只是涉猎组合方向(如柯召先生,虽然与魏万迪教授合著过《组合论》,但他的主要工作还是在数论上,还有徐利治教授也写过《计算组合数学》,但他的主要工作也是在分析学上).

本书的作者在书的前言中指出:

> 组合学属于近年来数学发展最为迅速的领域. 这种增长在很大程度上是由计算机的重要性日益增强、计算机科学的需要以及应用程序的需求推动的. 更多的经典数学分支让我们意识到,组合结构是许多数学

理论的基本组成部分.

读者通过阅读目录会注意到,编者将本书分为五个部分:结构、方向、方法、应用及范围. 我们认为,从不同的角度观察整个领域,并进行不同的交叉研究,将有助于理解该主题的基本框架,并更清楚地看到它们之间的相互联系. 由于这种方法,许多基本的结果呈现在不止一章. 我们认为这不是缺点,而是优点,因为它说明了对结果的不同观点和解释.

正如本书的三位主编 R. L. 格拉哈姆(R. L. Graham), M. 格罗切尔(M. Grötschel), L. 洛瓦兹(L. Lovász) 所指出:虽然本书的内容相当丰富,但不可避免的是,组合学的某些领域会有遗漏,或者没有得到应有的深度介绍. 然而,我们认为,《组合学手册》对这一领域的现状提出了全面和易于理解的观点,我们将证明它具有持久的价值.

以下是本书责任编辑穆青女士翻译的目录:

第 Ⅰ 卷

第 Ⅰ 部分:结构

图形

1. 基本图论:路径和回路
   J. A. Bondy
2. 连通性和网络流
   A. Frank
3. 匹配和扩展
   W. R. Pulleyblank
4. 上色、稳定的集合和完美的图形
   B. Toft
   第4章附录:非零流
   P. D. Seymour
5. 嵌入和子式
   C. Thomassen
6. 随机图
   M. Karoński

有限集与关系
7. 超图
   P. Duchet
8. 偏序集
   W. T. Trotter

拟阵
9. 拟阵：基本概念
   D. J. A. Welsh
10. 拟阵子式
    P. D. Seymour
11. 拟阵优化与算法
    R. E. Bixby 和 W. H. Cunningham

对称的结构
12. 置换群
    P. J. Cameron
13. 有限几何学
    P. J. Cameron
14. 区组设计
    A. E. Brouwer
15. 结合概形
    A. E. Brouwer 和 W. H. Haemers
16. 代码
    J. H. van Lint

几何与数论中的组合结构
17. 组合几何中的极值问题
    P. Erdös 和 G. Purdy
18. 凸多胞体和相关的复形
    V. Klee 和 P. Kleinschmidt
19. 点格
    J. C. Lagarias

20. 组合数论
   C. Pomerance 和 A. Sárközy

第 II 卷

第 II 部分:方向

21. 代数枚举
   I. M. Gessel 和 R. P. Stanley
22. 渐近枚举法
   A. M. Odlyzko
23. 极值图论
   B. Bollobás
24. 极值集合系统
   P. Frankl
25. Ramsey 理论
   J. Nešetřil
26. 偏差理论
   J. Beck 和 V. T. Sós
27. 自同构群,同构,重构
   L. Babai
28. 组合优化
   M. Grötschel 和 L. Lovász
29. 计算复杂性
   D. B. Shmoys 和 É. Tardos

第 III 部分:方法

30. 多面体组合学
   A. Schrijver
31. 线性代数工具
   C. D. Godsil
   附录
   L. Lovász
32. 高等代数工具

N. Alon

33. 概率方法

J. Spencer

34. 拓扑方法

A. Björner

第 Ⅳ 部分：应用

35. 运筹学中的组合学

A. W. J. Kolen 和 J. K. Lenstra

36. 电子工程和静力学中的组合学

A. Recski

37. 统计物理学中的组合学

C. D. Godsil, M. Grötschel 和 D. J. A. Welsh

38. 化学中的组合学

D. H. Rouvray

39. 组合学在分子生物学中的应用

M. S. Waterman

40. 计算机科学中的组合学

L. Lovász, D. B. Shmoys 和 É. Tardos

41. 纯数学中的组合学

L. Lovász, L. Pyber, D. J. A. Welsh 和 G. M. Ziegler

第 Ⅴ 部分：范围

42. 无限组合学

A. Hajnal

43. 组合游戏

R. K. Guy

44. 组合学的历史

N. L. Biggs, E. K. Lloyd 和 R. J. Wilson

　　本书的内容相当丰富，是国内难得一见的大全式的手册. 以笔者狭窄的阅读视野，国内组合数学做得较好的有南京大学、南开大学、四川大学、中山大学、中国科技大学、大连理工大学、河北师范大学等. 一般民众对我国组合数学的认知除了河图、洛书等古代元素,就是 20 世纪 50 年代宣传的包头市第九中学的陆家羲老师.

陆家羲,1935 年 6 月 10 日出生,内蒙古包头市第九中学物理教师,祖籍上海,1961 年毕业于东北师范大学物理系,在组合数学领域取得了举世瞩目的重大成就. 他去世后获得的国家自然科学一等奖,1949—2010 年间,所有学科总共只颁奖 22 项,有好多年都是空白,那些获奖者的大名,例如,钱学森、李四光、华罗庚等都如雷贯耳.

陆家羲在大学期间即对组合论感兴趣,业余时间潜心钻研"寇克曼系列问题"和"斯坦纳系列问题",这是 100 多年来世界上无人能解的难题. 他先后写出十多篇原创性论文,多次向中国科学院数学所及中国权威杂志《数学学报》和《数学通报》投稿,却一篇也没能发表. 1971 年国外解决了前一个问题,而他早在 1961 年就已解出此题. 他的"斯坦纳系列"成果于 1983 年 3 月和 1984 年 9 月由美国权威刊物《组合论杂志》(1966 年创立),分两次发表,共六篇系列论文《关于不相交 STEINER 三元系大集》(1~6). 1984 年,《数学学报》发表其遗作《可分解平衡不完全区组设计的存在性理论》,也是国际领先的.

1984 年 9 月在呼和浩特召开陆家羲学术工作评审会议,会议肯定了其论文的学术价值和历史意义. 1984 年 11 月 1 日,内蒙古政府在包头召开表彰大会,大会追认他为特级教师,授予特别奖 5 000 元给其家属. 1987 年他独自荣获国家自然科学一等奖(1956 年华罗庚、吴文俊曾获首届一等奖,苏步青获二等奖;1982 年陈景润和王元、潘承洞共同荣获一等奖,冯康等人的有限元研究获二等奖).

陆家羲出身贫苦,初中刚毕业,父亲就过世了. 新中国成立后他去了哈尔滨电机厂工作,多次被评为先进工作者. 每天下班他还要去很远的市区上夜校. 1957 年他考上东北师范大学物理系. 除了物理,他更喜欢数学,图书馆成了他最常去的地方. 孙泽瀛先生写的中学生读物《数学方法趣引》(华罗庚审阅,现已出新世纪版),其中的"寇克曼女生问题"(1850 年)引起了他的兴趣. 这是世界难题,陆家羲决心攻克它. 毕业后他被分配到内蒙古包头钢铁学院,这时母亲也去世了.他潜心钻研,只有上课或吃饭时才离开房间,年仅26岁,就攻克了这一难题,但是屡遭退稿.直到1979年4月,他托人从北京借来1974年的《组合论杂志》,才知"寇克曼系列问题"1971年在国外已经解决了.冠军本应属于中国,却落在意大利人手中,半生心血付之东流.他又向"斯坦纳系列"进军了.1979年他被调到包头市第九中学.1980年他终于完成了"斯坦纳系列"的6篇论文,几经周转,最后由苏州大学朱烈教授推荐给美国《组合论杂志》,仅过了一个月就决定发表.不久,中国邀请审查陆家羲论文的加拿大组合数学专家门德尔松和郝迪教授来中国讲学,"请我们去讲组合数学,你们中国不是有个陆家羲博士吗?"仅一句话,终于使陆家羲浮出水面.各地来信,雪片似飞来.1983年7月30日陆家羲被邀参加在大连召开的全国首届组合数学会议;1983年10月他参加合肥会议和武汉中国数学第四次全国代表大会.

关于组合数学的基本内容和概况可以参见辽宁师范大学杜瑞芝教授(杜教授是著名数学史家梁宗巨先生的弟子,专攻国外数学史)主编的巨著《数学史辞典新编》一书,经杜教授允许,我们将其中关于组合数学的条目录于后,供参考.

组合数学(combinatorial mathematics)又称为组合论、组合分析或组合学,是数学的一个分支.粗略地说,它是研究任意一组离散性事物按照一定规则安排或配置方法的数学.当符合要求的安排并非显然存在或不存在时,首要的问题就是证明或否定它的存在;当符合要求的安排显然存在或已被证明存在时,求出这样的安排的个数以及构造出这样的安排;如果给出了最优化的标准,往往还需要寻求最优的安排等.上述各方面的问题依次被称为存在性问题、计数问题、构造问题及最优化问题.图论中的计数问题,各种条件下的排列、组合、复合、划分、分类、检索、区组设计、递归、母函数、数列变换等方面的许多问题,都是组合数学研究的具体对象.

组合数学是一个既古老又新兴的数学分支.相传早在公元前2200年左右,中国的大禹治水时发现过一个"神龟",背上刻有花纹,其中有一个方形阵列,如用阿拉伯数字表示,则为

$$\begin{matrix} 4 & 9 & 2 \\ 3 & 5 & 7 \\ 8 & 1 & 6 \end{matrix}$$

其中,每行、每列及每条对角线上的三个数之和都等于 15. 这个神话传说表明,中国人早在古代可能就构造出这种组合结构. 公元前 1100 年左右,中国已隐约产生了排列的概念. 宋代杨辉构造出表明二项式系数间的基本而重要的关系,即

$$\binom{n}{r} + \binom{n}{r-1} = \binom{n+1}{r}$$

的杨辉三角形(也叫作贾宪三角形),元代朱世杰得到了组合恒等式

$$\sum_{1 \leqslant r \leqslant n} \binom{r+p-1}{p} = \binom{n+p}{p+1}$$

清代李善兰则证明了此恒等式对一切正整数 p 成立. 中世纪阿拉伯和印度的学者也研究过某种递归关系和一些有趣的排列与组合问题.

在此我们必须强调今天我们学习的近代数学是西方的产物,与中国基本无关. 近日湖南大学原法学院院长杜钢建提出法国高卢人源于古代株洲茶陵地区,英国人来自湖南的英山,日耳曼人也来自湖南,甚至炎帝时期已经探明了全世界等各种稀奇古怪的理论. 无论从遗传学还是从历史文献、考古发现,都无法支撑这样的观点. 更离谱的是,他们也认为英语起源于汉语,提出的论证更是让人难以接受. 比如,黄色,他们认为是秋天的颜色,秋天是落叶的季节,所以英语里面把黄色称为 yellow,即"叶落". 商铺,英语是 shop,发音就是汉语"商铺". 心脏、脑袋是人体最核心的、最重要的器官,所以英语发音就直取汉语其意"核的".

这种令人贻笑大方的见解我们不会允许在数理这类硬科学中出现.

在西方,组合数学的基本概念的产生和发展与其他一些数学分支,如代数学、数论、概率论等的发展交叉在一起. 组合数学和数论可以说是姊妹学科,它们在内容上有一定的共同部分,而且彼此真正地互相充实丰富. 一些著名的数论函数,如欧

拉函数 $\varphi(n)$，麦比乌斯函数 $\mu(n)$，划分函数 $p(n)$ 等，至今仍是组合数学研究的对象．组合数学与概率论的关系更为密切．早在 17 世纪中叶，帕斯卡、费马、惠更斯等人研究了一些复杂的赌博问题，用的就是排列与组合的方法．他们的工作不仅奠定了早期概率论的基础，而且建立了组合方法的原理．

莱布尼茨最早把有关组合数学的问题作为一种数学提出．他在 1666 年的研究论文《组合的艺术》中，表述了某些现代计算机理论的先驱思想："一切推理和发现，不管是否用语言表达，都能归结为诸如数、字、声、色这些元素经过某种组合的有序集合．"在此文中，他第一次给出"组合学"这一术语，并希望这门学科能应用于整个数学领域．

瑞士数学家雅各布·伯努利的著作《猜度术》(1713) 对组合数学的形成也有重要意义．该书是早期概率论中最重要的著作，作者运用所谓伯努利数通过完全归纳法证明了 n 为正整数时的二项式定理，他把排列与组合的方法应用于概率论中，给出了 24 个有关在各种赌博情形中利益预测的例子．

一般认为，由于莱布尼茨和雅各布·伯努利的工作，组合数学开始成为数学的一个分支．

在 18 世纪，欧拉对组合方法的发展做出了重大贡献．他关于自然数的分解与合成的研究为组合构形的枚举方法之一——母函数方法奠定了基础（母函数的一般方法是由法国数学家拉普拉斯在 1812 年发展起来的），他提出的欧拉猜想也促进了这门学科的发展．

在很长一段时间内，许多人从数学游戏的角度来接触组合数学的课题，例如，巴歇砝码问题、寇克曼女生问题、欧拉 36 军官问题等都是这方面有名的例子．这些问题很能吸引人们去思考，它们的解答也常常是机智而精巧的．在这个过程中，人们得到了组合数学中一般的存在性定理和计数原理，诸如抽屉原理、母函数方法、递归关系解法、容斥原理等．

19 世纪后期，英国数学家布尔用组合方法推动了符号逻辑的发展．20 世纪早期，法国数学家庞加莱联系多体问题的研究发展了组合学的概念和方法，由此产生了组合拓扑学．1920 年以后，有许多因素加快了组合理论的发展．例如英国统计学家费希尔和耶茨所发展的实验设计的统计理论,提出了许多有趣的组合问题;20 世纪中期建立的信息论也是刺激新型组合问题研究的源泉;此外,图论的发展也是一个重要因素.

20 世纪 30 年代以来所建立的关于存在性的三大基本定理已成为组合数学经常使用的工具. 它们是"相异代表组定理""偏序集分解定理"和"广义抽屉原理".

如果要从一批社团中各自推选出一名代表来组成一个代表组,规定每一代表只代表一个社团,这个代表组就叫作相异代表组. 美国数学家霍尔在 1935 年给出了在一般情况下存在相异代表组的充要条件,即"相异代表组定理". 这个定理对区组设计、图论问题等的分析都很有用. 现代组合数学的若干理论都是建立在偏序集基础之上的,由有限个元素构成的有限偏序集往往可分解成若干条"链". 狄尔华斯在 1950 年发现"一个偏序集分解成链的最少条数与该偏序集所含最大无序子集的元素个数相等",这个定理不仅对一般组合数学而且对生物科学也有很大用处."如果有 N 个抽屉,要放入 $N+1$ 件以上的物品,那么至少要有一个抽屉内放入 2 件以上的物品." 这就是早为人所共知的看上去十分简单的"抽屉原理". 1930 年,英国数理逻辑学家拉姆齐对抽屉原理进行了极为宽广的扩充,证明了一个深刻而有用的定理,即"广义抽屉原理"(发表在论文《论形式逻辑问题》之中). 对于与此相关的"拉姆齐数"的研究已经成为近年来组合数学的热门课题. "广义抽屉原理"对现代计算机设计研究也有重要应用.

组合数学中的计数理论在 20 世纪也有重大发展. 18 世纪伯努利时代即已熟知的"包含排除原理"得到扩充和发展. 由美国数学家波利亚在 1937 年左右建立起来的"计数定理"是从群、树形、结构图等的个数计算过程中分析总结出来的. 波利亚把 19 世纪末英国数学家伯恩赛德关于置换群的计数定理与"循环指标"结合起来,构成著名的枚举定理或计数定理. 波利亚计数定理已成为组合数学中强有力的计数工具. 1964 年,英国数学家罗特把数论中的麦比乌斯函数及反演公式应用于定义在一般偏序集上的二元函数类构成的"结合代数"之上,引进广义麦比乌斯函数及反演公式. 这样,他为组合数学提供了一个极为有用的工具.

随着计算机科学的产生和发展,组合数学改变旧有面貌,成为一门极富生命力的新兴数学分支.不仅在数值分析中,而且在计算机系统的设计和计算机诸如信息的存储和恢复等问题的应用中,都提出组合问题.现代组合数学的主要特点是它大量地应用抽象代数学工具和矩阵工具,使问题的提法和处理方法表现出极大的一般性.另一个重要特点是它适应计算机科学发展的现状、趋势和要求,很注重方法的可行性和程序化的要求.许多理论学科和应用学科向组合数学提出了大量的具有理论和实际意义的课题,促使它产生许多新理论,如区组设计、组合优化、组合算法、组合矩阵论等.这个具有悠久历史的数学分支变得异常活跃,并取得了丰硕的成果.

最后讲一点个人的私心.本书还想献给国内众多的数学奥林匹克竞赛教练.因为在高级别的竞赛中我们发现,号称数学奥林匹克竞赛大国的中国,其平面几何、代数甚至初等数论都是强的,但一个共识是连教练带队员其组合数学都是弱的.按中医的所谓"吃啥补啥"的理论,但凡是组合的书都是开卷有益的.

刘培杰
2020 年 5 月 21 日
于哈工大

组合推理——计数艺术介绍（英文）

杜安·德坦普尔
威廉·韦伯   著

编辑手记

这是一本大部头的英文版组合数学教程.

本书是从世界著名出版商 WILEY 出版公司引进的. 此次先出版英文版, 以后根据读者的反馈情况可能会出版中文版. 当然它读起来远不如《百年孤独》《了不起的盖茨比》那样轻松, 但也不会像读《尤利西斯》那样令人费解. 你只要有耐心, 按部就班地读下去, 多数读者一定会读懂, 并爱上计数组合学.

计数问题, 或者更准确地说是计数组合学, 是数学中一些最有趣的问题的来源. 这些问题通常可以通过巧妙的创造性的观察来解决, 我们称之为组合推理, 在本书的所有描述、示例和问题中都强调了这种思维.

据专栏作家张发财考证：上古军队取得大的胜利后, 国君在郊外接风, 迎进太庙大社祭天告祖后, 举行"献捷". 周朝献捷有个做法叫"献馘". 古代统计局报表科学又求实, 你杀了多少人？口说无凭, 以物为证, 这证明物就是敌人的左耳, 杀死一个割一个. 兵交给上级后再向上汇总, 最后主帅挑选好看的耳朵送给老大, 就叫"献馘". 这种方法虽听起来残酷, 但它是计数中一一对应原理的绝好应用.

组合学在计算机科学、概率统计和离散优化等领域有许多重要的应用. 同样重要的是, 这门学科为我们提供了许多美妙的数学结果, 这些结果令人意识到学习数学的过程是一次愉快的发现之旅,以创新的方式思考和解决问题充满乐趣.

组合数学按国人的说法最早源于中国,河图、洛书即为代表. 在中国人最为重视的高考题中就有:

我国古代典籍《周易》用"卦"描述万物的变化. 每一"重卦"由从下到上排列的 6 个爻组成(图 1),爻分为阳爻"——"和阴爻"— —",如图 1 就是一重卦. 在所有重卦中随机取一重卦,则该重卦恰有 3 个阳爻的概率是(   ).

A. $\dfrac{5}{16}$ B. $\dfrac{11}{32}$ C. $\dfrac{21}{32}$ D. $\dfrac{11}{16}$

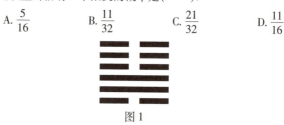

图 1

解析 在所有重卦中随机取一重卦,基本事件总数为 $n = 2^6 = 64$,该重卦恰有 3 个阳爻包含的基本事件的个数为 $m = C_6^3 C_3^3 = 20$,则该重卦恰有 3 个阳爻的概率 $P = \dfrac{m}{n} = \dfrac{20}{64} = \dfrac{5}{16}$. 故选 A.

顺便说明一下,据两位同行吴平、李昕烨编辑介绍:

"周易"之为书名,最早可见于《左传·庄公二十二年》"周史有以《周易》见陈侯者."其命名依据,素有多种说法. 据孔颖达《周易正义·卷首》云:"案《世谱》等群书,神农一曰连山氏,亦曰列山氏,黄帝一曰归藏氏. 既连山、归藏并是代号,则《周易》称周,取岐阳地名……又文王作《易》之时,正在羑里,周德未兴,犹是殷世也,故题周,别于殷."此"因代以称周"之说自孔氏以来注《易》之家多所沿用,今亦从之. 又《系辞上传》有云:"圣人设卦观象,系辞焉而明吉凶,刚柔相推而生变化."《下传》又曰:"八卦成列,象在其中矣."由此观之,"易"为变易较为恰切. 故《周易》之为名,"周"为周代,"易"指变易.

今通行本《周易》出自费氏古文《易》,其全部内容分"经""传"两部分.其中"经",主要指六十四卦的卦形、卦名以及与之紧密相联的卦辞、爻辞;而"传",则是解经之论,专指阐释《易经》经文的十篇专著.具体而言,《周易》中"经"的部分,首先包含六十四卦的卦形与卦名.卦形的最基本构成单位是"阴""阳"两个符号,"— —"为阴,"——"为阳.把这两种符号三叠而成八种不同形状的三画线组合体,即成八卦(也称"经卦"),再将此八卦两两相重,便构成六十四卦(也称"别卦").六十四卦的每一卦都有六条线条,这些线条称为"爻".另外,每一卦中居下的三画为下卦,居上的三画为上卦.六十四卦的卦名就根据下卦和上卦的具体构成来命名的.《周易》"经"部分的另一重要内容,为六十四卦的卦辞以及构成诸卦各爻的诸多爻辞.卦爻辞是附在六十四卦符号后面的文辞,用以表明各卦以及诸爻的寓意.其中,卦辞每卦一则,总括全卦大意;爻辞每爻一则,以揭示该爻旨趣.《周易》共有六十四卦,三百八十四爻,与之相应,故有卦辞64则,爻辞384则.此外,《乾》卦还另有文辞"用九",《坤》卦亦另有文辞"用六",其意义,是将《周易》"经"部内容之卦形符号与语言文字得以有机结合.

如前文所述,《周易》最基本的构成单位为"— —"与"——"二画,阴与阳包含着事物相互联系相互区别的关系,表示事物一分为二,对立统一的基本属性.而阴、阳概念的形成,就来源于古人对世间万物诸多矛盾现象的直接观察,诸如天地、日月、山河、大小、男女、王臣等.那么,古人又因何用此两种符号来表示阴阳的概念?有学者认为其代表的是古代古筮所用的一节和两节竹棍的象形;也有学者主张该符号来源于结绳记事时代绳子上有结或无结的形态等.因年已久远,难于考证,诸说纷纭,但对于其来源于一特定自然实象,并借以表达以阴、阳属性为基础而产生的抽象意象之内容,则多无疑义,为世人所公认.

乾(☰)、坤(☷)、震(☳)、巽(☴)、坎(☵)、离(☲)、艮(☶)、兑(☱),谓之八卦,与之相对应的八种基本象征物为天、地、雷、风、水、火、山、泽.从中可见,八卦的卦形,为阴、阳两种符号三叠而成,其取象的内核,则是建立在阴、阳之象的基础之上,其创作过程,都是古人通过对自然物象的观感而得,只不过由阴、阳两爻对事物的广泛象征,发展到对自然界八种事物的具体象征.《系辞传下》有云:"古者包牺氏之王天下也,仰则观象于天,俯则观法于地,观鸟兽之文,与地之宜,近取诸身,远取诸物,于是始作八卦,以通神明之德,以类万物之情."此伏羲作卦说虽受有争议,但也道出了先民作卦的思维过程与创作方式,即先行观察感知与生活相联系的具体事物,再通过模拟这些事物并使之成为具有特定象征意义的卦象.

唐代学者孔颖达通过对六十四卦卦象进行研究,总结并提出了"二二相偶,非覆即变"的卦序排列规律.所谓"二二相偶",就是说今本《周易》六十四卦都是按照每两卦为一组的编排,共形成三十二组卦,依次为乾与坤、屯与蒙、需与讼、师与比、小畜与履、泰与否、同人与大有、谦与豫、随与蛊、临与观、噬嗑与贲、剥与复、无妄与大畜、颐与大过、坎与离、咸与恒、遁与大壮、晋与明夷、家人与睽、蹇与解、损与益、夬与姤、萃与升、困与井、革与鼎、震与艮、渐与归妹、丰与旅、巽与兑、涣与节、中孚与小过、既济与未济.所谓"非覆即变",就是说上述二二相偶所形成的三十二组卦,每一组的两卦之间相互配合,其配合方式亦分为两种,即非覆即变."覆"为颠倒之意,是指将一卦卦象颠倒即得另一个新卦,如屯与蒙、师与比等.《周易》六十四卦中共有二十八组五十六卦遵循此规律.其余四组八卦的配合方式则为"变",也就是每组两卦之中,卦象六爻的阴阳属性完全相反,这四组分别是乾与坤、颐与大过、坎与离、中孚与小过.

一本书最关键的要素是作者,本书的两位作者都有 40 多年的本科和研究生水平的组合数学以及其他数学课程的教学经验.他们认为自己已经掌握了一些有效的方法来表达这个主题.本书的早期版本是以笔记的形式在本科和研究生课程中使用的,他们的学生发现书中的方法既容易理解又相当全面.

在中国,组合数学特别是组合计数的学习群体主要有两大类:一类是广大的计算机专业学生,他们用的广但浅;另一类是人数庞大的数学奥林匹克竞赛选手,他们学得少但难,我们这里举两个例子让大家有一个直观的感受.因为笔者是计算机盲(指操作层面),所以没有什么底气来举计算机方面的例子,好在笔者有多个数学奥林匹克竞赛微信群,每天发表大量的题目,笔者借花献佛摘录如下.

例 1 由 0 和 1 组成的序列称为 0 - 1 序列.序列中数的个数称为这个 0 - 1 序列的长度,例如"0100011011"是一个长度为 10 的 0 - 1 序列.

(1) 求长度为 n 的 0 - 1 序列个数,要求其中任何两个 1 不相邻.

(2) 求长度为 n 的 0 - 1 序列个数,其中既不含"010",也不含"101".

解析 (1) 设满足要求的 0 - 1 序列共有 a_n 个.

易知:$a_1 = 2, a_2 = 3, a_3 = 5$.

所有满足要求的 0 - 1 序列可以分为两类:一类的最后一位数字为 0;另一类的最后一位数字为 1. 前者倒数第二位数字随意,故共有 a_{n-1} 个满足要求的 0 - 1 序列;后者倒数第二位数字必须为 0,倒数第三位的数字随意,故共有 a_{n-2} 个满足要求的 0 - 1 序列,于是

$$a_n = a_{n-1} + a_{n-2}$$

由此 $a_n = F_{n+2}$.

(2) 设满足要求的 0 - 1 序列共有 a_n 个.

易知:$a_1 = 2, a_2 = 4, a_3 = 6$.

所有满足要求的 0 - 1 序列可以分为两类:一类的最后一

位数字为 0;另一类的最后一位数字为 1. 我们设以 0 结尾的满足要求的 0 - 1 序列有 x_n 个,以 1 结尾的满足要求的 0 - 1 序列有 y_n 个.

对于以 0 结尾的满足要求的序列,有两类:…00,以及 …110.

对于前者,由于第 $n-1$ 位为 0,故共有 x_{n-1} 个;而对于后者,由于第 $n-2$ 位不能为 0,故共有 y_{n-2} 个满足要求的 0 - 1 序列. 于是我们得到
$$x_n = x_{n-1} + y_{n-2} \qquad ①$$

对于以 1 结尾的满足要求的序列,也有两类:…11,以及 …001.

其中前者共有 y_{n-1} 个,后者共有 x_{n-2} 个. 于是我们得到
$$y_n = y_{n-1} + x_{n-2} \qquad ②$$

式 ① + ② 得
$$x_n + y_n = (x_{n-1} + y_{n-1}) + (x_{n-2} + y_{n-2})$$
即有 $a_n = a_{n-1} + a_{n-2}$.

由 $a_1 = 2$ 及 $a_2 = 4$ 知
$$a_n = 2F_{n+1}$$

这个题目虽简单,但它却涉及了组合计数的本质. 我们再介绍一下本书的特点:

第 1 章通过思考存在、结构和列举的主题向读者介绍了组合思维. 在本章的结尾,作者引导读者了解组合学的一般原则,这些原则贯穿了全书. 本章解决的问题通常涉及矩形板的点模式和倾斜度,这些问题很容易被描述并形象化表示出来,还预示了后面的大部分内容.

第 2 章将更有条理地讨论组合学问题,其中将详细讨论选择、排列和分布的问题. 其中特别值得注意的是组合模型——分块步行,矩形板的倾斜,委员会的选择等问题. 在选择适当模型的基础上,作者给出了组合推理的一般结果. 通常,这些结果只需要最简单的代数计算就可以得到.

在第 3 章中作者给出了关于生成函数(包括普通函数和指数函数)的非常完整的讨论,其中二项级数是一个更大的生成函数集合的原型. 本章还展示了如何使用生成函数来解决枚举

问题.

第 4 章从 DIE 方法（描述 — 涉及 — 异常）开始，它被证明是解决交错级数的一个强大的方法. 这自然就推出了容斥原理. 然后转到一个关于车多项式的章节，它结合了生成函数和容斥原理解决一类有趣的限制排列问题. 本章最后有一个可选的部分，介绍整数的齐肯多夫表示及其在为斐波那契拿子游戏创建获胜策略中的应用.

递推序列在第 5 章中进行了详细讨论，我们称之为算子法. 通过使用易于理解的后继算子 E，简单地用 $n+1$ 代替 n，就可以得出结果，递推序列的性质似乎是自然且容易理解的. 这种方法不仅加深了我们对书中内容的理解，而且简化了许多计算步骤.

第 6 章扩大了解决组合问题的特殊数字库的内容. 由于本章的各部分在很大程度上是独立的，因此读者可以自由选择任何看起来最感兴趣的主题 —— 斯特林数、调和数、伯努利数、欧拉数、分拆数或卡塔兰数.

第 7 章回到第 5 章前面介绍的求解线性递归关系的算子方法. 在这里，通过将递归序列看作向量空间，可以使用其他方法来解决递归关系. 此外，我们还发现了一种强大的新方法来发现和验证组合特性.

波利亚-雷德菲尔德计数 —— 列举考虑到对称性的排列 —— 第八章（最后一章）的主题. 这一章展示了如何从精心选择的简单图形和排列中推导出一般公式，从而使抽象概念最小化.

从内容简介中看本书还是相当全面的. 组合数学之所以难，是因为它没有像分析学一样，有一整套成体系的手段和方法，很多问题的解决需要巧思，这也就是它在数学奥林匹克竞赛中常见的原因. 年轻的数学奥林匹克竞赛教练申强先生曾写了一篇短文，这篇文章的起源是一道日本小学竞赛题. 这题有两问，第一问（把描述简单化之后）：

将 1～9 分别填入 3×3 的方格，使得任选 3 个互不同行也互不同列的方格内的数字之和均为 15，有多少种排列方法？

这个问题的答案，用简单一些的语言描述就是，先"按顺序"填 1 到 9,然后可以行交换、列交换,再转置,共有 $2 \times (3!)^2 = 72$ 种方法.

第二问则是将 1~16 填入 4×4 的方格,使得任选 4 个互不同行也互不同列的方格内的数字之和均为 34. 日本一开始给的答案是 $2 \times (4!)^2 = 1\ 152$ 种,当然在后续的书上得到了更正. 其本质区别是什么?

显然,一般形式是"将 $1 \sim n^2$ 分别填入 $n \times n$ 的方格,使得任选 n 个互不同行也互不同列的方格内的数字之和均为 $n(n^2+1)/2$,有多少种方法?"

首先将所有数减 1,使得最小的数是 0,然后通过行交换和列交换的操作,把 0 移到左上角,且第一行从左到右递增,第一列从上到下递增. 这样一来,每个数都等于其所在行的最左数加上所在列的最上数,也就是说,这相当于把多项式 $1 + x + x^2 + \cdots + x^{n^2-1}$ 因式分解成两个多项式之积,每个多项式各有 n 个非零系数且均为 1.

显然,当 n 为合数时,分解成 $(1 + x + x^2 + \cdots + x^{n-1})(1 + x^n + x^{2n} + \cdots + x^{n(n-1)})$ 不是唯一的分解方法. 特别地,当 $n = 4$ 时,可以先分解成 $(1+x)(1+x^2)(1+x^4)(1+x^8)$,再任意两两组合,所以实际方法数是 $1\ 152 \times 3 = 3\ 456$. 而当 n 为质数时,可以先令 $x = y + 1$,再分别对这两个因式使用铁石判别法即可得知其不可约. 但我们并不知道对一般的 n 有没有通式可以计算符合条件的排列方法的数目.

这就不由不让人想到 2012 年中国数学奥林匹克的第二题:给定质数 p,将 $1 \sim p^2$ 分别填入一个 $p \times p$ 的矩阵. 允许对一个矩阵做如下操作:选取一行或一列,将该行或该列的每个数同时加上 1 或同时减去 1. 若可以通过有限多次上述操作将 A 中元素全变为 0,则称 A 是一个"好矩阵". 求好矩阵 A 的个数.

显然该好矩阵的条件等价于上述日本竞赛题中的条件,但是该题的"标答"连申强老师都表示看不懂.

另一位数学奥林匹克竞赛教练羊明亮老师在高联模拟题里面出的一道题,收录于《中等数学》,为方便后续描述,在此引入申强老师定义的一个概念叫"倍完系"(不知道有没有标准名称):给定正整数 m,对一组整数(可以有重复的),如果其中

模 m 的每种余数(0 到 $m-1$)出现的次数都相等,就称之为模 m 的倍完系. 特别地,空集也算一种特殊的倍完系.

题目:求所有的正整数 n,使得存在 n 个正整数,满足其两两之和(不包括一个数与自身相加)组成模 4 的倍完系.

原解答是列方程组,但是如果真的只能这么解,那么我当然不会去注意到这道题. 实际上有个很简单的办法,即母函数法.

记 $f(x) = \sum x^k$(k 分别取这 n 个正整数),为了构造出两两之和(不包括一个数与自身相加),$f^2(x) - f(x^2)$ 中 x 的各指数就是这些数(当然因为都是交叉项所以应该除以 2,但这无所谓了). 而各指数组成模 4 的倍完系,当且仅当该多项式被 $1 + x + x^2 + x^3$ 整除.

$-1, i, -i$ 是 $f^2(x) - f(x^2) = 0$ 的根,也就是说 $f(1) = f^2(-1) = f(i)^4$. 注意 $f(x)$ 为整系数多项式,因此 $f(i)$ 为整复数,而 $f(-1)$ 为整数,进而 $f(i)$ 只能为整数或整纯虚数,$f(-1)$ 只能为完全平方数或其相反数,$f(1)$ 为四次方数,而数的个数就是 $f(1)$. 具体构造应该不难.

这样一来,如果题目改成模 8 的倍完系也是不难做的. 以下用 ε 表示在第一象限的那个八次单位根,即 $(1+i)/\sqrt{2}$.

当然肯定还得是四次方数,但额外还要符合 $f(i) = f^2(\varepsilon)$. 故 $f(\varepsilon)$ 的辐角必须是 $45°$ 的倍数,且模长的平方为整数,其实部和虚部均为 1 和 $1/\sqrt{2}$ 的整系数线性组合. 因此 $f(\varepsilon)$ 的模长只能是整数或整数的 $\sqrt{2}$ 倍,故数的总数,也就是 $f(1)$,必为八次方数或八次方数的 16 倍. 对这两种情况,大家可以分别尝试构造,结果是都有解.

还有一道经典题目如下:有 n 张红卡片和 n 张蓝卡片,每张卡片上写着一个非负整数,可以重复. 任取两张红卡片,把上面的数加起来,得到 $n(n-1)/2$ 个和;对于蓝卡片也得到 $n(n-1)/2$ 个和. 这两组和相同,但两组卡片上的数不相同,证明:n 是 2 的幂.

证明:如上定义这两个多项式 $f(x)$ 和 $g(x)$,则有
$$f^2(x) - f(x^2) = g^2(x) - g(x^2)$$

$$f(1) = g(1) = n$$

但 f 和 g 不恒等.

设
$$f(x) - g(x) = (x-1)^k \cdot h(x)$$

其中 $h(1) \neq 0$,则

$$\begin{aligned} f(x) + g(x) &= \frac{f^2(x) - g^2(x)}{f(x) - g(x)} \\ &= \frac{f(x^2) - g(x^2)}{f(x) - g(x)} \\ &= \frac{(x^2-1)^k \cdot h(x^2)}{(x-1)^k \cdot h(x)} \\ &= \frac{(x+1)^k \cdot h(x^2)}{h(x)} \end{aligned}$$

将 $h = 1$ 代入得到 $f(1) + g(1) = 2^k = 2n$,故 n 是 2 的幂.

以上就是申强老师要介绍的使用母函数解的题. 最后申强老师留了一道思考题,读者可以试着做做:

用 1 到 16 的整数各一次,组成一个 4×4 的矩阵,该矩阵在模 17 的意义下秩为 1,这样的矩阵有多少个?

在本书的第四章,较深入地介绍了斐波那契数列,因为本书的一位作者是斐波那契协会的主席. 关于斐波那契数列,最近笔者发现了一个好问题,它的解答也很优美,是由中国联通集团产品中心张云勇总经理给出的. 当然在解答过程中他也得到了两位高手的帮助,一位是李丹,一位就是前面提到的申强.

题目 p 为质数 $(p > 3)$,F 为斐波那契数. 证明

$$\sum_{0 < i < j < p < k} \frac{F_i}{ijk} \equiv 0 \pmod{p}$$

证明 $k = 1, 2, \cdots, p-1$ 时显然

$$\binom{p}{k} = \frac{p(p-1)\cdots(p-k+1)}{k(k-1)(k-2)\cdots 1}$$

$$= (-1)^{k-1} \frac{p}{k} \prod_{j=1}^{k-1}\left(1 - \frac{p}{j}\right)$$

$$\equiv (-1)^{k-1} \frac{p}{j}\left[1 - p\sum_{0 < i < k}\frac{1}{i} + p^2 \sum_{0 < i < j < k}\frac{1}{ij}\right] \pmod{p^4}$$

同理

$$\binom{2p}{k} = (-1)^{k-1} \frac{2p}{k} \prod_{j=1}^{k-1} \left(1 - \frac{2p}{j}\right)$$

$$\equiv (-1)^{k-1} \frac{2p}{j} \Big[1 - 2p \sum_{0<i<k} \frac{1}{i} + 4p^2 \sum_{0<i<j<k} \frac{1}{ij} \Big] \pmod{p^4}$$

$$\binom{p+k-1}{k} = \frac{p}{k} \prod_{j=1}^{k-1} \left(1 + \frac{p}{j}\right)$$

$$\equiv \frac{p}{k} \Big[1 + p \sum_{0<i<k} \frac{1}{i} + p^2 \sum_{0<i<j<k} \frac{1}{ij} \Big] \pmod{p^4}$$

引理 1 当 $n = p$ 时,有

$$\sum_{k=0}^{n} \binom{n}{k} F_{n-k} (-1)^{n-k} = -F_n$$

证明 由

$$F_n = \frac{\alpha^n - \beta^n}{\sqrt{5}}, \alpha + \beta = 1, \alpha\beta = -1$$

$$\alpha^2 = \alpha + 1, \beta^2 = \beta + 1$$

$$\sum_{k=0}^{n} \binom{n}{k} F_{n-k} (-1)^{n-k}$$

$$= \frac{1}{\sqrt{5}} \Big[\sum_{k=0}^{n} \binom{n}{k} (-\alpha)^n (-\alpha)^{-k} - \sum_{k=0}^{n} \binom{n}{k} (-\beta)^n (-\beta)^{-k} \Big]$$

因为

$$\sum_{k=0}^{n} \binom{n}{k} (-\alpha)^{-k} = \left(1 + \frac{1}{(-\alpha)}\right)^n$$

$$\sum_{k=0}^{n} \binom{n}{k} (-\beta)^{-k} = \left(1 + \frac{1}{(-\beta)}\right)^n = (1+\alpha)^n$$

所以原式 $= \frac{1}{\sqrt{5}} (-1)^n [\alpha^n - \beta^n] = -F_n$,当 $n = p$ 时.

引理 2 $\sum_{k=0}^{n} \binom{2n}{k} (-1)^{n-k} F_{n-k} = -\sum_{k=0}^{n} F_{n-k} \binom{n+k-1}{k}$.

证明 令母函数

$$A(x) = F_0 - F_1 x + F_2 x^2 + \cdots + (-1)^n F_n x^n + \cdots$$

$$xA(x) = F_0 x - F_1 x^2 + F_2 x^3 + \cdots + (-1)^n F_n x^{n+1} + \cdots$$
$$x^2 A(x) = F_0 x^2 - F_1 x^3 + F_2 x^4 + \cdots + (-1)^n F_n x^{n+2} + \cdots$$
$$(1 + x - x^2)A(x) = F_0 + (-F_1 - F_0)x = -x$$
$$A(x) = \frac{-x}{1 + x - x^2}$$
$$A(x)(1+x)^{2n} = -\frac{x}{1+x-x^2}(1+x)^{2n}$$

其中 x^n 的系数为 $\sum_{k=0}^{n} \binom{2n}{k}(-1)^{n-k} F_{n-k}$，而

$$x[F_0(1+x)^{2n-1} + F_1(1+x)^{2n-2} + \cdots + F_n(1+x)^{n-1} + \cdots]$$
$$= x(1+x)^{2n-1}\left[F_0 + \frac{F_1}{1+x} + \frac{F_2}{(1+x)^2} + \cdots\right]$$
$$= -x(1+x)^{2n-1} \frac{\frac{1}{1+x}}{1 - \frac{x}{1+x} - \left(\frac{x}{1+x}\right)^2}$$
$$= \frac{x}{1+x-x^2}(1+x)^{2n}$$

其中 x^n 的系数为 $\sum_{k=0}^{n} F_{n-k}\binom{n+k-1}{k}$，所以

$$\sum_{k=0}^{n}\binom{2n}{k}(-1)^{n-k} F_{n-k} = -\sum_{k=0}^{n} F_{n-k}\binom{n+k-1}{k}$$

令 $j = n - k$，即证

$$\sum_{j=0}^{n} C_{2n}^{n-j} F_j (-1)^j = -\sum_{j=0}^{n} C_{2n-j-1}^{n-1} F_j$$

更一般的情况

$$\sum_{j=0}^{n} C_{n+m}^{n-j} F_j (-1)^j = -\sum_{j=0}^{n} C_{m+n-j-1}^{m-1} F_j$$

设左为 $f(n,m)$，右为 $g(n,m)$
$$f(n,0) = g(n,0) = -F_n$$
$$f(0,m) = g(0,m) = 0$$
$$f(n,m) = f(n,m-1) + f(n-1,m)$$
$$g(n,m) = g(n,m-1) + g(n-1,m)$$

得证,代入

$$\sum_{k=0}^{p} \binom{p}{k} F_{p-k}(-1)^{p-k} = -F_p$$

有

$$\sum_{k=0}^{p}(-1)^{p-1}\frac{p}{k}\Big[1-p\sum_{0<i<k}\frac{1}{i}+p^2\sum_{0<i<j<k}\frac{1}{ij}\Big]F_{p-k}$$
$$\equiv -F_p (\bmod p^4)$$

$$\sum_{k=0}^{p}\frac{p}{k}\Big[1-p\sum_{0<i<k}\frac{1}{i}+p^2\sum_{0<i<j<k}\frac{1}{ij}\Big]F_{p-k}$$
$$\equiv -F_p (\bmod p^4)$$

$$\sum_{0<k<p}\frac{p}{k}\Big[1-p\sum_{0<i<k}\frac{1}{i}+p^2\sum_{0<i<j<k}\frac{1}{ij}\Big]F_{p-k} - F_p + F_0$$
$$\equiv -F_p (\bmod p^4)$$

$$\sum_{0<k<p}\frac{p}{k}\Big[1-p\sum_{0<i<k}\frac{1}{i}+p^2\sum_{0<i<j<k}\frac{1}{ij}\Big]F_{p-k} \equiv 0 (\bmod p^4)$$

即

$$p\sum_{0<k<p}\frac{F_{p-k}}{k} - p^2\sum_{0<i<k<p}\frac{F_{p-k}}{ik} + p^3\sum_{0<i<j<k<p}\frac{F_{p-k}}{ijk}$$
$$\equiv 0 (\bmod p^4) \qquad ①$$

将 $n = p$ 代入

$$\sum_{k=0}^{n}\binom{2n}{k}F_{n-k}(-1)^{n-k} = -\sum_{k=0}^{n}\binom{n+k-1}{k}F_{n-k}$$

得

$$\sum_{k=0}^{n}(-1)^{p-1}\frac{2p}{k}\Big[1-2p\sum_{0<i<k}\frac{1}{i}+4p^2\sum_{0<i<j<k}\frac{1}{ij}\Big]F_{p-k}$$

$$= \sum_{k=0}^{n}\frac{2p}{k}\Big[1-2p\sum_{0<i<k}\frac{1}{i}+4p^2\sum_{0<i<j<k}\frac{1}{ij}\Big]F_{p-k}$$

$$\equiv -\sum_{k=0}^{n}F_{p-k}\frac{p}{k}\Big[1+p\sum_{0<i<k}\frac{1}{i}+p^2\sum_{0<i<j<k}\frac{1}{ij}\Big] (\bmod p^4)$$

$$-F_p + 2p\sum_{0<k<p}\frac{F_{p-k}}{k} - 4p^2\sum_{0<i<k<p}\frac{F_{p-k}}{ik} + 8p^3\sum_{0<i<j<k<p}\frac{1}{ijk}$$

$$\equiv -p\sum_{0<k<p}\frac{F_{p-k}}{k} - p^2\sum_{0<i<k<p}\frac{F_{p-k}}{ik} - p^3$$

$$\sum_{0<i<j<k<p} \frac{1}{ijk} F_p (\bmod p^4) - F_p \quad \textcircled{2}$$

式②两边去掉$-F_p$,然后式②$-$①$\times 3$,得

$$6p^3 \sum_{0<i<j<k<p} \frac{F_{p-k}}{ijk} \equiv 0 (\bmod p^4)$$

$$\sum_{0<i<j<k<p} \frac{F_{p-k}}{ijk} \equiv 0 (\bmod p)$$

所以

$$\sum_{0<i<j<k<p} \frac{F_{p-k}}{ijk} = \sum_{0<i<j<k<p} \frac{F_i}{(p-k)(p-j)(p-i)}$$
$$\equiv -\sum_{0<i<j<k<p} \frac{F_i}{ijk} (\bmod p)$$

即

$$\sum_{0<i<j<k<p} \frac{F_i}{ijk} \equiv 0 (\bmod p)$$

国内出版的专门讨论组合计数的教材及专著不多,笔者印象比较深的有屠规彰的《组合计数》(科学出版社),柯召、魏万迪的《组合论》(上、下卷). 反倒是数学奥林匹克竞赛培训类的书有一堆,但完全是应付考试用的没什么体系. 英文版的其实挺多,但翻译成中文或买版权影印的较少. 有一本《计数组合学》([美]Richard P. Stanley 著,付梅,侯庆虎,辛国策,杨立波译,高等教育出版社,2009 年)挺畅销,还有一本叫《计数组合学导引》(影印版,Miklós Bóna 著,清华大学出版社出版).

本书的目录为:

第一部分　计数组合学基础

1. 与组合推理的初次相遇
2. 选择,排列和分布
3. 二项级数与生成函数
4. 交错和,容斥原理,车多项式和斐波那契拿子游戏
5. 递推关系
6. 特殊数

第二部分　计算中的两个附加主题
　　7. 线性空间与递推序列
　　8. 带对称性的计数

第三部分　符号索引,附录和奇数问题的解答
附录 A　数学归纳法
附录 B　搜索在线整数序列网站
附录 C　广义范德蒙德行列式

　　本书不仅可以当作高校教材,还可以供广大数学爱好者自学阅读.高手在民间.民间有各种高人,他们的兴趣也是五花八门,也许就有人对此感兴趣,刚好现在不能聚会,不如手捧一卷,快乐一天.

　　曾工作于浙江大学党委办公室的田开斌先生离职后成了国内知名的数学奥林匹克竞赛教练,对一些组合问题常有意外的高招.笔者最近在微信公众号上还看到了一例他对王仕奎计数征解问题的一个妙解.

　　问题　将 $1,2,\cdots,mn$ 填入一个 $m\times n$ 的矩形阵列 A,要求每个数字恰好出现一次.用 $A(i,j)$ 表示 A 中第 i 行第 j 列的元素,这里 $1\leqslant i\leqslant m, 1\leqslant j\leqslant n$.

　　(1) 证明: $\min\limits_{1\leqslant i\leqslant m}\max\limits_{1\leqslant j\leqslant n}A(i,j) \geqslant \max\limits_{1\leqslant j\leqslant n}\min\limits_{1\leqslant i\leqslant m}A(i,j)$.

　　(2) 满足 $\min\limits_{1\leqslant i\leqslant m}\max\limits_{1\leqslant j\leqslant n}A(i,j) = \max\limits_{1\leqslant j\leqslant n}\min\limits_{1\leqslant i\leqslant m}A(i,j)$ 的矩阵 $A(i,j)$ 有多少个?

　　解答　(1) 设
$$\min\limits_{1\leqslant i\leqslant m}\max\limits_{1\leqslant j\leqslant n}A(i,j) = A(i_1,j_1)$$
$$\max\limits_{1\leqslant j\leqslant n}\min\limits_{1\leqslant i\leqslant m}A(i,j) = A(i_2,j_2)$$
则根据定义知
$$A(i_1,j_1) \geqslant A(i_2,j_2) \geqslant A(i_2,j_2)$$
命题得证.

　　(2) 称满足
$$\min\limits_{1\leqslant i\leqslant m}\max\limits_{1\leqslant j\leqslant n}A(i,j) = \max\limits_{1\leqslant j\leqslant n}\min\limits_{1\leqslant i\leqslant m}A(i,j)$$
的矩阵为"好矩阵".

显然,一个好矩阵交换任意两行或两列的位置,仍为好矩阵.故一个好矩阵总可经过交换行和列的位置,使得

$$A(m,1) < A(m,2) < \cdots < A(m,n) < A(m-1,n)$$
$$< A(m-2,n) < \cdots < A(1,n) \qquad (*)$$

我们称满足条件(*)的好矩阵为"标准好矩阵".显然,每个好矩阵恰好对应唯一的标准好矩阵,而行有 $m!$ 种不同的排列,列有 $n!$ 种不同的排列,故每个标准好矩阵恰对应着 $m!n!$ 个好矩阵.于是我们只须求出标准好矩阵的个数.

在 $1,2,\cdots,mn$ 中任意取出 $m+n-1$ 个数,从小到大依次填入 $A(m,1),A(m,2),\cdots,A(m,n),A(m-1,n),A(m-2,n),\cdots,A(m,n)$,再将剩下的 $(m-1)(n-1)$ 个数随意填入 $A(i,j)(1 \leqslant i \leqslant m-1, 1 \leqslant j \leqslant n-1)$,都构成一个标准好矩阵.故标准好矩阵的个数为 $C_{mn}^{m+n-1}[(m-1)(n-1)]!$.从而知好矩阵的个数为

$$\frac{(mn)!\,m!\,n!}{(m+n-1)!}.$$

葡萄牙作家费尔南多·佩索阿在《惶然录·单调产生的快乐》中曾说:"真正的聪明人能从自己的躺椅里欣赏整个世界的壮景,无须同任何人说话,无须了解任何阅世之法,他仅仅需要知道如何运用自己的五种感官,还有一颗灵魂里纯粹的悲哀.一个人为了摆脱单调,必须使存在单调化.一个人必须使每一天都如此平常不觉,那么在最微小的事故中,才有欢娱可供探测."

本书既可以当本科生教材,也可以当研究生教材,因为可以进行不同的选材与不同的组合.

按作者的说法,这门课程是灵活的.

本科生的入门课程可以很容易地从第 1 ~ 5 章中随意选择章节来构建.为高年级本科生和刚开始读研究生的学生开设的课程可以帮助他们更快地浏览完本书前部分的章节,包括从第 6,7 和 8 章中选择的相关材料.例如,关于特殊数字的章节 6.1 ~ 6.6 在很大程度上是独立的,这些章节可以以任何顺序讲授.学

习这些材料,除需要对幂级数有一点了解外,不需要其他一些特别的预备知识.讲授第 7 章时需要对线性代数做初步的介绍.

最后再强调一下本书两位重量级的作者:

杜安·德坦普尔(Duane DeTemple)博士,华盛顿州立大学(WSU)数学系名誉教授.他是 2007 年 WSU 卓越教学奖以及美国数学协会西北太平洋地区杰出教学奖的获得者.

威廉·韦伯(William Webb)博士,华盛顿州立大学数学系教授,斐波那契协会主席.他的研究兴趣以及研究方向包括递推序列和二项式系数的性质.他发表了许多关于组合学、数论、公平分割和密码学的研究论文.

刘培杰

2020 年 6 月 29 日

于哈工大

素数规律(俄文)

彼得·马祖尔金 著

编辑手记

本书是一本俄文版的数学专著. 作者是彼得·马祖尔金,俄罗斯人,技术科学博士,俄罗斯自然科学院院士,俄罗斯博物科学院院士,欧洲博物科学院成员,俄罗斯联邦高等学校荣誉工作者,马里埃尔共和国科学技术荣誉工作者.

在英文的语境中,所谓博士一般有两个词汇来表述,即:PhD 与 Doctor. 众所周知,PhD 是 Doctor of Philosophy(哲学博士)的缩写,但实际上,这个词汇的缩写还有很多形式,包括 Ph. D.,DPhil,D. Phil. 等. 这个说法很有意思,这里的 Doctor 不是要大家成为医生(doctor),也不是要大家去学习哲学(philosophy)——当然,您若自己愿意学习哲学则另当别论. 从其最基本的定义出发,所谓哲学博士,是一个人在完成了博士项目(doctorate program)后从一所大学所获得的学位,一般称为最高学位或者终端学位(terminal degree). 博士学位包含了文学、哲学、历史、科学、数学、工程等各个领域. 当人们学习完 PhD 所需要的内容并获得通过,就可以被正式称为"Doctor"了. 总体来说,PhD 是很多学科对一位博士的统称,但有些实践与职业性的领域则另有别称,如管理学博士(doctor of business administration,DBA)、教育学博士(doctor of education,EdD)等.

粗略地浏览本书的内容,似乎您会嗅到一丝"民科"的味道. 这个时候博士和院士的"title"可以为可信性背书.

本书的俄语编辑佟雨繁女士对本书目录进行了翻译. 由于她的教育背景是俄罗斯语言文学硕士,所以可能个别地方翻译的数学味不是特别地道.

第 1 章　素数
1.1　自然对数应用评价
1.2　较强的心理壁垒
1.3　数字系统
1.4　素数的先决条件
1.5　传统素数级数的缺点
1.6　素数和整数素数的特点
1.7　整数素数有限维对称级数
1.8　整数素数对称中心
1.9　整数素数级数周边
1.10　整数素数偶的幂的影响
1.11　整数素数分布基本规律
1.12　整数素数幂的误差条件范围
1.13　物理释义
1.14　正素数的读数标准
1.15　推论

第 2 章　平稳律确定方法
2.1　确定方法简述
2.2　启发式方法
2.3　结构式方法
2.4　参数式方法
2.5　规律相符性水平
2.6　统计采样集合的建模概念
2.7　确定性模型
2.8　不对称小波
2.9　作为系列信号的素数级数
2.10　素数级数高斯定理证明
2.11　逼近法错误
2.12　推论

第 3 章　素数的块分布
3.1　素数量子化
3.2　素数和整数素数模块
3.3　模块中的二进位数几何
3.4　整数素数级数的结构方案
3.5　结构方案的规律性
3.6　对称整数素数级数的二进位数
3.7　整数素数级数的模块结构
3.8　黎曼假设根的实数部分
3.9　推论

第 4 章　素数级数中的混沌与规律
4.1　整数素数级数结构
4.2　素数模块的幂
4.3　素数模块的长度
4.4　素数模块的增量
4.5　素数模块的左侧和右侧构架
4.6　素数模块的左侧构架
4.7　素数模块的右侧构架
4.8　作为动态系统的素数级数
4.9　素数级数的分散速度
4.10　素数级数的增长阶段
4.11　模块结构的增长次序
4.12　素数模块结构中的次序
4.13　模块构架的动态平均算术值
4.14　推论

第 5 章　素数级数特点
5.1　500 个素数中的高斯级数
5.2　素数特点
5.3　二进位数几何
5.4　素数级数上的二进位数
5.5　不对称素数级数
5.6　整数素数偶对对称轴倾斜的影响
5.7　对称轴倾斜角

5.8　基本定律的相关系数
5.9　对称轴定律余数的方差
5.10　基本定律及其模块补充
5.11　波分量的减小
5.12　整数素数级数的基本定律和调和函数
5.13　调和函数数量的影响
5.14　推论

第6章　素数的增量

6.1　素数的增量
6.2　增量的数学景观
6.3　个位增量的影响
6.4　十位增量的影响
6.5　其他位增量的影响
6.6　二进制法数位的影响
6.7　素数的最小采样集合
6.8　素数模块的构架
6.9　最初增量
6.10　增量级数的包络线
6.11　整数素数级数增量特点
6.12　模块增量跃变
6.13　对二进位数的影响
6.14　临界线定律验证
6.15　作为增量级差表的素数
6.16　有关整数素数级数的增量波结构
6.17　推论

第7章　临界线和黎曼假设

7.1　完整素数级数的实例
7.2　数学"景观"
7.3　二进位分解模块构架
7.4　二进位计算的零值位
7.5　黎曼临界线
7.6　数学常数
7.7　不同值位素数的影响

7.8 素数几何
7.9 二进位数的广义公式
7.10 推论

第 8 章 素数向对称中心的缩并
8.1 黎曼临界线上的分级
8.2 3 以上的整数素数偶
8.3 5 以上的整数素数偶
8.4 整数素数模块的构架和参数
8.5 二进位分解部分
8.6 整数素数模块的长度
8.7 整数素数模块长度的调和函数
8.8 二进位分解模块构架的增量
8.9 模块构架增量的调和函数
8.10 构架增量的补充调和函数
8.11 构架调和函数余数的小波信号
8.12 推论

结论

本书的第 7 章谈到了黎曼猜想,这是个数学中毫无争议的,排名第一的猜想. 任何关于此猜想的文献都会让人感兴趣. 我们先借助于杜瑞芝教授主编的《数学史辞典》中的相关条目对此进行一个普及.

黎曼猜想(Riemann's conjecture) 这是迄今为止没有解决的最著名的数学难题之一. 1859 年由德国数学家黎曼在他的著名论文《论不大于一个给定值的素数个数》中提出. 在这篇文章中,作者研究了所谓的黎曼函数

$$\zeta(s) = \sum_{n=1}^{\infty} n^{-s}$$

其中 $s = \sigma + it$ 为复变数. 黎曼认为素数的性质可以通过复变函数 $\zeta(s)$ 来研究,并对 $\zeta(s)$ 进行深入的探讨,得到了许多重要结果. 在此文中,他提出了 6 个猜想,其

中最著名的、至今未获证实的就是现称的"黎曼猜想"：方程 $\zeta(s) = 0$ 的解都位于复平面的 $\sigma = \dfrac{1}{2}$ 这条直线上。围绕这个猜想，在解析数论中又出现了一系列难题，特别是一些与素数有关的问题和类似的猜想。黎曼猜想与有关问题的研究极大地推动了解析数论和代数数论的发展。

黎曼猜想与函数 $\pi(x)$（不超过 x 的素数个数）有着密切关系。瑞典数学家冯·科赫（N. F. Helge von Koch）已经证明它等价于关于 $\pi(x)$ 的极为精密的表达式

$$\pi(x) = \text{li } x + O(\sqrt{x}\log x)$$

此处 $\text{li } x = \int_2^\pi \dfrac{\mathrm{d}t}{\log t}$。到目前为止，关于 $\pi(x)$ 的最精密的估计是由苏联数学家维诺格拉多夫等人得到的

$$\pi(x) = \text{li } x + O(x\exp(-(\log x)^{0.6-\varepsilon}))$$

其中 ε 为任意正数。现在已经验证了最初的 15 亿个素数对这个定理都成立。但是，是否所有的解对此定理都成立，至今尚无人给出证明。

黎曼猜想距离彻底解决还相差很远。法国数学家阿达马和普辛提出了一种处理黎曼猜想的方法，可以证明 $\zeta(s)$ 的所有非平凡零点只可能在复平面 $0 \leq \sigma \leq 1$ 这个带状区域中，他们的基本思想在于估计 $\zeta(s)$ 的非平凡零点所落的带状区域的范围。如果能够证明这个带状区域缩小到一条直线 $\sigma = \dfrac{1}{2}$ 时，则黎曼猜想得证。而今这方面的结果离猜想的解决还相当遥远。

另一种处理黎曼猜想的方法是由英国数学家哈代提出的。1914 年，他研究了 $\zeta(s)$ 在 $\sigma = \dfrac{1}{2}$ 且 $0 \leq t \leq T$ 的直线段上的零点个数 $N_0(T)$，证明了当 $T \to \infty$ 时，$N_0(T) \to \infty$，即 $\zeta(s)$ 有无穷多个非平凡零点落在直线

$\sigma = \frac{1}{2}$ 上. 1921 年,哈代与李特尔伍德合作又得到了更精确的结果. 1942 年,塞尔伯格发表论文《论黎曼 ζ 函数的零点》,利用新的想法建立了 $N_0(T)$ 与 $\zeta(s)$ 的所有非平凡零点总数 $N(T)$ 的关系. 1974 年美国数学家莱文森成功地证明:对于充分大的实数 T,$N_0(T) \geqslant \frac{1}{3}N(T)$. 这就是说,$\zeta(s)$ 至少有三分之一的非平凡零点落在直线 $\sigma = \frac{1}{2}$ 上. 1980 年,中国学者楼世拓、姚琦改进了莱文森的结果,证明了 $N_0(T) > 0.35N(T)$. 后来,赫斯-布朗(Heath-Brown)证明了 $N_0(T) \geqslant 0.55N(T)$.

现代一些数学家还利用电子计算机来研究黎曼猜想. 1968 年,美国的三位数学家通过计算证明了 $\zeta(s)$ 的前 300 万个非平凡零点落在直线 $\sigma = \frac{1}{2}$ 上. 20 世纪末,勃赖特的计算证实了 $\zeta(s)$ 的前 7 000 万个非平凡零点都位于直线 $\sigma = \frac{1}{2}$ 上.

还有许多学者从其他角度来研究 $\zeta(s)$ 的零点性质,得到十分丰富且重要的结果. 如 2008 年美国学者布克尔(A. Booker)和席拜恩(Ce Bian)举出 3×3 矩阵与其相对应的 3 阶 L - 函数的一般线性群尖点型自同构类的第一个例子,是黎曼猜想研究的一个重要成果. 但是黎曼猜想的最终证明,还有待于数学家们的继续努力. 黎曼猜想于 2000 年被克雷数学研究所列为千禧年大奖难题之一,设立了 100 万美元的奖金给予第一个得出正确证明的人.

黎曼猜想近年来也时有传出被证明的消息. 从曾成功证明了比勃巴赫猜想的美国数学家德·布·兰吉斯到北大前数学系主任李忠教授,其中最为轰动的是曾任国际数学联合会主席的英国数学家阿帝亚. 但无一例外都是错的,因为素数的分布实在是太复杂了.

我们还是再引一段辞书中的有关条目:

素数分布(distrbution of prime numbers) 数论中研究素数性质的一个重要领域.

欧几里得《几何原本》中就证明了素数有无穷多个. 这是关于素数分布的第一个问题, 欧几里得的证明以最早的存在性证明而著称于世. 这个证明还具有典型的"可构造性", 证明的思路如下:

假设素数只有有限个, 即 $p_1, p_2, \cdots, p_r$ 是全部素数, 令 $P = p_1 p_2 \cdots p_r + 1$, 设 p 为能整除 P 的一个素数, 则 p 不能是 $p_1, p_2, \cdots, p_r$ 中的任何一个, 因为否则的话 p 将能整除 $P - p_1 p_2 \cdots p_r = 1$, 而这是不可能的, 因此 p 是一个新的素数, $p_1, p_2, \cdots, p_r$ 不能构成全部素数.

由于素数无限多的问题是素数分布的第一个问题, 所以一直受到数学界的重视, 一个重要的表现就是人们一再运用当时已知的新的数学工具重新证明这个命题.

1737 年, 欧拉运用他定义的 zeta 函数证明了素数有无限多, 同时也证明了素数的倒数之和是发散的.

1878 年, 德国库默尔采用了这样的证法: 假设只有有限多个素数 $p_1, p_2, \cdots, p_r$, 令 $N = p_1 p_2 \cdots p_r > 2$, 则整数 $N-1$ 必能分解为一些素数的乘积, 从而必有某一个 p_i 是 $N-1$ 的素因子, 于是 p_i 能整除 $N - (N-1) = 1$, 矛盾. 这个简单的证明中库默尔只是用了算术基本定理.

1924 年, 美国波利亚在一部著作中引用了一种独特的方法证明素数有无限多——证明费马数彼此互素, 而他是运用了胡尔维茨 1891 年的著作中的一个习题. 后来发现, 最早证明费马数互素的是哥德巴赫, 他在 1730 年 7 月给欧拉的信中做出了这一证明.

1955 年富斯滕伯格(Furstenberg) 运用可度量化的正则拓扑空间理论证明了素数的无限性.

1980年沃新顿(Wasington)运用可交换代数的主理想环、唯一分解整环、戴德金整环的一些知识证明了素数的无限性.

下一个问题:素数在自然数中是如何分布的呢?这自然成为数论中最重要和最有吸引力的中心问题之一.人们至今尚未找到、一般认为大概也不可能找到一个可以表示全体素数的有用的公式.最初的研究素数分布的方法,是通过造素数表来观察.最早的素数表是古希腊的埃拉托塞尼构造的(前250),现有的较完善的素数表是D. B.扎盖尔于1977年编制的,其中列出了不大于50 000 000的所有素数.由素数表很难发现素数分布的规则.实际上,有的相邻素数相差很小,例如2和3,许多相邻素数就是相邻的奇数,其差为2(叫作孪生素数),如5和7,11和13;另一方面,有些相邻素数之差又很大,可以证明:对任意自然数N,都存在着差大于N的相邻的素数;对于任何大整数N,在序列$N!+2,\cdots,N!+N$中都没有素数.而且现在人们还没有找到能判定充分大的数是不是素数的方法,现在已知的大素数都是个别地构造出来的.到2013年1月25日人们所知道的最大的素数是$2^{57\,885\,161}-1$;这是一个17 425 170位数,如果用五号字将它连续打印下来,它的长度可超过65公里! 这是人类发现的第48个梅森素数.

欧几里得关于素数无限多的说法可表述为对于任意整数x,用符号$\pi(x)$表示不大于x的素数个数,则当x趋于无限大时,$\pi(x)$也趋于无限大.高斯和勒让德在1792年先后各自独立得到这样一个猜想:当$x \to \infty$时

$$\pi(x) \sim \frac{x}{\log x}$$

就是说,当x趋于无限大时,$\pi(x)$趋于无限大的速度是$\frac{x}{\log x}$,也就是说,在不超过x的自然数中,素数出现的概率是$\frac{1}{\log x}$.这表明,素数在自然数几何中是零密度的.

换句话说,如果在数轴上随便取一个自然数,取到素数的概率为0.这个猜想当时被称为"素数分布猜想",1896年得到证明,就成为"素数定理".

关于素数分布性质,人们通过数值观察、计算以及猜测等方法,提出许多命题,其中有些至今尚未得到证明.著名的命题除素数定理外,还有孪生素数猜想、费马素数问题、梅林素数问题、欧拉多项式问题、单位循环素数(纯元数)问题等.著名的黎曼ζ函数就是为研究素数分布而引入的,因此,最著名的数学问题之一黎曼猜想也与素数分布有着密切的关系.

素数的研究属于数论.按英国数学家哈代的说法,它属于完全没有实用价值的纯粹数学.这类无用之学在中国历史上就不被重视.有人说:实用之术,因有灭此朝食、立竿见影之绩效,头痛医头、脚痛医脚之专指,而广受重视.无用之学则是供养出来的,"一个时代,二三素心人,静静做学问",即便错误结果,得之不易,时间会给出真相,但不是所有的人等得及.胡林翼尝言:"国之需才,犹鱼之需水,鸟之需林,人之需气,草木之需土,得之则生,不得则死.才者无求于国家,谋国者当自求之."需要哪方面的人才?十年拓天下,十年养百姓,十年致太平,实用型的治世之才而已.

本书的作者不走寻常路,用颇为另类的研究手段来研究这一数学中的问题.笔者非数学权威人士,无法对其正误及重要程度妄下断言,但鉴于俄罗斯数学的优良传统及俄罗斯数学家在国际上的良好声誉,笔者愿意将本书引入中国,学术之事还是由专家进行评判为宜.

据本书作者自己在本书绪言中所言:

2 200多年以来,众所周知的素数级数被认为是牢不可破的结构.但是,正如后文中我们所证明的,著名的素数级数仅是特殊情况.与此同时,对整数素数的数学描述也得到了简化.针对不同的对称和不对称的整数素数级数也出现了明确的几何阐述.

有趣的是,15岁的高斯收到了一本关于对数的书,其中包含有从1开始的素数级数的应用.这个从1开始的素数级数在一部有关数学历史的影响中也有所展现.但成年后的高斯删除了1,并认为这一级数应该从2开始.我们认为这个简化的级数的发现正是高斯很久没有公布自己有关级数的幂的分析成果的原因.

　　因此,他后来脱离了这一级数,并开始计算在十位、百位、千位等的素数数量,以实现他在15岁时拟定的著名的素数定理.后来黎曼也留下了这一级数2,3,5,7,…,由于高斯的权威性至今仍然很强,因此,数学家们至今都没有注意到这一误差.总之所有人考虑的都仅仅是由不包含0和1的正级数组成的不对称级数.

　　结果是素数级数本身没有被研究,数学家们仅专注于分析级数的幂和编排带有快速增量的级数.

　　还应当提到的一点是,爱因斯坦不喜欢负数,并且完全没有使用它们.原因当然就在于,除线性方程外的很多函数,不适用于带有负数的横坐标.结果是抵制采用负整数的心理障碍非常大.因此,所有数学家所研究的不是素数级数本身,而是被截断的级数,仅从2开始.

　　自然界采用二进制"计算",而人类采用十进制.因此任何素数级数都能够收缩成二进制编码.并且只有在这种情况下,高斯楼梯本身的几何形状才会出现,尤其是没有该楼梯三角形底面的台阶(素数增量).

　　整数素数级数是相对于0对称的且两端无尽的.对于整数素数级数正数部分特点的研究,通过模块结构展现了清晰的几何形状,并给出了素数模块分布的规律性.

　　早期大多数的数论猜想都始于对数字规律的观察.本书也是如此,只不过是方法不同罢了.

　　加拿大心理学家乔丹·彼得森写了本书叫《人生十二法则》,中文版封底上有句话说:"读懂十二条法则,解决你人生80％的不如意."看到这句话后,有人说,作者怎么不干脆再增加三条法则呢?那样我们的不如意不就全解决了?一位读者说,你这么算说明你数学很差,认知尚停留在线性区,假定了问题和解法之间的关系是线性的:12 个方法能解决 80% 的问题,那么 15 个方法就能解决 100% 的问题.但这个假定是错的,生活本身不是线性的.

本书乍一看是一本纯数论专著,但其实它是跨学科的,绝不是传统意义下的数论研究.在最近的数学新闻中,这类综合性的研究不在少数.

《中国科学报》刊登:

> 挪威科学与文学院于 2020 年 3 月 18 日宣布,将阿贝尔奖授予以色列耶路撒冷希伯来大学教授 Hillel Furstenberg 和美国耶鲁大学教授 Gregory Margulis,以表彰他们"率先将概率论和动力系统的方法用于群论、数论和组合数学",弥合了不同数学领域间的差距,解决了那些似乎难以解答的问题.两位获奖者将分享 750 万挪威克朗(约合人民币 471 万元)的奖金.
>
> 据《自然》报道,Furstenberg 表示,当得知自己获得了阿贝尔奖时,第一反应是"难以置信"."我知道阿贝尔奖的盛誉,也了解之前的获奖者."他表示很难将自己和那些前获奖者联系起来.他补充道,并没有预见自己的想法会产生什么样的影响,"只是像任何一位数学家一样,跟着'嗅觉'寻找那些看起来有趣的东西".
>
> Margulis 也表示,获得阿贝尔奖、得到数学界认可,他感到非常荣幸.
>
> 贯穿这两位数学家研究的一条共同线索是,他们都使用了遍历理论.
>
> 遍历理论是从台球或是行星系统这样的物理学问题中引出的,它研究的是会随时间演化,并最终遍历几乎所有可能状态的系统.这些系统通常具有混沌性,即系统未来的状态只能用概率来估计.
>
> 但当这一理论应用到其他数学问题的研究时,这种随机性可能就会成为一种优势."比如,你想了解一

个大空间,一种方法是随机对其进行探索."加州大学洛杉矶分校数学家陶哲轩解释道.

希伯来大学数学家 Alex Lubotzky 是 Furstenberg 的学生之一,他解释说,在20世纪六七十年代的两篇开创性论文中,Furstenberg 利用遍历理论的思想证明,即使是最随机的集合,只要其中有无限多个整数,就必然藏着某种结构性."即使是混沌,如果你仔细观察也会在其中发现秩序."他说,就像天上的星星,它们看起来完全是随机排布的,但古希腊人却从中看到了星座.

Furstenberg 提出的概念,甚至影响了那些看起来与遍历理论相去甚远的领域,包括几何和代数.

Furstenberg 1935 年生于德国柏林,4 岁时和家人躲过了纳粹的迫害,定居在纽约市,随后移居以色列. 1965 年他到耶路撒冷希伯来大学任教,直到 2003 年退休. Margulis 1946 年生于莫斯科,后移民美国,目前仍在耶鲁大学任教.

Margulis 在 32 岁时就因对称性理论摘得了菲尔兹奖,该理论包含了几何中的连续变换,例如,刚体的平面运动或是球体的旋转.

"今年的得奖者与之前多位得奖者都有联系."阿贝尔奖评奖委员会主席、挪威卑尔根大学数学家 Hans Munthe-Kaas 说,"这些人的跨界贡献令人刮目相看."

本书的风格你可能喜欢也可能非常不喜欢,但要允许它存在. 要说明这点我们不妨以郭敬明为例,很多人对他都会有一套自己的看法. 他用自己的青春、文字、价值观,在青春文学领域,创造了某种时代. 这个"时代"尽管被相当一部分人喜欢,却也被很多声音质疑. 最近,在综艺《演员请就位》里,他的表现再度引起热议.

第一期,两个参赛演员、一个助演嘉宾表演他小说改编的电影《悲伤逆流成河》片段,表演完,1954 年出生的李诚儒直接表现了对这种题材的不喜爱:"难道我们现在的年轻人就是在看这种高中生谈恋爱?…… 这就是畅销书是吧!…… 这样下去,这一辈人起来以后,他们受到什么教育了?"

郭敬明紧接的这段反驳应该很多人都看过了. 他用一种给人感觉不错的逻辑,且在发言最后及时用一段金句收尾:"你可以永远不喜欢你不喜欢的东西,但请允许它存在;你可以继续讨厌你讨厌的东西,但请允许别人对它的喜欢."

笔者生于 20 世纪 60 年代也非常不喜欢郭,但并不反对他的存在. 世界的本质是多样的!

刘培杰

2020 年 12 月 3 日

于哈工大

分数阶微积分的应用——
非局部动态过程,
分数阶导热系数(俄文)

鲁斯兰·梅拉诺夫

维特鲁金·别伊巴拉耶夫 著

姆米纳特·沙巴诺娃

编辑手记

本书是一部版权引进的俄文原版数学专著.

本书论及的对象是分数阶微积分.微积分是大家所熟知的,分数阶微积分数学方法也具有很悠久的历史,但是其快速发展是从分形(碎形)概念的出现开始的,这一概念需要对分数阶微积分数学方法的深入研究作为分形物理的基本数学基础.

本书主要是谈应用的.

正如本书作者所指出的:很多具有实际意义的问题,已经转变为与高度非平衡态自然松弛到平衡态有关的具有根本性的重要问题.液体和气体动力学在复杂系统中的热质转移过程属于非平衡过程,如无序冷凝环境、地下、土壤表层(非线性震动),与气候灾难有关的不同过程.在具有分形结构的环境中非平衡过程的特点在于,当多粒子分布函数不分解为单粒子分布函数的乘积时,相关联系的缓慢松弛.特别是,当系统在所研究的问题中原则上不会达到平衡状态时,能够存在非平衡稳定状态.结果,违反了满足局部均衡原理的条件,统计物理学中传统的"缩写"描述方法不再适用,在此情况下需要从局部非平衡原理出发,以局部非平衡原理为条件研究非平衡过程,导致必须要考虑存储效应(时间的非局部性)和空间联系(坐标的非局部性)及基于分数阶微积分数学方法应用的新分析方法的发展.

应当指出,在传统方法的框架内考虑非局部效应,将导致微分方程内出现积分算子,此处积分算子的内核携带有与时间和坐标非局部性本质有关的信息.为了解决此类方程,积分算子以带有微分阶增长指数的微分算子级数表示,并且在具备小参数的情况下,被限制为级数中的某几个.在缺少小参数的情况下,这种方法显然无效.此外,所获得的方程也并不是总能成功解出.

代表了微分和积分运算的某种组合的分数阶微分运算,为非局部微分方程理论开辟了一种新方法,在必须考虑系统的非局部性质时引入了对可逆和不可逆过程之比的动力学新知识.分数运算以分数阶导数指数的形式向理论中引入了补充参数,从而使得可以采用多种多参数函数,并且这样一来,开辟了从原则上对实验数据进行阐述和创建非局部传导相等定量模型的新的可能性.

与传统方式不同,对所研究现象进行定量描述,采用的是一个具有给定类解的对应方程,应用微积分运算方式允许使用微分方程的一参数连续统.这在根本上改变了实验数据的分析方法,允许采用新的参数,即导数分数指数.分数运算应用领域的重要问题在于建立分数阶导数指数同所研究领域特性之间的关系.

本书的目录是令人兴奋的,它有许多新的东西,目录如下:

第1章　分数阶积分和导数
 1.1　分数阶积分的定义
 1.2　分数阶导数的定义
 1.3　米塔格-列夫勒函数
 1.4　分数积分和里斯导数
 参考文献

第2章　由一个带有分数导数的微分方程描述的动态系统
 2.1　线性谐波振荡器
 2.2　"分形"振荡器
 2.3　带有约束力的"分形"振荡器
 参考文献

第3章　由两个带有分数导数的微分方程描述的动态系统
　　3.1　由两个带有分数导数的微分方程描述的线性齐次动态系统
　　3.2　由两个带有分数导数的微分方程描述的非线性动态系统
　　3.3　非局部装置中的"捕食者－猎物"模型
　　3.4　带有分形结构的动态系统混沌运动
　　参考文献

第4章　分数阶导数中的导热系数方程
　　4.1　对于无限直线的非局部传热数学模型
　　4.2　半有限直线上非局部传热数学模型
　　4.3　对于没有初始条件的问题的非局部传热数学模型
　　参考文献

第5章　分数阶计算中的斯蒂芬问题
　　5.1　斯蒂芬经典问题
　　5.2　斯蒂芬非局部问题
　　5.3　分数运算中斯蒂芬问题的异常解
　　参考文献

第6章　针对带有分数导数的导热系数方程的边界值问题数值求解方法
　　6.1　分数阶导数的近似计算
　　6.2　对于带分数阶导数的常微方程的柯西问题数值解法
　　6.3　对于带分数阶导数的常微方程的柯西问题的一步法收敛性
　　6.4　对于带分数阶导数的热传导方程的极限问题数值解法
　　6.5　对于带分数阶双侧导数的热传导方程的极限问题数值解法
　　6.6　对于带里斯分数阶导数的非局部热传

导方程的极限问题数值解法
参考文献

值得一提的是关于此专题的影印版图书还有一种,也是俄罗斯科学家所著,是个二卷本,名为《物理及工程中的分数维微积分》.

作者 Vladimir V. Uchaikin 教授为著名的俄罗斯科学家,俄罗斯自然科学院院士.他在分数维领域研究了近40年,已发表过300多篇论文并出版了10多部著作.

一个运动质点位置函数的一阶导数表示速度,二阶导数表示加速度,那么分数阶导数的物理意义又是什么呢?分数阶导数是因何而产生,它对现代分析学在物理学的应用产生什么冲击,在将来又有什么发展?《物理及工程中的分数维微积分》二卷本能为你提供一个详细诠释.

这本书的第Ⅰ卷介绍分数维微积分的数学基础和相应的理论,为这个现代分析学中的重要分支提供了详细而又清晰的分析与介绍.第Ⅱ卷是应用篇,讲述了分数维微积分在物理学中的实际应用.在湍流与半导体、等离子与热力学、力学与量子光学、纳米物理学与天体物理学等学科应用方面,本书给读者展示一个全新的处理方式和新锐的视角.

它适合于对概率和统计、数学建模和数值模拟方面感兴趣的学生、工程师、物理学家及其他专家和学者,以及任何不想错过与这个越来越流行的数学方法接触的读者.

现在关于此类的中文书较少,关于分数阶的基础介绍也不多见.为了方便读者阅读,我们经作者授权,在后面摘录部分.

关于分数阶差分及分数阶和分的概念及其性质及莱布尼兹公式的内容。①

§1 整数阶向后差分,整数阶和分

让我们以整数阶向后差分与和分为出发点,依此可推出许多相关的重要基本概念.

定义 1.1 设 n 为非负整数,称
$$\nabla x(n) \triangleq x(n) - x(n-1)$$
为 $x(n)$ 一阶向后差分,定义
$$\nabla^k x(n) \triangleq \nabla \nabla^{(k-1)} x(n)$$
并称之为 $x(n)$ 的 k 阶差分,这里 k 为正整数.

定义 1.2 称
$$\nabla^{-1} x(n) \triangleq \sum_{r=0}^{n} x(r)$$
为 $x(n)$ 的一阶和分,定义
$$\nabla^{-k} x(n) \triangleq \nabla^{-1} \nabla^{-(k-1)} x(n)$$
并称之为 $x(n)$ 的 k 阶和分,这里 k 为正整数.

定义 1.3 定义
$$x(n) \triangleq x(x+1)\cdots(x+n-1)$$
这里 n 是一个正整数,x 是实数,所定义的函数称为上升阶乘函数. 定义
$$\begin{bmatrix} x \\ n \end{bmatrix} \triangleq \frac{x(x+1)\cdots(x+n-1)}{n!}$$

由定义 1.1 和定义 1.2 易得
$$\nabla \nabla^{-1} x(n) = \nabla\left(\sum_{r=0}^{n} x(r)\right)$$

---

① 程金发. 分数阶差分方程理论[M]. 厦门:厦门大学出版社,2011.

$$= \sum_{r=0}^{n} x(r) - \sum_{r=0}^{n-1} x(r)$$
$$= x(n) \triangleq \nabla^0 x(n)$$

且熟知:当 k_1 为正整数,k_2 为整数时,成立

$$\nabla^{k_1} \nabla^{k_2} x(n) = \nabla^{k_1+k_2} x(n) \qquad (1.1)$$

§2 分数阶和分及分数阶差分

在给出分数阶和分 $\nabla^{-v} x(n), v > 0$ 的定义之前,我们先看一下整数高阶和分:

由定义 1.2 有 $\nabla^{-1} x(n) = \sum_{r=0}^{n} x(r)$,从而

$$\nabla^{-2} x(n) = \nabla^{-1}(\nabla^{-1} x(n))$$
$$= \sum_{r=0}^{n} \nabla^{-1} x(r)$$
$$= \sum_{r=0}^{n} \sum_{s=0}^{r} x(s)$$
$$= \sum_{s=0}^{n} \sum_{r=s}^{n} x(s)$$
$$= \sum_{s=0}^{n} (n - s + 1) x(s)$$

$$\nabla^{-3} x(n) = \nabla^{-1}(\nabla^{-2} x(n))$$
$$= \sum_{r=0}^{n} \nabla^{-2} x(r)$$
$$= \sum_{r=0}^{n} \sum_{s=0}^{r} (r - s + 1) x(s)$$
$$= \sum_{s=0}^{n} \sum_{r=s}^{n} (r - s + 1) x(s)$$
$$= \frac{1}{2!} \sum_{s=0}^{n} (n - s + 1)(n - s + 2) x(s)$$

依次类推

$$\nabla^{-4}x(n) = \frac{1}{3!}\sum_{s=0}^{n}(n-s+1)(n-s+2)(n-s+3)x(s)$$

$$\vdots$$

$$\nabla^{-m}x(n) = \frac{1}{(m-1)!}\sum_{s=0}^{n}(n-s+1)(n-s+2)\cdots(n-s+m-1)x(s)$$

由于

$$\begin{bmatrix} m \\ n-s \end{bmatrix} = \frac{m(m+1)\cdots(m+n-s-1)}{(n-s)!}$$

$$= \frac{(m+n-s-1)!}{(n-s)!(m-1)!}$$

$$= \frac{(n-s+1)(n-s+2)\cdots(n-s+m-1)}{(m-1)!}$$

由前面的定义1.3,上式我们可以简写为

$$\nabla^{-m}x(n) = \frac{1}{(m-1)!}\sum_{s=0}^{n}(n-s+1)^{m-1}x(s)$$

$$= \sum_{s=0}^{n}\begin{bmatrix} m \\ n-s \end{bmatrix}x(s)$$

具体地,我们有下面的定理.

定理 2.1 假设 k 为正整数,那么

$$\nabla^{-k}x(n) = \begin{bmatrix} k \\ n \end{bmatrix}*x(n) \triangleq \sum_{r=0}^{n}\begin{bmatrix} k \\ n-r \end{bmatrix}x(r)$$

(2.1)

这里 $*$ 为离散卷积运算符(例如:$x(n)*y(n) \triangleq \sum_{r=0}^{n}x(n-r)y(r)$). 符号:$\begin{bmatrix} l \\ m \end{bmatrix} \triangleq \frac{l(l+1)\cdots(l+m-1)}{m!}$,

其中 m 为非负整数,l 为实数. 如果 $m=0$,规定 $\begin{bmatrix} l \\ 0 \end{bmatrix} = 1$.

证明 我们采用归纳法,当 $k=1$ 时

$$\nabla^{-1}x(n) = \sum_{r=0}^{n}x(r) = \sum_{r=0}^{n}\begin{bmatrix} 1 \\ n-r \end{bmatrix}x(r)$$

显然成立.

假设式(2.1)对 $k=K$ 时成立,则当 $k=K+1$ 时,由定义1.2以及离散卷积定理可得

$$\nabla^{-K-1}x(n) = \nabla^{-1}\nabla^{-K}x(n)$$
$$= \nabla^{-1}\left(\begin{bmatrix}K\\n\end{bmatrix}*x(n)\right)$$
$$= \begin{bmatrix}1\\n\end{bmatrix}*\begin{bmatrix}K\\n\end{bmatrix}*x(n)$$
$$= \begin{bmatrix}K+1\\n\end{bmatrix}*x(n)$$

所以对任意的正整数 k,式(2.1) 成立.

注 2.1 等式

$$\begin{bmatrix}1\\n\end{bmatrix}*\begin{bmatrix}K\\n\end{bmatrix} = \begin{bmatrix}K+1\\n\end{bmatrix}$$

成立是因为方程的两边作 Z 变换后相同,都是 $\left(\dfrac{z-1}{z}\right)^{K+1}$.

现把式(2.1) 推广到一般正实数上去. 显然式(2.1) 的右端对所有正实数 $\nu > 0$ 都是有意义的,基于此我们下面的定义.

定义 2.2 假设正实数 $v > 0$,称

$$\nabla^{-\nu}x(n) = \begin{bmatrix}\nu\\n\end{bmatrix}*x(n) = \sum_{r=0}^{n}\begin{bmatrix}\nu\\n-r\end{bmatrix}x(r) \qquad (2.2)$$

为 $x(n)$ 的 ν 阶和分.

例 2.1 假设 $\nu > 0, \mu > 0$,令 $x(n) = \begin{bmatrix}\nu\\n\end{bmatrix}$,则其 μ 阶和分为

$$\nabla^{-\mu}x(n) = \nabla^{-\mu}\begin{bmatrix}\nu\\n\end{bmatrix} = \begin{bmatrix}\mu\\n\end{bmatrix}*\begin{bmatrix}\nu\\n\end{bmatrix} = \begin{bmatrix}\nu+\mu\\n\end{bmatrix}$$

再来定义分数阶差分,我们不能直接用式(2.2),即当 $\mu > 0$ 时,不能写成

$$\nabla^{\mu}x(n) = \begin{bmatrix}-\mu\\n\end{bmatrix}*x(n) \qquad (2.3)$$

这是因为:当 μ 为正整数时,式(2.3) 与定义 1.1 不全相符.因此我们采取如下思想:即通过先求一个分数

阶和分然后再做一个通常正整数阶向后差分的方法.

定义 2.3 令 m 为超过 $\mu > 0$ 的最小正整数,则我们定义 $x(n)$ 的 μ 阶的分数差分如下

$$\nabla^\mu x(n) = \nabla^m \nabla^{-(m-\mu)} x(n) \qquad (2.4)$$

注 2.2 我们的分数阶和分与分数阶差分定义是以向后差分作为基础进行的. 必须指出,向后差分是简明的、必要的. 读者可以自行验证,如果以通常的向前差分为出发点,则在式(2.2)中将需要根据 ν 的大小适当地调整求和上限的大小,否则将会出现连最基本的公式

$$\Delta^{k_1} \Delta^{-k_2} x(n) = \Delta^{k_1 - k_2} x(n)$$

(这里 Δ 是向前差分算子,k_1,k_2 是正整数) 都不能保证成立的窘境. 可见向前分数阶和分及差分的定义要稍烦琐些,相应的其他公式随之也会稍烦琐些. 因此为简明起见,除非特别说明,本书就是研究向后分数差分阶差分及和分.

例 2.2 我们再令 $x(n) = \begin{bmatrix} \nu \\ n \end{bmatrix}$ $(\nu > 0, \mu > 0)$, m 是大于 μ 的最小整数,那么由上例 2.1 已知

$$\nabla^{-(m-\mu)} x(n) = \begin{bmatrix} m - \mu + \nu \\ n \end{bmatrix}$$

而

$$\nabla \begin{bmatrix} m - \mu + \nu \\ n \end{bmatrix} = \begin{bmatrix} m - \mu + \nu \\ n \end{bmatrix} - \begin{bmatrix} m - \mu + \nu \\ n - 1 \end{bmatrix}$$

$$= \frac{(m-\mu+\nu)(m-\mu+\nu+1)\cdots(m-\mu+\nu+n-1)}{n!} -$$

$$\frac{(m-\mu+\nu)(m-\mu+\nu+1)\cdots(m-\mu+\nu+n-1-1)}{(n-1)!}$$

$$= \frac{(m-1-\mu+\nu)(m-\mu+\nu)\cdots(m-1-\mu+\nu+n-1)}{n!}$$

$$= \begin{bmatrix} m - \mu + \nu - 1 \\ n \end{bmatrix}$$

用归纳法不难证出,对正整数 m 有

$$\nabla^m \begin{bmatrix} m-\mu+\nu \\ n \end{bmatrix} = \begin{bmatrix} \nu-\mu \\ n \end{bmatrix}$$

这样由定义 2.3 可得 $x(n) = \begin{bmatrix} \nu \\ n \end{bmatrix}$ $(\nu > 0, \mu > 0)$ 的 μ 阶差分为

$$\nabla^\mu \begin{bmatrix} \nu \\ n \end{bmatrix} = \begin{bmatrix} \nu-\mu \\ n \end{bmatrix}$$

由以上两例可见:对于 $x(n) = \begin{bmatrix} \nu \\ n \end{bmatrix}$ $(\nu > 0)$,其 μ 阶差分与和分公式形式是统一的.

定义 2.4 对于 $\nu > 0, \mu$ 为实数,成立

$$\nabla^\mu \begin{bmatrix} \nu \\ n \end{bmatrix} = \begin{bmatrix} \nu-\mu \\ n \end{bmatrix}$$

§3 分数差分及和分的性质

对于任意实数,指数法则 $\nabla^\mu \nabla^\nu x(n) = \nabla^{\mu+\nu} x(n)$ 一般不成立,比如 $x(n) = 1$, $\nabla x(n) = 0$, $\nabla^{-1}\nabla x(n) = 0$,而 $\nabla^{-1}x(n) = n$, $\nabla\nabla^{-1}x(n) = 1$. 但在一定条件下,指数法则是成立的. 如设 $\mu, \nu > 0$,我们有下面的定理.

定理 3.1 设 $\mu > 0, \nu > 0$,那么
$$\nabla^{-\mu}\nabla^{-\nu}x(n) = \nabla^{-(\nu+\mu)}x(n)$$

证明 由分数和分的定义 2.2 及离散卷积定理,有

$$\nabla^{-\mu}\nabla^{-\nu}x(n) = \begin{bmatrix} \mu \\ n \end{bmatrix} * \left(\begin{bmatrix} \nu \\ n \end{bmatrix} * x(n) \right)$$

$$= \begin{bmatrix} \nu+\mu \\ n \end{bmatrix} * x(n)$$

$$= \nabla^{-(\nu+\mu)}x(n)$$

定理 3.1 揭示了两个分数阶和分之间复合后的关系. 但对于分数阶和分、分数阶差分之间的复合,通

常关系要复杂些. 我们有下面的定理.

定理 3.2 设 $\nu > 0$, 那么

$$\nabla \nabla^{-\nu} x(n) = \nabla^{-\nu}(\nabla x(n)) + x(-1)\begin{bmatrix}\nu \\ n\end{bmatrix}$$

证明 按定义逐步计算得

$$\nabla \nabla^{-\nu} x(n) = \nabla\Big(\sum_{r=0}^{n}\begin{bmatrix}\nu \\ n-r\end{bmatrix}x(r)\Big)$$

$$= \sum_{r=0}^{n}\begin{bmatrix}\nu \\ n-r\end{bmatrix}x(r) - \sum_{r=0}^{n-1}\begin{bmatrix}\nu \\ n-1-r\end{bmatrix}x(r)$$

$$= \sum_{r=0}^{n}\begin{bmatrix}\nu \\ n-r\end{bmatrix}x(r) - \sum_{r=1}^{n}\begin{bmatrix}\nu \\ n-r\end{bmatrix}x(r-1)$$

$$= \sum_{r=0}^{n}\begin{bmatrix}\nu \\ n-r\end{bmatrix}(x(r) - x(r-1)) +$$

$$x(-1)\begin{bmatrix}\nu \\ n\end{bmatrix}$$

$$= \sum_{r=0}^{n}\begin{bmatrix}\nu \\ n-r\end{bmatrix}\nabla x(r) + x(-1)\begin{bmatrix}\nu \\ n\end{bmatrix}$$

$$= \nabla^{-\nu}(\nabla x(n)) + x(-1)\begin{bmatrix}\nu \\ n\end{bmatrix}$$

定理 3.3 假设 $\gamma > 0$, 那么

$$\nabla^{-\gamma-1}(\nabla x(n)) = \nabla^{-\gamma} x(n) - x(-1)\begin{bmatrix}\gamma+1 \\ n\end{bmatrix}$$

证明 由定理 3.2, 有

$$\nabla^{-\gamma}\nabla x(n) = \nabla \nabla^{-\gamma} x(n) - x(-1)\begin{bmatrix}\gamma \\ n\end{bmatrix}$$

故

$$\nabla^{-\gamma-1}\nabla x(n) = \nabla \nabla^{-1-\gamma} x(n) - x(-1)\begin{bmatrix}\gamma+1 \\ n\end{bmatrix}$$

$$= \nabla^{-\gamma} x(n) - x(-1)\begin{bmatrix}\gamma+1 \\ n\end{bmatrix}$$

例 3.1 如果令 $x(n) = \lambda^n$, 记

$$\nabla^{-\nu} x(n) = \nabla^{-\nu}(\lambda^n) \triangleq \Lambda(\nu, \lambda^n)$$

易知

$$\nabla x(n) = \lambda^n - \lambda^{n-1} = (\lambda - 1)\lambda^{n-1}$$

由定理 3.2 有

$$\nabla \nabla^{-\nu}(\lambda^n) = \nabla^{-\nu}[(\lambda - 1)\lambda^{n-1}] + x(-1)\begin{bmatrix}\nu\\n\end{bmatrix}$$

$$\nabla \Lambda(\nu,\lambda^n) = (\lambda - 1)\Lambda(\nu,\lambda^{n-1}) + x(-1)\begin{bmatrix}\nu\\n\end{bmatrix}$$

(3.1)

另外,由定理 3.3 得

$$(\lambda - 1)\nabla^{-\nu-1}(\lambda^{n-1}) = \nabla^{-\nu}(\lambda^n) - x(-1)\begin{bmatrix}\nu+1\\n\end{bmatrix}$$

$$(\lambda - 1)\Lambda(\nu+1,\lambda^{n-1}) = \Lambda(\nu,\lambda^n) - x(-1)\begin{bmatrix}\nu+1\\n\end{bmatrix}$$

即得

$$(\lambda - 1)\Lambda(\nu,\lambda^{n-1}) = \Lambda(\nu-1,\lambda^n) - x(-1)\begin{bmatrix}\nu\\n\end{bmatrix}$$

(3.2)

将式(3.2)代入(3.1),可得

$$\nabla \Lambda(\nu,\lambda^n) = \Lambda(\nu-1,\lambda^n)$$

定理 3.4 设 p 为正整数,$\gamma > 0$,那么

$$\nabla^{-\gamma} x(n) = \nabla^{-\gamma-p}[\nabla^p x(n)] + Q_p(n,\gamma)$$

这里

$$Q_p(n,\gamma) = \sum_{k=0}^{p-1} \nabla^k x(-1)\begin{bmatrix}\gamma+k+1\\n\end{bmatrix}$$

证明 在定理 3.3 中,用 $\gamma + 1$ 代替 γ,用 $\nabla x(n)$ 代替 $x(n)$,可得

$$\nabla^{-\gamma-2}[\nabla^2 x(n)] = \nabla^{-\gamma-1}[\nabla x(n)] - \nabla x(-1)\begin{bmatrix}\gamma+2\\n\end{bmatrix}$$

然后再利用定理 3.3,得到

$$\nabla^{-\gamma-2}[\nabla^2 x(n)] = \nabla^{-\gamma} x(n) - x(-1)\begin{bmatrix}\gamma+1\\n\end{bmatrix} - \nabla x(-1)\begin{bmatrix}\gamma+2\\n\end{bmatrix}$$

重复递推可得定理 3.4 的证明.

定理 3.5 设 p 为正整数,$\gamma > 0$,那么
$$\nabla^p [\nabla^{-\gamma} x(n)] = \nabla^{-\gamma} [\nabla^p x(n)] + Q_p(n, \gamma - p)$$

证明 对定理 3.2 公式中的两边作向后差分得
$$\nabla^2 [\nabla^{-\gamma} x(n)] = \nabla \{ \nabla^{-\gamma} [\nabla x(n)] \} + x(-1) \begin{bmatrix} \gamma - 1 \\ n \end{bmatrix}$$

在上式大括号中的式子中,用 $\nabla x(n)$ 代替 $x(n)$,再次利用定理 3.2 得

$$\nabla^2 [\nabla^{-\gamma} x(n)] = \nabla^{-\gamma} [\nabla^2 x(n)] + \nabla x(-1) \begin{bmatrix} \gamma \\ n \end{bmatrix} +$$
$$x(-1) \begin{bmatrix} \gamma - 1 \\ n \end{bmatrix}$$

重复递推可得定理 3.5 的证明.

由于 $Q_p(n, \gamma)$ 可被表示为分数和分
$$Q_p(n, \gamma) = \nabla^{-\gamma} [R_p(n)]$$
这里
$$R_p(n) = \sum_{k=0}^{p-1} \nabla^k x(-1) \begin{bmatrix} k+1 \\ n \end{bmatrix}$$

因此可将定理 3.4 重写为
$$\nabla^{-\gamma} [x(n) - R_p(n)] = \nabla^{-\gamma-p} [\nabla^p x(n)]$$
$$(3.3)$$

作为定理 3.4,3.5 的一个推论,我们看到,如果 $\nabla^k x(-1) = 0, k = 0, 1, \cdots, p-1$,那么
$$\nabla^{-\gamma} x(n) = \nabla^{-\gamma-p} [\nabla^p x(n)]$$
且
$$\nabla^p [\nabla^{-\gamma} x(n)] = \nabla^{-\gamma} [\nabla^p x(n)]$$

例 3.2 仍然令 $x(n) = \lambda^n$,记
$$\nabla^{-\nu} x(n) = \nabla^{-\nu} (\lambda^n) \triangleq \Lambda(\nu, \lambda^n)$$
易算得
$$\nabla x(n) = (\lambda - 1) \lambda^{n-1}$$
$$\nabla^2 x(n) = (\lambda - 1)^2 \lambda^{n-2}$$
$$\vdots$$
$$\nabla^p x(n) = (\lambda - 1)^p \lambda^{n-p}$$

由定理 3.4 有

$$\nabla^{-\nu}(\lambda^n) = \nabla^{-\nu-p}[(\lambda-1)^p \lambda^{n-p}] + Q_p(n,\nu)$$

这里

$$Q_p(n,\nu) = \sum_{k=0}^{p-1}(\lambda-1)^k \lambda^{-1-k}\begin{bmatrix}\nu+k+1\\n\end{bmatrix}$$

即

$$\Lambda(\nu,\lambda^n) = (\lambda-1)^p \Lambda(\nu+p,\lambda^{n-p}) + \sum_{k=0}^{p-1}(\lambda-1)^k \lambda^{-1-k}\begin{bmatrix}\nu+k+1\\n\end{bmatrix} \quad (3.4)$$

另外,由定理 3.5 得

$$\nabla^p \Lambda(\nu,\lambda^n) = (\lambda-1)^p \Lambda(\nu,\lambda^{n-p}) + \sum_{k=0}^{p-1}(\lambda-1)^k \lambda^{-1-k}\begin{bmatrix}\nu+k-p\\n\end{bmatrix} \quad (3.5)$$

在式(3.4)中用 $\nu-p$ 代替 ν,得到

$$\Lambda(\nu-p,\lambda^n) = (\lambda-1)^p \Lambda(\nu,\lambda^{n-p}) + \sum_{k=0}^{p-1}(\lambda-1)^k \lambda^{-1-k}\begin{bmatrix}\nu+k-p\\n\end{bmatrix} \quad (3.6)$$

通过比较式(3.5)与(3.6)得

$$\nabla^p \Lambda(\nu,\lambda^n) = \Lambda(\nu-p,\lambda^n) \quad (p=0,1,\cdots)$$

例 3.3 对于 $x(n) = \lambda^n$,μ 为正实数.令 m 为大于 μ 的最小整数,$\nu = m - \mu$,则

$$\nabla^\mu(\lambda^n) = \nabla^m \nabla^{-\nu}(\lambda^n) = \nabla^m \Lambda(\nu,\lambda^n)$$
$$= \Lambda(\nu-m,\lambda^n) = \Lambda(-\mu,\lambda^n)$$

定理 3.6 让 p 为整数,$\gamma > p$,那么

$$\nabla^p[\nabla^{-\gamma}x(n)] = \nabla^{-(\gamma-p)}x(n)$$

证明 我们用数学归纳法证明.由分数和分定义,有

$$\nabla^{-\gamma}x(n) = \sum_{r=0}^{n}\begin{bmatrix}\gamma\\n-r\end{bmatrix}x(r)$$

当 $p=1$ 时,有

$$\nabla[\nabla^{-\gamma}x(n)] = \nabla\{\sum_{r=0}^{n}\begin{bmatrix}\gamma\\n-r\end{bmatrix}x(r)\}$$

$$= \sum_{r=0}^{n} \begin{bmatrix} \gamma \\ n-r \end{bmatrix} x(r) - \sum_{r=0}^{n-1} \begin{bmatrix} \gamma \\ n-r-1 \end{bmatrix} x(r)$$

$$= \sum_{r=0}^{n} \left(\begin{bmatrix} \gamma \\ n-r \end{bmatrix} - \begin{bmatrix} \gamma \\ n-r-1 \end{bmatrix} \right) x(r) + \begin{bmatrix} \gamma \\ -1 \end{bmatrix} x(n)$$

$$= \sum_{r=0}^{n} \begin{bmatrix} \gamma-1 \\ n-r \end{bmatrix} x(r) = \nabla^{-(\gamma-1)} x(n)$$

(这里规定 $\begin{bmatrix} \gamma \\ -1 \end{bmatrix} = 0$.)

假定有

$$\nabla^{p-1}[\nabla^{-\gamma} x(n)] = \nabla^{-(\gamma-p)-1} x(n)$$

对上式差分得

$$\nabla^{p}[\nabla^{-\gamma} x(n)] = \nabla[\nabla^{p-1-\gamma} x(n)]$$

在定理 3.2 中用 $\gamma - p + 1$ 代替 γ,然后将结果代入上式右边,得到

$$\nabla^{p}[\nabla^{-\gamma} x(n)] = \nabla^{p-1-\gamma}[\nabla x(n)] + x(-1) \begin{bmatrix} \gamma-p+1 \\ n \end{bmatrix}$$

现在在定理 3.3 中用 $\gamma - p$ 代替 γ,并代入上式即得所需结论。

假定 q 是正整数,且 $\mu > q$,那么由定理 3.6,有

$$\nabla^{q}[\nabla^{-\mu} x(n)] = \nabla^{-(\mu-q)} x(n)$$

进一步假定 $p - \gamma = q - \mu$,那么我们有一个有趣的推论

$$\nabla^{p}[\nabla^{-\gamma} x(n)] = \nabla^{q}[\nabla^{-\mu} x(n)]$$

在下一个定理中,我们要推广这个结果,表明即使在 $p > \gamma$ 和 $q > \mu$ 时结论仍然成立,且显示 $\nabla^{-\gamma}[\nabla^{p} x(n)]$ 与 $\nabla^{-\mu} \cdot [\nabla^{q} x(n)]$ 两者之间的关系.

定理 3.7 让 p 和 q 是正整数,μ 和 γ 是正数,使得

$$p - \gamma = q - \mu \qquad (3.7)$$

那么

$$\nabla^{-\gamma}[\nabla^{p} x(n)] = \nabla^{-\mu}[\nabla^{q} x(n)] +$$

$$\text{sgn}(q-p)\sum_{k=s}^{r-1} \nabla^k x(-1)\begin{bmatrix}\gamma-p+k\\n\end{bmatrix}$$
(3.8)

这里 $r=\max(p,q), s=\min(p,q)$，且
$$\nabla^p[\nabla^{-\gamma}x(n)] = \nabla^q[\nabla^{-\mu}x(n)] \quad (3.9)$$

证明 如果 $p=q$，定理是平凡的. 假定 $q>p$. 让 $\sigma=q-p>0$，那么由式(3.7)有 $\mu=\gamma+\sigma>0$. 由定理 3.4 有
$$\nabla^{-\gamma}[\nabla^p x(n)] = \nabla^{-\gamma-\sigma}[\nabla^{\sigma+p}x(n)] + \sum_{k=0}^{\sigma}\nabla^{k+p}x(-1)\begin{bmatrix}\gamma+k+1\\n\end{bmatrix}$$

现在 $\gamma+\sigma=\mu$ 且 $\sigma+p=q$，因此式(3.8)得证.

为证式(3.9)，我们由定理 3.6 有
$$\nabla^{\sigma}[\nabla^{-\gamma-\sigma}x(n)] = \nabla^{-\gamma}x(n)$$

对该式差分 p 次得
$$\nabla^{p+\sigma}[\nabla^{-\gamma-\sigma}x(n)] = \nabla^p[\nabla^{-\gamma}x(n)]$$

但 $p+\sigma=q$ 且 $\gamma+\sigma=\mu$，因此式(3.9)得证.

还可证明下面更一般的结果：

定理 3.8 对任意实数 $\mu,\nu>0$，有
$$\nabla^{\mu}\nabla^{-\nu}x(n) = \nabla^{\mu-\nu}x(n)$$

证明 当 $\mu<0$ 时，由定理 3.1 知定理成立. 故这里只须证明 $\mu>0$ 的情形.

由分数差分的定义 2.3 及定理 3.1，有
$$\begin{aligned}\nabla^{\mu}\nabla^{-\nu}x(n) &= \nabla^m \nabla^{-(m-\mu)}\nabla^{-\nu}x(n)\\ &= \nabla^m \nabla^{-(m-\mu+\nu)}x(n)\\ &= \nabla^{(\mu-\nu)}x(n)\end{aligned}$$

从定理 3.8，我们看出，对一个离散函数先求和分再求差分或和分是可结合的.

前面我们已经讨论了通常向后差分的分数和分与分数和分的通常向后差分之间存在的关系. 例如，在定理 3.5 中我们就证明了：对 $\gamma>0, s$ 为正整数，成立

$$\nabla^s[\nabla^{-\gamma}x(n)] = \nabla^{-\gamma}[\nabla^s x(n)] + Q_s(n, \gamma - s)$$
(3.10)

这里
$$Q_s(n,\gamma) = \sum_{k=0}^{s-1} \nabla^k x(-1) \begin{bmatrix} \gamma + k + 1 \\ n \end{bmatrix}$$

现在我们希望建立
$$\nabla^r[\nabla^\mu x(n)] \ \text{与} \ \nabla^\mu[\nabla^r x(n)]$$
之间的一些类似结果,这里 $\mu > 0, r$ 是正整数.

设 m 是大于 μ 的最小整数,那么由分数阶差分的定义有
$$\nabla^\mu x(n) = \nabla^m[\nabla^{-(m-\mu)}x(n)]$$

将上式作 r 次差分得
$$\nabla^r[\nabla^\mu x(n)] = \nabla^{r+m}[\nabla^{-(m-\mu)}x(n)]$$
(3.11)

再次由分数差分的定义有
$$\nabla^{r+\mu}x(n) = \nabla^p[\nabla^{-(p-r-\mu)}x(n)] \quad (3.12)$$

这里 p 是大于 $r + \mu$ 的最小整数.

但是 $p = m + r$,因此,式(3.11)和(3.12)是一样的.所以成立等式
$$\nabla^r[\nabla^\mu x(n)] = \nabla^{r+\mu}x(n) \quad (3.13)$$

下面要建立 $\nabla^\mu[\nabla^r x(n)]$ 与 $\nabla^{r+\mu}x(n)$ 之间的关系.(注意 $\nabla^\mu[\nabla^r x(n)]$ 是通常向后差分的分数差分,而式(3.13)左边是分数差分的通常向后差分.)

令 m 和 μ 同上,那么由式(3.10),有
$$\nabla^r[\nabla^{-(m-\mu)}x(n)]$$
$$= \nabla^{-(m-\mu)}[\nabla^r x(n)] + Q_r(n, m - \mu - r)$$
(3.14)

又因为
$$\nabla^m\{\nabla^r[\nabla^{-(m-\mu)}x(n)]\} = \nabla^r[\nabla^\mu x(n)]$$
和
$$\nabla^m\{\nabla^{-(m-\mu)}[\nabla^r x(n)]\} = \nabla^\mu[\nabla^r x(n)]$$

对式(3.14)的 m 次差分,利用上两式及下式

$$\nabla^m Q_r(n, m-\mu-r) = Q_r(n, -\mu-r)$$

可得

$$\nabla^r[\nabla^\mu x(n)] = \nabla^\mu[\nabla^r x(n)] + Q_r(n, -\mu-r)$$

因此我们证明了下面的定理.

定理 3.9 让 $\mu > 0$, r 为正整数, 那么

$$\nabla^{r+\mu} x(n) = \nabla^\mu[\nabla^r x(n)] + \sum_{j=1}^{r} \nabla^{r-j} x(-1) \begin{bmatrix} -\mu-j+1 \\ n \end{bmatrix}$$

(3.15)

也可将式(3.15)改写成

$$\nabla^{\mu+r}[x(n) - R_r(n)] = \nabla^\mu[\nabla^r x(n)]$$

(3.16)

这里

$$R_r(n) = \sum_{k=0}^{r-1} \nabla^k x(-1) \begin{bmatrix} k+1 \\ n \end{bmatrix}$$

如果令 $\gamma = \mu + r > 0$, 那么式(3.16)变为

$$\nabla^\gamma[x(n) - R_r(n)] = \nabla^{\gamma-r}[\nabla^r x(n)]$$

这与之前得到的式(3.4)

$$\nabla^{-\gamma}[x(n) - R_r(n)] = \nabla^{-\gamma-r}[\nabla^r x(n)]$$

是惊人相似的.

定理 3.10 当 $0 < \mu + \nu < 1$, $\nabla^\mu \nabla^\nu x(n) = \nabla^{\mu+\nu} x(n)$.

证明 依次由分数差分定义和定理 3.8, 3.2, 可得

$$\nabla^\mu \nabla^\nu x(n)$$

$$= \nabla^\mu \nabla \nabla^{-(1-\nu)} x(n)$$

$$= \nabla^\mu \left(\nabla^{-(1-\nu)} \nabla x(n) + x(-1) \begin{bmatrix} 1-\nu \\ n \end{bmatrix} \right)$$

$$= \nabla^{-(1-(\mu+\nu))} \nabla x(n) + x(-1) \begin{bmatrix} 1-\mu-\nu \\ n \end{bmatrix}$$

$$= \nabla \nabla^{-(1-(\mu+\nu))} x(n)$$

$$= \nabla^{\mu+\nu} x(n)$$

§4 下限不为零时的分数差分及和分，基本性质

前面已经讨论了下限为 0 时的分数阶和分与分数阶差分,本节将下限放宽为任意正整数的情形.

定义 4.1 假设 $p > 0$,我们定义下限为 n_0 的分数阶和分

$$_{n_0}\nabla_n^{-p}f(n) = \sum_{r=n_0}^{n}\begin{bmatrix}p\\n-r\end{bmatrix}f(r)$$

定义 4.2 假设 $p > 0$,令 m 是超过 p 的最小整数,则我们定义下限为 n_0 的分数阶差分

$$_{n_0}\nabla_n^{p}f(n) = \nabla^m[_{n_0}\nabla_n^{-(m-p)}]f(n)$$

下面建立它们之间的一些基本性质.

定理 4.3 设 $p > 0, v > 0$,那么：

(1) $_{n_0}\nabla_n^{-p}f(n)\begin{bmatrix}v\\n-n_0\end{bmatrix} = \begin{bmatrix}v+p\\n-n_0\end{bmatrix}$.

(2) $_{n_0}\nabla_n^{p}f(n)\begin{bmatrix}v\\n-n_0\end{bmatrix} = \begin{bmatrix}v-p\\n-n_0\end{bmatrix}$.

证明 (1) 关于函数 $f(n-n_0)$ 的下限为 n_0 的分数和分,由定义 4.1 有

$$_{n_0}\nabla_n^{-p}f(n-n_0) = \sum_{r=n_0}^{n}\begin{bmatrix}p\\n-r\end{bmatrix}f(r-n_0)$$

$$= \sum_{r=0}^{n-n_0}\begin{bmatrix}p\\n-n_0-r\end{bmatrix}f(r)$$

$$= \begin{bmatrix}p\\n-n_0\end{bmatrix}*f(n-n_0)$$

故

$$_{n_0}\nabla_n^{-p}\begin{bmatrix}v\\n-n_0\end{bmatrix} = \begin{bmatrix}p\\n-n_0\end{bmatrix}*\begin{bmatrix}v\\n-n_0\end{bmatrix} = \begin{bmatrix}v+p\\n-n_0\end{bmatrix}$$

(2) 由定义 4.2 及定理 2.4,得

$$_{n_0}\nabla_n^p \begin{bmatrix} v \\ n - n_0 \end{bmatrix} = \nabla_{n_0}^m \nabla_n^{-(m-p)} \begin{bmatrix} v \\ n - n_0 \end{bmatrix}$$

$$= \nabla^m \begin{bmatrix} m - p + v \\ n - n_0 \end{bmatrix}$$

$$= \begin{bmatrix} v - p \\ n - n_0 \end{bmatrix}$$

定理 4.4 对于 $p > 0$, m 为正整数,成立

$$_{n_0}\nabla_n^{-p} f(n) = \sum_{k=0}^{m} \nabla^k f(n_0 - 1) \begin{bmatrix} p + k + 1 \\ n - n_0 \end{bmatrix} +$$

$$\sum_{r=n_0}^{n} \begin{bmatrix} p + m + 1 \\ n - r \end{bmatrix} \nabla^{m+1} f(r)$$

证明 由于

$$\nabla \begin{bmatrix} p + 1 \\ n - r \end{bmatrix} = \begin{bmatrix} p \\ n - r \end{bmatrix}$$

得

$$\begin{bmatrix} p + 1 \\ n - r \end{bmatrix} - \begin{bmatrix} p + 1 \\ n - r - 1 \end{bmatrix} = \begin{bmatrix} p \\ n - r \end{bmatrix}$$

从而我们有

$$_{n_0}\nabla_n^{-p} f(n) = \sum_{r=n_0}^{n} \begin{bmatrix} p \\ n - r \end{bmatrix} f(r)$$

$$= \sum_{r=n_0}^{n} \left(\begin{bmatrix} p + 1 \\ n - r \end{bmatrix} - \begin{bmatrix} p + 1 \\ n - r - 1 \end{bmatrix} \right) f(r)$$

$$= \sum_{r=n_0}^{n} \begin{bmatrix} p + 1 \\ n - r \end{bmatrix} f(r) - \sum_{r=n_0+1}^{n+1} \begin{bmatrix} p + 1 \\ n - r \end{bmatrix} f(r - 1)$$

$$= \sum_{r=n_0}^{n} \begin{bmatrix} p + 1 \\ n - r \end{bmatrix} f(r) - \sum_{r=n_0}^{n} \begin{bmatrix} p + 1 \\ n - r \end{bmatrix} f(r - 1) -$$

$$\begin{bmatrix} p + 1 \\ -1 \end{bmatrix} f(n) + \begin{bmatrix} p + 1 \\ n - n_0 \end{bmatrix} f(n_0 - 1)$$

$$= \sum_{r=n_0}^{n} \begin{bmatrix} p + 1 \\ n - r \end{bmatrix} \nabla f(r) + \begin{bmatrix} p + 1 \\ n - n_0 \end{bmatrix} f(n_0 - 1)$$

(上式用到规定:$\begin{bmatrix} q \\ -1 \end{bmatrix} = 0$,对实数 q)即

$$_{n_0}\nabla_n^{-p}f(n) = \sum_{r=n_0}^{n}\begin{bmatrix}p\\n-r\end{bmatrix}f(r)$$

$$= f(n_0-1)\begin{bmatrix}p+1\\n-n_0\end{bmatrix} + \sum_{r=n_0}^{n}\begin{bmatrix}p+1\\n-r\end{bmatrix}\nabla f(r)$$

(4.1)

同上述证明,式(4.1)第二项可化为

$$\sum_{r=n_0}^{n}\begin{bmatrix}p+1\\n-r\end{bmatrix}\nabla f(r) = \nabla f(n_0-1)\begin{bmatrix}p+2\\n-n_0\end{bmatrix} +$$

$$\sum_{r=n_0}^{n}\begin{bmatrix}p+2\\n-r\end{bmatrix}\nabla^2 f(r) \quad (4.2)$$

再对式(4.2)的第二项重复上述步骤,重复若干次后可得

$$_{n_0}\nabla_n^{-p}f(n) = \sum_{k=0}^{m}\nabla^k f(n_0-1)\begin{bmatrix}p+k+1\\n-n_0\end{bmatrix} +$$

$$\sum_{r=n_0}^{n}\begin{bmatrix}p+m+1\\n-r\end{bmatrix}\nabla^{m+1}f(r)$$

对于分数阶和分,也有类似于定理4.4的结果.

定理4.5 对于 $p > 0, m$ 为正整数,那么

$$_{n_0}\nabla_n^{p}f(n) = \sum_{k=0}^{m}\nabla^k f(n_0-1)\begin{bmatrix}-p+k+1\\n-n_0\end{bmatrix} +$$

$$\sum_{r=n_0}^{n}\begin{bmatrix}-p+m+1\\n-r\end{bmatrix}\nabla^{m+1}f(r)$$

证明 设 M 为大于 p 的最小正整数,由定义4.2及定理4.4可得

$$_{n_0}\nabla_n^{p}f(n)$$

$$= \nabla^M{}_{n_0}\nabla_n^{-(M-p)}f(n)$$

$$= \nabla^M\left(\sum_{k=0}^{m}\nabla^k f(n_0-1)\begin{bmatrix}-p+M+k+1\\n-n_0\end{bmatrix} +\right.$$

$$\left.\sum_{r=n_0}^{n}\begin{bmatrix}-p+M+m+1\\n-r\end{bmatrix}\nabla^{m+1}f(r)\right)$$

下面证明下式成立

$$\nabla^M \sum_{r=n_0}^{n} \begin{bmatrix} -p+M+m+1 \\ n-r \end{bmatrix} \nabla^{m+1} f(r)$$

$$= \sum_{r=n_0}^{n} \begin{bmatrix} -p+m+1 \\ n-r \end{bmatrix} \nabla^{m+1} f(r)$$

首先当 $M = 1$ 时

$$\nabla \sum_{r=n_0}^{n} \begin{bmatrix} -p+M+m+1 \\ n-r \end{bmatrix} \nabla^{m+1} f(r)$$

$$= \sum_{r=n_0}^{n} \begin{bmatrix} -p+M+m+1 \\ n-r \end{bmatrix} \nabla^{m+1} f(r) -$$

$$\sum_{r=n_0}^{n-1} \begin{bmatrix} -p+s+1 \\ n-1-r \end{bmatrix} \nabla^{m+1} f(r)$$

$$= \sum_{r=n_0}^{n} \left(\begin{bmatrix} -p+M+m+1 \\ n-r \end{bmatrix} - \begin{bmatrix} -p+M+m+1 \\ n-1-r \end{bmatrix} \right) \cdot$$

$$\nabla^{m+1} f(r) + \begin{bmatrix} -p+M+m+1 \\ n-1-n \end{bmatrix} \nabla^{m+1} f(r)$$

$$= \sum_{r=n_0}^{n} \nabla \begin{bmatrix} -p+M+m+1 \\ n-r \end{bmatrix} \nabla^{m+1} f(r)$$

$$= \sum_{r=n_0}^{n} \begin{bmatrix} -p+M+m \\ n-r \end{bmatrix} \nabla^{m+1} f(r)$$

当 $M = 2$ 时,成立

$$\nabla^2 \sum_{r=n_0}^{n} \begin{bmatrix} -p+M+m+1 \\ n-r \end{bmatrix} \nabla^{m+1} f(r)$$

$$= \nabla \sum_{r=n_0}^{n} \begin{bmatrix} -p+M+m \\ n-r \end{bmatrix} \nabla^{m+1} f(r)$$

$$= \sum_{r=n_0}^{n} \begin{bmatrix} -p+M+m-1 \\ n-r \end{bmatrix} \nabla^{m+1} f(r)$$

由数学归纳法,易证

$$\nabla^M \sum_{r=n_0}^{n} \begin{bmatrix} -p+M+m+1 \\ n-r \end{bmatrix} \nabla^{m+1} f(r)$$

$$= \sum_{r=n_0}^{n} \begin{bmatrix} -p+m+1 \\ n-r \end{bmatrix} \nabla^{m+1} f(r) \qquad (4.3)$$

因此利用式(4.3)得到

$$_{n_0}\nabla_n^p f(n) = \sum_{k=0}^{m} \nabla^k f(n_0 - 1) \begin{bmatrix} -p+k+1 \\ n-n_0 \end{bmatrix} +$$

$$\sum_{r=n_0}^{n} \begin{bmatrix} -p+m+1 \\ n-r \end{bmatrix} \nabla^{m+1} f(r)$$

注 从定理 4.5 可以看出,假设 $m \leqslant p < m+1$,如果

$$\nabla^{(j)} f(n_0 - 1) = 0 \quad (j = 0, 1, \cdots, m)$$

那么

$$_{n_0}\nabla_n^p f(n) \mid_{n=n_0-1} = 0$$

当整数 m 阶差分与分数阶差分或分数阶和分复合时,则有下面的定理.

定理 4.6 设 m 为正整数,$p > 0$,那么:

(1) $\nabla^m [_{n_0}\nabla_n^p] f(n) = [_{n_0}\nabla_n^{m+p}] f(n)$;

(2) $\nabla^m [_{n_0}\nabla_n^{-p}] f(n) = [_{n_0}\nabla_n^{m-p}] f(n)$.

证明 由性质 4.4 和性质 4.5,已知

$$_{n_0}\nabla_n^p f(n) = \sum_{k=0}^{s} \nabla^k f(n_0 - 1) \begin{bmatrix} -p+k+1 \\ n-n_0 \end{bmatrix} +$$

$$\sum_{r=n_0}^{n} \begin{bmatrix} -p+s+1 \\ n-r \end{bmatrix} \nabla^{s+1} f(r)$$

$$_{n_0}\nabla_n^{-p} f(n) = \sum_{k=0}^{s} \nabla^k f(n_0 - 1) \begin{bmatrix} p+k+1 \\ n-n_0 \end{bmatrix} +$$

$$\sum_{r=n_0}^{n} \begin{bmatrix} p+s+1 \\ n-r \end{bmatrix} \nabla^{s+1} f(r)$$

(s 为任意正整数)

(1) 首先考虑 m 阶差分与 p 阶差分的复合,有如下结论

$$\nabla^m (_{n_0}\nabla_n^p f(n)) = \sum_{k=0}^{s} \nabla^k f(n_0 - 1) \begin{bmatrix} -p-m+k+1 \\ n-n_0 \end{bmatrix} +$$

$$\sum_{r=n_0}^{n} \begin{bmatrix} -p-m+s+1 \\ n-r \end{bmatrix} \nabla^{s+1} f(r)$$

由 s 的任意性,不妨令 $s \geqslant m + M - 1$,其中 M 为大

于 p 的最小整数. 同理有公式

$$\nabla^m \sum_{r=n_0}^{n} \begin{bmatrix} -p+s+1 \\ n-r \end{bmatrix} \nabla^{s+1} f(r)$$

$$= \sum_{r=n_0}^{n} \begin{bmatrix} -p-m+s+1 \\ n-r \end{bmatrix} \nabla^{s+1} f(r)$$

故

$$\nabla^m({}_{n_0}\nabla_n^{-p} f(n))$$

$$= \nabla^m \left(\sum_{k=0}^{s} \nabla^k f(n_0-1) \begin{bmatrix} -p+k+1 \\ n-n_0 \end{bmatrix} \right) +$$

$$\nabla^m \sum_{r=n_0}^{n} \begin{bmatrix} -p+s+1 \\ n-r \end{bmatrix} \nabla^{s+1} f(r)$$

$$= \sum_{k=0}^{s} \nabla^k f(n_0-1) \begin{bmatrix} -p-m+k+1 \\ n-n_0 \end{bmatrix} +$$

$$\sum_{r=n_0}^{n} \begin{bmatrix} -p-m+s+1 \\ n-r \end{bmatrix} \nabla^{s+1} f(r)$$

$$= {}_{n_0}\nabla_n^{m+p} f(n)$$

(2) 的证明完全类似. 证毕.

在定理 4.6(1) 的证明中,若取 $s = m + M - 1$,则有下面的定理.

定理 4.7 设 m 为正整数,$p > 0$,M 为大于 p 的最小整数,那么

$$\nabla^m({}_{n_0}\nabla_n^p f(n))$$

$$= {}_{n_0}\nabla_n^{m+p} f(n)$$

$$= \sum_{k=0}^{m+M-1} \nabla^k f(n_0-1) \begin{bmatrix} -p-m+k+1 \\ n-n_0 \end{bmatrix} +$$

$$\sum_{r=n_0}^{n} \begin{bmatrix} M-p \\ n-r \end{bmatrix} \nabla^{m+M} f(r) \qquad (4.4)$$

接下来将整数阶差分与分数阶差分的顺序调换,即考虑 p 阶差分与 m 阶差分的复合,利用定理 4.5 得到

$$_{n_0}\nabla_n^p(\nabla^m f(n)) = \sum_{k=0}^{s} \nabla^{k+m} f(n_0 - 1) \begin{bmatrix} -p+k+1 \\ n-n_0 \end{bmatrix} +$$

$$\sum_{r=n_0}^{n} \begin{bmatrix} -p+s+1 \\ n-r \end{bmatrix} \nabla^{m+s+1} f(r)$$

这里如果取 $s = M - 1$,则

$$_{n_0}\nabla_n^p(\nabla^m f(n)) = \sum_{k=0}^{M-1} \nabla^{k+m} f(n_0 - 1) \begin{bmatrix} -p+k+1 \\ n-n_0 \end{bmatrix} +$$

$$\sum_{r=n_0}^{n} \begin{bmatrix} M-p \\ n-r \end{bmatrix} \nabla^{m+M} f(r) \quad (4.5)$$

由(4.4)(4.5)两式,可得

$$\nabla^m(_{n_0}\nabla_n^p f(n))$$
$$= {}_{n_0}\nabla_n^p(\nabla^m f(n)) +$$
$$\sum_{k=0}^{m-1} \nabla^k f(n_0 - 1) \begin{bmatrix} -p-m+k+1 \\ n-n_0 \end{bmatrix} \quad (4.6)$$

当且仅当 $\nabla^k f(n_0 - 1) = 0 (k = 0, 1, \cdots, m - 1)$ 时,成立

$$_{n_0}\nabla_n^p(\nabla^m f(n)) = \nabla^m(_{n_0}\nabla_n^p f(n)) = {}_{n_0}\nabla_n^{m+p} f(n)$$

我们进一步考虑 p 阶分数差分(或和分)的 q 阶分数差分(或和分),即考虑

$$_{n_0}\nabla_n^q[_{n_0}\nabla_n^p f(n)]$$

定理 4.8 当 $p < 0$, q 为实数时,有如下等式

$$_{n_0}\nabla_n^q[_{n_0}\nabla_n^p f(n)] = {}_{n_0}\nabla_n^{p+q} f(n)$$

证明 首先,当 $q < 0$ 时

$$_{n_0}\nabla_n^q[_{n_0}\nabla_n^p f(n)] = \sum_{r=n_0}^{n} \begin{bmatrix} -q \\ n-r \end{bmatrix} [_{n_0}\nabla_r^p f(r)]$$

$$= \sum_{r=n_0}^{n} \begin{bmatrix} -q \\ n-r \end{bmatrix} \sum_{s=n_0}^{r} \begin{bmatrix} -p \\ r-s \end{bmatrix} f(s)$$

$$= \sum_{s=n_0}^{n} \sum_{r=s}^{n} \begin{bmatrix} -q \\ n-r \end{bmatrix} \begin{bmatrix} -p \\ r-s \end{bmatrix} f(s)$$

$$= \sum_{s=n_0}^{n} f(s) \sum_{r=0}^{n-s} \begin{bmatrix} -q \\ n-s-r \end{bmatrix} \begin{bmatrix} -p \\ r \end{bmatrix}$$

$$= \sum_{s=n_0}^{n} f(s) \begin{bmatrix} -q \\ n-s \end{bmatrix} * \begin{bmatrix} -p \\ n-s \end{bmatrix}$$

$$= \sum_{s=n_0}^{r} \begin{bmatrix} -p-q \\ n-s \end{bmatrix} f(s)$$

$$= {}_{n_0}\nabla_n^{p+q} f(n)$$

(或者用如下更简洁的方法求证:因为

$$_{n_0}\nabla_n^{-p} g(n-n_0) = \begin{bmatrix} p \\ n-n_0 \end{bmatrix} * g(n-n_0)$$

不妨令 $f(n) = g(n-n_0)$,则

$$_{n_0}\nabla_n^q [{}_{n_0}\nabla_n^p f(n)] = {}_{n_0}\nabla_n^q [{}_{n_0}\nabla_n^p g(n-n_0)]$$

$$= {}_{n_0}\nabla_n^q \begin{bmatrix} -p \\ n-n_0 \end{bmatrix} * g(n-n_0)$$

$$= \begin{bmatrix} -q \\ n-n_0 \end{bmatrix} * \begin{bmatrix} -p \\ n-n_0 \end{bmatrix} * g(n-n_0)$$

$$= \begin{bmatrix} -p-q \\ n-n_0 \end{bmatrix} * g(n-n_0)$$

$$= {}_{n_0}\nabla_n^{p+q} g(n-n_0)$$

$$= {}_{n_0}\nabla_n^{p+q} f(n)$$

证毕.)

其次,当 $q > 0$ 时,设 m 为大于 q 的最小整数,那么

$$_{n_0}\nabla_n^q [{}_{n_0}\nabla_n^p f(n)] = \nabla^m [{}_{n_0}\nabla_n^{-(m-q)}][{}_{n_0}\nabla_n^p] f(n)$$

$$= \nabla^m [{}_{n_0}\nabla_n^{-(m-q)+p}] f(n)$$

再由定理 4.6(2),易得

$$_{n_0}\nabla_n^q [{}_{n_0}\nabla_n^p f(n)] = {}_{n_0}\nabla_n^{p+q} f(n)$$

证毕.

定理 4.9 当 $p > 0$ 时,设 M 为大于 p 的最小整数,那么

$$_{n_0}\nabla_n^q [{}_{n_0}\nabla_n^p f(n)]$$

$$= {}_{n_0}\nabla_n^{p+q} f(n) - \sum_{k=1}^{M} \begin{bmatrix} -q-k+1 \\ n-n_0 \end{bmatrix} [{}_{n_0}\nabla_n^{p-k} f(n_0-1)]$$

$$\tag{4.7}$$

证明 当 $p > 0$ 时,设 M 为大于 p 的最小整数,那么利用式(4.6),有

$${}_{n_0}\nabla_n^q [\,{}_{n_0}\nabla_n^p f(n)\,]$$
$$= {}_{n_0}\nabla_n^q \nabla^M [\,{}_{n_0}\nabla_n^{-(M-p)} f(n)\,]$$
$$= {}_{n_0}\nabla_n^{M+q} [\,{}_{n_0}\nabla_n^{-(M-p)} f(n)\,] -$$
$$\sum_{k=0}^{M-1} \begin{bmatrix} -q-M+k+1 \\ n-n_0 \end{bmatrix} \nabla^k [\,{}_{n_0}\nabla_n^{-(M-p)} f(n_0-1)\,]$$
$$= {}_{n_0}\nabla_n^{p+q} f(n) - \sum_{k=0}^{M-1} \begin{bmatrix} -q-M+k+1 \\ n-n_0 \end{bmatrix} [\,{}_{n_0}\nabla_n^{k-M+p} f(n_0-1)\,]$$
$$= {}_{n_0}\nabla_n^{p+q} f(n) - \sum_{k=1}^{M} \begin{bmatrix} -q-k+1 \\ n-n_0 \end{bmatrix} [\,{}_{n_0}\nabla_n^{p-k} f(n_0-1)\,]$$

当且仅当 ${}_{n_0}\nabla_n^{p-k} f(n_0-1) = 0 (k = 1,2,\cdots,M)$ 时,成立

$${}_{n_0}\nabla_n^q [\,{}_{n_0}\nabla_n^p f(n)\,] = {}_{n_0}\nabla_n^{p+q} f(n)$$

令 m 为大于 q 的最小整数,同理可得,当且仅当 ${}_{n_0}\nabla_n^{p-k} f(n_0-1) = 0 (k = 1,2,\cdots,m)$ 时,成立

$${}_{n_0}\nabla_n^q [\,{}_{n_0}\nabla_n^p f(n)\,] = {}_{n_0}\nabla_n^{p+q} f(n)$$

因此,对于 $M-1 < p < M$ 且 $m-1 < q < m$,当且仅当 ${}_{n_0}\nabla_n^{p-j} f(n_0-1) = 0 (j = 1,2,\cdots,r), r = \max(M,m)$ 时,成立

$${}_{n_0}\nabla_n^q [\,{}_{n_0}\nabla_n^p f(n)\,] = {}_{n_0}\nabla_n^{p+q} f(n)$$

定理 4.10 若 ${}_{n_0}\nabla_n^p f(n)$ 存在且可求和分,则 ${}_{n_0}\nabla_n^q f(n)$ 也存在且可求和分(这里假定 $0 < q < p$).

证明 令 $g(n) = {}_{n_0}\nabla_n^{-(1-p)} f(n)$,则

$${}_{n_0}\nabla_n^p f(n) = \nabla(\,{}_{n_0}\nabla_n^{-(1-p)} f(n)) = \nabla g(n)$$

$\nabla g(n)$ 可求和分.

由定理 4.4 的公式,对于 $0 < v < 1$,有

$${}_{n_0}\nabla_n^{-v} f(n) = f(n_0-1) \begin{bmatrix} v \\ n-n_0 \end{bmatrix} + \sum_{r=n_0}^{n} \begin{bmatrix} v+1 \\ n-r \end{bmatrix} \nabla f(r)$$

(4.8)

又 $0 < 1+q-p < 1$，$\nabla g(n)$ 代入式(4.8)，可知 ${}_{n_0}\nabla_n^{1+q-p} g(n)$ 存在且可求和分. 显然

$${}_{n_0}\nabla_n^{1+q-p} g(n) = {}_{n_0}\nabla_n^{1+q-p}({}_{n_0}\nabla_n^{-(1-p)} f(n)) = {}_{n_0}\nabla_n^q f(n)$$

§5 另一类分数差分及分数和分，基本性质

前面我们从向后差分开始，定义了下限固定(为 0 或正整数)的分数阶和分与差分. 本节将以向前差分为出发点，研究另一类上限固定(此处为正整数)的分数阶差分与和分. 当上限为 ∞ 时，称该分数差分与和分称为 Weyl 型分数差分与和分.

首先，定义下式为另一类一阶和分

$${}_n\Delta_b^{-1} f(n) = \sum_{r=n}^{b} f(r)$$

从而相应的二阶和分是

$$\begin{aligned}
{}_n\Delta_b^{-2} f(n) &= {}_n\Delta_b^{-1}[{}_n\Delta_b^{-1} f(n)] \\
&= \sum_{r=n}^{b} {}_n\Delta_b^{-1} f(r) \\
&= \sum_{r=n}^{b} \sum_{s=r}^{b} f(s) \\
&= \sum_{s=n}^{b} \sum_{r=n}^{s} f(s) \\
&= \sum_{s=n}^{b} (s-n+1) f(s)
\end{aligned}$$

以及

$$\begin{aligned}
{}_n\Delta_b^{-3} f(n) &= {}_n\Delta_b^{-1}[{}_n\Delta_b^{-2} f(n)] \\
&= \sum_{r=n}^{b} \sum_{s=r}^{b} (s-r+1) f(s) \\
&= \sum_{s=n}^{b} \sum_{r=n}^{s} (s-r+1) f(s)
\end{aligned}$$

$$= \frac{1}{2!} \sum_{s=n}^{b} (s-n+1)(s-n+2)f(s)$$

同理有

$$_n\Delta_b^{-4}f(n) = \frac{1}{3!} \sum_{s=n}^{b} (s-n+1)(s-n+2)(s-n+3)f(s)$$

$$\vdots$$

依次类推,可得正整数 m 阶和分如下

$$_n\Delta_b^{-m}f(n) = \frac{1}{(m-1)!} \sum_{s=n}^{b} (s-n+1)(s-n+2)\cdots\cdot (s-n+m-1)f(s)$$

由于

$$\begin{bmatrix} m \\ s-n \end{bmatrix} = \frac{m(m+1)\cdots(m+s-n-1)}{(s-n)!}$$

$$= \frac{(m+s-n-1)!}{(s-n)!(m-1)!}$$

$$= \frac{(s-n+1)(s-n+2)\cdots(s-n+m-1)}{(m-1)!}$$

故

$$_n\Delta_b^{-m}f(n) = \sum_{r=n}^{b} \begin{bmatrix} m \\ r-n \end{bmatrix} f(r) \quad (5.1)$$

注意到式(5.1)右边这个式子当 m 为正实数时也是有意义的,因此当 m 为正实数时,我们将之定义为分数 m 阶和分是很自然的.

定义 5.1 设 b 为正整数,$\alpha > 0$,称

$$_n\Delta_b^{-\alpha}f(n) = \sum_{r=n}^{b} \begin{bmatrix} \alpha \\ r-n \end{bmatrix} f(r) \quad (b \geq n)$$

为另一类 α 阶分数和分.

如果 $m-1 < \alpha \leq m$,我们可以定义另一类 α 阶分数差分.

定义 5.2 称

$$_n\Delta_b^{\alpha}f(n) = (-\Delta)^m [_n\Delta_b^{-m+\alpha}]f(n) \quad (b \geq n)$$

$$(5.2)$$

为另一类分数阶差分. 这里 $m-1 < \alpha \leq m$,Δ 是向前差分算子.

如果 α 等于正整数 m，那么有
$$_n\Delta_b^m f(n) = (-\Delta)^m f(n)$$

下面建立一些关于另一类分数阶差分与和分的基本性质。

定理 5.3 让 $\alpha \geq 0, \beta > 0$，那么：

(1) $_n\Delta_b^{-\alpha} \begin{bmatrix} \beta \\ b-n \end{bmatrix} = \begin{bmatrix} \beta+\alpha \\ b-n \end{bmatrix}$.

(2) $_n\Delta_b^{\alpha} \begin{bmatrix} \beta \\ r-n \end{bmatrix} = \begin{bmatrix} \beta-\alpha \\ r-n \end{bmatrix}$.

证明 （1）由定义 5.1，有
$$_n\Delta_b^{-\alpha} \begin{bmatrix} \beta \\ b-n \end{bmatrix} = \sum_{r=n}^{b} \begin{bmatrix} \alpha \\ r-n \end{bmatrix} \begin{bmatrix} \beta \\ b-r \end{bmatrix}$$

如果令 $s = r - n$，上式右边变为
$$\sum_{s=0}^{b-n} \begin{bmatrix} \alpha \\ s \end{bmatrix} \begin{bmatrix} \beta \\ b-n-s \end{bmatrix} = \begin{bmatrix} \alpha+\beta \\ b-n \end{bmatrix}$$

（2）先计算 $\Delta \begin{bmatrix} \beta \\ b-n \end{bmatrix}$，由于 Δ 是一阶向前差分算子，我们有

$$\Delta \begin{bmatrix} \beta \\ b-n \end{bmatrix} = \begin{bmatrix} \beta \\ b-(n+1) \end{bmatrix} - \begin{bmatrix} \beta \\ b-n \end{bmatrix}$$
$$= \frac{\beta(\beta+1)\cdots(\beta+b-n-2)}{(\beta-n-1)!} - \frac{\beta(\beta+1)\cdots(\beta+b-n-1)}{(\beta-n)!}$$
$$= (-1)\frac{(\beta-1)\beta\cdots(\beta+b-n-2)}{(\beta-n)!}$$
$$= (-1) \begin{bmatrix} \beta-1 \\ b-n \end{bmatrix}$$

且
$$\Delta^2 \begin{bmatrix} \beta \\ b-n \end{bmatrix} = -\Delta \begin{bmatrix} \beta-1 \\ b-n \end{bmatrix} = (-1)^2 \begin{bmatrix} \beta-2 \\ b-n \end{bmatrix}$$

由归纳法易得
$$\Delta^m \begin{bmatrix} \beta \\ b-n \end{bmatrix} = (-1)^m \begin{bmatrix} \beta-m \\ b-n \end{bmatrix} \qquad (5.3)$$

因此由定义 5.2,可得

$$_n\Delta_b^\alpha \begin{bmatrix} \beta \\ b-n \end{bmatrix} = (-\Delta)^m \left[{}_n\Delta_b^{-m+\alpha}\right] \begin{bmatrix} \beta \\ b-n \end{bmatrix}$$

$$= (-\Delta)^m \begin{bmatrix} \beta+m-\alpha \\ b-n \end{bmatrix}$$

$$= (-1)^m \Delta^m \begin{bmatrix} \beta+m-\alpha \\ b-n \end{bmatrix}$$

$$= \begin{bmatrix} \beta-\alpha \\ b-n \end{bmatrix}$$

定理 5.4 令 $\alpha > 0$,$[\alpha]$ 为小于 α 的最大正整数,那么成立

$$_n\Delta_b^{-\alpha} x(n)$$
$$= \sum_{k=0}^{[\alpha]} (-1)^k \nabla^k x(b+1) \begin{bmatrix} k+1+\alpha \\ b-n \end{bmatrix} +$$
$$(-1)^{[\alpha]+1} \sum_{r=n}^{b} \Delta^{[\alpha]+1} x(r) \begin{bmatrix} [\alpha]+1+\alpha \\ r-n \end{bmatrix}$$

证明 由定理 5.3(2) 证明中的式(5.3),有

$$\Delta \begin{bmatrix} \alpha+1 \\ r-n \end{bmatrix} = (-1) \begin{bmatrix} \alpha \\ r-n \end{bmatrix}$$

即

$$\begin{bmatrix} \alpha+1 \\ r-n-1 \end{bmatrix} - \begin{bmatrix} \alpha+1 \\ r-n \end{bmatrix} = -\begin{bmatrix} \alpha \\ r-n \end{bmatrix}$$

或

$$\begin{bmatrix} \alpha \\ r-n \end{bmatrix} = \begin{bmatrix} \alpha+1 \\ r-n \end{bmatrix} - \begin{bmatrix} \alpha+1 \\ r-n-1 \end{bmatrix}$$

因而

$$_n\Delta_b^{-\alpha} x(n)$$
$$= \sum_{r=n}^{b} \begin{bmatrix} \alpha \\ r-n \end{bmatrix} x(r)$$
$$= \sum_{r=n}^{b} \left(\begin{bmatrix} \alpha+1 \\ r-n \end{bmatrix} - \begin{bmatrix} \alpha+1 \\ r-n-1 \end{bmatrix} \right) x(r)$$
$$= \sum_{r=n}^{b} \begin{bmatrix} \alpha+1 \\ r-n \end{bmatrix} x(r) - \sum_{r=n-1}^{b-1} \begin{bmatrix} \alpha+1 \\ r-n \end{bmatrix} x(r+1)$$

$$= \sum_{r=n}^{b} \begin{bmatrix} \alpha+1 \\ r-n \end{bmatrix} x(r) - \sum_{r=n}^{b} \begin{bmatrix} \alpha+1 \\ r-n \end{bmatrix} x(r+1) -$$

$$\begin{bmatrix} \alpha+1 \\ -1 \end{bmatrix} x(n) + \begin{bmatrix} \alpha+1 \\ b-n \end{bmatrix} x(b+1)$$

$$= \sum_{r=n}^{b} \begin{bmatrix} \alpha+1 \\ r-n \end{bmatrix} (-\Delta) x(r) + x(b+1) \begin{bmatrix} \alpha+1 \\ b-n \end{bmatrix}$$

即

$$_n\Delta_b^{-\alpha} x(n) = \sum_{r=n}^{b} \begin{bmatrix} \alpha \\ r-n \end{bmatrix} x(r)$$

$$= x(b+1) \begin{bmatrix} \alpha+1 \\ b-n \end{bmatrix} - \sum_{r=n}^{b} \begin{bmatrix} \alpha+1 \\ r-n \end{bmatrix} \Delta x(r)$$

(5.4)

对于式(5.4)的第二项,用上述同样的证明,可得

$$\sum_{r=n}^{b} \begin{bmatrix} \alpha+1 \\ r-n \end{bmatrix} \Delta x(r)$$

$$= \Delta x(b+1) \begin{bmatrix} \alpha+2 \\ b-n \end{bmatrix} - \sum_{r=n}^{b} \begin{bmatrix} \alpha+2 \\ r-n \end{bmatrix} \Delta^2 x(r)$$

重复上述步骤$[\alpha]$次后得到

$$_n\Delta_b^{-\alpha} x(n)$$

$$= \sum_{k=0}^{[\alpha]} (-1)^k \nabla^k x(b+1) \begin{bmatrix} k+1+\alpha \\ b-n \end{bmatrix} +$$

$$(-1)^{[\alpha]+1} \sum_{r=n}^{b} \Delta^{[\alpha]+1} x(r) \begin{bmatrix} [\alpha]+1+\alpha \\ r-n \end{bmatrix}$$

下面证明定理 5.4 对于该类分数差分也是成立的.

定理 5.5 令$\alpha > 0$,$[\alpha]$为小于α的最大正整数,那么

$$_n\Delta_b^{\alpha} x(n)$$

$$= \sum_{k=0}^{[\alpha]} (-1)^k \nabla^k x(b+1) \begin{bmatrix} k+1-\alpha \\ b-n \end{bmatrix} +$$

$$(-1)^{[\alpha]+1} \sum_{r=n}^{b} \Delta^{[\alpha]+1} x(r) \begin{bmatrix} [\alpha]+1-\alpha \\ r-n \end{bmatrix}$$

证明 由该类分数阶差分的定义 5.2 及定理 5.4,得

$$_n\Delta_b^{\alpha} x(n)$$
$$= \Delta^{[\alpha]+1}[_n\Delta_b^{-[\alpha]-1+\alpha} x(n)]$$
$$= \Delta^{[\alpha]+1}\left\{\sum_{k=0}^{[\alpha]}(-1)^k \Delta^k x(b+1)\begin{bmatrix} -\alpha+[\alpha]+k+2 \\ b-n \end{bmatrix} + \sum_{r=n}^{b}\begin{bmatrix} -\alpha+[\alpha]+[\alpha]+2 \\ b-n \end{bmatrix}\Delta^{[\alpha]+1} x(r)\right\}$$
$$= \sum_{k=0}^{[\alpha]}(-1)^k \Delta^k x(b+1)\begin{bmatrix} -\alpha+k+1 \\ b-n \end{bmatrix} + (-1)^{[\alpha+1]}\sum_{r=n}^{b}\begin{bmatrix} -\alpha+[\alpha]+1 \\ b-n \end{bmatrix}\Delta^{[\alpha]+1} x(r)$$

推论 5.6 令 $0 \leqslant \alpha < 1$,则

$$_n\Delta_b^{\alpha} x(n) = x(b+1)\begin{bmatrix} 1-\alpha \\ b-n \end{bmatrix} - \sum_{r=n}^{b}\Delta x(r)\begin{bmatrix} 1-\alpha \\ r-n \end{bmatrix}$$

定理 5.7 如果 $\alpha > 0, \beta > 0$,那么

$$_n\Delta_b^{-\alpha}[_n\nabla_b^{-\beta} f(n)] = {}_n\Delta_b^{-(\alpha+\beta)} f(n)$$

证明 由该类分数和分的定义及卷积性质,可得

$$_n\Delta_b^{-\alpha}[_n\Delta_n^{-\beta} x(n)] = \sum_{r=n}^{b}\begin{bmatrix} \alpha \\ r-n \end{bmatrix}[_n\Delta_b^{-\beta} x(n)]$$
$$= \sum_{r=n}^{b}\begin{bmatrix} \alpha \\ r-n \end{bmatrix}\sum_{s=r}^{b}\begin{bmatrix} \beta \\ s-r \end{bmatrix} x(s)$$
$$= \sum_{s=n}^{b}\sum_{r=n}^{s}\begin{bmatrix} \alpha \\ r-n \end{bmatrix}\begin{bmatrix} \beta \\ s-r \end{bmatrix} x(s)$$
$$= \sum_{s=n}^{b} x(s)\sum_{r=0}^{s-n}\begin{bmatrix} \alpha \\ r \end{bmatrix}\begin{bmatrix} \beta \\ s-n-r \end{bmatrix}$$
$$= \sum_{s=n}^{b} x(s)\begin{bmatrix} \alpha \\ s-n \end{bmatrix} * \begin{bmatrix} \beta \\ s-n \end{bmatrix}$$
$$= \sum_{s=n}^{b}\begin{bmatrix} \alpha+\beta \\ s-n \end{bmatrix} x(s)$$
$$= {}_n\Delta_b^{\alpha+\beta} x(n)$$

类似于 §4,我们还可得到许多相似的性质,例如下面的定理.

定理 5.8
$$_n\Delta_b^\beta[_n\Delta_b^{-\alpha}f(n)] = {_n\Delta_b^{\beta-\alpha}}f(n)$$

特别地
$$\Delta^k[_n\Delta_b^{-\alpha}f(n)] = (-1)^k{_n\Delta_b^{k-\alpha}}f(n)$$

定理 5.9
$$_n\Delta_b^{-\alpha}[_n\Delta_b^\alpha f(n)]$$
$$= f(n) - \sum_{j=1}^{[\alpha]}(-1)^{[\alpha]-j}[_n\Delta_b^{[\alpha]-j}]f(b+1)\begin{bmatrix}\alpha-j+1\\b-n\end{bmatrix}$$

其他定理. 这里就不详细一一加以证明了.

§6 Caputo 分数差分及简单性质

在 §4 和 §5 的许多公式中,都出现了分数阶差分的初值,将来在求解分数差分方程,对分数阶差分实行 Z 变换时,也会出现分数阶差分的初值,但这在应用中较难找到实际背景. 为解决这个问题,本节定义一种 Caputo 分数阶差分. 在这种定义下,各种公式中将不会再出现诸如分数阶差分的初值这个稍欠实际背景的棘手问题.

定义 6.1 设 $0 \leqslant m-1 \leqslant \alpha < m$, 即 $m = [\alpha] + 1$, 定义 α 阶 Caputo 分数差分为
$$^C_a\nabla^\alpha_y(n) \triangleq {_a\nabla^{-m+\alpha}}[\nabla^m f(n)]$$
$$^C_n\Delta^\alpha_b y(n) \triangleq (-1)^m[_n\Delta_b^{-m+\alpha}][\Delta^m f(n)]$$

利用定理 4.5, 5.5, 可以证明下面等价的一个定义.

定义 6.2 α 阶 Caputo 分数差分也可以定义为
$$^C_a\nabla^\alpha_n y(n) = {_a\nabla^\alpha_n}\left\{y(n) - \sum_{k=0}^{[\alpha]}\nabla^k f(a-1)\begin{bmatrix}k+1\\n-a\end{bmatrix}\right\}$$
$$^C_n\Delta^\alpha_b y(n) = {_n\Delta^\alpha_b}\left\{y(n) - \sum_{k=0}^{[\alpha]}\nabla^k f(b+1)\begin{bmatrix}k+1\\b-n\end{bmatrix}\right\}$$

证明 (1) 如果 $0 \leq m-1 \leq \alpha < m$, 即 $m = [\alpha]+1$, 那么由定理 4.5 有

$$_a\nabla_n^\alpha y(n)$$

$$= \sum_{j=1}^{m-1} \nabla^j f(a-1) \begin{bmatrix} j+1-\alpha \\ n-a \end{bmatrix} + \sum_{r=a}^{n} \begin{bmatrix} m-\alpha \\ n-r \end{bmatrix} \nabla^m f(r)$$

$$= \sum_{j=1}^{m-1} \nabla^j f(a-1) \begin{bmatrix} j+1-\alpha \\ n-a \end{bmatrix} +_a\nabla_n^{-m+\alpha}[\nabla^m f(n)]$$

即

$$_a\nabla_n^{-m+\alpha}[\nabla^m f(n)] =_a\nabla_n^\alpha \left\{ y(n) - \sum_{j=1}^{m-1} \nabla^j f(a-1) \begin{bmatrix} j+1 \\ n-a \end{bmatrix} \right\}$$

因此

$$_a^C\nabla_n^\alpha y(n) =_a\nabla_n^\alpha \left\{ y(n) - \sum_{k=1}^{[\alpha]} \nabla^k f(a-1) \begin{bmatrix} k+1 \\ n-a \end{bmatrix} \right\}$$

(2) 同样地, 由定理 5.5 有

$$_n\Delta_b^\alpha x(n)$$

$$= \sum_{k=0}^{[\alpha]} (-1)^k \nabla^k x(b+1) \begin{bmatrix} k+1-\alpha \\ b-n \end{bmatrix} +$$

$$(-1)^{[\alpha]+1} \sum_{r=n}^{b} \Delta^{[\alpha]+1} x(r) \begin{bmatrix} [\alpha]+1-\alpha \\ r-n \end{bmatrix}$$

$$= \sum_{k=0}^{[\alpha]} (-1)^k \nabla^k x(b+1) \begin{bmatrix} k+1-\alpha \\ b-n \end{bmatrix} +$$

$$(-1)^m \sum_{r=n}^{b} \Delta^m x(r) \begin{bmatrix} m-\alpha \\ r-n \end{bmatrix}$$

即

$$(-1)^m[_n\Delta_b^{m-\alpha}][\Delta^m x(n)]$$

$$=_n\Delta_b^\alpha x(n) - \sum_{k=0}^{[\alpha]} (-1)^k \nabla^k x(b+1) \begin{bmatrix} k+1-\alpha \\ b-n \end{bmatrix}$$

因此

$$_n^C\Delta_b^\alpha y(n) =_n\Delta_b^\alpha \left\{ y(n) - \sum_{k=1}^{[\alpha]} \nabla^k f(b+1) \begin{bmatrix} k+1 \\ b-n \end{bmatrix} \right\}$$

类似地有下面一些性质.

定理 6.3 假设 $\alpha > 0, \beta > 0$, 那么

$$ {}_a^C\nabla_n^\alpha \begin{bmatrix} \beta \\ n-a \end{bmatrix} = \begin{bmatrix} \beta - \alpha \\ n-a \end{bmatrix} $$

$$ {}_n^C\Delta_b^\alpha \begin{bmatrix} \beta \\ b-n \end{bmatrix} = \begin{bmatrix} \beta - \alpha \\ b-n \end{bmatrix} $$

且

$$ {}_a^C\Delta_n^\alpha \begin{bmatrix} k+1 \\ n-a \end{bmatrix} = 0 $$

$$ {}_n^C\nabla_b^\alpha \begin{bmatrix} k+1 \\ b-n \end{bmatrix} = 0 \quad (k = 0, 1, \cdots, [\alpha] - 1) $$

特别地

$$ {}_a^C\nabla_n^\alpha 1 = 0, \quad {}_n^C\Delta_b^\alpha 1 = 0 $$

定理 6.4 假设 $\alpha > 0$,那么

$$ {}_a^C\nabla_n^\alpha [{}_a^C\nabla_n^{-\alpha} y(n)] = y(n) $$
$$ {}_n^C\Delta_b^\alpha [{}_n^C\Delta_b^{-\alpha} y(n)] = y(n) $$

定理 6.5 假设 $\alpha > 0$,那么

$$ {}_a\nabla_n^{-\alpha} [{}_a^C\nabla_n^\alpha y(n)] = y(n) - \sum_{k=1}^{[\alpha]} \nabla^k f(a-1) \begin{bmatrix} k+1 \\ n-a \end{bmatrix} $$

$$ {}_n\Delta_b^{-\alpha} [{}_n^C\Delta_b^\alpha y(n)] = y(n) - \sum_{k=1}^{[\alpha]} \nabla^k f(b+1) \begin{bmatrix} k+1 \\ b-n \end{bmatrix} $$

证明 令 $m = [\alpha] + 1$,那么

$$ {}_a\nabla_n^{-\alpha}[{}_a^C\nabla_n^\alpha y(n)] = {}_a\nabla_n^{-\alpha}[{}_a\nabla_n^{\alpha-m}\nabla^m y(n)] $$
$$ = {}_a\nabla_n^{-m}\nabla^m y(n) $$

$$ {}_n\Delta_b^{-\alpha}[{}_n^C\Delta_b^\alpha y(n)] = {}_n\Delta_b^{-\alpha}[{}_n\Delta_b^{\alpha-m}\Delta^m y(n)] $$
$$ = {}_n\Delta_b^{-m}\Delta^m y(n) $$

然后利用定理 4.9, 5.9,就完成了定理 6.5 的证明.

我们还可得到比定理 6.5 更一般些的结论.

定理 6.6 让 $p, q > 0$,那么:

$(1)\; {}_a\nabla_n^{-p}({}_a^C\nabla_n^q)f(n) = {}_a\nabla_n^{q-p}f(n) - \sum_{j=0}^{l-1} \nabla^{(j)} f(a-1) \begin{bmatrix} p-j \\ n-a \end{bmatrix}.$

$(2)\; {}_n\Delta_b^{-p}({}_n^C\Delta_b^q)f(n) = {}_n\Delta_b^{q-p}f(n) - \sum_{j=0}^{l-1} \nabla^{(j)} f(b+1)$

$$\begin{bmatrix} p-j \\ b-n \end{bmatrix}.$$

这里 $l-1 \leqslant q < l$ 和 $q \leqslant p$.

证明 （1）由 Caputo 分数差分的定义和一些相关性质,可得

$$\begin{aligned}
&{}_a\nabla_n^{-p}({}_a^C\nabla_n^q)f(n) \\
&= {}_a\nabla_n^{-p}({}_a\nabla_n^{q-l})\nabla^{(l)}f(n) \\
&= {}_{n_0}\nabla_n^{-p+q}[{}_a\nabla_n^{-q}({}_a\nabla_n^{q-l})\nabla^{(l)}f(n)] \\
&= {}_{n_0}\nabla_n^{-p+q}[{}_a\nabla_l^{-l}(n)\nabla^{(l)}f(n)] \\
&= {}_{n_0}\nabla_n^{-p+q}[f(n) - \sum_{j=0}^{l-1}\nabla^{(j)}f(a-1)]\begin{bmatrix} j \\ n-a \end{bmatrix} \\
&= {}_{n_0}\nabla_n^{q-p}f(n) - \sum_{j=0}^{l-1}\nabla^{(j)}f(a-1)\begin{bmatrix} j-q+p \\ n-a \end{bmatrix}
\end{aligned}$$

容易看出,如果 $q = p$,那么有

$${}_a\nabla_n^{-p}({}_a^C\nabla_n^p)f(n) = f(n) - \sum_{j=0}^{l-1}\nabla^{(j)}f(a-1)\begin{bmatrix} j \\ n-a \end{bmatrix}$$

（2）同理可证.

在 Caputo 分数差分的定义中,如果 α 取值为整数,例如 $\alpha = m$,那么我们将之理解为

$${}_{n_0}^C\nabla_n^m f(n) \triangleq \lim_{\alpha \to m}[{}_{n_0}^C\nabla_n^\alpha]f(n)$$

这时我们有下面的定理.

定理 6.7 设 m 为正整数,那以

$${}_{n_0}^C\nabla_n^m f(n) = \nabla^m f(n)$$

证明 由 Caputo 分数差分定义,已知

$$\begin{aligned}
{}_{n_0}^C\nabla_n^\alpha f(n) &\triangleq {}_{n_0}\nabla^{(\alpha-m)}\nabla^{(m)}f(n) \\
&\triangleq \sum_{r=n_0}^{n}\begin{bmatrix} m-\alpha \\ n-r \end{bmatrix}\nabla^{(m)}f(r)
\end{aligned}$$

这里 $0 \leqslant m-1 \leqslant \alpha < m$.

然后利用前面黎曼－刘维尔型分数差分的性质,我们有

$$\lim_{\alpha \to m}[{}_{n_0}^C\nabla_n^\alpha]f(n) = \nabla^{(m)}f(n)$$

现在来比较一下黎曼－刘维尔分数差分与

Caputo 分数差分的不同.

对于常数 C 的黎曼 – 刘维尔型分数差分,有
$$\nabla^\alpha C = C \ \nabla^\alpha \begin{bmatrix} 1 \\ n \end{bmatrix} = C \begin{bmatrix} 1-\alpha \\ n \end{bmatrix}$$

即常数的黎曼 – 刘维尔型分数差分不为 0. 但对于 Caputo 型差分则为 0.

还有性质
$$_{-\infty}\nabla_n^\alpha f(n) = {}_{-\infty}^{C}\nabla_n^\alpha f(n) = \sum_{r=-\infty}^{n} \begin{bmatrix} m-\alpha \\ n-r \end{bmatrix} \nabla^{(m)} f(r)$$

这里 $m - 1 \leqslant \alpha < m$.

定理 6.8 对于 Caputo 型差分(或简称 C 型差分),我们有
$$_{n_0}^{C}\nabla_m^\alpha [{}_{n_0}^{C}\nabla_n^m f(n)] = {}_{n_0}^{C}\nabla_n^{\alpha+m} f(n)$$
$$(m = 0,1,2,\cdots; l-1 < \alpha < l)$$

对于黎曼 – 刘维尔分数差分(或简称 R – L 型差分),则有
$$_{n_0}\nabla_n^m [{}_{n_0}\nabla_n^\alpha f(n)] = {}_{n_0}\nabla_n^{\alpha+m} f(n)$$
$$(m = 0,1,2,\cdots; l-1 < \alpha < l)$$

定理 6.9 在条件
$$\nabla^s f(-1) = 0 \quad (s = l, l+1, \cdots, m)$$
下,Caputo 分数差分算子可以交换
$$_{n_0}^{C}\nabla_m^\alpha [{}_{n_0}^{C}\nabla_n^m f(n)] = {}_{n_0}^{C}\nabla_n^m [{}_{n_0}^{C}\nabla_n^\alpha f(n)]$$
$$= {}_{n_0}^{C}\nabla_n^{\alpha+m} f(n)$$

定理 6.10 在条件
$$\nabla^s f(-1) = 0 \quad (s = 0, 1, \cdots, m)$$
下,黎曼 – 刘维尔分数差分可以交换
$$_{n_0}\nabla_m^\alpha [{}_{n_0}\nabla_n^m f(n)] = {}_{n_0}\nabla_n^m [{}_{n_0}\nabla_n^\alpha f(n)] = {}_{n_0}\nabla_n^{\alpha+m} f(n)$$

可见,与黎曼 – 刘维尔型差分不同,在 C 型差分的情况下,对
$$\nabla^s f(-1) = 0 \quad (s = 0, 1, \cdots, l-1)$$
没有限制.

§7 分数阶差分算子的莱布尼兹公式

在通常的整数阶向后差分方程中,有一个十分著名的莱布尼兹法则.

定理 7.1 假定 m 是正整数,那么对于函数 $f(n)$ 与 $g(n)$ 有

$$\nabla^m[f(n)g(n)] = \sum_{l=0}^{n} \binom{m}{l} \nabla^l g(n) \nabla^{m-l} f(n-l)$$

(7.1)

这个定理的证明可以在任何一本有关常差分方程的理论著作中找到.

前面我们已经提出了分数阶差分、分数阶和分的基本概念,还给出了许多相关性质定理. 我们自然会提出这个问题:对于分数阶差分甚至分数阶和分,能建立类似的莱布尼兹法则吗? 本节内容就是要研究解决这个问题.

定义 7.2 假设 x 是一个关于 n 的函数,则用算子 I

$$Ix(n) = x(n)$$

表示恒等算子. 称算子 $\tilde{E}$

$$\tilde{E}x(n) = x(n-1)$$

为向后位移算子,$\tilde{E}x(n)$ 表示的是 $x(n)$ 在 n 处的向后位. 定义

$$\tilde{E}^k x(n) \triangleq \tilde{E}[\tilde{E}^{k-1} x(n)]$$

这里 k 为正整数.

7.1 几个引理

向后差分算子、向后位移算子与恒等算子之间有一个简明的关系:

引理 7.3 对于算子 $\nabla, \tilde{E}$ 和 I,成立恒等式

$$\tilde{E}x(n) = (I - \nabla)x(n)$$

证明 直接由定义 7.2 得

$$(I - \nabla)x(n) = Ix(n) - \nabla x(n)$$
$$= x(n) - [x(n) - x(n-1)]$$
$$= x(n-1) = \tilde{E}x(n)$$

证毕.

对函数先进行分数阶和分再进行任意正整数次位移运算,与先进行相应的位移运算再进行分数阶和分运算,其结果是一样的,即下面的引理.

引理 7.4 对任意正整数 k,及实数 $v > 0$ 有
$$\tilde{E}^k \nabla^{-v} x(n) = \nabla^{-v} \tilde{E}^k x(n) = \nabla^{-v} x(n-k) \tag{7.2}$$

证明 用数学归纳法,首先当 $k = 1$ 时
$$\tilde{E} \nabla^{-v} x(n) = \tilde{E}\left[\sum_{r=0}^{n} \begin{bmatrix} v \\ n-r \end{bmatrix} x(r)\right]$$
$$= \sum_{r=0}^{n-1} \begin{bmatrix} v \\ n-1-r \end{bmatrix} x(r)$$
$$= \nabla^{-v} x(n-1)$$

显然当 $k = 1$ 时,式(7.2)成立. 假设当 $k = K - 1$ 时,式(7.2)也成立,则当 $k = K$ 时,有
$$\tilde{E}^K \nabla^{-v} x(n) = \tilde{E}[\tilde{E}^{K-1} \nabla^{-v} x(n)]$$
$$= \tilde{E}[\nabla^{-v} x(n - K + 1)]$$
$$= \nabla^{-v} x(n - K)$$

引理得证.

引理 7.5 对于正整数 $r(r < n)$,有
$$g(r) = g(n) + \sum_{k=1}^{n-r} (-1)^k \binom{n-r}{k} \nabla^k g(n) \tag{7.3}$$

这里 $\binom{n-r}{k}$ 是通常的二项式系数符号.

证明 对于正整数 $r(r < n)$,由定义 7.2、引理 7.3 和二项式定理,得到
$$g(r) = \tilde{E}^{n-r} g(n) = (I - \nabla)^{n-r} g(n)$$
$$= g(n) + \sum_{k=1}^{n-r} (-1)^r \binom{n-r}{k} \nabla^k g(n)$$

引理 7.6 对于任意正实数 v：正整数 k,n,r 且 $n > r$，有

$$(-1)^k \begin{bmatrix} v \\ n-r \end{bmatrix} \binom{n-r}{k} = \binom{-v}{k} \begin{bmatrix} v+k \\ n-r-k \end{bmatrix} \tag{7.4}$$

证明 直接计算得

$$(-1)^k \begin{bmatrix} v \\ n-r \end{bmatrix} \binom{n-r}{k}$$

$$= (-1)^k \frac{v(v+1)\cdots(v+n-r+1)}{(n-r)!} \cdot \frac{(n-r)!}{k!(n-r-k)!}$$

$$= (-1)^k \frac{v(v+1)\cdots(v+k-1)}{k!} \cdot \frac{(v+k)(v+k+1)\cdots(v+n-r-1)}{(n-r-k)!}$$

$$= \binom{-v}{k} \begin{bmatrix} v+k \\ n-r-k \end{bmatrix}$$

7.2 莱布尼兹公式的推导

在推导分数阶差分的莱布尼兹公式之前，我们证明分数阶和分下的莱布尼兹公式：

定理 7.7 设实数 $v > 0$，则有

$$\nabla^{-v}[f(n)g(n)] = \sum_{k=0}^{n} \binom{-v}{k} \nabla^k g(n) \nabla^{-v-k} f(n-k) \tag{7.5}$$

证明 由分数阶和分的定义，有

$$\nabla^{-v}[f(n)g(n)] = \sum_{r=0}^{n} \begin{bmatrix} v \\ n-r \end{bmatrix} f(r)g(r)$$

将引理 7.5 的式 (7.3) 代入上式，得

$$\nabla^{-v}[f(n)g(n)]$$

$$= \sum_{r=0}^{n} \begin{bmatrix} v \\ n-r \end{bmatrix} f(r) \Big[g(n) +$$

$$\sum_{k=1}^{n-r} (-1)^k \binom{n-r}{k} \nabla^k g(n) \Big]$$

$$= g(n) \sum_{r=0}^{n} \begin{bmatrix} v \\ n-r \end{bmatrix} f(r) +$$

$$\sum_{r=0}^{n} \begin{bmatrix} v \\ n-r \end{bmatrix} f(r) \sum_{k=1}^{n-r} (-1)^k \binom{n-r}{k} \nabla^k g(n)$$

$$= g(n) \sum_{r=0}^{n} \begin{bmatrix} v \\ n-r \end{bmatrix} f(r) +$$

$$\sum_{k=1}^{n} \sum_{r=0}^{n-k} (-1)^k \begin{bmatrix} v \\ n-r \end{bmatrix} \binom{n-r}{k} \nabla^k g(n) f(r)$$

将引理7.6的式(7.4)代入,得

$$\nabla^{-v}[f(n)g(n)]$$

$$= g(n) \sum_{r=0}^{n} \begin{bmatrix} v \\ n-r \end{bmatrix} f(r) +$$

$$\sum_{k=1}^{n} \sum_{r=0}^{n-k} \binom{-v}{k} \begin{bmatrix} v+k \\ n-r-k \end{bmatrix} \nabla^k g(n) f(r)$$

$$= g(n) \sum_{r=0}^{n} \begin{bmatrix} v \\ n-r \end{bmatrix} f(r) +$$

$$\sum_{k=1}^{n} \binom{-v}{k} \nabla^k g(n) \sum_{r=0}^{n-k} \begin{bmatrix} v+k \\ n-r-k \end{bmatrix} f(r)$$

$$= g(n) \sum_{r=0}^{n} \begin{bmatrix} v \\ n-r \end{bmatrix} f(r) +$$

$$\sum_{k=1}^{n} \binom{-v}{k} \nabla^k g(n) \widetilde{E}^k \nabla^{-v-k} f(n)$$

$$= \sum_{k=0}^{n} \binom{-v}{k} \nabla^k g(n) \widetilde{E}^k \nabla^{-v-k} f(n)$$

$$= \sum_{k=0}^{n} \binom{-v}{k} \nabla^k g(n) \nabla^{-v-k} f(n-k)$$

定理7.7由此证毕.

特别地,在定理7.7中,我们令$f(n) = 1$,则有

$$\nabla^{-v}[g(n)] = \sum_{k=0}^{n} \binom{-v}{k} \nabla^k g(n) \widetilde{E}^k \nabla^{-v-k} \begin{bmatrix} 0 \\ n \end{bmatrix}$$

$$= \sum_{k=0}^{n} \binom{-v}{k} \nabla^k g(n) \widetilde{E}^k \begin{bmatrix} v+k \\ n \end{bmatrix}$$

$$= \sum_{k=0}^{n} \binom{-v}{k} \nabla^k g(n) \begin{bmatrix} v+k \\ n-k \end{bmatrix}$$

推论7.8 设 v 为任意正实数,那么

$$\nabla^{-v}[g(n)] = \sum_{k=0}^{n} \binom{-v}{k} [\nabla^k g(n)] \begin{bmatrix} v+k \\ n-k \end{bmatrix}$$

令 $[\alpha]$ 为小于 α 的最大整数,且记 $\{\alpha\} = \alpha - [\alpha]$,例如,$[3.5] = 3, \{3.5\} = 3.5 - 3 = 0.5$. 下面要证明,其实推论7.8对分数差分也成立.

定理7.9 设 α 为任意实数,则

$$\nabla^{\alpha}[g(n)] = \sum_{j=0}^{n} \binom{\alpha}{j} \begin{bmatrix} j-\alpha \\ n-j \end{bmatrix} [\nabla^j g(n)]$$

证明 若 α 为负实数,则就是推论7.8. 故不妨设 α 为正实数,由于 $\{\alpha\} - 1 < 0$,由分数差分的定义以及推论7.8,可得

$\nabla^{\alpha}[g(n)]$

$= \nabla^{[\alpha]+1} \nabla^{\{\alpha\}-1}[g(n)]$

$= \nabla^{[\alpha]+1} \sum_{k=0}^{n} \binom{\{\alpha\}-1}{k} [\nabla^k g(n)] \begin{bmatrix} 1-\{\alpha\}+k \\ n-k \end{bmatrix}$

$= \sum_{k=0}^{n} \binom{\{\alpha\}-1}{k} \nabla^{[\alpha]+1} [\nabla^k g(n)] \begin{bmatrix} 1-\{\alpha\}+k \\ n-k \end{bmatrix}$

$= \sum_{k=0}^{n} \binom{\{\alpha\}-1}{k} \sum_{l=0}^{[\alpha]+1} \binom{[\alpha]-1}{l} \cdot$

$[\nabla^{k+l}g(n)] \widetilde{E}^l \nabla^{[\alpha]+1-l} \begin{bmatrix} 1-\{\alpha\}+k \\ n-k \end{bmatrix}$

$= \sum_{k=0}^{n} \sum_{l=0}^{[\alpha]+1} \binom{\{\alpha\}-1}{k} \binom{[\alpha]+1}{l} [\nabla^{k+l}g(n)]$

$\begin{bmatrix} -\alpha+k+l \\ n-k-l \end{bmatrix}$

令 $j = k+l, k \leqslant j \leqslant n$,上式改写为

$\nabla^{\alpha}[g(n)]$

$= \sum_{k=0}^{n} \sum_{j=k}^{n} \binom{\{\alpha\}-1}{k} \binom{[\alpha]+1}{j-k} \begin{bmatrix} j-\alpha \\ n-j \end{bmatrix} [\nabla^j g(n)]$

$$= \sum_{j=0}^{n}\sum_{k=0}^{j}\binom{\{\alpha\}-1}{k}\binom{[\alpha]+1}{j-k}\begin{bmatrix}j-\alpha\\n-j\end{bmatrix}[\nabla^j g(n)]$$

$$= \sum_{j=0}^{n}\binom{\alpha}{j}\begin{bmatrix}j-\alpha\\n-j\end{bmatrix}[\nabla^j g(n)]$$

最后一个等式成立用到恒等式

$$\sum_{k=0}^{j}\binom{\{\alpha\}-1}{k}\binom{[\alpha]+1}{j-k}=\binom{\alpha}{j}$$

接下来要建立分数阶差分的莱布尼兹法则，即要证明定理 7.7 对于任意的 $-v>0$ 也成立.

定理 7.10 设 α 为任意实数，则有

$$\nabla^\alpha[f(n)g(n)] = \sum_{l=0}^{n}\binom{\alpha}{l}\nabla^l g(n)[\nabla^{\alpha-l}f(n-l)]$$

$$= \sum_{l=0}^{n}\binom{\alpha}{l}\nabla^l g(n)\bar{E}^l[\nabla^{\alpha-l}f(n)]$$

证明 若 α 为负实数，则就是定理 7.7，故不妨设 α 为正实数. 我们还规定 $\binom{\alpha}{-n}=0$ (n 为正整数).

利用定理 7.9 和定理 7.1，可得

$$\nabla^\alpha[f(n)g(n)]$$

$$= \sum_{k=0}^{n}\binom{\alpha}{k}\begin{bmatrix}k-\alpha\\n-k\end{bmatrix}\nabla^k(f(n)g(n))$$

$$= \sum_{k=0}^{n}\binom{\alpha}{k}\begin{bmatrix}k-\alpha\\n-k\end{bmatrix}\sum_{l=0}^{k}\binom{k}{l}\nabla^l g(n)\bar{E}^l[\nabla^{k-l}f(n)]$$

$$= \sum_{l=0}^{n}\sum_{k=l}^{n}\binom{\alpha}{k}\binom{k}{l}\begin{bmatrix}k-\alpha\\n-k\end{bmatrix}\nabla^l g(n)\bar{E}^l[\nabla^{k-l}f(n)]$$

$$= \sum_{l=0}^{n}\sum_{j=0}^{n-l}\binom{\alpha}{j+l}\binom{j+l}{l}\begin{bmatrix}j+l-\alpha\\n-j-l\end{bmatrix}\nabla^l g(n)\bar{E}^l[\nabla^j f(n)]$$

又因为直接计算可得公式

$$\binom{\alpha}{j+l}\binom{j+l}{l}=\binom{\alpha}{l}\binom{\alpha-l}{j} \qquad (7.6)$$

所以再由式(7.6)得到

$$\nabla^\alpha[f(n)g(n)]$$

$$= \sum_{l=0}^{n} \binom{\alpha}{l} \nabla^l g(n) \sum_{j=0}^{n-l} \binom{a-l}{j} \begin{bmatrix} j+l-\alpha \\ n-j-l \end{bmatrix} \bar{E}^l [\nabla^j f(n)]$$

$$= \sum_{l=0}^{n} \binom{\alpha}{l} \nabla^l g(n) \bar{E}^l [\nabla^{\alpha-l} f(n)]$$

$$= \sum_{l=0}^{n} \binom{\alpha}{l} \nabla^l g(n) [\nabla^{\alpha-l} f(n-l)]$$

上面倒数第二个等式成立用到公式

$$\nabla^{\alpha-l} f(n-l) = \sum_{j=0}^{n-l} \binom{a-l}{j} \begin{bmatrix} j-n+l \\ n-l-j \end{bmatrix} \nabla^j f(n-l)$$

这样我们就得到分数阶差分的莱布尼兹公式的证明.

注 7.1 当 α 为正整数时,则定理 7.10 就退化为定理 7.1,即广为熟知的整数阶向后差分的莱布尼兹法则.

下面我们来看看分数阶和差分下的莱布尼兹公式的应用.

例 7.1 α 为任意实数,证明

$$\nabla^\alpha [(n+1)f(n)] = (n+1) \nabla^\alpha f(n) + \alpha \nabla^{(\alpha-1)} f(n-1)$$

证明 令 $g(n) = n+1$,则

$$\nabla^1 g(n) = 1, \nabla^k g(n) = 0 (k \geq 2)$$

因此,利用定理 7.7,得

$$\nabla^\alpha [(n+1)f(n)]$$

$$= \sum_{l=0}^{n} \binom{\alpha}{l} \nabla^l g(n) \nabla^{\alpha-l} f(n-l)$$

$$= \binom{\alpha}{0} \nabla^0 g(n) \nabla^{(\alpha-0)} f(n) +$$

$$\binom{\alpha}{1} \nabla^1 g(n) \nabla^{(\alpha-1)} f(n-1)$$

$$= (n+1) \nabla^\alpha f(n) + \alpha \nabla^{(\alpha-1)} f(n-1)$$

7.3 多函数分数阶差分及和分的莱布尼兹公式

在 7.3 节得到两个函数的分数阶差分及和分的莱布尼兹公式为

$$\nabla^\alpha [f(n)g(n)] = \sum_{l=0}^{n} \binom{\alpha}{l} \nabla^l f(n) \bar{E}^l (\nabla^{\alpha-l} g(n))$$

($\alpha \in \mathbf{R}$)

利用上面公式还能得到三个函数分数差分及和分的莱布尼兹公式.

定理 7.11 设 α 为实数,那么

$$\nabla^\alpha [f(n)g(n)h(n)]$$
$$= \sum_{l=0}^{n} \sum_{r \geq 0, k \geq 0}^{r+k=l} \frac{\Gamma(\alpha+1)}{k!\, r!\, (\Gamma(\alpha-k-r+1))}$$
$$\nabla^k f(n)\, \nabla^r g(n-k) \cdot \nabla^{\alpha-k-r} h(n-r-k)$$

证明 我们有

$$\nabla^\alpha [f(n)g(n)h(n)]$$
$$= \sum_{l=0}^{n} \binom{\alpha}{l} \nabla^l [f(n)g(n)] \widetilde{E}^l(\nabla^{\alpha-l} h(n))$$
$$= \sum_{l=0}^{n} \binom{\alpha}{l} \sum_{k=0}^{l} \binom{l}{k} \nabla^k f(n) \widetilde{E}^k(\nabla^{l-k} g(n)) \widetilde{E}^l(\nabla^{\alpha-l} h(n))$$
$$= \sum_{l=0}^{n} \sum_{k=0}^{l} \binom{\alpha}{l}\binom{l}{k} \nabla^k f(n) \widetilde{E}^k(\nabla^{l-k} g(n)) \widetilde{E}^l(\nabla^{\alpha-l} h(n))$$
$$= \sum_{l=0}^{n} \sum_{k=0}^{l} \frac{\Gamma(\alpha+1)}{k!\, (l-k)!\, \Gamma(\alpha-l+1)} \cdot$$
$$\nabla^k f(n) \widetilde{E}^k(\nabla^{l-k} g(n)) \widetilde{E}^l(\nabla^{\alpha-l} h(n))$$
$$= \sum_{l=0}^{n} \sum_{r \geq 0, k \geq 0}^{r+k=l} \frac{\Gamma(\alpha+1)}{k!\, r!\, \Gamma(\alpha-k-r+1)} \cdot$$
$$\nabla^k f(n)\, \nabla^r g(n-k)\, \nabla^{\alpha-k-r} h(n-r-k)$$

类似可推导出 m 个函数的分数阶差分及和分的莱布尼兹法则,用数学归纳法不难得到下面的定理.

定理 7.12 设 α 为实数,那么

$$\nabla^\alpha [f_1(n)f_2(n)\cdots f_m(n)]$$
$$= \sum_{k=0}^{n} \sum_{r_1,r_2,\cdots,r_{m-1} \geq 0}^{r_1+\cdots+r_{m-1}=k} \frac{\Gamma(\alpha+1)}{r_1!\, r_2!\, \cdots r_{m-1}!\, \Gamma(\alpha-r_1-r_2-\cdots-r_{m-1}+1)} \cdot$$
$$\nabla^{r_1} f_1(n)\, \nabla^{r_2} f_2(n-r_1) \cdots \nabla^{r_i} f_i(n-r_1-\cdots-r_{i-1}) \cdots \cdot$$
$$\nabla^{r_{m-1}} f_{m-1}(n-r_1-\cdots-r_{m-2}) \cdot$$
$$\nabla^{\alpha-r_1-r_2-\cdots-r_{m-1}} f_m(n-r_1-r_2-\cdots-r_{m-1})$$

本书是讲分数阶微积分的应用,而微分又是差分的推广,所以了解一下分数阶差分的应用是很有裨益的.

笔者长年订阅《数学的实践与认识》,在刚收到的一期(2020年1月第50卷第2期)中恰有一篇名为"两类基于向前差分的分数阶差分方程的解的存在唯一性"的文章是西京学院理学院的李小敏教授所撰写的:

> 主要研究了黎曼–刘维尔型和Caputo型分数阶差分方程解的存在唯一性.结合分数阶差分方程已有的研究理论,以向前差分为出发点,参考已有的向后差分的研究方法及相关的结论,推导出适用于向前差分方程的结论,运用相关结论及两个特殊函数的收敛性,证明了两类分数阶差分方程解的存在唯一性.
>
> 向后差分是就想要得到的目标状态推算出当前状态,而向前差分可以由目前状态推算出未来的目标状态.然而,迄今已有一系列以向后差分为出发点分数阶差分方程理论的专著问世,而鲜见以向前差分为出发点的分数阶差分方程理论.经过推导总结,得出了以向前差分为出发点的两类分数阶差分方程解的存在唯一性.
>
> **1. 向后差分与积分**
>
> **定义1** 设$n \in \mathbf{N}_+$,称$\nabla x(n) = x(n) - x(n-1)$为$x(n)$一阶向后差分,定义$\nabla^k x(n) = \nabla \nabla^{(k-1)} x(n)$为$x(n)$的$k$阶向后差分,这里$k$为正整数.
>
> **定义2** 设$n \in \mathbf{N}_+$,称$\nabla^{-1} x(n) = \sum_{i=0}^{n} x(i)$为$x(n)$一阶向后和分,定义$\nabla^{-k} x(n) = \nabla^{-1} \nabla^{-(k-1)} x(n)$为$x(n)$的$k$阶向后和分,这里$k$为正整数.
>
> **定义3** 设$n \in \mathbf{N}_+, x \in \mathbf{R}$,定义$(x)^{(n)} = x(x+1)(x+2)\cdots(x+n-1)$为上升阶函数.由定义1和定义2易得
>
> $$\nabla \nabla^{-1} x(n) = \nabla(\sum_{i=0}^{n} x(i)) = \sum_{i=0}^{n} x(i) - \sum_{i=0}^{n-1} x(i)$$

$$= x(n) = \nabla^0 x(n)$$

性质 1 当 $k_1 \in \mathbf{N}_+, k_2 \in \mathbf{Z}$ 时,$\nabla^{k_1}\nabla^{k_1}x(n) = \nabla^{k_1+k_2}x(n)$ 成立.

定义 4 设 m, n 为正整数,则 $x(n)$ 的 m 阶向后和分为

$$\nabla^{-m}x(n) = \sum_{i=0}^{n} \frac{(n-i+1)^{(m-1)}}{(m-1)!}x(i)$$
$$= \sum_{i=0}^{n} \frac{m^{(n-i)}}{(n-i)!}x(i)$$

定义 5 令 $m = [\alpha] + 1$,则 $x(n)$ 的 α 阶差分可定义为

$$\nabla^{\alpha}x(n) = \nabla^m \nabla^{-(m-\alpha)}$$

2. 向前差分与和分

定义 6 设 $n \in \mathbf{N}_+$,称 $\Delta x(n) = x(n+1) - x(n)$ 为 $x(n)$ 一阶向前差分,定义 $\Delta^k x(n) = \Delta\Delta^{(k-1)}x(n)$ 为 $x(n)$ 的 k 阶向前差分,这里 k 为正整数.

定义 7 设 $n \in \mathbf{N}_+$,称 $\Delta^{-1}f(n) = \sum_{i=n}^{\infty}f(i)$ 为 $f(n)$ 一阶向前和分,当上限固定时,可得到上限固定的一阶向前和分为 ${}_n\Delta_b^{-1}f(n) = \sum_{i=n}^{b}f(i)$.

从而,相应的二阶和分为

$${}_n\Delta_b^{-2}f(n) = {}_n\Delta_b^{-1}[{}_n\Delta_b^{-1}f(n)] = \sum_{i=n}^{b}\sum_{j=i}^{b}f(j)$$
$$= \sum_{j=n}^{b}(j-n+1)f(j)$$

以及

$${}_n\Delta_b^{-3}f(n) = {}_n\Delta_b^{-1}[{}_n\Delta_b^{-2}f(n)] = \sum_{i=n}^{b}\sum_{j=i}^{b}(j-i+1)f(j)$$
$$= \frac{1}{2!}\sum_{j=n}^{b}(j-n+1)(j-n+2)f(j)$$

依次类推可得

$$_n\Delta_b^{-m}f(n) = \frac{1}{(m-1)!}\sum_{j=n}^{b}(j-n+1)(j-n+2)\cdots\cdot$$
$$(j-n+m-1)f(j)$$

故

$$_n\Delta_b^{-m}f(n) = \sum_{j=n}^{b}\frac{(j-n+1)^{(m-1)}}{(m-1)!}f(j)$$

$$\frac{(j-n+1)^{(m-1)}}{(m-1)!}$$

$$= \frac{(j-n+1)(j-n+2)\cdots(j-n+m-1)}{(m-1)!}$$

$$= \frac{(j-n+m-1)!}{(j-n)!(m-1)!}$$

$$= \frac{m(m+1)\cdots(m+j-n-1)}{(j-n)!}$$

$$= \frac{m^{(j-n)}}{(j-n)!}$$

定义 8 设 m,n 为正整数,则 $f(n)$ 的上限固定的 m 阶向前和分为

$$_n\Delta_b^{-m}f(n) = \sum_{j=n}^{b}\frac{(j-n+1)^{(m-1)}}{(m-1)!}f(j)$$

$$= \sum_{j=n}^{b}\frac{m^{(j-n)}}{(j-n)!}f(j)$$

特别地,当 $b \to \infty$ 时,有

$$\Delta^{-m}f(n) = \sum_{j=n}^{\infty}\frac{(j-n+1)^{(m-1)}}{(m-1)!}f(j)$$

$$= \sum_{j=n}^{\infty}\frac{m^{(j-n)}}{(j-n)!}f(j)$$

性质 2 当 $k_1 \in \mathbf{N}_+, k_2 \in \mathbf{Z}$ 时,有 $\Delta^{k_1}\Delta^{k_2}x(n) = \Delta^{k_1+k_2}x(n)$ 成立.

定义 9 设 b 为正整数,$\alpha > 0$,称

$$_n\Delta_b^{-\alpha}f(n) = \sum_{i=n}^{b}\frac{\alpha^{(i-n)}}{(i-n)!}f(i) \quad (b \geq n)$$

为上限固定的 α 阶分数和分.

定义 10 设 b 为正整数,$\alpha > 0$,$m = [\alpha] + 1$,称
$$_n\Delta_b^\alpha f(n) = (-\Delta)^m [_n\Delta_b^{-(m-\alpha)} f(n)] \quad (b \geqslant n)$$
为上限固定的 α 阶分数差分,其中 Δ 为向前差分算子.

定义 11 设 $\alpha > 0$,$m = [\alpha] + 1$ 定义 α 阶 Caputo 分数和分为
$$_n^C\Delta_b^{-\alpha} f(n) = (-1)^m [_n\Delta_b^{-(m-\alpha)}][\Delta^m f(n)]$$

定义 12 设 $\alpha > 0$,$m = [\alpha] + 1$,α 阶 Caputo 分数差分也可定义为
$$_n^C\Delta_b^\alpha f(n) = {_n\Delta_b^\alpha} \left\{ f(n) - \sum_{j=0}^{m-1} \nabla^j f(b+1) \left[\frac{(j+1)^{(b-n)}}{(b-n)!} \right] \right\}$$

定义 13 离散 Mittag-Leffler 函数定义为 $F_{\alpha,\beta}(\lambda, n) = \sum_{k=0}^\infty \lambda^k \left[\frac{(\alpha k + \beta)^{(n)}}{n!} \right]$ ($|\lambda| < 1$),其中 $\alpha, \beta \in \mathbf{R}^+$,$\lambda \in \mathbf{C}$,当 $\alpha = \beta$ 时
$$F_\alpha(\lambda, n) = \sum_{k=0}^\infty \lambda^k \left[\frac{(\alpha k + \alpha)^{(n)}}{n!} \right] \quad (|\lambda| < 1)$$
这些级数是收敛的.

定理 1 设 $\alpha > 0$,$\beta > 0$,那么成立:

(1) $_n\Delta_b^{-\alpha} \dfrac{\beta^{(b-n)}}{(b-n)!} = \dfrac{(\beta+\alpha)^{(b-n)}}{(b-n)!}$.

(2) $_n\Delta_b^\alpha \dfrac{\beta^{(b-n)}}{(b-n)!} = \dfrac{(\beta-\alpha)^{(b-n)}}{(b-n)!}$.

证明 (1) 由定义 9,有
$$_n\Delta_b^{-\alpha} \frac{\beta^{(b-n)}}{(b-n)!} = \sum_{r=n}^b \frac{\alpha^{(r-n)}}{(r-n)!} \frac{\beta^{(b-r)}}{(b-r)!}$$
令 $s = r - n$,上式等价于
$$\sum_{s=0}^{b-n} \frac{\alpha^{(s)}}{s!} \frac{\beta^{(b-n-s)}}{(b-n-s)!} = \frac{(\alpha+\beta)^{(b-n)}}{(b-n)!}$$
定理得证.

(2) 先计算 $\Delta \dfrac{\beta^{(b-n)}}{(b-n)!}$,由于 Δ 是向前差分算子,有

$$\Delta \frac{\beta^{(b-n)}}{(b-n)!}$$

$$= \frac{\beta^{(b-n-1)}}{(b-n-1)!} - \frac{\beta^{(b-n)}}{(b-n)!}$$

$$= \frac{\beta(\beta+1)\cdots(\beta+b-n-2)(b-n)}{(b-n-1)!\ (b-n)} -$$

$$\frac{\beta(\beta+1)\cdots(\beta+b-n-1)}{(b-n)!}$$

$$= (-1)\frac{(\beta-1)\beta(\beta+1)\cdots(\beta+b-n-2)}{(b-n)!}$$

$$= -\frac{(\beta-1)^{(b-n)}}{(b-n)!}$$

且

$$\Delta^2 \frac{\beta^{(b-n)}}{(b-n)!} = -\Delta \frac{(\beta-1)^{(b-n)}}{(b-n)!} = (-)^2 \frac{(\beta-2)^{(b-n)}}{(b-n)!}$$

由归纳法易得

$$\Delta^m \frac{\beta^{(b-n)}}{(b-n)!} = (-)^m \frac{(\beta-m)^{(b-n)}}{(b-n)!}$$

因此,由定义 14,可得

$$_n\Delta_b^\alpha \frac{\beta^{(b-n)}}{(b-n)!} = (-\Delta)^m [_n\Delta_b^{-(m-\alpha)}] \frac{\beta^{(b-n)}}{(b-n)!}$$

$$= (-\Delta)^m \frac{(\beta+m-\alpha)^{(b-n)}}{(b-n)!}$$

$$= (-\Delta)^m \Delta^m \frac{(\beta+m-\alpha)^{(b-n)}}{(b-n)!}$$

$$= \frac{(\beta-\alpha)^{(b-n)}}{(b-n)!} \quad (m = [\alpha]+1)$$

定理得证.

定理 2 设 $\alpha > 0, m = [\alpha]+1$,那么成立

$$_n\Delta_b^{-\alpha} f(n) = \sum_{r=0}^{m-1} (-1)^r \nabla^r f(b+1) \frac{(r+1+\alpha)^{(b-n)}}{(b-n)!} +$$

$$(-1)^m \sum_{s=n}^{b} \Delta^m f(s) \frac{(m+\alpha)^{(s-n)}}{(s-n)!}$$

证明 由定理 1(2) 的证明有

$$\Delta \frac{\beta^{(r-n)}}{(r-n)!} = \frac{\beta^{(r-n-1)}}{(r-n-1)!} - \frac{\beta^{(r-n)}}{(r-n)!}$$

$$= -\frac{(\beta-1)^{(r-n)}}{(r-n)!}$$

等价于

$$\frac{(\beta-1)^{(r-n)}}{(r-n)!} = \frac{\beta^{(r-n)}}{(r-n)!} - \frac{\beta^{(r-n-1)}}{(r-n-1)!}$$

因而

$${}_n\Delta_b^{-\alpha}f(n)$$

$$= \sum_{r=n}^{b} \frac{\alpha^{(r-n)}}{(r-n)!}f(r)$$

$$= \sum_{r=n}^{b} \left[\frac{(\alpha+1)^{(r-n)}}{(r-n)!} - \frac{(\alpha+1)^{(r-n-1)}}{(r-n-1)!}\right]f(r)$$

$$= \sum_{r=n}^{b} \frac{(\alpha+1)^{(r-n)}}{(r-n)!}f(r) - \sum_{r=n}^{b} \frac{(\alpha+1)^{(r-n-1)}}{(r-n-1)!}f(r)$$

$$= \sum_{r=n}^{b} \frac{(\alpha+1)^{(r-n)}}{(r-n)!}f(r) - \sum_{r=n-1}^{b-1} \frac{(\alpha+1)^{(r-n-1)}}{(r-n-1)!}f(r+1)$$

$$= \sum_{r=n}^{b} \frac{(\alpha+1)^{(r-n)}}{(r-n)!}f(r) - \sum_{r=n}^{b} \frac{(\alpha+1)^{(r-n)}}{(r-n)!}f(r+1) -$$

$$0 + \frac{(\alpha+1)^{(b-n)}}{(b-n)!}f(b+1)$$

$$= \sum_{r=n}^{b} \frac{(\alpha+1)^{(r-n)}}{(r-n)!}(-\Delta)f(r) + \frac{(\alpha+1)^{(b-n)}}{(b-n)!}f(b+1)$$

即

$${}_n\Delta_b^{-\alpha}f(n)$$

$$= \sum_{r=n}^{b} \frac{\alpha^{(r-n)}}{(r-n)!}f(r)$$

$$= \frac{(\alpha+1)^{(b-n)}}{(b-n)!}f(b+1) - \sum_{r=n}^{b} \frac{(\alpha+1)^{(r-n)}}{(r-n)!}\Delta f(r)$$

对于上式中的第二项,用上述同样的证明

$$\sum_{r=n}^{b} \frac{(\alpha+1)^{(r-n)}}{(r-n)!}\Delta f(r) = \frac{(\alpha+2)^{(b-n)}}{(b-n)!}\Delta f(b+1) - \sum_{r=n}^{b} \frac{(\alpha+2)^{(r-n)}}{(r-n)!}\Delta^2 f(r)$$

重复上述步骤 $m-1$ 次后得到

$$_n\Delta_b^{-\alpha}f(n) = \sum_{r=0}^{m-1}(-1)^r \nabla^r f(b+1)\frac{(r+1+\alpha)^{(b-n)}}{(b-n)!} +$$
$$(-1)^m \sum_{s=n}^{b}\Delta^m f(s)\frac{(m+\alpha)^{(s-n)}}{(s-n)!}$$

定理得证.

定理 3 设 $\alpha > 0, m = [\alpha] + 1$,那么
$$_n\Delta_b^{\alpha}f(n) = \sum_{r=0}^{m-1}(-1)^r \nabla^r f(b+1)\frac{(r+1+\alpha)^{(b-n)}}{(b-n)!} +$$
$$(-1)^m \sum_{s=n}^{b}\Delta^m f(s)\frac{(m-\alpha)^{(s-n)}}{(s-n)!}$$

证明 由定义 9 和定理 1 可得
$$_n\Delta_b^{\alpha}f(n)$$
$$= {}_n\Delta_b^m[{}_n\Delta_b^{-(m-\alpha)}f(n)]$$
$$= {}_n\Delta_b^m\left[\sum_{r=0}^{m-1}(-1)^r \Delta^r f(b+1)\frac{(-\alpha+m+r+1)^{(b-n)}}{(b-n)!} + \right.$$
$$\sum_{s=n}^{b}\frac{(-\alpha+2m)^{(b-n)}}{(b-n)!}\Delta^m f(r)\bigg]$$
$$= \sum_{r=0}^{m-1}(-1)^r \nabla^r f(b+1)\frac{(r+1-\alpha)^{(b-n)}}{(b-n)!} +$$
$$(-1)^m \sum_{s=n}^{b}\Delta^m f(s)\frac{(m-\alpha)^{(s-n)}}{(s-n)!}$$

定理得证.

定理 4 设 $\alpha > 0, \beta > 0$,那么成立
$$_n\Delta_b^{-\alpha}[{}_n\Delta_b^{-\beta}f(n)] = {}_n\Delta_b^{-(\alpha+\beta)}f(n)$$

证明 由
$$_n\Delta_b^{-\alpha}[{}_n\Delta_b^{-\beta}f(n)]$$
$$= \sum_{r=n}^{b}\frac{\alpha^{(r-n)}}{(r-n)!}[{}_n\Delta_b^{-\beta}f(n)]$$
$$= \sum_{s=n}^{b}\sum_{r=n}^{s}\frac{\alpha^{(r-n)}}{(r-n)!}\frac{\beta^{(s-r)}}{(s-r)!}$$
$$= \sum_{s=n}^{b}f(s)\sum_{r=0}^{s-n}\frac{\alpha^{(r)}}{r!}\frac{\beta^{(s-n-r)}}{(s-n-r)!}f(s)$$
$$= \sum_{s=n}^{b}\frac{(\alpha+\beta)^{(s-n)}}{(s-n)!}f(s)$$

$$= {}_n\Delta_b^{\alpha+\beta}f(n)$$

定理得证.

以下定理可类似证明.

定理 5 设 $\alpha > 0, \beta > 0$,那么成立
$${}_n\Delta_b^{\beta}[{}_n\Delta_b^{-\alpha}f(n)] = {}_n\Delta_b^{\beta-\alpha}f(n)$$

特别地
$$\Delta^k[{}_n\Delta_b^{-\alpha}f(n)] = (-1)^k {}_n\Delta_b^{k-\alpha}f(n)$$

定理 6 设 $\alpha > 0, m = [\alpha] + 1$,那么成立
$${}_n\Delta_b^{-\alpha}[{}_n\Delta_b^{\alpha}f(n)]$$
$$= f(n) - \sum_{i=1}^{[\alpha]}(-1)^{[\alpha]-i}[{}_n\Delta_b^{[\alpha]-i}]f(b+1) \cdot$$
$$\frac{(\alpha-i+1)^{(b-n)}}{(b-n)!}$$

下面介绍 Caputo 分数差分及简单性质,见定理 12 ~ 15.

定理 7 设 $\alpha > 0, \beta > 0$,那么成立:

(1) ${}_a^C\nabla_n^{-\alpha}\dfrac{\beta^{(n-a)}}{(n-a)!} = \dfrac{(\beta+\alpha)^{(n-a)}}{(n-a)!}$;

(2) ${}_a^C\nabla_n^{\alpha}\dfrac{\beta^{(n-a)}}{(n-a)!} = \dfrac{(\beta-\alpha)^{(n-a)}}{(n-a)!}$;

(3) ${}_n^C\Delta_b^{-\alpha}\dfrac{\beta^{(b-n)}}{(b-n)!} = \dfrac{(\beta+\alpha)^{(b-n)}}{(b-n)!}$;

(4) ${}_n^C\Delta_b^{\alpha}\dfrac{\beta^{(b-n)}}{(b-n)!} = \dfrac{(\beta-\alpha)^{(b-n)}}{(b-n)!}$.

且 ${}_a^C\nabla_n^{\alpha}\dfrac{k^{(n-a)}}{(n-a)!} = 0, {}_n^C\Delta_b^{\alpha}\dfrac{k^{(b-n)}}{(b-n)!} = 0 (k=1,$
$2,\cdots,[\alpha]-1)$,特别地,${}_a^C\nabla_n^{\alpha}1 = 0, {}_n^C\nabla_b^{\alpha}1 = 0$.

定理 8 设 $\alpha > 0$,则 ${}_n^C\Delta_b^{\alpha}[{}_n^C\Delta_b^{-\alpha}f(n)] = f(n)$.

定理 9 设 $\alpha > 0$,则
$${}_n^C\Delta_b^{-\alpha}[{}_n^C\Delta_b^{\alpha}]f(n)$$
$$= f(n) - \sum_{j=1}^{m-1}\nabla^j f(b+1)\left[\frac{(j+1)^{(b-n)}}{(b-n)!}\right]$$

定理 10 设 $\alpha \geqslant \beta > 0, m = [\alpha] + 1$,则

$$_n\Delta_b^{-\alpha}[^C_n\Delta_b^\beta]f(n)$$
$$= {}_n\Delta_b^{\beta-\alpha}f(n) - \sum_{j=0}^{m-1}\nabla^j f(b+1)\left[\frac{(\alpha-j)^{(b-n)}}{(b-n)!}\right]$$

3. 黎曼-刘维尔型分数阶差分方程解的存在唯一性

考虑黎曼-刘维尔型分数差分的柯西初值问题

$$_n\Delta_b^\alpha y(n) = f(n, y(n)) \quad (\alpha > 0) \quad (1)$$

$$(-1)^{[\alpha]-k}{}_n\Delta_b^{[\alpha]-k}y(b+1) = d_k$$
$$(k=1,2,\cdots,m=[\alpha]+1) \quad (2)$$

定理 11 设 $b>0, m=[\alpha]+1$，那么初值问题 (1) 和 (2) 等价于方程

$$y(n) = \sum_{i=1}^m d_i \frac{(\alpha-i+1)^{(b-n)}}{(b-n)!} + \sum_{j=n}^b \frac{\alpha^{(b-n)}}{(b-j)!} f(j,y(j))$$
$$(3)$$

证明 首先证明定理成立的必要性，对方程 (1) 两边用 ${}_n\Delta_b^{-\alpha}$ 作用，并且由定理 2 和定理 4 得

$$_n\Delta_b^{-\alpha}[{}_n\Delta_b^\alpha y(n)]$$
$$= y(n) - \sum_{i=1}^{[\alpha]}(-1)^{[\alpha]-i}[{}_n\Delta_b^{[\alpha]-i}]y(b+1)\frac{(\alpha-i+1)^{(b-n)}}{(b-n)!}$$
$$= y(n) - \sum_{i=1}^m d_i \frac{(\alpha-i+1)^{(b-n)}}{(b-n)!}$$

因此

$$y(n) = \sum_{i=1}^m d_i \frac{(\alpha-i+1)^{(b-n)}}{(b-n)!} + {}_n\Delta_b^{-\alpha}\{f[n,y(n)]\}$$
$$= \sum_{i=1}^m d_i \frac{(\alpha-i+1)^{(b-n)}}{(b-n)!} +$$
$$\sum_{j=n}^b \frac{\alpha^{(b-n)}}{(b-n)!} f(j,y(j))$$

下证充分性：将算子 ${}_n\Delta_b^\alpha$ 作用到方程 (3) 的两边，得

$$_n\Delta_b^\alpha y(n) = \sum_{i=1}^m d_i\left\{{}_n\Delta_b^\alpha\left[\frac{(\alpha-i+1)^{(b-n)}}{(b-n)!}\right]\right\} +$$
$$_n\Delta_b^\alpha\{{}_n\Delta_b^{-\alpha}[f(n,y(n))]\}$$

由于 ${}_n\Delta_b^\alpha\left[\dfrac{(\alpha-i+1)^{(b-n)}}{(b-n)!}\right]=0(i=1,2,\cdots,m)$,且

$$
\begin{aligned}
&{}_n\Delta_b^\alpha\{{}_n\Delta_b^{-\alpha}[f(n,y(n))]\}\\
&=f(n,y(n)){}_n\Delta_b^\alpha\{{}_n\Delta_b^{-\alpha}[f(n,y(n))]\}\\
&=f(n,y(n))
\end{aligned}
$$

可得 ${}_n\Delta_b^\alpha y(n)=f(n,y(n))$,另外

$$
\begin{aligned}
{}_n\Delta_b^{\alpha-k}y(n)&=\sum_{i=1}^m d_i\left\{{}_n\Delta_b^{\alpha-k}\left[\dfrac{(\alpha-i+1)^{(b-n)}}{(b-n)!}\right]\right\}+\\
&\quad {}_n\Delta_b^{\alpha-k}\{{}_n\Delta_b^{-\alpha}[f(n,y(n))]\}\\
&=\sum_{i=1}^m d_i\left[\dfrac{(k-i+1)^{(b-n)}}{(b-n)!}\right]+\\
&\quad {}_n\Delta_b^{-k}[f(n,y(n))]\qquad(4)
\end{aligned}
$$

在式(4)第一项中,令初值 $n=b+1$,则当 $i\neq k$ 时

$$\left.\dfrac{(k-i+1)^{(b-n)}}{(b-n)!}\right|_{n=b+1}=\dfrac{(k-i+1)^{(-1)}}{(-1)!}=0\quad(i\neq k)$$

但当 $i=k$ 时

$$\left.\dfrac{1^{(b-n)}}{(b-n)!}\right|_{n=b+1}=1\quad(i=k)$$

在式(4)第二项中,规定 ${}_n\Delta_b^{-k}[f(n,y(n))]|_{n=b+1}=0$,从而关于初值,可以得到

$$(-1)^{[\alpha]-k}{}_n\Delta_b^{[\alpha]-k}y(b+1)=d_k$$

以下引进利普希茨(Lipschitz)条件

$$|f(n,y_1(n))-f(n,y_2(n))|\leqslant A|y_1(n)-y_2(n)|\qquad(5)$$

其中 $0<A<1$,且不依赖于 n.

定理12 设 $\alpha>0,m=[\alpha]+1,f(n,y(n))$ 满足利普希茨条件,即式(5),并且满足 $[f(n,y(n))]\leqslant M$(其中 M 为常数),则初值问题(1)和(2)存在唯一解.

证明 对于 $n\leqslant b$,要证初值问题(1)和(2)存在唯一解,只须证式(3)存在唯一解,初值问题(1)和(2)等价于

$$y(n) = \sum_{i=1}^{m} d_i \frac{(\alpha - i + 1)^{(b-n)}}{(b-n)!} +$$
$$\sum_{j=n}^{b} \frac{\alpha^{(b-n)}}{(b-n)!} f(j, y(j))$$
$$= y_0(n) + \sum_{j=n}^{b} \frac{\alpha^{(b-n)}}{(b-n)!} f(j, y(j))$$

其中
$$y_0(n) = \sum_{i=1}^{m} d_i \left[\frac{(\alpha - i + 1)^{(b-n)}}{(b-n)!} \right]$$

定义函数列
$$y_l(n) = y_0(n) + \sum_{j=n}^{b} \frac{\alpha^{(b-n)}}{(b-n)!} f(j, y_l(j))$$
$$(l = 1, 2, 3, \cdots)$$

由数学归纳法可以证明
$$|y_l(n) - y_{l-1}(n)| \leq MA^{l-1} \left[\frac{(l\alpha + 1)^{(b-n)}}{(b-n)!} \right]$$

当 $l = 1$ 时,由
$$|f(n, y(n))| \leq M$$

故有
$$|y_l(n) - y_0(n)| \leq M \sum_{i=n}^{b} \left[\frac{\alpha^{(b-n)}}{(b-n)!} \right]$$
$$= M \left[\frac{(\alpha + 1)^{(b-n)}}{(b-n)!} \right]$$

假设 $k = l - 1$ 成立,即
$$|y_{l-1}(n) - y_{l-2}(n)| \leq MA^{l-2} \left\{ \frac{[(l-1)\alpha + 1]^{(b-n)}}{(b-n)!} \right\}$$

则当 $k = l$ 时
$$|y_l(n) - y_{l-1}(n)|$$
$$\leq A \sum_{i=n}^{b} \left[\frac{\alpha^{(b-n)}}{(b-n)!} \right] |y_{l-1}(n) - y_{l-2}(n)|$$
$$\leq MA^{l-1} \sum_{i=n}^{b} \frac{\alpha^{(i-n)}}{(i-n)!} \left\{ \frac{[(l-1)\alpha + 1]^{(b-i)}}{(b-i)!} \right\}$$
$$= MA^{l-1} \left[\frac{(l\alpha + 1)^{(b-n)}}{(b-n)!} \right]$$

令

$$y^*(n) = \lim_{l\to\infty}(y_l(n) - y_0(n))$$
$$= \sum_{i=1}^{\infty}(y_i(n) - y_{i-1}(n))$$
$$= \sum_{i=1}^{\infty}MA^{l-1}\left[\frac{(l\alpha+1)^{(b-n)}}{(b-n)!}\right]$$
$$= \frac{M}{A}(F_{\alpha,1}(A,b-n) - 1)$$

由定义 13 可得 $F_{\alpha,1}(A,b-n)$ 收敛,故可证得方程(3)解的存在性. 下证唯一性,假设 $y^\omega(n)$ 为方程(3)的另外一个解,则有 $\phi_0(n) = y^\omega(n)$,从而

$$\phi_1(n) = y_0(n) + \sum_{j=n}^{b}\frac{\alpha^{(b-n)}}{(b-n)!}f(j,\phi_0(j))$$
$$= y_0(n) + \sum_{j=n}^{b}\frac{\alpha^{(b-n)}}{(b-n)!}f(j,y^\omega(n))$$
$$= y^\omega(n)$$

同理得

$$\phi_2(n) = y^\omega(n), \cdots, \phi_l(n) = y^\omega(n)$$

由于 $\phi_l(n)$ 的极限为 $y(n)$,故 $y(n) = y^\omega(n)$,证毕.

考虑广义柯西初值问题

$$_n\Delta_b^\alpha y(n) = f(n,y(n),{}_n\Delta_b^{\alpha_1}y(n),\cdots,{}_n\Delta_b^{\alpha_l}y(n))$$
$$(\alpha > 0) \qquad (6)$$
$$(-1)^{[\alpha]-k}{}_n\Delta_b^{[\alpha]-k}y(b+1) = d_k$$
$$(k = 1,2,\cdots,m = [\alpha]+1) \qquad (7)$$

类似上述定理 11 和定理 12 的讨论,也可以研究多元分数阶差分柯西初值问题解的存在唯一性问题,得到如下结论.

推论 1 设

$$0 = \alpha_0 < \alpha_1 < \alpha_2 < \cdots < \alpha_l < \alpha$$

$f(n,y_1,y_2,\cdots,y_l) \in S[a,b](S[a,b]$ 为在 $[a,b]$ 上可求和函数的集合),$b > 0, m = [\alpha] + 1$,则初值问题(6)和(7)等价于方程

$$y(n) = \sum_{i=1}^{m} d_i \frac{(\alpha - i + 1)^{b-n}}{(b-n)!} +$$
$$\sum_{j=n}^{b} \frac{\alpha^{(b-n)}}{(b-n)!} f(j, y(j), {}_n\Delta_b^{\alpha_1} y(j), \cdots,$$
$${}_n\Delta_b^{\alpha_l} y(j))$$

(8)

推论 2 假设多元函数 f 满足广义利普希茨条件

$$|f(n, y_1, y_2, \cdots, y_l) - f(n, z_1, z_2, \cdots, z_l)|$$
$$\leqslant A\left[\sum_{j=1}^{l} |y_j - z_j|\right] \quad (|lA| < 1)$$

那么初值问题(6) 和(7) 存在唯一解.

4. Caputo 型分数阶差分方程解的存在唯一性

考虑非线性 Caputo 分数差分的柯西初值问题

$${}_n^C\Delta_b^{\alpha} y(n) = f(n, y(n)) \tag{9}$$

$$\Delta^j y(b+1) = d_j \quad (j = 0, 1, 2, \cdots, m = [\alpha] + 1) \tag{10}$$

可以得到如下结论:

定理 13 设 $\alpha > 0, m = [\alpha] + 1$, 那么柯西型问题(9) 和(10) 等价于方程

$$y(n) = \sum_{i=0}^{m-1} d_i \frac{(i+1)^{(b-n)}}{(b-n)!} + \sum_{j=n}^{b} \frac{\alpha^{(b-j)}}{(b-j)!} f(j, y(j)) \tag{11}$$

证明 先证必要性. 对方程(9) 两边进行 ${}_n\Delta_b^{-\alpha}$ 作用

$${}_n\Delta_b^{-\alpha}\left[{}_n^C\Delta_b^{\alpha} y(n)\right] = y(n) - \sum_{i=0}^{m-1} \Delta^i f(b+1) \frac{(i+1)^{(b-n)}}{(b-n)!}$$
$$= {}_n\Delta_b^{-\alpha}\left[f(n, y(n))\right] \tag{12}$$

故

$$y(n) = \sum_{i=0}^{m-1} d_i \frac{(i+1)^{(b-n)}}{(b-n)!} + {}_n\Delta_b^{-\alpha}\left[f(n, y(n))\right] \tag{13}$$

必要性得证.

下证充分性. 将算子 ${}^C_n\Delta^\alpha_b$ 作用到方程(11)的两边,得

$${}^C_n\Delta^\alpha_b y(n) = \sum_{i=0}^{m-1} d_i \left\{ {}^C_n\Delta^\alpha_b \left[\frac{(i+1)^{(b-n)}}{(b-n)!} \right] \right\} +$$
$${}^C_n\Delta^\alpha_b \left[{}_n\Delta^{-\alpha}_b f(n,y(n)) \right] \qquad (14)$$

因为

$${}^C_n\Delta^\alpha_b \left[\frac{(i+1)^{(b-n)}}{(b-n)!} \right] = \frac{(i-\alpha+1)^{(b-n)}}{(b-n)!}$$
$$= 0 \quad (i=0,1,2,\cdots,m) \qquad (15)$$

且

$${}^C_n\Delta^\alpha_b \left[{}_n\Delta^{-\alpha}_b f(n,y(n)) \right] = f(n,y(n)) \qquad (16)$$

可得

$${}^C_n\Delta^\alpha_b y(n) = f(n,y(n)) \qquad (17)$$

另外,在对方程(11)两边求 j 阶差分可得

$$\Delta^j y(n) = \sum_{i=0}^{m-1} d_i \frac{(i-j+1)^{(b-n)}}{(b-n)!} +$$
$$\sum_{j=n}^{b} \frac{(\alpha-j)^{(b-j)}}{(b-j)!} f(j,y(j)) \qquad (18)$$

在式(9)的第一项中,若令初值 $n=b+1$,则当 $i \neq j$ 时

$$\left[\frac{(i-j+1)^{(b-n)}}{(b-n)!} \right] \bigg|_{n=b+1} = \frac{(i-j+1)^{(-1)}}{(-1)!} = 0$$

当 $i=j$ 时,$\frac{1^{(b-n)}}{(b-n)!} = 1$,在式(9)的第二项中,规定的

$${}_n\Delta^{\alpha-j}_b [f(n,y(n))] \big|_{n=b+1} = 0$$

从而,关于初值,可以得到 $\Delta^j y(b+1) = d_j (j=0,1,2,\cdots,m=[\alpha]+1)$,定理证毕.

类似于定理12,可以类似证明 Caputo 分数差分方程解的存在唯一性.

本书是介绍分数阶微积分应用的. 由于分数阶积分和导数

具有历史记忆性和全局相关性,因此成为描述复杂系统的工具,成功地应用于许多学科之中,例如:黏弹性介质材料、反常扩散、生物学、宇宙学和控制科学等. 尽管在许多学科中都出现了分数阶模型,但大多数模型是基于实验和数据拟合建立的,而不是基于物理定律,因此,如何解释分数阶现象的几何意义或者物理意义成为亟待解决的问题.

早在 1974 年的第一届分数阶微积分国际会议上,如何解释分数阶微积分的意义就被列为待解决的公开问题,近几十年来出现了许多解决方案. 有学者试图研究分形几何和分数阶微积分的关系,以此来解释分数阶现象的意义. 这一观点立即引起了一场争论,Rutman 教授证明这种方法是错误的. 此外,有学者通过分数阶模型来解释分数阶微积分的物理意义,这样的模型包括弹簧模型、黏弹性材料模型、分数阶波动模型、复杂系统能量模型等. 基于这些模型提出的物理解释是具有启发意义的,但是不能作为分数阶微积分的一般性解释. 2001 年,Podlubny 教授应用投影方法做出了分数阶积分的图像,这一方法成功地在四维空间中解释了分数阶积分的几何意义. 由此可以得到这样的结论,分数阶现象在四维空间中是广泛存在的,并且很自然地提出这样的问题:在三维空间中是否存在分数阶现象? 沈阳大学信息工程学院的白鹭、东北大学信息科学与工程学院薛定宇两位教授 2020 年 2 月研究了一类特殊的分数阶积分,进而回答这一问题①.

> 本文主要研究阶数等于 0.5 的黎曼 – 刘维尔分数阶积分,证明此分数阶积分等价于一个沿着圆弧的曲线积分,以此作为此类分数阶积分的几何解释. 然后应用这一结论求解一个关于转动惯量的问题,以此说明分数阶现象在三维空间中是广泛存在的. 通过以上的研究可以说明,对于同一个积分,如果沿着曲线

---

① 白鹭,薛定宇. 一类特殊的 Riemann-Liouville 分数阶积分的几何意义[J]. 数学的实践与认识,2020(4):234-239.

观察就是一个曲线积分,如果沿着坐标轴观察就是一个分数阶积分,所以分数阶微积分为观察客观世界提供了一种新的视角.

1. 几何意义

在分数阶微积分理论中,对应于不同的初值和边值条件,出现了不同的分数阶定义.在众多定义中,应用较为广泛的是黎曼 – 刘维尔分数阶定义.

定义 1 黎曼 – 刘维尔分数阶积分定义为

$$^{RL}_{t_0}\mathscr{D}_t^{-\alpha}f(t) = \frac{1}{\Gamma(\alpha)}\int_{t_0}^t (t-\tau)^{\alpha-1}f(\tau)\mathrm{d}\tau \quad (1)$$

其中 $\alpha > 0$,被称为黎曼 – 刘维尔分数阶积分的阶数.

定义 2 黎曼 – 刘维尔分数阶导数定义为

$$^{RL}_{t_0}\mathscr{D}_t^{\alpha}f(t) = \frac{1}{\Gamma(n-\alpha)}\frac{\mathrm{d}^n}{\mathrm{d}t^n}\int_{t_0}^t \frac{f(\tau)}{(t-\tau)^{\alpha-n+1}}\mathrm{d}\tau \quad (2)$$

其中 $n = [\alpha]$,表示大于 α 的最小整数.

比较定义式(1)和(2)可知,黎曼 – 刘维尔分数阶导数等价于整数阶导数与黎曼 – 刘维尔分数阶积分的复合.所以,对于分数阶的几何意义而言,关键问题是如何解释黎曼 – 刘维尔分数阶积分.下面研究阶数等于 0.5 的黎曼 – 刘维尔分数阶积分,证明此类分数阶积分等价于三维空间中的曲线积分,以此解释此类黎曼 – 刘维尔分数阶积分的几何意义.

根据定义式(1),函数 $f(t)$ 的 0.5 阶黎曼 – 刘维尔积分可写成下面的形式

$$^{RL}_{t_0}\mathscr{D}_t^{-0.5}f(t) = \frac{1}{\Gamma(0.5)}\int_{t_0}^t \frac{f(\tau)}{\sqrt{t-\tau}}\mathrm{d}\tau \quad (3)$$

考虑到 $\Gamma(0.5) = \sqrt{\pi}$,上式也可以写成

$$^{RL}_{t_0}\mathscr{D}_t^{-0.5}f(t) = \frac{1}{\sqrt{\pi}}\int_{t_0}^t \frac{f(\tau)}{\sqrt{t-\tau}}\mathrm{d}\tau \quad (4)$$

积分上下限 t, t_0 可以是任意实数,这里不妨假设 $t \geq t_0$.当 $t_0 \neq 0$ 时,可以做变量替换 $\tau = v + t_0, t = u + t_0$,将积分下限转化为零,具体方法如下

$$\begin{aligned}{}^{RL}_{t_0}\mathscr{D}_t^{-0.5}f(t) &= \frac{1}{\sqrt{\pi}}\int_{t_0}^{t}\frac{f(\tau)}{\sqrt{t-\tau}}\mathrm{d}\tau \\ &= \frac{1}{\sqrt{\pi}}\int_{0}^{t-t_0}\frac{f(v+t_0)}{\sqrt{u+t_0-v-t_0}}\mathrm{d}v \\ &= \frac{1}{\sqrt{\pi}}\int_{0}^{t-t_0}\frac{f(v+t_0)}{\sqrt{u-v}}\mathrm{d}v \\ &= {}^{RL}_{0}\mathscr{D}_u^{-0.5}f(u+t_0)\end{aligned}$$

应用上面的方法,总可以将积分下限转化为零,所以不妨假设式(4)中的积分上下限满足条件 $t \geqslant t_0 \geqslant 0$。在这一条件下,给出阶数等于 0.5 的黎曼 – 刘维尔分数阶积分的几何解释。

定理 1 当 $t \geqslant t_0 \geqslant 0$ 时,形如式(4)的 0.5 阶黎曼 – 刘维尔积分等于一个沿着圆弧的曲线积分,即

$${}^{RL}_{t_0}\mathscr{D}_t^{-0.5}f(t) = \frac{1}{\sqrt{\pi}}\int_{t_0}^{t}\frac{f(\tau)}{\sqrt{t-\tau}}\mathrm{d}\tau = \int_{L}F(x,y)\mathrm{d}s \tag{5}$$

其中函数 $F(x,y)$ 为

$$F(x,y) = \frac{2xf(x^2)}{\sqrt{\pi(x^2+y^2)}} \tag{6}$$

积分路径为

$$L{:}y = \sqrt{r^2 - x^2} \tag{7}$$

变量 $x = \sqrt{\tau}, r = \sqrt{t}$,并且 $\sqrt{t_0} < x < \sqrt{t}$。

证明 定义两个新的变量 $x = \sqrt{\tau}, r = \sqrt{t}$,则有

$$\mathrm{d}\tau = 2x\mathrm{d}x, \frac{1}{\sqrt{t-\tau}} = \frac{1}{\sqrt{r^2-x^2}} \tag{8}$$

将式(8)代入式(4),得到

$${}^{RL}_{t_0}\mathscr{D}_t^{-0.5}f(t) = \frac{2}{r\sqrt{\pi}}\int_{\sqrt{t_0}}^{r}\frac{rxf(x^2)}{\sqrt{r^2-x^2}}\mathrm{d}x \tag{9}$$

定义一个新的变量 $y = \sqrt{r^2-x^2}$,计算 y 对 x 的一阶导数,得到

$$\frac{\mathrm{d}y}{\mathrm{d}x} = -\frac{x}{\sqrt{r^2-x^2}} \tag{10}$$

应用上式可以将 $r/\sqrt{r^2-x^2}$ 改写成下面的形式

$$\frac{r}{\sqrt{r^2-x^2}} = \sqrt{\frac{r^2}{r^2-x^2}} = \sqrt{1+\frac{x^2}{r^2-x^2}} \quad (11)$$
$$= \sqrt{1+\left(\frac{dy}{dx}\right)^2}$$

将式(11)代入式(9),得到

$$^{RL}_{t_0}\mathscr{D}_t^{-0.5}f(t) = \frac{2}{r\sqrt{\pi}}\int_{\sqrt{t_0}}^r xf(x^2)\sqrt{1+\left(\frac{dy}{dx}\right)^2}dx \quad (12)$$

定义一个新的函数

$$F(x,y) = \frac{2xf(x^2)}{\sqrt{\pi(x^2+y^2)}} \quad (13)$$

考虑到变量 $y = \sqrt{r^2-x^2}$,所以有

$$F(x,y) = \frac{2xf(x^2)}{r\sqrt{\pi}} \quad (14)$$

将式(14)代入式(12),得到

$$^{RL}_{t_0}\mathscr{D}_t^{-0.5}f(t) = \int_{\sqrt{t_0}}^r F(x,y)\sqrt{1+\left(\frac{dy}{dx}\right)^2}dx \quad (15)$$

选择变量 x,y 的增大方向作为 x 轴和 y 轴的正方向,建立直角坐标系,在此坐标系中的弧长微元可以表示为

$$ds = \sqrt{1+\left(\frac{dy}{dx}\right)^2}dx \quad (16)$$

将式(16)代入式(15),可以得到式(5),由 $y = \sqrt{r^2-x^2}$ 可知积分路径为式(7)定义的圆弧.

定理得证.

定理1说明,对于阶数等于0.5的黎曼－刘维尔分数阶积分,总可以应用变量替换的方法,将其转化为沿着圆弧的曲线积分,这一结论可以作为这类黎曼－刘维尔分数阶积分的几何解释.另外,如果将变量替换的过程解释为观察角度的转变,通过这种方法

可以发现许多分数阶现象,说明分数阶现象在三维空间中是广泛存在的.

2. 应用实例

下面应用分数阶理论求解一个关于转动惯量的问题,此问题的求解过程可以证明,一个沿着圆弧的曲线积分总可以转化为 0.5 阶的黎曼 – 刘维尔分数阶积分. 结合定理 1 可以得到这样的结论:阶数等于 0.5 的黎曼 – 刘维尔分数阶积分等价于一个沿着圆弧的曲线积分.

问题 如图 1 所示,直角坐标系中的一个半圆弧 L,其表达式如下

$$L : y = \sqrt{r^2 - x^2} \qquad (17)$$

半圆弧的半径 r 是任意一个大于零的实数,半圆弧 L 的线密度函数 $\rho(x)$ 是一个关于变量 x 的偶函数. 试计算 $\rho(x)$,使得此半圆弧关于 y 轴的转动惯量等于 r^5.

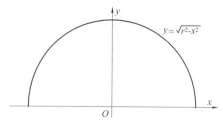

图 1 半圆弧 L

解 在图 1 所示的直角坐标系中,用 $\mathrm{d}s$ 表示半圆弧 L 的弧长微元,其质量为 $\rho(x)\mathrm{d}s$. 半圆弧 L 关于 y 轴的转动惯量等于 r^5,根据转动惯量的定义得到下面的方程

$$\int_L x^2 \rho(x) \mathrm{d}s = r^5 \qquad (18)$$

对式(17)的两边求关于变量 x 的一阶导数,得到

$$\frac{\mathrm{d}y}{\mathrm{d}x} = -\frac{x}{\sqrt{r^2 - x^2}} \qquad (19)$$

在平面直角坐标系中,可以应用式(16)计算弧长微

元 ds，将式(19)代入式(16)，得到

$$ds = \frac{x}{\sqrt{r^2-x^2}}dx \qquad (20)$$

将式(20)代入到方程(18)的左边，得到

$$\int_{-r}^{r} \frac{x^2\rho(x)}{\sqrt{r^2-x^2}}dx = r^4 \qquad (21)$$

考虑到 $\rho(x)$ 是一个关于 x 的偶函数，所以方程(21)可以转化为

$$2\int_{0}^{r} \frac{x^2\rho(x)}{\sqrt{r^2-x^2}}dx = r^4 \qquad (22)$$

定义新的变量 $t = r^2, \tau = x^2$，则有 $dx = d\tau/2\sqrt{\tau}$，将其代入方程(22)，得到

$$\int_{0}^{t} \frac{\sqrt{\tau}\rho(\sqrt{\tau})}{\sqrt{t-\tau}}d\tau = t^2 \qquad (23)$$

定义一个新的函数

$$f(\tau) = \sqrt{\pi\tau}\rho(\sqrt{\tau}) \qquad (24)$$

将式(22)代入到方程(23)的左边，得到

$$\frac{1}{\sqrt{\pi}}\int_{0}^{t} \frac{f(\tau)}{\sqrt{t-\tau}}d\tau = t^2 \qquad (25)$$

由式(4)可知，上面方程的左边等于 ${}_{0}^{RL}\mathscr{D}_{t}^{-0.5}f(t)$，所以得到下面的分数阶积分方程

$${}_{0}^{RL}\mathscr{D}_{t}^{-0.5}f(t) = t^2 \qquad (26)$$

下面求解分数阶积分方程(26)，对方程的两边求 0.5 阶黎曼-刘维尔导数，得到

$${}_{t_0}^{RL}\mathscr{D}_{t}^{-0.5}({}_{t_0}^{RL}\mathscr{D}_{t}^{-0.5}f(t)) = {}_{t_0}^{RL}\mathscr{D}_{t}^{0.5}t^2 \qquad (27)$$

方程(27)的左边显然等于 $f(t)$，应用文章 *Factional Differential Equations* 中的公式计算方程(27)的右边，可以得到方程的解为

$$f(t) = \frac{8}{3\sqrt{\pi}}t^{1.5} \qquad (28)$$

将式(28)中的变量 t 替换成 τ，并将式(24)代入到式(28)，得到

$$\rho(\sqrt{\tau}) = \frac{8}{3\pi}\tau \qquad (29)$$

将 $\tau = x^2$ 代入式 (29)，并考虑到 $\rho(x)$ 是一个关于 x 的偶函数，得到

$$\rho(x) = \frac{8}{3\pi}x^2 \quad (-r < x < r) \qquad (30)$$

当密度函数 $\rho(x)$ 的表达式为式 (30) 时，图 1 中半圆弧 L 关于 y 轴的转动惯量等于 r^5，解毕.

以上是一个应用分数阶理论计算转动惯量的实例，此实例说明分数阶现象在三维空间中是广泛存在的. 另外，上面的求解过程同时证明了，对于一个沿着圆弧的曲线积分，总可以通过变量替换的方法，将其转化为 0.5 阶的黎曼 – 刘维尔积分. 结合定理 1 可以得出结论：阶数等于 0.5 的黎曼 – 刘维尔分数阶积分等价于沿着圆弧的曲线积分. 如果将积分路径理解为观察的角度，对于同一个积分，如果沿着曲线观察，此积分是一个曲线积分；如果沿着坐标轴观察，此积分就是一个分数阶积分. 由此可见，分数阶微积分提供了一种观察客观世界的新角度，为描述各种现象提供了一种新的工具.

为什么我们要花大力气读这么艰深的科技专著呢？

鉴于院士在中国的崇高地位，我们引用一位中国科学院院士孙钧①对自己治学经验的总结. 他说②：

古人云：开卷有益. 这话只说对了一半，至少是还不全面. 不是所有的书都是好书；书海无涯，我们精力时间有限，也不能见书就读. 做学问要求"点深面广"，要趁年

---

① 孙钧，隧道与地下建筑工程专家. 1926 年 9 月 17 日出生于江苏苏州（原籍浙江绍兴）. 1949 年毕业于上海交通大学土木工程系. 1991 年当选为中国科学院院士（学部委员）.

② 卢嘉锡，等. 院士思维 [M]. 合肥：安徽教育出版社，2003.

轻,有选择地精读几本经典性专著,读懂读透,还要有自己的体会和认识,为今后打下扎实的功底,这样会一辈子受用不尽;也还需要泛读一些书,甚至是不同专业的,"他山之石,可以攻玉",以拓宽和延伸自己的思维和知识领域,也有利于专业上的发挥和创新.

新中国成立前,我在上海交通大学土木系读书,时值政局动乱,师生们都安不下心来.可就在那种极端恶劣的大气候之下,我还是坚持用心读通了当时力学大师丁莫辛柯(S. Timoshenko)的几本公认的权威著作:《应用力学》《材料力学》《高等材料力学》《弹性理论》《板与壳》《结构力学》《结构稳定与振动》;后来,又费劲地啃读了土力学泰斗太沙基(K. Terzaghi)的《理论土力学》.我曾做了上千道习题,写过几大厚本的读书笔记和心得.至今,这几本书还摆在我的案头,尽管一些方面的学识和阅历较之过去大大地长进了、丰富了,但"温故而知新",有时还要去翻翻它.早些年,我去拜见我的老师俞调梅老先生,看见他把有关"土力学""地基基础工程"的一些中、外文图书和文章,粗阅后都按内容做好纸片,插夹在书本里写上几个字,以便日后用到时查找.这个办法真好,我学着干了,还增添了好几本个人使用的图书目录,分门别类,登记卡片.这些做法,效果都不错.

最近一家报纸搞了一个访谈节目,被访者是著名学者李敬泽.

问:假如地球灭亡,有十本书可以"幸存",您希望是哪十本?

李敬泽:我是个选择困难症患者.我真不想现在就在想象中受这个罪.但是请放心,如果地球真的要灭亡,在逃走之前我会做出决断,不过我想我那时并不会带几本文学书,我或许会选择我在地球上永远不会看懂的书,比如一本爱因斯坦的论文或一本高等数学什么的.

这才是正确的态度！

刘培杰

2020 年 12 月 8 日

于哈工大

代数、生物信息和机器人
技术的算法问题
——第五卷,相对覆盖性
和独立可拆分恒等式
系统(俄文)

弗拉基米尔·波波夫　著

编辑手记

人类的行为很多时候都是非理性的.

英国学者肯尼斯·克拉克在《文明》中曾举例说:歌剧是西方人最奇异的创造之一. 为什么人们准备安静地坐下来花三个小时来聆听他们不理解每一个词、很少了解其剧情的一种表演呢? 主要的原因在于它是非理性的. 微妙得没法说,或富有启迪,或神秘得没法说——这些事情也可以是唱歌,也只能是唱歌.

本书的出版行为在许多人眼中也是非理性的. 因为俄语随着俄罗斯经济的持续衰落,已"沦为"一个小语种,精通的人越来越少. 计算机虽普及但能深入到算法层面的寥寥无几,机器人技术则更是有心欣赏无力研究. 而数学中的群、半群、类等抽象的名词更让许多人视为畏途. 用集合的语言说,懂俄语、会代数、搞生物信息和机器人技术并精通算法的 5 个集合的交集的势是少之又少的. 所以单从经济效益的角度考虑,引进并影印出版这部俄文专著是一种非理性行为,但数学恰恰就是这样看似无用但却又在不经意间对人类社会做出重大贡献的神秘之学. 从这个意义上讲,这又是一个高度理性的行为.

本书作者是位俄罗斯数学家. 姓与无线电之父相同,为波波夫,名与伟大的革命导师相同,为弗拉基米尔,即弗拉基米尔·波波夫. 他是俄罗斯人,1992 年毕业于乌拉尔联邦大学数学力学系. 2002 年,他完成论文答辩,获得了物理数学科学博士学位,目前担任乌拉尔联邦大学数学和计算机科学学院智能系统与机器人技术系主任.

  俄罗斯数学家在国际上享有盛誉. 从早期的切比雪夫、马尔柯夫、柯尔莫哥洛夫到近代的康托洛维奇、阿诺德、佩雷尔曼, 其原创性思想得到了全世界的认可.

  本书是一套系列丛书中的一本.

  这套丛书译成中文, 名为《代数、生物信息和机器人技术的算法问题》. 本系列图书以所研究的三种领域中组合思想具有的共性为基础, 系统地介绍了代数、生物信息和机器人技术领域的算法问题. 通过对算法问题及其解决方法的深入研究, 我们很自然地意识到, 我们被数据字符串和组合方案所包围着. 它们的性质包罗万象, 但又并不明显取决于所研究对象的性质. 尽管类似多面性的例子非常少见, 而可以追溯的联系也相对较弱, 但在解决与各种不同知识领域相关的算法问题时, 对组合规律性的寻找有着非常重要的意义. 这正是编写《代数、生物信息和机器人技术的算法问题》系列图书的原因.

  一般而言, 在本系列中所展示的图书是相互无关的. 它们对于相关领域的专业人士来说有着独立意义. 然而本系列图书的主要价值在于, 在一个统一的文本框架内, 对不同知识领域的算法问题进行阐述, 并追溯目前它们之间所显现出来的联系与过渡. 本系列图书能够为进一步寻求通用组合规律性打下良好的基础. 也许在阅读本系列图书之后, 半群论领域的专家会对机器人技术感兴趣, 或者生物信息学领域的专家对代数感兴趣……

  本系列图书中所选用的大部分材料都来自于作者的博士论文《半群、类群、群和环的流形算法问题》, 该论文由其2002年在叶卡捷琳堡市的俄罗斯科学院乌拉尔分部的数学和力学研究所完成. 本系列图书中也体现了作者的最新研究成果. 本系列图书中的材料很大一部分都是新的、之前从未公布过的研究成果.

  本书介绍了代数系统恒等式组独立性和流形在子流形栅格中的分布的有关算法问题的研究成果. 并对流形相对覆盖性和独立可拆分恒等式组进行了研究. 正如前文所指出的, 本书中很大一部分内容为首次对外出版.

  本书的目录非常容易引起外行的吐槽, 因为它太不具可读

性了,译成中文为:

绪论
第 1 章　相对可覆盖性
　　1.1　半群的相对可覆盖性识别
　　1.2　半群的有限相对可覆盖性识别
第 2 章　独立可拆分恒等式组
　　2.1　引理 1 的证明
　　2.2　引理 2 的证明
　　2.3　引理 3 的证明
　　2.4　引理 4 的证明
　　2.5　引理 5 的证明
　　2.6　泛代数拟簇举例
　　2.7　定理 4 的证明
　　2.8　定理 5 的证明
　　2.9　定理 6 的证明
　　2.10　定理 7 和 8 的证明
　　2.11　定理 9 的证明

　　本书广义上论属于应用数学范畴,它是半群在计算机算法中的应用. 最近有一篇非常火的网文,标题为"AI 攻破高数核心,1 秒内精确求解微分方程、不定积分,性能远超 Matlab".

　　论文由 Facebook AI 研究院出品. 这篇文章有两位作者,其一是 Guillaume Lample,来自法国布雷斯特,是 Facebook AI 研究院、皮埃尔和玛丽·居里大学在读博士. 他曾于巴黎综合理工学院和卡内基梅隆大学分别获得数学与计算机科学和人工智能硕士学位,2014 年进入 Facebook 实习.

　　另一位作者是 François Charton,是 Facebook AI 研究院的客座企业家,主要研究方向是数学和因果关系.

　　这个会解微积分的 AI 一登场,就吸引了众多网友的目光,引发热烈讨论.

　　有网友这样说道:"这篇论文超级有趣的地方在于,它有可能解决复杂度比积分要高得多的问题."

还有网友认为,这项研究太酷了,该模型能够归纳和整合一些 sympy 无法实现的功能.

不过,也有网友认为,在与 Mathematica 的对比上,研究人员的实验设定显得不够严谨."默认设置下,Mathematica 是在复数域中进行计算的,这会增加其操作的难度,但作者把包含复数系数的表达式视为'无效',所以他们在使用 Mathematica 的时候将设置调整为实数域了?"

"我很好奇 Mathematica 是否可以解决该系统无法解决的问题.30 s 的限制时间对于计算机代数系统有点武断了."

总之,面对越来越机智的 AI,已经有人发起了挑战赛,邀请 AI 挑战 IMO 金牌.

本书从书名到作者都偏"高大上"范畴.那么有人会问,它真能有读者吗?

最近笔者看了一段话深以为然:

> 维持我们节俭的,可能是我们的贫穷.
> 维持我们检点的,可能是我们的丑陋.
> 维持我们低调的,可能是我们的平庸.
> 维持我们钻研的,可能是我们的笨拙.

如果您还有点自知,知道与杰出的人相比是笨拙的,那么请您保持钻研吧!

刘培杰
2020 年 8 月
于哈工大

代数、生物信息和机器人技术的算法问题
——第六卷,恒等式和准恒等式的相等问题、可推导性和可实现性(俄文)

弗拉基米尔·波波夫　著

编辑手记

这是一本"无法卒读"的书.

前几年,有好事者发起"我死活读不下去的书"的网络投票,结果令人诧异,《红楼梦》《百年孤独》《三国演义》《追忆似水年华》《瓦尔登湖》《水浒传》《不能承受的生命之轻》《西游记》《钢铁是怎样炼成的》《尤利西斯》名列前 10 位. 消息传出,舆论哗然. 王蒙先生更是直接道出了他的担忧,"尽管这是个噱头,但也反映了当前形势下,用浏览代替阅读,用传播代替服务,用碎片代替经典的现象,造成我们的文化有断裂的危险."

本书的阅读障碍有两个.

一个是它所使用的语言是俄文. 尽管俄罗斯现在在国际政治上还是一个大国,但俄语确实成了小语种. 20 世纪五六十年代全民学俄语的时代早已一去不复返,今天的中国能用俄语阅读的人也少了许多.

再一个是它的前沿性和专业性. 从本书的书名就可以看出,这是一本极端小众的书.

而本书的目录更强化了这一点,目录如下:

绪论
第 1 章　有限半群恒等式可行性问题计算复杂性
第 2 章　自由半群和环的相等问题

第 3 章　恒等式的可推导性和有限基数
　　3.1　恒等式可推导性一般问题
　　3.2　半群、群和环有限基数识别
第 4 章　有限代数中的准恒等式可实现性
第 5 章　有限定义交换半群的相等问题的复杂性

《中国科学报》见习记者程唯珈曾在 2019 年写过一篇报道,报道的题目为"人工智能的基石是数学",内容如下:

"人工智能的基石是数学,没有数学基础科学的支持,人工智能很难行稳致远."近日,由联合国教科文组织和中国工程院联合主办的联合国教科文组织国际工程科技知识中心 2019 国际高端研讨会上,中国科学院院士、西安交通大学教授徐宗本在题为"AI 与数学:融通共进"的主题报告上如是说.

在他看来,目前人工智能所面临的一些基础问题,其本质是来自数学的挑战.数学家眼里的人工智能是什么? 徐宗本给出的答案简洁明了:当下主要指机器学习.

如果给这个名词赋予一个说明,他认为这是人或者智能体,通过与环境的交互来提升自身行为和解决问题能力的智能化操作."机器学习是把这种智能形式化为数学公式,转换成计算机可以操作的算法和软件."他说.

进一步说,人工智能实际上是一个将数学、算法理论和工程实践紧密结合的领域.将其剖开来看,就是算法,也就是数学、概率论、统计学等各种数学理论的体现.

不过徐宗本认为,作为人工智能基石的数学,还存在五大核心问题待解,而这也是制约人工智能进一步发展的"绊脚石".

第一是大数据的统计学基础.徐宗本认为,人工智能和大数据是一对"孪生姐妹".人工智能更多指应用模式,强调与领域知识的结合.大数据则是最底层的信息技术,强调机器和机器、机器与人之间的内容交互与理解.但是当前,分析大数据的统计学基础面临颠覆,应用于复杂大数据分析的极限理论、统计推断方法、真伪判定等数学基础尚未完全建立起来.

第二是大数据计算基础算法.一般而言,理解和分析大数据都是通过数据处理或数据分析来实现的,而无论是数据处理还是数据分析,最终都归于求解一系列基本的数学问题,如线性方程组求解、图计算、最优化计算、高维积分等.不过,这些看似早已解决的问题在大数据情形下却成了"拦路虎".

他以旅游为例,打了一个生动的比方来解释这种挑战."比如从西安到北京,怎么走最近?过去地图分辨率不高,根据普通的地图可以获取基本的路线.但现在大数据背景下,地图的分辨率越来越高,不可能一次就涵盖西安至北京之间全部城市与道路的数据,只能一次一次地提供其中某些城市间的道路信息.到达北京需要多少时间,怎样走最近?要带多少钱?现在的机器还回答不了这些问题.这是由于在分布式图信息环境下,图计算的基础算法问题没有解决."徐宗本说.

第三是深度学习的数学理论.徐宗本认为,这个问题在当下尤为关键.新一轮的人工智能多以深度学习为基本模型,然而深度学习的设计基础在哪里,什么样的结构决定了什么样的性能,能不能有泰勒公式和傅里叶级数这样的数学表示理论,这些基本的理论问题还没有解决.正是由于这个原因,现在的人工智能还得靠"人工"来换"智能",这也是造成当下"人工智能 = 人工 + 智能"的原因.

第四是非常规约束下的最优输运.人工智能的很多问题都可归纳为两个领域数据打通问题,即让两个对象在满足某一个特定的不变量情况下互相转换.

"比如中英文互译,就是在保持语义的情况下将中文数据转换成英文数据."

应用到现实,徐宗本畅想,将医院的 CT 和核磁共振图像相互转移或能很好地解决医疗诊断的信息不足问题."因为照的是同一个人,这里人就是不变量.要解决这些问题,建立特定约束下实现最优传输的数学理论与方法是基本的."

第五是关于学习方法论的建模与函数空间上的学习理论.徐宗本表示,研究生阶段学到的机器学习理论,需上升到方法论学习的阶段.

"从数学上说,无论函数空间上的学习理论怎么建立,本质是要适应不同的任务.由于任务本身是函数,是无穷的,那么就需要把过去机器学习中对样本、数据的选择、泛化,推广到对任务的选择、泛化中."

如果辩证地看待数学和人工智能的关系,相辅相成可能是其最好的诠释.徐宗本表示,不仅数学可为人工智能提供基础,人工智能也为数学研究提供新的方法论.

"比如解偏微分方程,过去人们可能会使用计算机,现在用人工智能可以做得更好."他认为,让数学中的模型方法与人工智能的数据方法结合,可将机器的深度学习应用得更加精确.

面对如今发展得如火如荼的人工智能产业,徐宗本也道出了自己对从业者的希冀.

"人工智能想要做得好,要靠数学问题尤其是算法的解决."徐宗本再次强调,从业者应潜心从基础研究抓起,使我国的应用场景优势真正转化为技术优势和产业优势.

本书的中心内容就是研究算法问题.而算法是一切人工能的基础.

本书介绍了等式可解性和计算复杂性相关的算法问题,以及恒等式和准恒等式可导性和可实现性问题.正如前文指出的,本书中很大一部分内容为首次对外出版.

作为一个专门做数学图书出版的工作室,出版一本算法的书可能会让有些读者觉得有跨界之嫌,所以有必要将算法之于数学的密切关联举个例子提一下,以算法的复杂性为例.①

算法取输入(input)并产生输出(output).一个算法 A 的复杂性是一个函数 $C_A(n)$,定义为遍历所有大小(size)最多为 n 的输入 I 时,在 I 上运行 A 的代价(cost)之最大值.代价常常用算法执行的"初等运算"之数目来度量,及在适当背景下,用计算机程序实际完成这些算法的运行时间来估计.

这些想法的形式化需要关于"算法""输入""输出""代价""初等运算"等的精确定义.我们将不给出它们.

作为取代,我们以一种相当自然的观点,考虑一系列数论算法并讨论它们的复杂性.幸运地,这个非正式与直观的做法对于算法数论之目的常常已经足够了.更精确的基础可以在许多理论计算机科学或算法复杂性的教程中找到.

第一个问题是在小学中出现的.

问题 1 乘法:给出整数 x 与 y,求出它们的乘积 xy.

由算法的看法,这个问题不幸未作规定.我们按下面自然的(但不是仅可能的)方法来叙述它.求解乘法的算法取两个记号串作为输入,记一个记号串作为它的输出.输入串是整数 x 与 y 以 b 为基的表示,此处 $b>1$ 为固定整数,而在实际操作中,我们可以取 $b=2,10,2^{32}$ 或 2^{64}.算法则按照定义好的程序,其下一步被计算的现状所决定;我们可以想象一个程序,

---

① 布勒 J P,等.算法数论:格、数域、曲线和密码学[M].王元,冯克勤,张俊,译.北京:高等教育出版社,2019.

它用你喜欢的计算机语言按理想的形式编制,没有内存限制.它的输出串为乘积 xy 的基 $-b$ 表示.

一个整数 x 的大小之自然概念是输入中的记号(基 $-b$ 数字)之总数,或者增大一个小常数使得允许界定这个整数并设定它的符号.为了确定起见,我们定义 x 的基 $-b$ 大小为

$$\text{size}_b(x) := 1 + \lceil \log_b(1 + |x|) \rceil$$

此处 $\log_b$ 表示基 b 之对数,且 $\lceil u \rceil$ 表示 u 的上舍入(ceiling)——大于或等于 u 的最小整数.

一个整数 x 的大小为 $O(\log|x|)$,此处 $g(x) = O(f(x))$ 表示:g 属于一个函数类,存在一个常数 C,使对于充分大的 x 有 $|g(x)| \leq C|f(x)|$.注意对于 $a, b > 1$ 有 $O(\log_a x) = O(\log_b x)$.特别地,如果我们对至多一个常数因子的复杂性感兴趣,则 $b > 1$ 的选择是无关的.

通常小学中的乘法算法用 $O(n^2)$ 位运算去乘两个大小为 n 的输入整数,更精确地,如果 x 与 y 有大小 n,则大概需要 n^2 位乘法与 n 位中间乘积的 n 次加法.由于相加 n 位整数需时 $O(n)$,所以用这个算法 n 位整数相乘的总复杂性为 $O(n^2) + n \cdot O(n) = O(n^2)$.注意,$O$ 记号优雅地概括了算法运行时间的一个上界——复杂性 $O(n^2)$ 独立于基 $-b$,度量一个整数大小的精确细节,两个输入的大小之定义(作为两个整数输入的最大值,或它们大小之总和),等等.

一个算法 A 花费多项式时间之含义为它的复杂性 $C_A(n)$ 是 $O(n^k)$,其中 k 为某整数.尽管这是一个灵活的定义,对计算的实际关联不清晰,但它被证明是惊人地稳健.事实上,有时取"多项式时间"与"有效"作为同义词是合理的.在任何情况下,从理论与实际两方面都证明这个概念是有用的.

一旦知道一个问题可以在多项式时间被解决,找出最小可能的指数 k 是很吸引人的.我们已经知道几个对 $O(n^2)$ 乘法算法的改进,当前最先进的当推

Schönhage(1971) 的惊人算法,它乘两个 n 位整耗时 $O(n\log n\log \log n)$. 有时不严格地将它写成 $O(n^{1+\varepsilon})$, 此处 ε 表示一个任意小的正数. 注意输入的大小为 $O(n)$, 所以 $O(n)$ 是一个显然的下界, 而且为了整数相乘, 则必须去读取它们. 应用 Schönhage 或相关技术的算法, 称为快速算法, 而接近于显然下界之算法称为渐近快速算法. 我们已知许多这样的代数与算术算法, 它们在实际计算中变得日益重要.

作用于一个单位数(即当 $b = 2$ 时之比特)的上述初等运算及复杂性的相继概念有时称为比特复杂性. 在其他方面, 我们假定任何算术运算在任意大小的整数上取常数时间可能更有用些; 这可能是适当的, 例如, 若已知所有整数适合一个单个的计算机字. 当一个算法的复杂性被计算算术运算所定义, 则结果就称为算法的算术复杂性. 在这个模型中, 一个单个乘法的代价为 $O(1)$, 这提醒我们, 复杂性估计强烈地依赖于基本假设.

问题2 取幂:给定 x 及一个非负整数 n, 计算 x^n.

这个问题同样是未作规定的. 我们将假定 x 是一个确切定义的运算(并有一个恒等元)之集合的一个元素, 它可以用乘法形式写出来; 进而言之, 我们将在输入 x 与 n 后, 算出 x^n 所需的这种运算个数来计算花费. 输入的大小将被取作整数 n 的大小.

尽管 x^{16} 可以用一种显然的方式做 15 次乘法而被算出来, 但用 4 次平方去计算更快一些. 更一般些, 由二进制展开 $n = \sum a_i 2^i$, 其中 $a_i \in \{0,1\}$, 推出
$$x^n = x^{a_0}(x^2)^{a_1}(x^4)^{a_2}\cdots \qquad (1)$$
这建议了一个清楚的途径去间隔乘法与平方:

右 – 左取幂

输入: x 如上, 及一个非负整数 n

输出: x^n

1. $y := 1$

2. 当 $n > 0$

如果 n 为奇数,$y:=xy$　　// a_i 为 1

$x:=x^2, n:=\lfloor n/2 \rfloor$

3. 返回 y

这里":="表示对变量附值,"//"表示一个注释,"1"表示运算的恒等元,下取整$\lfloor u \rfloor$为小于或等于u的最大整数.由式(1)可知算法的正确性是很显然的,这是由x^{2^k}被乘于y中当且仅当n的二进制展开中k次比特a_k非零.这可以由归纳法更正式地来证明,在第2步开始时,$X^N = x^n y$成立,此处X与N表示变量x与n的初始值.当$n = 0$时,方程即$x^N = y$,所以y为所要求之幂.

$\operatorname{Exp}(x,n):=x^n$的通常归纳定义给出了一个显然的递归算法

$$\operatorname{Exp}(x,n) = \begin{cases} 1, & \text{若 } n = 0 \\ \operatorname{Exp}\left(x^2, \dfrac{n}{2}\right), & \text{若 } n > 0 \text{ 为偶数} \\ x \cdot \operatorname{Exp}\left(x^2, \dfrac{n-1}{2}\right), & \text{若 } n \text{ 为奇数} \end{cases}$$

(2)

有经验的程序员常常执行算法的递归版本,这是由于它们的优美与显然的正确性,而且当必要时,可将它们转换为等价的(可能更快的)迭代(非递归)算法.如果对递归程序做了此事,结果就是上面的右-左算法.

奇妙的是,如果递归定义被换成数学上等价的算法,其中平方随着递归得到

$$\operatorname{Exp}(x,n) = \begin{cases} 1, & \text{若 } n = 0 \\ \operatorname{Exp}\left(x, \dfrac{n}{2}\right)^2, & \text{若 } n > 0 \text{ 为偶数} \\ x \cdot \operatorname{Exp}\left(x, \dfrac{n-1}{2}\right)^2, & \text{若 } n \text{ 为奇数} \end{cases}$$

(3)

则对应的迭代程序是真正不同了.

左 – 右取幂

输入：x，非负整数 n，2 的幂 $m = 2^a$ 满足 $\frac{m}{2} \leq n < m$

输出：x^n

1. $y := 1$
2. 当 $m > 1$

$$m := \left\lfloor \frac{m}{2} \right\rfloor, y := y^2$$

如果 $n \geq m$，则 $y := xy, n := n - m$

3. 返回 y

由证明在第 2 步开始时，$n < m$ 及 $y^m x^n = x^N$，即归纳地可知正确性. 与早期算法相反，这个版本消耗 n 的二进制展开中的比特 a_i 是从最左方(最重要)的比特开始的.

这个算法的任意版本(以后统称为 Exp)的复杂性为 $O(\log n)$，这是由于运算的个数囿于 $2 \cdot \text{size}_2(n)$. 我们将看到，这个惊人的效率在算法数论中有众多应用. 注意用重复地乘以 x 来计算 x^n 的朴素想法耗时为 $O(n)$，这是投入大小的指数.

附记 1 在一个特定但重要的实际情况下，Exp 的左 – 右版本比右 – 左版本要好些. 假定我们的运算是"乘法模 N"且 x 相比于 N 较小，则乘以原始的 x 很可能比区间 $0 \leq X < N$ 中任意整数 X 的模乘法耗时要小. 左 – 右版本保持原始 x(尽管取平方涉及任意整数)，然而右 – 左版本变更 x，从而在任意元素上几乎做所有运算. 换言之，以一个不同的计算模型(有特定的"乘法模 N"运算及小 x 的比特复杂性)，这个左 – 右算法或为递归或为迭代，都显著地好于右 – 左取幂.

附记 2 如果运算为整数乘法，则计算 x^n 的比特复杂性是指数的，这是由于输出的大小对于输入大小

$\log n$ 是指数的. 任何算法将是低效的. 这再次阐明了对计算模型的依赖性.

这里对计算能力的讨论仅仅触及大量理论与实际工作的表面. 取幂的特别重要性导致了许多重要的实际改进；可能最基本的是将 n 的基 -2 展开换成基 $-b$ 展开，其中 b 是 2 的一个小幂. 从理论方面，关于寻找计算 x^n 所需运算的绝对最小可能个数有一些有趣结果.

问题 3 GCD：给定正整数 a 与 b，找出最大的整数，它同时是 a 和 b 的因子.

最大公因子 (GCD) 记为 $\gcd(a,b)$. 或许最有名的数论算法属于欧几里得.

欧氏算法

输入：正整数 a 与 b

输出：$\gcd(a,b)$

当 $b > 0$ 时
$$\{a,b\} := \{b, a \bmod b\}$$

返回 a

这里 $r = a \bmod b$ 是 a 被 b 除后的剩余，即唯一的整数 $r, 0 \leqslant r < b$，使得存在一个 q 满足 $a = qb + r$. 同时，$\{a,b\} = \{b, a \bmod b\}$ 可以用一个较平凡的程序语言来执行，即按照三个陈述的线索 temp $:= b, b = a \bmod b, a =$ temp. 算法的正确性可以由 a 与 b 的 GCD 在算法的每一步都不改变而得到验证，及当 a 变成可被 b 整除时，则 b 就是 GCD.

恰如乘法，剩余 $a \bmod b$ 可以用直接算法耗时 $\log^2(\max(a,b))$ 被找到，如果我们用渐近快速乘法，则耗时 $\log^{1+\varepsilon}\max(a,b)$，此处 ε 为任意正数（这里 $\log^r x$ 为 $(\log x)^r$ 的简写）. 不难在算法的第一步之后做到 $a > b$，而后最小的数在算法（最多）两步中折半. 这表示循环被执行的时间（剩余运算之数目）囿于 $O(\log \max(a,b))$. 因此在 k 比特输入时，算法有复杂性 $O(k^3)$，当用快速算法时，则为 $O(k^{2+\varepsilon})$. 我们在以后将更多地说到欧氏算法.

若 $\gcd(a,b) = 1$,则 a 与 b 称为相对素或互素.

问题 4 素性:给予一个正整数 $n > 1$,n 是一个素数吗?

这是一个判定问题的例子,它输出"是"或"非".

对于素性最直接的算法或许是尝试除法:对于 $d = 2, 3, \cdots$,尝试 n 是否能被 d 整除.如果 n 被某 $d \leq \sqrt{n}$ 整除,则 n 是合数;如果 n 不被 $d \leq \sqrt{n}$ 的任何整数整除,则 n 为素数.这所需的时间是 $O(\sqrt{n})$,是 n 大小的指数函数,即使对于中等大的 n,这个算法也是不实用的.

费马小定理称,如果 n 是一个素数及 a 与 n 互素,则 $a^{n-1} \equiv 1 \pmod{n}$,由此推出 a 在 $(\mathbf{Z}/n\mathbf{Z})^*$ 中的阶整除 $n-1$.利用 $(\mathbf{Z}/n\mathbf{Z})^*$ 中的 EXP,易于验证条件 $a^{n-1} \equiv 1 \pmod{n}$.

一个科学工作者或一个工程技术人员在自身的工作领域所能达到的高度与其所掌握的数学工具的高深程度是成正比的.

去年笔者曾利用同一段时间集中阅读了厚厚的四大本《院士思维》一书,里面例子很多,随便借用一个:

袁渭康,化学工程专家,1935 年 7 月 1 日生于上海,1962 年华东化工学院研究生毕业.1995 年,他当选为中国工程院院士.

他长期从事工业反应器的研究与开发,发展了移动床煤气化器模型的近似解析解和通用的相平面分析法,以及反应器多态的全局分析法.他在生物反应器的状态估计和控制、固定床电极反应器、超临界流体反应和 CVD 反应器的模型化方面曾获得了创新成果,进行反应器动态行为的研究,发展了一种全新的动力学模型筛选和状态估计方法,以及过程在线辨识方法.他主持了多个工业反应器的开发项目,创导了"工业反应过程的开发方法论",应用反应工程理论,成功实现了反应器开发工作的高质量、短周期.他多次获得国家及省部级奖励,发表学术论文 200 余篇,著有专著 3 部.

他在自述①中指出:

有几件事对我的专业生涯有重要影响. 第一件事,1953 年我开始了大学学习. 我智力一般,学习方法也并不好,因此一开始就自感学习不深入,特别是数学课. 我们的数学老师已年逾花甲,上课基本照本宣科,我也就看看书,做做习题,就事论事,不知掌握了多少. 我意识到有问题,于是就去听了一堂邻班的辅导课. 老师问了一位同学:"导数是什么?"他答:"是曲线的斜率."这一答案也正是我所想到的. 结果老师严厉批评了那位同学,指出这是概念性错误. 导数应从极限的意义上来理解,而斜率只是导数的几何意义. 这件事使我震惊,至今记忆犹新. 我认真回顾了我的学习方法,醒悟到抽象思维的重要性,而这正是我十分需要培养的.

1980 年,我在麻省理工学院完成了美国能源部一个煤气化器的模拟研究后,向韦潜光教授提出了深入一步进行理论研究的建议:对这一复杂的非线性过程作近似解析法求解,这样有利于优化. 韦先生觉得这一课题过于困难,但最后他还是同意我去试一试.

我去请教麻省理工学院的林家翘(C. C. Lin)教授. 林先生是国际知名的应用数学大师,美国国家科学院院士,待人十分真诚. 我写出方程式,请教他有什么解法. 当时我想林先生是数学家,不懂化工,与他解释化工过程似无必要,他也必无兴趣. 但没想到林先生要我先不要向他讲数学式,而是解释这是怎样的一个化工过程,化学反应的原理和基本步骤,比较深入地了解了这一过程的物理实质. 他经过一番思索,告诉我他一时也想不出有什么方法. 我带着些许遗憾向

---

① 卢嘉锡,等. 院士思维[M]. 合肥:安徽教育出版社,2003.

林先生告辞,心想他也没有办法,那我又怎能有所作为.大约过了一个星期,林先生请他的助手来约我再谈一次.在这次约谈中,我们再次讨论了这一过程的基本特征,林先生建议用相空间分析法尝试一下.我根据他的意见最后得到了很好的结果,解决了这一问题.韦潜光先生也十分满意.通过这一事例,我深深体会到林先生真不愧是一位大师,他严谨的治学态度,他坚持了解问题本质的科学作风,给我留下了极深刻的印象.

既然院士都这么说了,你还不学?

刘培杰
2020 年 8 月
于哈工大

斐波那契数和卡塔兰数——导论（英文）

拉尔夫·P. 格里马尔迪 著

编辑手记

本书是一部版权引进图书，是以卡塔兰数为主题的，所以我们有必要先介绍一下卡塔兰. 卡塔兰（Catalan），比利时人，1814 年 5 月 30 日生于布鲁日. 毕业于巴黎多科工艺学校. 1856 年任列日大学分析学教授，并被选为布鲁塞尔科学院院士. 1894 年 2 月 14 日逝世. 卡塔兰写有 200 多篇关于各种数学问题的研究报告. 在微分几何方面，他证明了对于直纹曲面，只有当它是平面或为正常的螺旋面的时候，才可能是实的（此即卡塔兰定理）. 还与奥斯特罗格拉德斯基（Ostrogradsky）、雅可比（Jacobi）一起解决了多重积分的变量代换问题. 在函数论、伯努利数及其他问题的研究上也取得一些成果. 1942 年提出猜想：方程 $x^z - y^t = 1$，当 x,y,z,t 为大于 1 的自然数时，只有唯一解 $x = 3, y = 2, z = 3, t = 3$. 这个问题至今尚未解决. 所谓卡塔兰数也很著名.

本书原出版商为世界著名的学术出版机构——Wiley 出版公司.

本书的作者为拉尔夫·P. 格里马尔迪（Ralph P. Grimaldi），他居住在印第安纳州泰瑞豪特，是一位优秀的组合数学家.

卡塔兰数是组合数学中一个重要的研究对象. 笔者对其关注是始于数学奥林匹克竞赛. 以此为背景的数学奥林匹克竞赛

试题俯拾即是. 考虑到本书的读者应是以大中学生为主,所以我们先举一道 2018 年国际大学生数学竞赛的试题为例.

例题 1 设 $\Omega = \{(x,y,z) \in \mathbf{Z}^3 \mid y+1 \geq x \geq y \geq z \geq 0\}$. 一只青蛙沿着 Ω 中的点以步长 1 跳跃. 对每个正整数 n, 求出青蛙恰好用 $3n$ 步从 $(0,0,0)$ 跳到 (n,n,n) 的路径的数目.

解 设 $\Psi = \{(u,v) \in \mathbf{Z}^2 \mid v \geq 0, u \geq 2v\}$. 注意到映射 $\pi: \Omega \to \Psi, \pi(x,y,z) = (x+y,z)$ 是两个集合间的双射. 进一步, π 只使用单位跳跃向量将青蛙所有允许的路径投射到集合 Ψ 的内部. 因此, 我们感兴趣的是在集合 Ψ 内从 $\pi(0,0,0) = (0,0)$ 到 $\pi(n,n,n) = (2n,n)$ 的路径的数目, 这里只使用跳跃向量 $(1,0)$ 和 $(0,1)$.

对每个格点 $(u,v) \in \Psi$, 设 $f(u,v)$ 是 Ψ 中从 $(0,0)$ 到 (u,v) 的跳跃 $u+v$ 次的路径数目. 显然, 我们有 $f(0,0) = 1$. 用 $v = -1, 2v = u+1$ 扩充此定义, 设

$$f(u,-1) = 0, f(2v-1,v) = 0 \qquad (1)$$

对 Ψ 中除去原点的任意点 (u,v), 此路径要么源于 $(u-1,v)$, 要么源于 $(u,v-1)$, 所以

$$f(u,v) = f(u-1,v) + f(u,v-1), (u,v) \in \Psi \setminus \{(0,0)\}$$
(2)

如果我们忽略边界条件 (1), 存在大量函数满足式 (2), 即对每一个整数 c, $(u,v) \to \binom{u+v}{v+c}$ 就是一个这样的函数, 当 $v+c<0$ 或 $v+c>u+v$ 时, 定义二项式系数为零.

在直线 $2v = u+1$ 上, 我们有

$$\binom{u+v}{v} = \binom{3v-1}{v} = 2\binom{3v-1}{v-1} = 2\binom{u+v}{v-1}$$

因此, 函数

$$f^*(u,v) = \binom{u+v}{v} - 2\binom{u+v}{v-1}$$

满足式 (1)(2), 且 $f(0,0) = 1$. 这些性质唯一定义了函数 f, 因此 $f = f^*$.

特别地, 青蛙从 $(0,0,0)$ 到 (n,n,n) 的路径数目为

$$f(\pi(n,n,n)) = f(2n,n) = \binom{3n}{n} - 2\binom{3n}{n-1} = \frac{\binom{3n}{n}}{2n+1}$$

注 事实上,存在上述公式的直接证明方法. 例如,我们可以完全复制 Dvoretzky 和 Motzki 关于卡塔兰数的循环引理的证明.

其实在中学数学奥林匹克竞赛层次上,有关卡塔兰数的题目更多,我们通常将其记作 $c(n)$,是指 n 个 A 和 n 个 B 组成的这样的序列的数目,从前往后读,A 的数目始终大于或等于 B. 用组合数表示的话是

$$c(n) = \frac{c(2n,n)}{n+1}$$

北京大学数学营有一道和卡塔兰数有关的题目,那就是求 $\sum_{n=0}^{\infty} \frac{c(n)}{4^n}$. 标准答案用了裂项的方法,著名数学奥林匹克竞赛教练申强给出了两个更好的方法.

一个是利用递推关系

$$c(n+1) = c(0)c(n) + c(1)c(n-1) + \cdots + c(n)c(0)$$

这个递推关系的一种证明方式如下:给定 $n+1$ 个 A 和 $n+1$ 个 B 组成的这样的序列,我们从前到后观察第一处 B 的数目与 A 的数目相等的地方. 如果是前 $2k$ 项时第一次相等,这意味着在这之前,A 的数目一直至少比 B 的数目多 1 个,所以去掉第 1 项 A 和第 $2k$ 项 B,剩余的从第 2 项到第 $2k-1$ 项的部分仍然是卡塔兰序列,而从第 $2k+1$ 项到最后的部分也是卡塔兰序列,根据 k 的取值进行分类讨论即可.

记 $S = \sum_{n=0}^{\infty} \frac{c(n)}{4^n}$,则

$$S^2 = \sum_{n=0}^{\infty} \frac{c(n+1)}{4^n} = 4(S-1)$$

因此 $S = 2$.

另一个是根据这样的求和形式,申强认为应该有一个概率模型. 于是他想到了这样的问题:一个赌徒一开始有 1 元,每次赌博都赌 1 元,胜负的概率各为 $\frac{1}{2}$,而赌场的资金无限,那么赌

徒输光的概率等于多少?

直觉来说,这个概率应该等于1. 如果要说怎么证明,一种方法是,设其输光的概率为 p,赌第一局后,他如果输了,就已经输光了;如果赢了,则变成2元,此时能输光的概率为 p^2. 因此, $p = \frac{1+p^2}{2}, p = 1$. 另一种方法是根据他输光所需要的赌博次数进行分类讨论,这一定是奇数. 如果一次输光,概率为 $\frac{1}{2}$;如果三次输光,则这三次的结果一定是"赢输输",概率为 $\frac{1}{8}$;如果五次输光,则前四次一定是两赢两输,且从前往后看赢的次数不能少于输的次数(否则就提前输光了),第五次一定是输,概率为 $\frac{c(2)}{2^5}$;如果 $2n+1$ 次输光,则前 $2n$ 次一定是 n 赢 n 输,且从前往后看赢的次数不能少于输的次数(否则就提前输光了),第 $2n+1$ 次一定是输,概率为 $\frac{c(n)}{2^{(2n+1)}}$. 把这些概率求和,等于 $\frac{S}{2}$,而它又等于1,所以 $S = 2$.

山西著名数学奥林匹克竞赛教练王永喜也曾命制了一道关于卡塔兰数的题目,是说数列 $a(n)$ 满足 $a(0) = 1, a(2i+1) = a(i)$, $a(2i) = a(i) + a(i-2^e)$, e 为 i 所含2的幂,证明 $\sum_{i=0}^{2^n-1} a(i) = c(n+1)$.

显然,要把 $c(n+1)$ 对应的所有卡塔兰序列按照某个标准分类,使得分类的结果恰好等于左边. 因此,最好用0和1去生成这些卡塔兰序列,从左到右1的个数始终不小于0的个数,且从左到右读时正好读出某个数的二进制. 尝试了几个 n 的值后,得出规律:若 i 的二进制表示为 k 位,则 $a(i)$ 由 $k+1$ 个1和 $k+1$ 个0组成,且从左到右第 $3,5,7,\cdots,2k+1$ 位组成 i 的二进制的卡塔兰序列数目. 以下,就把它们称为"二进制数 i 生成的卡塔兰序列".

注意,i 的位数不够是无所谓的,可以在它左边补0,因为卡塔兰序列如果第三位为0,前两位一定都是1,此时把前面的"110"变成1,数目不变. 也就是说,i 生成的卡塔兰序列和"$0i$"

生成的卡塔兰序列数目相等. 这样一来, 把所有不足 n 位的二进制数前面补 0 变成 n 位就行了.

以下用数学归纳法证明即可. 显然, $a(2n+1) = a(n)$, 这是因为 "$i1$" 生成的卡塔兰序列的倒数第二位为 1, 则将其结尾的 "10" 去掉就得到 i 生成的卡塔兰序列. 而对于 "$i0$" 生成的卡塔兰序列, 其倒数第二位为 0, 则观察其最后一个处于奇数位置上的 1, 从它开始的三个数字是 "1?0"("?" 可能是数字 0 或 1), 将其变为 "?". 若 "?" 为 1, 则变成一个 i 生成的卡塔兰序列; 若 "?" 为 0, 则变成一个 $i - 2^e$ 生成的卡塔兰序列.

本书作者在前言中介绍了关于本书的写作经过.

1992 年 1 月, 我在马里兰州巴尔的摩市举行的全国数学联合会议上讲授了一门微型课程. 这门微型课程已经被美国数学协会的一个委员会所批准, 该委员会的任务是对所提议的微型课程进行评估. 该微型课程是由佛罗里达大西洋大学的弗雷德·霍夫曼 (Fred Hoffman) 教授特别推荐的, 分为两个小节, 每节两个小时, 第一节课涉及了斐波那契数列的例子、性质和应用, 第二节课研究了卡塔兰序列的可比较概念. 听众主要是大学和学院的数学教授, 还有大量的研究生和本科生, 以及巴尔的摩和华盛顿特区的一些高中数学老师.

自从第一次发表以来, 该课程的覆盖面在过去的 19 年里不断扩大, 我在后来的全国联合数学会议上又进行了 9 次讲授, 最近一次讲授是在 2010 年 1 月的旧金山. 此外, 在美国数学协会的十几个州分部的会议上, 以及一些有高中生参加的讲习班上, 这些内容也被完整地或部分地介绍过. 参加讲座的人所提供的评价指导我进一步了解相关材料, 也有助于其改进演讲内容.

在任何时候, 为了让在场的每一个人都能对演讲内容有所理解, 所以每一次演讲都是经过精心设计的, 因此, 从这些经验中产生的这本书, 应该被看作是对许多有趣的性质、例子和应用的介绍，它们来自对两个最迷人的数列的研究. 随着我们对各个章节的学习，我们应该很快就会理解为什么这些数列经常被人们认为是普遍存在的，尤其经常出现在离散数学和组合数学课程中. 对于斐波那契数列，我们可以在集合论、整数组合论、图论、矩阵论、三角学、植物学、化学、物理学、概率论和计算复杂性等不同领域找到它的应用，而卡塔兰数则出现在格点路径、图论、几何、序列、划分、计算机科学，甚至体育赛事中.

卡塔兰数貌似简单，其实它与高深的数学前沿有着千丝万缕的联系.

2003年7月22日，在英国爱丁堡大学举行了William Hodge (1903—1975) 百年纪念会. 德国著名数学家F. E. P. Hirzebruch (1927—2012) 为大会作了一个演讲，题目叫"Hodge数，陈数，卡塔兰数". 陈省身先生在南开数学所得知此事，遂提议与住在他家的M. F. Atiyah爵士一起，给老朋友Hirzebruch发张明信片. 他们在信上戏问，"What is the Catalan number?" Hirzebruch收到明信片后非常高兴，马上通过传真发给陈先生5页纸的回信，又意犹未尽，再续发了2页. 相关信件翻译如下.

亲爱的陈：

非常高兴收到你与Michael一起写的，从南开寄来的明信片.

你们问什么是卡塔兰数. 第n个卡塔兰数C_n如此给出

$$C_n = \binom{2n}{n}/(n+1)$$

于是，当$n = 0, 1, 2, 3, \cdots$时，有
$$C_n: 1, 1, 2, 5, 14, 42, 132, 429, \cdots$$
它们有特征函数

$$\sum_{n=0}^{\infty} C_n x^n = \frac{1}{2x}(1 - \sqrt{1-4x}) \qquad (1)$$

令 X_n 是复射影空间 P_{n+1} 中所有的直线组成的流形,则

$$\dim_{\mathbf{C}} X_n = 2n$$

X_n 等于 $\mathbf{C}^{n+2}$ 的2维复线性子空间的 Grassmann 流形,由此我们得到 X_n 上的 $\mathbf{C}^2$ – 重言(tautological)向量丛. 由紧群理论得知

$$X_n = \frac{U(n+2)}{U(2) \times U(n)}$$

此(对偶)重言丛的陈类 c_1, c_2,根据你的一个定义,与 X_n 的一些(余维为1,2的)子簇对偶:

c_1:与一固定的 $P_{n-1} \subset P_{n+1}$ 相交的所有直线形成的簇;

$c_2 : X_{n-1} \subset X_n$.

Schubert(Math. Annalen,1885) 已经求出 $c_1^{2n}[X_n]$. 它是 P_{n+1} 中与 $2n$ 个给定的,处于一般位置,余维2射影子空间都相交的直线个数.

我们有

$$c_1^{2n}[X_n] = C_n \qquad (2)$$

并且可以确定所有的陈数

$$c_1^{2r} c_2^s [X_n] = C_r \qquad (3)$$

其中 $2r+2s=2n$. 特别是,(符号差的)相交矩阵就是卡塔兰数的矩阵,该矩阵的行列式值为1,并在 $\mathbf{Z}$ 上与标准对角矩阵(对角线上全为1)等价.

当然,式(3)没有给出 X_n 的切丛的所有的陈数. 但原则上,它们都可以用式(3)来表达. A. Borel 和我得到的公式,用 c_1, c_2 表达了 X_n 切丛的所有陈类. 例如,X_n 切丛的第一陈类是 $(n+2)c_1$.

我们可以利用 Plück 坐标,做嵌入

$$X_n \subset P\binom{n+2}{2}_{-1} \qquad (4)$$

于是,c_1 与超平面截面 H 对偶. 由式(2)知,卡塔兰数 C_n 是嵌入(4)的量度.

Schubert 的论文里包含了许多有趣的内容. 例如, 考虑 X_n 中与一给定 $P_{n-2} \subset P_{n+1}$ 相交的全部直线形成的簇. 此簇有余维 2. 根据 Schubert 的论文, 它与

$$c_1^2 - c_2$$

对偶. 所以, 数

$$C_2(n) \triangleq (c_1^2 - c_2)^n [X_n] \tag{5}$$

很有趣.

它们出现在 Schubert 的文章里. $C_2(n)$ 是 P_{n+1} 中与 n 个给定的, 处于一般位置的, 余维 3 射影子空间都相交的直线个数.

由式(2)(3)(5), 得

$$C_2(n) = \sum_{k=0}^{n} (-1)^{n-k} \binom{n}{k} C_k$$

当 $n = 0,1,2,3,\cdots$ 时, 我们有 $C_2(n) = 1,0,1,1,3,6,15,36,91,232,603\cdots$ 直到 $n = 9$, 这些数都在 Schubert 的文章中出现.

我查了 Sloane 的那个很不错的整数序列表, 发现 $C_2(n)$ 与其中编号为 M2587 的序列符合. 所给的参考信息表明 $C_2(n)$ 有多个组合学的解释. (卡塔兰数具有几十个组合学的意义, 见 Stanley 的书) 我把 $C_2(n)$ 告诉 Don Zagier, 他立即证明 $C_2(n)$ 确实是 M2587, 并有

$$\sum_{n=0}^{\infty} C_2(n) x^n = \frac{1}{2x}\left(1 - \sqrt{\frac{1-3x}{1+x}}\right) \tag{6}$$

关于 M2587 的公式(6)在文献中出现过. 但我没有看到任何地方说 M2587 就是陈数 $(c_1^2 - c_2)^n [X_n]$.

Schubert 对直线的计算非常有意思. 我告诉了 Don Zagier 其他一些事情, 而他创立了一套令人非常感兴趣的方法. 我还可以写好几页纸. 但让我就此打住吧. 祝愿您身体健康. Inge(Hirzebruch 之妻) 做了膝盖手术后刚从医院回来. 我们俩向您致以最美好的祝愿.

Fritz

亲爱的陈：

显然,我还不能打住. 首先,我要指出,卡塔兰数满足

$$C_{n+1} = \sum_{i=0}^{n} C_i C_{n-i}$$

而 $C_2(n)$ 满足

$$C_2(n+1) = \sum_{i=0}^{n} C_2(i) C_2(n-i) + (-1)^{n+1}$$

(Don Zagier)

其次,我要指出以下的事实(这些事实可以用(Hermann Weyl 的)表示论与(A. Borel 和我于 1952—1954 年在 Princeton 得到的)Riemann-Roch 公式之间的关系来证明)：

考虑嵌入公式(4),并令 H 为 X_n 的与 c_1 对偶的超平面截面. Hilbert 多项式

$$\chi(X_n, rH) = \dim H^\circ(X_n, rH)$$

其中 $r > -(n+2)$; $-(n+2)H$ 是 X_n 的典范除子(canonical divisor). (Hodge 的"假定(postulation)"公式) 由(小平消没定理)

$$\chi(X_n, rH) = \frac{(r+1)(r+2)^2 \cdots (r+n)^2 (r+n+1)}{1 \cdot 2^2 \cdot \cdots \cdot n^2 \cdot (n+1)}$$

(7)

给出. 这是个 $2n$ 次多项式,当 $r = -1, -2, \cdots, -(n+1)$ 时,它为 0,这是根据小平邦彦的消没定理得到的必然结果(当 $r = 0$ 时,它等于 1).

根据 Riemann-Roch 定理,r^{2n} ($2n = \dim_{\mathbf{C}} X_n$) 项的系数等于

$$\frac{H^{2n}[X_n]}{(2n)!} = \frac{1}{(n+1)! \, n!}$$

于是

$$H^{2n}[X_n] = \frac{(2n)!}{(n+1)! \, n!} = C_n$$

从而,我们根据 Riemann-Roch 定理,又得到了公

式(2).

关于本书的特点,作者是这样介绍的.
本书的四个主要特点是:

1. 有用的资源
有很多地方可以用到这本书:
(1) 作为斐波那契数或卡塔兰数的入门介绍性教材.
(2) 作为离散数学或组合学课程的补充材料.
(3) 作为学生研究论文或其他类型项目主题的来源.
(4) 作为独立学习的资料.

2. 内容组织
这本书分为36章. 前17章构成本书的第一部分,涉及斐波那契数. 第18章至第36章为第二部分,涵盖了卡塔兰数的内容. 这两个部分可以按任何顺序来讲授. 第二部分对第一部分中的材料进行了一些引用. 这些引用通常只是比较性的, 如果需要, 可以很容易地从第一部分中找到与第二部分所述内容相结合的材料.

此外, 每一部分都以参考书目结尾, 对于有兴趣进一步了解这两个相当惊人的数字序列的读者来说, 这些参考资料应该是有用的.

3. 详细讲解
由于这本书是作为一本介绍、举例, 特别是证明性的著作而出版的, 因此书中提供了详细的讲解过程. 这样的举例和证明被设计得仔细而周密. 在整本书中, 课程的呈现主要在于提高读者的理解能力, 因为他们是第一次看到大部分(如果不是全部)这种材料.

此外, 我们尽力提供了任何可能需要的背景材料.

4. 练习

全书共有300多道练习题. 这些练习题的主要目的是回顾给定章节中的基本内容, 并介绍其他属性和示例. 在某些情况下, 这些练习题可能涵盖其中一章或多章的内容. 本书后面提供了所有题目编号为奇数的练习题的答案.

写作是件艰苦的差事. 顾炎武曾说, 不断有人问他《日知录》今年又写了几卷, 他的回答是, 仅几条而已, 哪里够得上卷, 可见著述之难.

本书作者在前言中也介绍了在他写作本书的过程中, 给他提供各种帮助的人及机构, 他说:

> 如果有足够的空间, 我要感谢微型课程、部门会议和讲习班的许多参与者这些年来的鼓励. 我还要感谢他们对本书材料和呈现方式的许多有益的建议.
>
> 这本书的创作离不开我所接受的教育, 感谢我的父母 Carmela 和 Ralph Grimaldi 做出的巨大的牺牲. 感谢 Helen Calabrese 对我的不断鼓励. 作为纽约州立大学奥尔巴尼分校 (State University of New York at Albany) 的一名本科生, 我非常幸运地遇见像 Robert C. Luippold, Paul T. Schaefer 这样的教授, 尤其是 Violet H. Larney, 他第一次向我介绍了迷人的抽象代数世界. 当我在新墨西哥州立大学读研究生时, 我与 David Arnold, Carol Walker 和 Elbert Walker 教授在课堂内外都有交集. 他们的教育对我产生了一定的影响. 还要感谢 Edward Gaughan 教授, 尤其是我的导师 Ray Mines 教授. 另外, 我在新墨西哥州立大学休假期间整理出现在构成这本书的大量材料. 因此, 我必须感谢他们的数学系为我提供了一间拥有如此美丽景色的办公室, 以及研究本书内容必需的资源.
>
> 没有这些帮助和指导, 一个人是不可能写出这样一本书的. 因此, 我要感谢 John Wiley & Sons, Inc. 出

版了这本书.在个人层面上,我想感谢 Shannon Corliss, Stephen Quigley 和 Laurie Rosatone 最初对这本书的兴趣.我必须感谢我的编辑 Susanne Steitz-Filler 和 Jacqueline Palmieri 在整个项目开发过程中提供的帮助和指导.特别感谢 Dean Gonzalez 为开发这些数字所做的努力.最后,我必须感谢资深制作编辑 Kristen Parrish 不断的帮助和鼓励,她设法让作者跨越了很多障碍.

我还要感谢 Charles Anderson 以及哈特威克学院的 Gary Stevens 教授和惠特曼学院的 Barry Balof 教授所做的有益评论.我在罗斯-霍曼理工学院数学系的同事在项目进行期间一直非常支持我.我特别感谢 Diane Evans, Al Holder, Leanne Holder, Tanya Jajcay, John J. Kinney, Thomas Langley, Jeffery J. Leader, David Rader 和 John Rickert.我还要感谢西方艺术学院院长批准我休年假,让我有时间开始写这本书.

感谢 Larry Alldredge 在处理计算机科学材料方面的帮助,感谢罗斯-霍曼理工学院的 Rebecca DeVasher 教授在化学应用方面的指导,感谢罗斯-霍曼理工学院的 Jerome Wagner 教授在物理应用方面的启发性讲话.

这种性质的书需要使用许多参考资料.当需要书籍和文章的时候,罗斯-霍曼理工学院的图书馆工作人员总是很乐于助人.因此,要感谢 Jan Jerrell,尤其是 Amy Harshbarger 在幕后所做的努力.

最后需要感谢的是罗斯-霍曼数学系的现任秘书 Mary Lou McCullough 夫人.尽管没有直接参与这个项目,但是她的友善和鼓励使我坚定了信心,她与我合作编写的另一本书的多个版本以及许多研究文章都对我撰写这本书产生了巨大影响.我将永远感谢她为我所做的一切.

由于是影印版,所以为了使广大读者能够更快了解本书的大概,我们翻译了目录供读者们参考.

第一部分　　斐波那契数

1. 历史背景
2. 兔子问题
3. 递归定义
4. 斐波那契数的特性
5. 一些介绍性示例
6. 合成与回文
7. 平铺:斐波那契数的可除性
8. 棋盘上的棋子
9. 光学,植物学与斐波那契数
10. 解决线性递推关系:F_n 的比内形式
11. 更多关于 α 和 β 的信息:在三角函数,物理,连分式,概率,结合律和计算机科学中的应用
12. 图论的例子:卢卡斯数的介绍
13. 卢卡斯数:更多特性与例子
14. 矩阵,反正切函数和无穷和
15. 斐波那契数的最大公约数特性
16. 交替斐波那契数
17. 最后一个例子?

第二部分　　卡塔兰数

18. 历史背景
19. 第一个例子:卡塔兰数的公式
20. 一些初级例子
21. 迪克路径,峰值和谷值
22. 杨氏表,构图,顶点和弧线
23. 凸多边形内部的三角剖分
24. 图论的一些例子
25. 偏序,全序和拓扑排序
26. 序列与生成树

27. 极大团:一个计算机科学的例子和网球问题
28. 体育赛事中的卡塔兰数
29. 卡塔兰数的一个递归关系
30. 第二次对凸多边形的内部进行三角剖分
31. 有根有序二叉树,回避模式和数据结构
32. 阶梯,硬币的排列,握手问题,以及非交叉划分
33. 纳拉亚纳数
34. 相关的数字序列:默兹金数,范因数和施罗德数
35. 广义卡塔兰数
36. 最后一个例子?
奇数练习题的解
索引

从目录中我们发现除了卡塔兰数的内容外,还有许多篇幅介绍了另一个更广为人知的数,那就是斐波那契数.斐波那契数的相关资料极为丰富.甚至在美国还专门有一个《斐波那契季刊》.笔者在此介绍一个 IMO 试题的解答,管窥其一斑.

第 20 届 IMO 试题 3 全体正整数的集合可以分成两个互不相交的正整数子集

$$\{f(1),f(2),\cdots,f(n),\cdots\}, \{g(1),g(2),\cdots,g(n),\cdots\}$$

其中

$$f(1) < f(2) < \cdots < f(n) < \cdots$$
$$g(1) < g(2) < \cdots < g(n) < \cdots$$

且有

$$g(n) = f(f(n)) + 1, n \geq 1$$

求 $f(240)$.

解法 1 设 $F = \{f(n)\}, G = \{g(n)\}, n = 1,2,3,\cdots$,现在 $g(1) = f(f(1)) + 1 > 1$,因此 $f(1) = 1, g(1) = 2$. 这里且先不作算术计算,应可以证明:若 $f(n) = k$,则

$$f(k) = k + n - 1 \tag{1}$$
$$g(n) = k + n \tag{2}$$

$$f(k+1) = k+n+1 \tag{3}$$

先认为式(1)(2)(3)成立,应用于 $f(1) = 1$,发现 $f(1) = 1, g(1) = 2, f(2) = 3$. 若我们将等式(1)重复应用于 $f(2) = 3$ 及其以后各数,可得到一组结果,即

$$f(3) = 4, f(4) = 6, f(6) = 9, f(9) = 14$$
$$f(14) = 22, f(22) = 35, f(35) = 56$$
$$f(56) = 90, f(90) = 145, f(145) = 234, f(234) = 378, \cdots$$

但 $f(240)$ 不在这组数中. 注意到,等式(3)产生更大的数目. 例如, $f(145) = 234, f(235) = 380$. 退回到这组数中,经过仔细的计算,可发现若将式(3)应用于 $f(56) = 90$ 及其以后各数,得到 $f(91) = 147, f(148) = 239, f(240) = 388$.

但这种解法必须先证明式(1)(2)(3)成立. 假设 $f(n) = k$,我们注意到两个互不相交的集合

$$\{f(1), f(2), f(3), \cdots, f(k), \cdots\}$$

和

$$\{g(1), g(2), g(3), \cdots, g(n), \cdots\}$$

中包含所有从式(1)到 $g(n)$ 的自然数,因为

$$g(n) = f(f(n)) + 1 = f(k) + 1$$

计算一下这两个集合中元素的数目,可得到 $g(n) = k + n$ 或 $g(n) = f(n) + n$,这样就得到了式(2),并从

$$k + n = g(n) = f(k) + 1$$

中得到了式(1).

从等式 $g(n) - 1 = f(f(n))$ 中可看出 $g(n) - 1$ 为 F 的元素. 因此,不可能有两个连续的整数都为 G 的元素. 因为 $k + n$ 是 G 的元素,可推出 $k + n - 1$ 和 $k + n + 1$ 均为 F 的元素,实际上是 F 的相邻两元素. 从等式(1)中可知

$$k + n + 1 = f(k+1)$$

解法2 整数数列 $\{f(k)\}, \{g(k)\}$,若两者所有的元素刚好包括所有整数(且没有重叠),则称两数列互补. S. Beatty 提出了特殊的互补数列,证明了对于任何一对无理数 (α, β),若满足

$$\frac{1}{\alpha} + \frac{1}{\beta} = 1 \tag{4}$$

则数列 $F(n) = \{[n\alpha]\}, G(n) = \{[n\beta]\}, n = 1, 2, \cdots$ 互补. 这里 $[z]$ 表示 z 的整数部分.

我们可称数列 $\{f(n)\}, \{g(n)\}$ 是贝特数列, 解题的关键在于等式 $g(n) = f(n) + n$, 该式化为
$$[n\beta] = [n\alpha] + n = [n\alpha + n]$$
这个关系式对所有的 n 都成立, 若 $n\beta = n\alpha + n$, 即
$$\beta = \alpha + 1 \tag{5}$$
在式(4) 中代入 β, 则
$$\frac{1}{\alpha} + \frac{1}{\alpha + 1} = 1$$
或者
$$\alpha^2 - \alpha - 1 = 0$$
我们选择正根 $\alpha = \frac{1}{2}(1 + \sqrt{5})$, 这样 $\beta = \frac{1}{2}(3 + \sqrt{5})$.

计算
$$f(240) = [240\alpha] = [120 \times (1 + \sqrt{5})] = 120 + [120\sqrt{5}]$$
因为
$$\sqrt{5} \approx 2.236, 120\sqrt{5} \approx 12 \times 22.36 = 264 + 4.32$$
所以
$$[120\sqrt{5}] = 268, f(240) = 120 + 268 = 388$$

解法 3 设 $b_0 = 1, b_1 = 2, b_2 = 3, b_3 = 5, b_4 = 8, \cdots, b_i = F_{i+2}$ 等于第 $i + 2$ 个斐波那契数, 那么每一个正整数 n 均可唯一地表示为
$$n = a_k b_k + a_{k-1} b_{k-1} + \cdots + a_0 b_0$$
这里 $a_i = 0$ 或 1, 且没有两个相邻的 a_i 都等于 1. 我们把形式 $a_k a_{k-1} \cdots a_0$ 叫作 n 在斐波那契基下的表示. 例如, $1 = 1, 2 = 10, 3 = 100, 4 = 101, 5 = 1\,000, 6 = 1\,001, 7 = 1\,010$ 等. 最大的 d 位的数(相当于 F_{d+2-1}) 是 $10\,101\cdots$.

尾部含有偶数个 0 的数(包括没有 0) 所构成的数列与尾部含有奇数个 0 的数所构成的数列组成互补数列. 我们把第一个数列中的第 n 个数记作 $f(n)$, 把第二个数列中的第 n 个数记为 $g(n)$. 下面我们给出一种在斐波那契基下计算 $f(n)$ 的方法, 而且用这种方法很容易验证, $g(n) = f(f(n)) + 1$, 上述两个数列

就是所给问题中的两个数列.

设 $a_k a_{k-1} \cdots a_0$ 在斐波那契基下表示为 n，我们这样规定 $f(n)$ 的值：它在斐波那契基下的表示是 $a_k a_{k-1} \cdots a_0 0$. 若它的尾部含有偶数个 0，则它就是 $f(n)$；若它的尾部含有奇数个 0，如 $\cdots 1\underbrace{00\cdots 0}_{\text{奇数个}0}$，那么把它所对应的数减去 1，在斐波那契的意义下，相当于用一个等长的尾段 $\cdots 0101\cdots 01$ 来替换尾段 $\cdots 1000\cdots 0$，由此可得 $f(n)$.

易知，用如上的方法就可得出全部尾部含有偶数个 0 的数的一个递增序列，这就求出了所有的 $f(n)$.

对于每一个 $f(n) = c_k c_{k-1} \cdots c_0$，它的尾部含有偶数个 0，采用上述同样的做法，$f(f(n)) + 1$ 就等于 $c_k c_{k-1} \cdots c_0 0$. 由此，$f(f(n)) + 1$ 就给出了尾部含有奇数个 0 的一切数. 这就是 $g(n)$.

解法 4 先证 $f(\mu)$ 和 $g(\mu)$ 满足下列不等式，即
$$2 \leq g(\mu + 1) - g(\mu) \leq 3 \tag{6}$$
$$1 \leq f(\mu + 1) - f(\mu) \leq 2 \tag{7}$$

因为
$$g(\mu + 1) = f(f(\mu + 1)) + 1$$
所以
$$g(\mu + 1) - 1$$
是 f 的值. 又
$$f(\mathbf{Z}^+) \cap g(\mathbf{Z}^+) = \varnothing \quad (\mathbf{Z}^+ \text{表示正整数集})$$
所以
$$g(\mu) < g(\mu + 1) - 1$$
进而
$$g(\mu) = g(\mu + 1) - 2$$
所以式(6)的左端得证.

由此 $f(\mu)$ 和 $f(\mu + 1)$ 之间，至多有一个 g 的值(若 $f(\mu + 1)$ 和 $f(\mu)$ 之间有两个 g 的值 $g(k_1), g(k_2)$，不妨设 $g(k_1) > g(k_2)$，即
$$f(\mu + 1) > g(k_1) > g(k_2) > f(u)$$
则

$$f(\mu+1) > g(k_1) - 1 > f(\mu)$$

因为 $g(k_1)-1$ 是 f 的值,这与 f 的严格单调性矛盾). 式(7)得证.

设
$$g(\mu) = f(t) + 1, g(\mu+1) = f(t+s) + 1$$
于是
$$f(\mu) = t, f(\mu+1) = t+s$$

从式(7) 可知,s 只能取值1或2. 故式(6) 的右端得证.

$g(1) = f(f(1)) + 1 > 1$,只能 $f(1) = 1$. 由此
$$g(1) = f(1) + 1 = 2$$

由已知条件可将 f 和 g 的值逐个推算出来.

现在定义一个序列 P_N,规定 P_N 的第 k 项($1 \leq k \leq N$) 是 f 或 g,视 $k \in f(\mathbf{Z}^+)$ 或 $k \in g(\mathbf{Z}^+)$ 而定.

例如,$P_1 = \{f\}, P_2 = \{f,g\}, P_3 = \{f,g,f\}$,不难发现 P_N 与斐波那契数列 $F_1 = 1, F_2 = 2, \cdots, F_n = F_{n-1} + F_{n-2}$ 有关系.

P_{F_n} 是 $P_{F_{n-1}}$ 与 $P_{F_{n-2}}$ 依次合并,例如
$$P_{F_1} = P_1 = \{f\}, P_{F_2} = P_2 = \{f,g\}$$
$$P_{F_3} = P_3 = \{f,g,f\} = P_{F_2}P_{F_1}$$

由归纳法立即可推出 P_{F_n} 中恰好有 F_{n-1} 个 f 和 F_{n-2} 个 g,上述结论可以归纳成公式

$$f(F_{n-1}+M) = F_n + f(M), 1 \leq M \leq F_{n-2} \quad (8)$$
$$g(F_{n-2}+M) = F_n + g(M), 1 \leq M \leq F_{n-3} \quad (9)$$
$$g(F_{k-1}+s+1) = f(F_k+r+t) + 1$$

因此
$$g(F_{k-1}+s+1) - g(F_{k-1}+s) = t + 2 = g(s+1) - g(s)$$

这说明 $M+1$ 和 $F_{k+1}+M+1$ 同为 g 值或同为 f 值,故当 $n=k+1$ 时结论成立.

再用数学归纳法证明
$$f(\mu) = \left[\frac{F_n}{F_{n-1}}\mu\right] F_{n-1} < \mu \leq F_n, \mu \geq 3 \quad (10)$$

其中,$[x]$ 表示不超过数 x 的最大整数.

注意到,用归纳法易证 $F_k^2 - F_{k-1}F_{k+1} = (-1)^k$,并再用一

次归纳法可证明

$$\frac{F_k}{F_{k-1}} - \frac{F_{k+1}+1}{F_{k+1}} = \frac{(-1)^k F_1}{F_{k-1}F_{k+1}} \tag{11}$$

当 $n=3$ 时,$f(3) = \left[\frac{3}{2} \times 3\right] = 4$,故式(10) 成立.

设当 $3 < n \leqslant k$ 时,式(10) 成立,求证:当 $n = k+1$ 时,式(10) 也成立.

令

$$\mu = F_k + M, 1 \leqslant M \leqslant F_{k-1}$$

有

$$M = 1, \left[\frac{F_{k+1}}{F_k}\right] = 1$$

$$M = 2, \left[\frac{2F_{k+1}}{F_k}\right] = 2$$

故可设

$$M \geqslant 3, F_{l-1} < M \leqslant F_l, 3 \leqslant l \leqslant k-1$$

从式(11) 可知

$$\Delta = \left|\left(\frac{F_1}{F_{l-1}} - \frac{F_{k+1}}{F_k}\right) M\right|$$

现在用数学归纳法证明 P_{F_n} 是 $P_{F_{n-1}} P_{F_{n-2}}$ 的依次合并.

当 $n=3$ 时,可直接验证结论成立.

设 $n=k$ 时,命题成立,求证:当 $n=k+1$ 时命题也成立.

只要对 M 用归纳法证明 M 和 $F_{k+1} + M$ 同为 f 的值或同为 g 的值即可.

先考虑 $M = 1$.

因 $P_{F_{k+1}}$ 由 $P_3 P_2 P_3 P_3 P_2 \cdots$ 依次合并,它的尾部必是 $P_3 P_2$ 或 $P_2 P_3$. 当尾部是 $P_3 P_2$,$F_{k+1} \in g(\mathbf{Z}^+)$,由式(6),有 $F_{k+1} + 1 \in g(\mathbf{Z}^+)$;若尾部是 $P_2 P_3$,即 f,g,f,g,f,由式(6) 易证 f,g,f,g 序列决不会出现. 由此 $F_{k+1} + 1 \in f(\mathbf{Z}^+)$.

再考虑 $1 < M \leqslant F_{k-1}$.

若 $M \in g(\mathbf{Z}^+)$ 和 $F_{k+1} + M \in g(\mathbf{Z}^+)$. 由式(1),有 $M+1 \in f(\mathbf{Z}^+)$ 和 $F_{k+1} + M + 1 \in f(\mathbf{Z}^+)$;若 $M-1, M \in f(\mathbf{Z}^+)$ 和 $F_{k+1} + M - 1, F_{k+1} + M \in f(\mathbf{Z}^+)$. 由式(7),有 $M+1 \in g(\mathbf{Z}^+)$ 和 $F_{k+1} + $

$M + 1 \in g(\mathbf{Z}^+)$.

因此仅须考虑 $M - 1 \in g(\mathbf{Z}^+), M \in f(\mathbf{Z}^+)$ 和 $F_{k+1} + M - 1 \in g(\mathbf{Z}^+), F_{k+1} + M \in f(\mathbf{Z}^+)$ 这一情况.

设 P_M 中有 r 个 f 和 s 个 g,于是
$$f(r) = M, g(s) = M - 1, f(s) = r - 1$$
设 $f(s+1) = r + t$,由式(2),有 $t = 0$ 或 1. 由此
$$g(s+1) - g(s) = t + 2$$
由归纳假设
$$f(F_k + r) = F_{k+1} + M$$
$$g(F_{k-1} + s) = F_{k+1} + M - 1$$
$$f(F_{k-1} + s) = F_k + f(s) = F_k + r - 1$$
$$g(F_{k-1} + s) = f(F_k + r - 1) + 1$$
由式(8),得
$$f(F_{k-1} + s + 1) = F_k + f(s+1)$$
$$= F_k + r + t$$
$$= \frac{F_{k-1} M}{F_{l-1} F_k}$$
$$\leqslant \frac{F_{k-1} F_l}{F_{l-1} F_k}$$

因 $F_{k-1} < F_l < F_k$,故 $\Delta < \frac{11}{F_{l-1}}$.

从归纳法假设 $f(M) = \left[\frac{F_l M}{F_{l-1}}\right]$.

F_l 与 F_{l-1} 互素, M 的可能取值是 $F_{l-1} + 1, \cdots, F_{l-1} + F_{l-2}$, 故 $\frac{F_l M}{F_{l-1}}$ 一定不是整数,显然 $\frac{F_l M}{F_{l-1}}$ 的分数部分 S 有
$$\frac{1}{F_{l-1}} \leqslant S \leqslant \frac{F_{l-1} - 1}{F_{l-1}}$$
从 $\Delta < \frac{1}{F_{l-1}}$, 可得
$$\left[\frac{F_{k+1} M}{F_k}\right] = \left[\frac{F_l M}{F_{l-1}}\right]$$
于是

$$\left[\frac{F_{k+1}}{F_k}(F_k+M)\right] = F_{k+1}+\left[\frac{F_l M}{F_{l-1}}\right] = F_{k+1}+f(M) = f(F_k+M)$$

故 $n = k+1$ 时,式(10) 成立.

$\Delta < \dfrac{1}{F_{l-1}}$ 将对任意大的 k 成立,因此 $\left[\dfrac{F_l M}{F_{l-1}}\right] = \left[\dfrac{F_{k+1}M}{F_k}\right]$ 对 $\lim\limits_{k\to\infty}\dfrac{F_{k+1}}{F_k} = \dfrac{1+\sqrt{5}}{2}$ 亦应成立.

于是可用 $\dfrac{1+\sqrt{5}}{2}$ 代替式(10) 中的 $\dfrac{F_n}{F_{n-1}}$,就有

$$f(\mu) = \left[\frac{1+\sqrt{5}}{2}\mu\right]$$

即得

$$f(2\mu) = \left[(1+\sqrt{5})\mu\right]$$

解法 5 由题设知 f,g 的值都不互相重复,而且每一个正整数都有一个 f 值或 g 值和它相等,所以若 $g(n) = k$,则在首 k 个正整数中,g 值出现 n 次,f 值出现 $k-n$ 次. 又因 $g(n) = f(f(n))+1$,故小于 $g(n)$ 的 f 值有 $f(n)$ 个. 由此可知 $f(n) = k-n$,即

$$g(n) = f(n)+n \qquad (12)$$

由式(1)(12) 可以算出开始的 n 个函数值.

设在 $g(n-1)$ 和 $g(n)$ 之间有 t 个 f 值,则下面的一组函数值

$f(m-1),g(n-1),f(m),f(m-1),\cdots,f(m+t-1),g(n)$

是连续整数,由于

$g(n-1) = f(m-1)+1, g(n) = f(m+t-1)+1$

故有

$$f(f(n-1)) = f(m-1), f(f(n)) = f(m+t-1)$$

又由于 f 的严格单调性,得

$$f(n-1) = m-1, f(n) = m+t-1$$

于是 $m,m+1,\cdots,m+t-2$ 这 $t-1$ 个数是 g 的 $t-1$ 个值. 但由 $g(n) = f(f(n))+1$ 知两个 g 值之间至少有一个 f 值,故 $t-1 = 0$ 或 1,即 $t = 1$ 或 2. 故两个 g 值之间至多有两个 f 值. 由此又知

$$f(n) = f(n-1) + 1 \text{ 或} f(n-1) + 2 \qquad (13)$$

现在我们用归纳法证明不等式

$$(f(n))^2 - nf(n) < n^2 < (f(n)+1)^2 - n(f(n)+1) \qquad (14)$$

当 $n = 1$ 时,$f(1) = 1$,式(14)显然成立.

假设当 $1 \leqslant n \leqslant s$ 时,式(14)成立.当 $n = s + 1$ 时,则由式(13)知

$$f(s+1) = f(s) + j, j = 1, 2$$

① $f(s+1) = f(s) + 1$.

这时式(14)的左边可写成

$$(f(s)+1)^2 - (s+1)(f(s)+1) = (f(s))^2 - sf(s) + f(s) - s \qquad (15)$$

由归纳假设知

$$(f(s))^2 - sf(s) < s^2$$

又显然 $f(s) < 2s$,故式(15)的左边小于

$$s^2 + f(s) - s < s^2 + s < (s+1)^2$$

这样就证明了式(14)的左边的不等式.

因为 $f(s-1), g(t), f(s), f(s+1), g(t+1)$ 是连续整数,故

$$f(f(t)) = f(s-1), f(f(t+1)) = f(s+1)$$

于是

$$f(t) = s - 1, f(t+1) = s + 1$$

所以存在

$$g(r) = s, f(f(r)) = s - 1 = f(t)$$

即

$$f(r) = t$$

而

$$s = g(r) = f(r) + r = t + r$$

即

$$r = s - t$$

又

$$f(s+1) = g(t+1) - 1 = f(t+1) + (t+1) - 1 = s + t + 1$$

所以

$$f(r) = t = f(s+1) - (s+1)$$
$$r = s - t = (2s+1) - f(s+1)$$

因为 $r < s$,所以由归纳假设,式(14) 右边的不等式成立. 把 r 和 $f(r)$ 代入并移项,得
$$r(f(r) + r + 1) < (f(r) + 1)^2$$
即
$$(2s + 1 - f(s+1))(s+1) < (f(s+1) - s)^2$$
展开并移项,得
$$(f(s+1))^2 - (s-1)f(s+1) - s > s^2 + 2s + 1$$
所以
$$(f(s+1) + 1)^2 - (s+1)(f(s+1) + 1) > (s+1)^2$$
这样,式(14) 右边的不等式也证明了.

② $f(s+1) = f(s) + 2$.

由于 $f(s), g(t), f(s+1)$ 是连续整数,故
$$s = f(t)$$
$$f(s+1) = g(t) + 1 = f(t) + t + 1 = s + t + 1$$
即
$$t = f(s+1) - (s+1)$$

因为 $t \leqslant f(t) = s$,所以由归纳假设,式(14) 右边的不等式成立. 把 t 和 $f(t)$ 代入,得
$$t^2 < (f(t) + 1)^2 - t(f(t) + 1)$$
即
$$(f(s+1) - (s+1))^2 < (s+1)^2 - (f(s+1) - (s+1))(s+1)$$
展开并移项,得
$$(f(s+1))^2 - (s+1)f(s+1) < (s+1)^2$$
这样就证明了式(14) 左边的不等式.

再则
$$(f(s+1) + 1)^2 - (s+1)(f(s+1) + 1)$$
$$= ((f(s) + 1) + 2)^2 - (s+1)(f(s+1) + 1)$$
$$= (f(s) + 1)^2 - s(f(s) + 1) + 3f(s) - 2s + 5$$
$$> s^2 + 3f(s) - 2s + 5$$

要证明式(14) 右边的不等式成立,只要证明
$$s^2 + 3f(s) - 2s + 5 > (s+1)^2$$

或
$$3f(s) - 4s + 4 > 0$$
现在
$$f(s) = f(s+1) - 2 = f(t) + t - 1, s = f(t)$$
故
$$3f(s) - 4s + 4 = 3f(t) + 3t - 3 - 4f(t) + 4$$
$$= 3t - f(t) + 1$$
$$> t + 1$$
$$> 0$$
至此,不等式(14)证毕,即
$$(f(s))^2 - sf(s) - s^2 < 0$$
$$(f(s) + 1)^2 - s(f(s) + 1) - s^2 > 0$$
现在方程 $x^2 - sx - s^2 = 0$ 的正根为 $\frac{1}{2}(1+\sqrt{5})s$,故若
$$x^2 - sx - s^2 < 0, x > 0$$
则
$$x < \frac{1}{2}(1+\sqrt{5})s$$
若
$$x^2 - sx + x^2 > 0, x > 0$$
则
$$x > \frac{1}{2}(1+\sqrt{5})s$$
这证明了
$$f(s) < \frac{1}{2}(1+\sqrt{5})s$$
$$f(s) + 1 > \frac{1}{2}(1+\sqrt{5})s$$
因 $f(s)$ 是正整数,故
$$f(s) = \left[\frac{1}{2}(1+\sqrt{5})s\right]$$
令 $s = 2u$,得
$$f(2u) = \left[(1+\sqrt{5})u\right]$$

解法 6 为求 $f(2\mu)$,先讨论函数 f, g 的一些性质.

性质 $1: f(1) = 1, g(1) = 2$.

事实上,由题意,数 1 只能被 $f(1)$ 或 $g(1)$ 所取到,但
$$g(1) = f(f(1)) + 1 > 1$$
所以 $f(1) = 1$,并且
$$g(1) = f(f(1)) + 1 = f(1) + 1 = 2$$

性质 2:对于给定的 n,设 k_n 为不等式 $g(x) < f(n)$ 的正整数解的个数,则
$$f(n) = n + k_n$$

事实上,由假设可知
$$f(1) = 1 < g(1) < \cdots < g(k_n) < \cdots < f(n)$$
是代表 $f(n)$ 个连续的正整数,但另一方面,它显然由 n 个正整数 $f(1), \cdots, f(n)$ 及 k_n 个正整数 $g(1), \cdots, g(k_n)$ 所组成,故
$$f(n) = n + k_n$$

性质 3:若 $f(n) = N$,则:

(1) $f(N) = N + n - 1$.

(2) $f(N+1) = (N+1) + n$.

事实上,因为
$$g(n-1) = f(f(n-1)) + 1 \leqslant f(N-1) + 1 \leqslant f(N)$$
及
$$g(n) = f(f(n)) + 1 = f(N) + 1 > f(N)$$
所以满足 $g(x) < f(N)$ 的最大整数 x 必为 $n-1$.因此
$$f(N) = N + n - 1$$
同理可证
$$f(N+1) = N + n + 1$$

性质 $4: g(n) = f(n) + n$.

事实上,由性质 3 可得
$$g(n) = f(f(n)) + 1 = (f(n) + n - 1) + 1 = f(n) + n$$

性质 $5: 1 \leqslant f(n+1) - f(n) \leqslant 2, 2 \leqslant g(n+1) - g(n) \leqslant 3$.

事实上,不等式 $f(n+1) - f(n) \geqslant 1$ 是显然的.于是
$$g(n+1) - g(n) = (f(n+1) + n + 1) - (f(n) + n)$$
$$= f(n+1) - f(n) + 1$$
$$\geqslant 2$$

不等式 $g(n+1) - g(n) \geqslant 2$ 说明了在 $g(n)$ 与 $g(n+1)$ 之间至

少有一个函数 f 的值存在. 由此也就说明了在 $f(n)$ 与 $f(n+1)$ 之间至多只含有一个函数 g 的值,所以
$$f(n+1) - f(n) \leqslant 2$$
从而可得
$$g(n+1) - g(n) \leqslant 3$$

如令 $f_n = f(n), g_n = g(n)$,那么从 $f(1) = 1$ 出发,利用上面的性质可以把 f 和 g 的值逐个推算出来,即
$$f_1, g_1, f_2, f_3, g_2, f_4, g_3, f_5, g_4, f_6, g_4, f_7, f_8, g_5, \cdots$$
不难发现,这个序列与斐波那契数列①
$$F_1 = 1, F_2 = 2, F_3 = 3, F_4 = 5, F_5 = 8, \cdots, F_n = F_{n-1} + F_{n-2}$$
有密切关系. 为此,我们定义一个序列 P_N,规定 P_N 的第 $k(1 \leqslant k \leqslant N)$ 项是 f 或 g,视 $k \in f(\mathbf{Z}^+)$ 或 $k \in g(\mathbf{Z}^+)$ 而定,例如
$$P_1 = \{f\}, P_2 = \{f, g\}, P_3 = \{f, g, f\}, P_4 = \{f, g, f, f\}, \cdots$$
并用记号 $P_N P_M$ 表示两个序列 P_N, P_M 的依次合并,即把序列 P_M 衔接于序列 P_N 的末尾,那么
$$P_{F_3} = P_3 = \{f, g, f\} = P_2 P_1 = P_{F_2} P_{F_1}$$
$$P_{F_4} = P_5 = \{f, g, f, f, g\} = P_{F_3} P_{F_2}$$
一般的,启发我们:$P_{F_{n+1}}$ 是 P_{F_n} 与 $P_{F_{n-1}}$ 的合并,即
$$P_{F_{n+1}} = P_{F_n} P_{F_{n-1}}$$
也就是说 $P_{F_{n+1}}$ 中恰好有 F_n 个 f 值及 F_{n-1} 个 g 值,而且 $F_{n+1} + M$ 与 M 同为 f 值或同为 g 值 $(1 \leqslant M \leqslant F_n)$,这句话也就是等价于

---

① 所谓斐波那契数列,是指这样的一个数列,即
$$F_0 = 1, F_1 = 1, F_2 = 2, F_3 = 3$$
$$F_4 = 5, F_5 = 8, F_6 = 13, \cdots$$
它的通项满足循环方程
$$F_n = F_{n-1} + F_{n-2}$$
也就是说,斐波那契数列的每一项 F_n $(n \geqslant 2)$,可以用它前面的两项 F_{n-1} 与 F_{n-2} 的和来表示.

斐波那契数列的通项公式为
$$F_n = \frac{1}{\sqrt{5}}\left(\left(\frac{1+\sqrt{5}}{2}\right)^{n+1} - \left(\frac{1-\sqrt{5}}{2}\right)^{n+1}\right)$$

$$f(F_n + r) = F_{n+1} + f(r), 1 \leq r \leq F_{n-1}$$
$$g(F_{n-1} + s) = F_{n+1} + g(s), 1 \leq s \leq F_{n-2}$$

下面我们继续讨论 f,g 的一些性质,以证明这些猜测是正确的.

性质 6: $f(F_{2k-1}) = F_{2k} - 1, f(F_{2k}) = F_{2k+1}$.

我们用数学归纳法来证明性质 6. 当 $k = 1$ 时,有
$$f(F_1) = f(1) = 1 = F_2 - 1$$
$$f(F_2) = f(2) = 3 = F_3$$

假定性质 6 对自然数 k 为真,则由性质 3 可知
$$f(F_{2k+1}) = f(f(F_{2k})) = F_{2k+1} + F_{2k} - 1 = F_{2(k+1)} - 1$$
$$f(F_{2(k+1)}) = f(f(F_{2k+1}) + 1) = F_{2(k+1)} + F_{2k+1}$$
$$= F_{2k+3} = F_{2(k+1)+1}$$

所以对自然数 $k + 1$ 亦为真.

性质 6 说明,当 n 为奇数时, F_n 为 f 值;当 n 为偶数时, F_n 为 g 值.

性质 7: 若 $k > 1$, 则 $F_k + 1$ 恒为 f 值.

事实上,若 k 为偶数,则 F_k 为 g 值,故 $F_k + 1$ 为 f 值;若 k 为奇数,令 $k = 2s + 1$, 则 $F_{2s+1} = f(F_{2s})$, 如果
$$F_k + 1 = F_{2s+1} + 1 = f(F_{2s}) + 1$$
为 g 值,那么必可表示为 $f(f(t)) + 1$ 的形式,如此, $F_{2s} = f(t)$ 为 f 值,此为不可能,故 $F_k + 1$ 仍为 f 值.

性质 8: P_{F_n} 中恰有 F_{n-1} 个 f 值和 F_{n-2} 个 g 值.

事实上,若 n 为奇数 $n = 2k + 1$, 则由
$$F_{2k+1} = f(F_{2k})$$
可知 $P_{F_{2k+1}}$ 中有 F_{2k} 个 f 值,于是 g 值有 $F_{2k+1} - F_{2k} = F_{2k-1}$ 个.

若 $n(n = 2k)$ 为偶数,则由性质 6 知
$$F_{2k} = f(F_{2k-1}) + 1 = f(f(F_{2k-2})) + 1 = g(F_{2k-2})$$

故 $P_{F_{2k}}$ 中有 F_{2k-2} 个 g 值,而有 $F_{2k} - F_{2k-2} = F_{2k-1}$ 个 f 值. 总之,在 P_{F_n} 中不论 n 为奇数或偶数,恰有 F_{n-1} 个 f 值, F_{n-2} 个 g 值.

性质 9: $F_{k+1} + M$ 与 $M(1 \leq M \leq F_k)$ 同为 f 值或同为 g 值等价于
$$f(F_k + r) = F_{k+1} + f(r), 1 \leq r \leq F_{k-1}$$

$$g(F_{k-1} + s) = F_{k+1} + g(s), 1 \leqslant s \leqslant F_{k-2}$$

事实上,如果 $F_{k+1} + M$ 与 M 同为 f 值或同为 g 值,则可写成等式

$$P_{F_{k+1}+M} = P_{F_{k+1}} P_M$$

注意到在序列 $P_{F_{k+1}}$ 中恰有 F_k 个 f 值. 现在考虑 $P_{F_{k+1}+M}$ 中第 $F_k + r$ 个 f 值,它位于序列 $P_{F_{k+1}+M}$ 的第 $f(F_k + r)$ 项,而它又位于 $P_{F_{k+1}} P_M$ 中的第 $F_{k+1} + f(r)$ 项,故等式

$$f(F_k + r) = F_{k+1} + f(r)$$

成立.

同理可得另一等式.

性质 10:当 $n > 1$ 时,$F_n + M$ 与 $M (1 \leqslant M \leqslant F_{n-1})$ 同为 f 值或同为 g 值.

当 $n = 2, 3$ 时,可直接检验结论为真. 设 $n = k$ 时已为真,当 $n = k + 1$ 时,再对 M 用归纳法,由性质 7 可知当 $M = 1$ 时已为真,故假定对于 $1 \leqslant m \leqslant M$ 已为真. 要证明对于 $M + 1$ 亦为真.

事实上,若 $M \in g(\mathbf{Z}^+), F_{k+1} + M \in g(\mathbf{Z}^+)$,则必有

$$M + 1 \in f(\mathbf{Z}^+), F_{k+1} + M + 1 \in f(\mathbf{Z}^+)$$

又若

$$M - 1 \in f(\mathbf{Z}^+), M \in f(\mathbf{Z}^+)$$
$$F_{k+1} + M - 1 \in f(\mathbf{Z}^+), F_{k+1} + M \in f(\mathbf{Z}^+)$$

势必得出

$$M + 1 \in g(\mathbf{Z}^+), F_{k+1} + M + 1 \in g(\mathbf{Z}^+)$$

故在这两种情形之下,结论是正确的. 接下来必须考虑当

$$M - 1 \in g(\mathbf{Z}^+), M \in f(\mathbf{Z}^+)$$

及

$$F_{k+1} + M - 1 \in g(\mathbf{Z}^+), F_{k+1} + M \in f(\mathbf{Z}^+)$$

这一情形.

令

$$M = f(r), M - 1 = g(s)$$

则

$$M = f(r) = r + s$$
$$f(s) = g(s) - s = (M - 1) - (M - r) = r - 1$$

若设
$$f(s+1) = r+t, t = 0,1$$
则
$$g(s+1) - g(s) = (s+1) + (r+t) - (M-1) = t+2$$
由归纳假定 $F_{k+1} + m(1 \leq m \leq M)$ 与 m 同为 f 值或同为 g 值，故由性质 9 可知
$$f(F_k + r) = F_{k+1} + f(r) = F_{k+1} + M$$
且
$$g(F_{k-1} + s) = F_{k+1} + g(s) = F_{k+1} + M - 1$$
又因为
$$\begin{aligned} g(F_{k-1} + s + 1) &= F_{k-1} + s + 1 + f(F_{k-1} + s + 1) \\ &= F_{k-1} + s + 1 + F_k + f(s+1) \\ &= F_{k-1} + s + 1 + F_k + r + t \\ &= F_{k+1} + M + t + 1 \end{aligned}$$
所以
$$g(F_{k-1} + s + 1) - g(F_{k-1} + s) = t + 2 = g(s+1) - g(s)$$
利用这个等式，就可说明若 $t = 0$，则
$$g(s+1) = g(s) + 2 = (M-1) + 2 = M + 1 \in g(\mathbf{Z}^+)$$
$$g(F_{k-1} + s + 1) = g(F_{k-1} + s) + 2 = F_{k+1} + M - 1 + 2$$
$$= F_{k+1} + M + 1 \in g(\mathbf{Z}^+)$$
即 $M+1$ 与 $F_{k+1} + M + 1$ 同为 g 值.

若 $t = 1$，则
$$g(s+1) = M + 2 \in g(\mathbf{Z}^+)$$
故
$$M + 1 \in f(\mathbf{Z}^+)$$
$$g(F_{k-1} + s + 1) = F_{k+1} + M + 2 \in g(\mathbf{Z}^+)$$
故
$$F_{k+1} + M + 1 \in f(\mathbf{Z}^+)$$
即 $M+1$ 与 $F_{k+1} + M + 1$ 同为 f 值.

有了以上这些准备，再利用斐波那契数列的性质就可以计算 $f(\mu)$ 了. 由性质 1, 2，即得 $f(1) = 1, f(2) = 3$. 对于给定的 $\mu \geq 3$，一定存在这样的 n，使 $F_{n-1} < \mu \leq F_n$. 下面我们证明

$$f(\mu) = \left[\frac{F_n}{F_{n-1}}\mu\right], F_{n-1} < \mu \leq F_n, \mu \geq 3 \quad (16)$$

其中，$[x]$ 表示不超过 x 的最大整数.

用数学归纳法. 当 $n = 3$ 时，μ 只能等于 3，此时 $f(3) = 4$，而

$$\left[\frac{F_3}{F_2} \times 3\right] = \left[\frac{3}{2} \times 3\right] = 4$$

所以等式成立.

假设对于 $3 \leq n \leq k$，式(16)成立，要证明 $n = k+1$ 时也成立. 令 $\mu = F_k + M$ ($1 \leq M \leq F_{k-1}$).

若 $M = 1$，则一方面由性质 9, 10 可得

$$f(F_k + 1) = F_{k+1} + f(1) = F_{k+1} + 1$$

另一方面，由于

$$\left[\frac{F_{k+1}}{F_k}\right] = \left[\frac{F_k + F_{k-1}}{F_k}\right] = \left[1 + \frac{F_{k-1}}{F_k}\right] = 1$$

故

$$\left[\frac{F_{k+1}}{F_k}(F_k + 1)\right] = \left[F_{k+1} + \frac{F_{k+1}}{F_k}\right] = F_{k+1} + \left[\frac{F_{k+1}}{F_k}\right]$$
$$= F_{k+1} + 1$$

所以，当 $M = 1$ 时，等式(16)成立.

若 $M = 2$，则由于

$$\left[\frac{2F_{k+1}}{F_k}\right] = \left[\frac{2(F_k + F_{k-1})}{F_k}\right] = \left[\frac{3F_k + F_{k-1} - (F_k - F_{k-1})}{F_k}\right]$$
$$= 3 + \left[\frac{F_{k-1} - F_{k-2}}{F_{k-1} + F_{k-2}}\right]$$
$$= 3$$

及 $f(2) = 3$，便可推知等式仍然成立. 于是可设 $M \geq 3$，并取 l，使

$$F_{l-1} < M \leq F_l, 3 \leq l \leq k-1$$

对于这样的 l，由归纳假定知

$$f(M) = \left[\frac{F_l}{F_{l-1}}M\right] \quad F_{l-1} < M \leq F_l$$

因为 M 的可能取值是 $F_{l-1} + 1, \cdots, F_{l-1} + F_{l-2}$，所以 M 必不能被

F_{l-1} 所整除,又因为 F_l 与 F_{l-1} 互素①,故 $F_l M$ 必不能被 F_{l-1} 所整除. 用 S 代表 $\dfrac{F_l M}{F_{l-1}}$ 的分数部分,即

$$\frac{F_l M}{F_{l-1}} = \left[\frac{F_l M}{F_{l-1}}\right] + S$$

那么

$$\frac{1}{F_{l-1}} \leqslant S \leqslant \frac{F_{l-1} - 1}{F_{l-1}}$$

利用斐波那契数列的一个性质

$$\frac{F_k}{F_{k-1}} - \frac{F_{k+l+1}}{F_{k+l}} = \frac{(-1)^k F_l}{F_{k-1} F_{k+l}}$$

这个性质可对 l 用数学归纳法予以证明.

(1) 当 $l = 0$ 时,即要证明

$$\frac{F_k}{F_{k-1}} - \frac{F_{k+1}}{F_k} = \frac{(-1)^k}{F_{k-1} F_k}$$

因为

$$\frac{F_k}{F_{k-1}} - \frac{F_{k+1}}{F_k} = \frac{F_k^2 - F_{k-1} F_{k+1}}{F_{k-1} F_k}$$

所以我们只要证明等式

$$F_k^2 - F_{k-1} F_{k+1} = (-1)^k$$

对 k 用归纳法. 当 $k = 1, 2$ 时,可直接验证是正确的. 设等式对 k 成立,则有

$$\begin{aligned}
F_{k+1}^2 - F_k F_{k+2} &= (F_k + F_{k-1})^2 - F_k(F_k + F_{k+1}) \\
&= F_{k-1}^2 + 2F_k F_{k-1} - F_k F_{k+1} \\
&= F_{k-1}^2 + 2F_k F_{k-1} - F_k(F_k + F_{k-1}) \\
&= -F_k^2 + F_k F_{k-1} + F_{k-1}^2 \\
&= -F_k^2 + F_{k-1} F_{k+1} = (-1)^{k+1}
\end{aligned}$$

即等式对 $k + 1$ 也成立.

(2) 假定性质对于小于或等于 $l - 1$ 的数为真,那么对于 l

---

① 若用 (a, b) 表示两个整数 a 与 b 的最大公约数,则明显有 $(F_{l+1}, F_l) = (F_{l-1} + F_l, F_l) = (F_l, F_{l-1}) = \cdots = (F_1, F_0) = 1$.

也成立,因为

$$\frac{F_k}{F_{k-1}} - \frac{F_{k+l+1}}{F_{k+l}}$$

$$= \frac{F_k(F_{k+l-1} + F_{k+l-2}) - F_{k-1}(F_{k+l} + F_{k+l-1})}{F_{k-1}F_{k+l}}$$

$$= \frac{(F_k F_{k+l-1} - F_{k-1}F_{k+l}) + (F_k F_{k+l-2} - F_{k-1}F_{k+l-1})}{F_{k-1}F_{k+l}}$$

$$= \frac{(-1)^k F_{l-1} + (-1)^k F_{l-2}}{F_{k-1}F_{k+l}}$$

$$= \frac{(-1)^k F_l}{F_{k-1}F_{k+l}}$$

就有

$$\left|\left(\frac{F_l}{F_{l-1}} - \frac{F_{k+1}}{F_k}\right)M\right| = \left|\left(\frac{F_l}{F_{l-1}} - \frac{F_{l+(k-l)+1}}{F_{l+(k-l)}}\right)M\right|$$

$$= \frac{F_{k-l}M}{F_{l-1}F_k}$$

$$\leqslant \frac{F_{k-1}F_l}{F_{l-1}F_k}$$

又当 $k > l$ 时,有

$$F_{k-l}F_l < F_k \text{①}$$

所以

---

① 这个不等式由下面的等式即可推得

$$F_k = F_l F_{k-l} + F_{l-1}F_{k-(l+1)}$$

我们对 l 用数学归纳法证明这个等式.

(a) 当 $l = 1$ 时,等式为

$$F_k = F_{k-1} + F_{k-2}$$

即循环方程,显然是成立的;

(b) 假定等式对于 $l - 1$ 成立,则有

$$F_k = F_{l-1}F_{k-(l-1)} + F_{l-2}F_{k-l} = F_{l-1}(F_{k-l} + F_{k-(l+1)}) + F_{l-2}F_{k-l}$$

$$= (F_{l-1} + F_{l-2})F_{k-l} + F_{l-1}F_{k-(l+1)} = F_l F_{k-l} + F_{l-1}F_{k-(l+1)}$$

即等式对 l 也成立.

$$\left|\frac{F_l}{F_{l-1}}M - \frac{F_{k+1}}{F_k}M\right| < \frac{1}{F_{l-1}}, k > l \qquad (17)$$

去掉绝对值符号,从式(17)可以得到

$$\frac{F_{k+1}}{F_k}M < \frac{F_l}{F_{l-1}}M + \frac{1}{F_{l-1}} = \left[\frac{F_l}{F_{l-1}}M\right] + S + \frac{1}{F_{l-1}}$$

$$\leqslant \left[\frac{F_l}{F_{l-1}}M\right] + \frac{F_{l-1}-1}{F_{l-1}} + \frac{1}{F_{l-1}}$$

$$= \left[\frac{F_l}{F_{l-1}}M\right] + 1$$

及

$$\frac{F_{k+1}}{F_k}M > \frac{F_l}{F_{l-1}}M - \frac{1}{F_{l-1}} \geqslant \frac{F_l}{F_{l-1}}M - S$$

$$= \left[\frac{F_l}{F_{l-1}}M\right]$$

即

$$\left[\frac{F_l}{F_{l-1}}M\right] < \frac{F_{k+1}}{F_k}M < \left[\frac{F_l}{F_{l-1}}M\right] + 1$$

所以

$$\left[\frac{F_{k+1}}{F_k}M\right] = \left[\frac{F_l}{F_{l-1}}M\right], k > l \qquad (18)$$

于是

$$\left[\frac{F_{k+1}}{F_k}(F_k + M)\right] = F_{k+1} + \left[\frac{F_{k+1}}{F_k}M\right] = F_{k+1} + \left[\frac{F_l}{F_{l-1}}M\right]$$

$$= F_{k+1} + f(M)$$

$$= f(F_k + M)$$

这样式(16)全部获证.

另一方面,从上面的证明中可以看出,形如式(17)的不等式,及形如式(18)的等式,只要 $k > l$,总是成立的. 现在任取一个充分大的 $k > n$,就有

$$\left[\frac{F_n}{F_{n-1}}\mu\right] = \left[\frac{F_{k+1}}{F_k}\mu\right], k > n$$

所以

$$f(\mu) = \left[\frac{F_n}{F_{n-1}}\mu\right] = \left[\frac{F_{k+1}}{F_k}\mu\right], k > n$$

既然上式对任意大的 $k(k > n)$ 都成立,于是可用

$$\lim_{k \to \infty} \frac{F_{k+1}}{F_k} = \frac{1 + \sqrt{5}}{2}$$

来代替等式

$$f(\mu) = \left[\frac{F_{k+1}}{F_k} \mu \right]$$

中的比值 $\frac{F_{k+1}}{F_k}$,可得

$$f(\mu) = \left[\frac{1 + \sqrt{5}}{2} \mu \right]$$

从而即有

$$f(2\mu) = \left[(1 + \sqrt{5}) \mu \right]$$

斐波那契数列的特点是往往在貌似无关的地方突然出现,使人惊奇不已,这也是数学美的一种表现方式.

尽管斐波那契数列的应用十分广泛,但结构并不复杂. 所以许多初学者都可以动手搞点"研究". 最近,在微信公众号中看到一篇小文,标题为"斐波那契数列通项公式的再推导". 辽宁沈阳二中的潘秋儒同学后来到大学学习时曾构造性地给出斐波那契数列的通项公式,角度很新颖,所涉及的知识也不是十分复杂,值得一读.

已知数列 $\{a_n\}$ 满足: $a_{n+2} = a_n + a_{n+1}(n \in \mathbf{N}_+)$, $a_1 = 1$, $a_2 = 1$. 求数列 $\{a_n\}$ 的通项公式.

解 构造级数 $\sum_{k=1}^{\infty} a_k x^k$,并且

$$\sum_{k=1}^{\infty} a_k x^k = x + x^2 + \sum_{k=1}^{\infty} a_{k+2} x^{k+2}$$

$$= x + x^2 + \sum_{k=1}^{\infty} a_k x^{k+2} + \sum_{k=1}^{\infty} a_{k+1} x^{k+2}$$

$$= x + x^2 + x^2 \sum_{k=1}^{\infty} a_k x^k + x \left(\sum_{k=1}^{\infty} a_k x^k - x \right)$$

整理后得到

$$\sum_{k=1}^{\infty} a_k x^k$$

$$= \frac{x}{1-x-x^2}$$

$$= \frac{x}{\sqrt{5}}\left(\frac{2}{1+\sqrt{5}}\frac{1}{1+\frac{2x}{1+\sqrt{5}}} - \frac{2}{1-\sqrt{5}}\frac{1}{1+\frac{2x}{1-\sqrt{5}}}\right)$$

$$= \frac{x}{\sqrt{5}}\left[\frac{2}{1+\sqrt{5}}\sum_{k=0}^{\infty}\left(-\frac{2}{1+\sqrt{5}}\right)^k x^k - \frac{2}{1-\sqrt{5}}\sum_{k=0}^{\infty}\left(-\frac{2}{1-\sqrt{5}}\right)^k x^k\right]$$

其中展开式的收敛域为 $|x| < \frac{\sqrt{5}-1}{2}$,由于和函数展开式的唯一性,$x^n$ 项的系数也唯一,对比两边 x^n 项系数,得到

$$a_n = \frac{1}{\sqrt{5}}\left[\left(\frac{\sqrt{5}+1}{2}\right)^n + (-1)^{n+1}\left(\frac{\sqrt{5}-1}{2}\right)^n\right], \quad n \in \mathbf{N}_+$$

本书的出版注定只会有社会效益绝不会有什么经济效益.

1981 年范用用自己的藏书编了一部十五卷本的《傅雷译文集》,由江奇勇拿到安徽教育出版社出版. 当年出版社亏损 5 万元(那是 20 世纪 80 年代的 5 万元). 后来辽宁教育出版社出版了傅雷的全集,也是亏损. 主编范用评价说:"对于安徽、辽宁这样有眼光、有魄力的出版社,作为出版工作者,我深为钦佩."

笔者也深以为然!

刘培杰
2020 年 10 月 2 日
于哈工大

无穷边值问题解的递减——无界域中的拟线性椭圆和抛物方程(俄文)

拉丽萨·科热夫尼科娃
鲁斯朗·卡里莫夫 著

编辑手记

本书是一本俄文的影印版数学专著.

有些书就像《围城》中赵辛楣对方鸿渐说的话——"你不讨厌,可是全无用处".

此书对于非数学专业,甚至是非微分方程方向的研究者来讲,可能都是完全无用的甚至是望而生畏的.

本书的一位作者是位女士,名字是拉丽萨·科热夫尼科娃,俄罗斯人,物理和数学科学博士,斯捷尔利塔马克国立教育学院数学分析教研室教授. 另一位作者是鲁斯朗·卡里莫夫,俄罗斯人,巴什基尔国立大学斯捷尔利塔马克分部副教授,数学物理科学副博士.

有人说女数学家比女皇还要少,历史上著名的女数学家不超过十位. 史学界有"七仙女"之说,贡献比较大的,如柯瓦列夫斯卡娅、艾米·诺特. 现代的也有几位,大家都熟知的,如伊朗的玛丽亚姆·米尔扎哈尼等就不一一列举了.

本书作者致力于研究无界域中的二阶拟线性椭圆和抛物方程边值问题解的定性性质. 特别是在 $\Omega \subset \mathbf{R}^n = \{x = (x_1, x_2, \cdots, x_n)\}$, $n \geq 2$ 无界域情况下椭圆方程的迪利克雷问题,以及 $D = \{t > 0\} \times \Omega$ 时间坐标为圆柱域内的抛物线方程第一混合问题的无限远解的特性. 这一方向包含的内容非常广泛,包括整个一系列的问题. 在本书中,对于在 $|x| \to \infty$ 时的拟线性

椭圆方程,以及对于 $t \to \infty$ 时的拟线性抛物方程,则根据无界域 Ω 的几何形状研究所探讨问题的解的递减速度.

具体的内容可以从本书的目录中看出:

第 1 章　λ 序列及其特点
　　1.1　不等式
　　1.2　λ 序列
　　1.3　Π 序列
第 2 章　拟线性椭圆型方程的迪利克雷定理
　　2.1　迪利克雷问题提出的正确性
　　　　2.1.1　解的存在
　　　　2.1.2　方程右侧部分解的单一性和连续关系
　　2.2　无限远解的特性
　　　　2.2.1　上方估值
　　　　2.2.2　估值准确性
第 3 章　拟线性抛物线方程的第一混合问题
　　3.1　第一混合问题提出的正确性
　　　　3.1.1　解的单一性
　　　　3.1.2　解的存在
　　3.2　$t \to \infty$ 时的递减解
　　　　3.2.1　解递减的容许速度
　　　　3.2.2　上方估值
　　　　3.2.3　估值准确性

苏联数学家的许多工作都与研究解在区域近界上的性质有关. 对于在三维空间薄层上的问题的解, 拉夫连捷耶夫在他所引进的变分原理的基础上, 得到了沿边界曲面法线方向的微商的估计, 这个估计依赖于边界值和区域的几何性质, 埃冈斯证明了, 假设在二次连续可微的曲面 S 上所给定的边界函数具有平方可积的广义微商, 那么解就在 δ 上几乎处处有属于 $L^2(S)$ 的法线微商, 科舍列夫证明了, 如果在平面区域的足够光滑的边界上, 边界函数的二级微商属于 $L^p(S)(p > 1)$, 那么解

的二级微商属于 $L^p(\Omega)$;他同时还考虑了分片光滑的边界和更一般形式的椭圆型方程.

很早以前,对于有限区域上任意连续边界条件的情形,维纳引进了关于拉普拉斯方程迪利克雷问题的广义解的概念;解在边界的所谓正规点上必定取给定的值,而在非正规点上就不一定了. 科罗夫金得到了边界正规性的新的特征,兰特科夫则指出了,对于个别边界函数考虑了适合边界条件的问题,在边界上可以找到与边界函数无关的可数集合,如果在这个集合的点上,广义解取已知值,那么在其他点上也有同样的情况,而兰特科夫的工作中包含了对非正规点集合的研究. 梅什基斯证明了,佩龙与维纳关于给定连续边界条件时解的存在性的古典结果,可以推广到这样的情况,即当边界函数给在"广义边界"的情况,也就是,对于从不同途径趋向边界点时,解的极限值可以是不同的,而且这些途径和这些极限值应该是事先给定的.

盖尔迪什与拉夫连捷耶夫在 1937 年最先研究了当边界变动时关于解的稳定性. 在科罗夫金与麦吉列夫斯基的工作中也有稳定性的研究;后者得到了在给定边界点上解稳定性的充分与必要条件,这些条件是用所谓"容度"的专门术语与广义格林函数来表示的. 在克朗贝尔克的文章中,求得了解的按小参数幂次的展开式,这些小参数是用来刻画边界的变动的.

梅什基斯提出了求解的新的变分原理;在所有取给定边界值的函数中,调和函数使得作者所引进的泛函"负荷"达到极小值;对于所谓变形了的("自由的")迪利克雷问题的解,这个泛函取零值,在迪利克雷无穷积分情形时可以取有限值. 在托波连斯基的工作中考虑了迪利克雷积分的一些性质.

纳汤松证明了,当点沿半径离开圆周时,单位圆内迪利克雷问题的解与边界函数的差商不超过常数 $w((1-r)|_n(1-r))$,其中 $w(\delta)$ 为边界函数连续性的模数;吉曼也讨论了这一问题.

对于此领域早期的一些进展,早有专家进行过综述.

(1) 拉普拉斯方程的迪利克雷问题在两个自变量的情况下,对于任何的单连通区域(如果给定的边界上的函数是连续的)总是可解的. 对于三维的单连通域迪利克雷问题,并不恒

有解. 三维区域的每一边界点 P 称为是一个正则点,如一个以曲线

$$x_2 = f(x_1) = x_1^k$$

(其中 k 为任一正数)为基准线绕 x_1 轴旋转而得到的锥 K 的顶点,可以从外面与此边界点相接触. 这个条件可以确切地叙述如下:在区域 G 所在的那个空间 (x_1,x_2,x_3) 内,可以选择以点 P 为原点的坐标轴,使所有在锥 K 内而有正的横坐标 x_1(不超过某一正数 η)的诸点在区域 G 之外. 另一方面,勒贝格以及乌勒松曾独立地证明:如果区域 G 的边界点 P 具有这样的一个邻域 U_P,使对于适当选择的坐标轴,这个邻域的所有的那些不属于区域 G 的点,不越出一个以曲线

$$x_2 = e^{-\frac{1}{x_1}}, x_1 > 0$$

为基准线绕 x_1 轴旋转而成的锥体之外,则点 P 不是正则点. 如果这个曲线用曲线

$$x_2 = F(x_1) = e^{-|\ln x_1|^{1+\varepsilon}} = x_1^{|\ln x_1|^{\varepsilon}}$$

(其中 ε 为任一正数)来代替,上面的叙述仍旧成立.

在 $n(n>3)$ 维空间函数 $f(x_1)$ 变成函数

$$\frac{x_1}{|\ln x_1|^{\frac{1}{n-3}}} \tag{1}$$

而函数 $F(x_1)$ 变成函数

$$\frac{x_1}{|\ln x_1|^{\frac{1}{n-3+\varepsilon}}} \tag{2}$$

其中 ε 为任一正数. 如果令表达式(1)或(2)等于 $\sqrt{x_2^2+\cdots+x_n^2}$,就可以得到对应的 n 维锥面的方程.

点 P 是一个正则点的充分条件已由维聂尔求出.

(2)含变系数的线性椭圆型方程

$$\sum_{i,j=1}^{n} a_{ij}(x_1,\cdots,x_n)\frac{\partial^2 u}{\partial x_i \partial x_j} + \sum_{i=1}^{n} a_i(x_1,\cdots,x_n)\frac{\partial u}{\partial x_i} + a(x_1,\cdots,x_n)u = f(x_1,\cdots,x_n) \tag{3}$$

的第一类边值问题的可解性与系数 $a(x_1,\cdots,x_n)$ 的符号有很大的关系. 如果这个系数取正值,那么即使当方程(3)的系数都是常数的那种情形,只要区域 G 充分大,这个方程的第一类边

值问题就可能无解,或不止一个解. 例如,方程
$$\frac{\partial^2 u}{\partial x^2} + \frac{\partial^2 u}{\partial y^2} + 2k^2 u = 0 \qquad (4)$$
有这样的一个解 $u_0 = \sin kx \sin ky$,它在边为
$$x = 0, y = 0, x = \frac{\pi}{k}, y = \frac{\pi}{k}$$
的正方形 Q 的边界上等于零.

而另一方面,很容易证明,如果方程(4)有一解 u_0,它在一个具有充分光滑边界的区域 G 的边界上等于零,而且在边界上有连续的一阶导数,那么方程(4)的每一个其他的充分光滑的解 u,应该在区域 G 的边界上满足关系式
$$\int \frac{\partial u_0}{\partial n} u \, ds = 0 \qquad (5)$$
其中积分是展布在区域 G 的边界上. 如果对等式
$$\iint_G u_0 \left(\frac{\partial^2 u}{\partial x^2} + \frac{\partial^2 u}{\partial y^2} + 2k^2 u \right) dx dy = 0$$
的左端施行分部积分,而且使积分中的 u 对 x 和对 y 的导数不出现,那就得到关系式(5). 因而当区域 G 是一正方形,而给定在它的边界上的那个函数不满足关系式(5) 时,方程(4)的第一类边值问题,就可能没有一个光滑的解.

可以证明,对于给定在区域 G 的边界上的任一连续函数,及任一右端函数 f,或者方程(3)的第一类边值问题有唯一解,或者这个问题仅对于能满足有限个条件的那些边界函数和右端函数 f 才有解存在,而且这问题的解,不是唯一的.

一般说来,在解椭圆型方程(3)的第一类边值问题时,系数 a 处处小于等于 0 的那种情形,与这个系数在某些点为正的那种情形,有很大的差别. 在第一种情形下,对于给定在区域 G 的边界上的任一连续函数,只要区域 G 的边界十分规则,并且系数 a_{ij}, a_i 和函数 f 连同其充分高阶的导数都连续,那么这个问题有一个唯一的解. 如果系数 a 在所论区域的某些点上取正值,那么为了保证解的存在和唯一性,还须区域 G 要充分小. 弗·弗·聂美赤基证明了更一般的方程(非线性的)的第一类边值问题的解的存在和唯一性. 在这里重要的是区域 G 的面积

要充分小,而它的直径则可以任意大.

奥·阿·奥列尼克曾证明:对于任一处处使 $a \leqslant 0$ 的那种区域,或对于其他的一些充分小的区域,为使对于给定在区域的边界上的每一个连续函数,其迪利克雷问题都可解而必须附加在边界上的那些条件,与拉普拉斯方程或方程(3)的迪利克雷问题的可解与否无关.

斯·恩·伯恩斯坦曾证明了极广泛的一类非线性椭圆型方程的迪利克雷问题的解的存在性. 这些结果的概述以及关于椭圆型方程的其他一些性质的更详细的概述,刊载于《数学科学的进展》第Ⅷ期(1941). 在那一期中还载有关于椭圆型方程的一系列重要的研究结果.

(3)椭圆型方程和椭圆型方程组的一切充分光滑的解——即那些具有充分阶数的连续导数的解——都是解析函数的话,这些方程的左端都是解析函数. 我们假定这些方程的右端等于零. 斯·恩·伯恩斯坦首先对含两个变数的二阶椭圆型方程给出过关于这一事实的证明.

(4)如果具有充分光滑的系数的齐次($f \equiv 0$)椭圆型方程(3),对于给定在某一有界区域 G 的边界上的每一个连续函数的第一类边值问题,在 G 内有唯一解,那么,关于解序列为一致收敛的那个定理也是成立的:如果解序列在 G 的边界上一致收敛,那么它在 G 内也一致收敛,并且一致收敛于满足同一方程(3)的函数 u.

(5)关于解序列的单调性定理:假定有界区域 G 是这样的一个区域,它使对于每一给定在它的边界上的连续函数,其迪利克雷问题有且仅有一解;于是只要齐次($f \equiv 0$)方程(3)的解的序列 $u_n(x_1, \cdots, x_n)$ 在区域 G 的某一点上收敛而在这个区域的一切点上有 $u_{n+1}(x_1, \cdots, x_n) \geqslant u_n(x_1, \cdots, x_n)$,那么序列 $u_n(x_1, \cdots, x_n)$ 在每个有限域 G^* 内一致收敛(这个有限区域 G^* 连同它自己的边界一起位于 G 内).

(6)如果在方程(3)中 $a \equiv 0, f \equiv 0$,那么方程(3)的每一个解在 G 的边界上取最大值和最小值. 如果在方程(3)中 $a \leqslant 0, f \equiv 0$,那么方程(3)的每一个在闭域上连续的解,在该区域内不可能取得最大的正值或最小的负值.

（7）在一适当选定了度量的黎曼空间中，方程
$$\sum_{ij=1}^{n}\frac{\partial}{\partial x_i}\left(a_{ij}\frac{\partial u}{\partial x_j}\right) = 0 \quad (6)$$
的解具有算术平均值的性质. 对于这些方程，可以构造这样的一些解，类似于点的位势，单层位势或双层位势之于含两个变数的拉普拉斯方程. 对于某些椭圆型方程组，可以构造出类似于这种位势的所谓"基本"解组.

（8）关于解析函数的刘维尔定理，同样可推广到某些二阶椭圆型方程. 斯·恩·伯恩斯坦证明了下面的定理.

方程
$$A(x,y,u,u_x,u_y,u_{xx},u_{xy},u_{yy})u_{xx} + 2B(\quad)u_{xy} + C(\quad)u_{yy} = 0$$
（其中 A,B,C 都为其全体变数的有界函数，而且 $AC - B^2 > 0$）的每一有界解（在全平面上具有连续的一、二阶偏导数）是一个常数.

（9）如所有的函数 u_i，而且连同其一阶值到 $n_i - 1$ 阶导数在某一 $n - 1$ 维解析曲面上同时等于零，那么它们在整个区域内恒等于零.

这个结论，可以作为具有解析系数的线性方程组的柯西问题解的唯一性定理（霍耳蒙格列恩定理）的一个推论而得到的，因为椭圆型方程组没有实特征曲面.

（10）如果椭圆型方程（3）的系数 a_{ij} 在某一有限域 G 内有着有界的 1 至 p 阶导数，而系数 a_i,a 和 f 在这个区域内具有有界的 1 至 $p - 1$ 阶导数，那么这个方程的一切连续解，在每一连同其边界都位于 G 内的区域 G^*，有着有界的 1 至 p 阶导数.

阿·弗·波哥列洛夫曾证明：如果函数
$$F(x,y,z,p,q,r,s,t)$$
关于其全体变数，可连续微分 $k > 3$ 次，那么椭圆型方程
$$F\left(x,y,u,\frac{\partial u}{\partial x},\frac{\partial u}{\partial y},\frac{\partial^2 u}{\partial x^2},\frac{\partial^2 u}{\partial x\partial y},\frac{\partial^2 u}{\partial y^2}\right) = 0$$
的所有可连续微分三次的解，至少可以微分 $k + 1$ 次.

（11）正如拉普拉斯方程的典型边值问题就是迪利克雷问题一样，关于"多重调和"方程

$$\Delta^m u \equiv \left(\frac{\partial^2}{\partial x_1^2} + \frac{\partial^2}{\partial x_2^2} + \cdots + \frac{\partial^2}{\partial x_n^2}\right)^m u = 0$$

的典型边值问题,就是由这个方程的解和它的 1 至 $m-1$ 阶法向导数在某一区域 G 的边界上的值,来确定这个方程在该区域 G 内的解的问题. 当 $m=2$ 和 $n=2,3$ 时,弹性论的一些重要问题就化成这个问题. 在区域 G 的边界及给定在其上的那些函数是充分光滑的假设下,这个问题的狭义解的存在及其唯一性已经被证明. 当 $m=2$ 和 $n=2$ 时,只须要求:区域 G 是由有限条闭曲线所围成,而每一条闭曲线的坐标,是一个以弧长为自变数的三次连续可微函数,而且给定在这些曲线上的函数,连同其对弧的一阶导数都是连续的. 索伯列夫曾证明,在对 G 的边界做了极广泛的一些假设以后,这个问题的广义解是存在的并且是唯一的. 他假定这种边界是由若干个不同维数的几何基块所组成,并且发现在维数为 $n-r$ 的几何基块上,必须给定函数 u 及其 1 至 $m - \left[\frac{r}{2}\right] - 1$ 阶导数的值. 索伯列夫的广义解的意思是,函数 u 及其导数在所有的边界点上,不一定取已给值,而仅是"平均"地取已给值,至于这"平均"二字的确切定义,请参看索伯列夫所著《泛函分析在数学物理中的某些应用》的 111 ~ 113 页(1950 年版).

(12) 对于一类称为强椭圆型方程的线性椭圆型方程,姆·伊·维舍克曾研究与二阶椭圆型方程的第一类边值问题和第二类边值问题相关的那些边值问题的可解性问题. 并且发现,和方程(3) 一样,这样的问题或者对于任意给定的边界函数和方程组的右端有唯一解,或者解不是唯一的,而且要使解存在,边界函数和右端必须满足有限个条件,对于第一类和第二类边值问题的解的存在和唯一性,其充分条件(它们是方程组的系数所应该满足的) 已经被求出. 我们还需指出,和方程(3) 一样,对于充分小的一些区域,其第一类边值问题的解恒存在且是唯一的. 这些问题的解在广义的意义下,满足边界条件和方程组.

(13) 伊·恩·魏古阿研究了方程

$$\frac{\partial^2 u}{\partial x^2} + \frac{\partial^2 u}{\partial y^2} + a(x,y)\frac{\partial u}{\partial x} + b(x,y)\frac{\partial u}{\partial y} + c(x,y)u = f(x,y)$$

在区域 G 的边界上满足条件

$$\alpha(x,y)\frac{\partial u}{\partial x} + \beta(x,y)\frac{\partial u}{\partial y} + \gamma(x,y)u = \varphi$$

的解的存在和唯一性问题,其中 $a,b,c,f,\alpha,\beta,\gamma,\varphi$ 都是充分光滑的函数.

已经知道,若这个问题有解,则函数 f 和 φ 应该满足的条件的个数及与其对应的齐次问题($f \equiv 0, \varphi \equiv 0$)的线性无关解的个数都与整数 n 有关,这个整数 n 称为该问题的指标. 此问题的指标 n 等于函数 $\dfrac{\alpha(x,y) - \mathrm{i}\beta(x,y)}{2\pi}$ 的辐角,当点 (x,y) 沿区域 G 的边界曲线的正向环绕一次所得到的增量.

为了叙述简单起见,假定 G 为一单连通域,且 $c \equiv 0, \gamma \equiv 0$. 若 $n \geq 0$,则这个问题对于任何 f 和 φ 都可解,而对应的齐次问题的线性无关解的个数,等于 $2n + 2$. 若 $n < 0$,则这个问题仅对于满足某些条件的那些 f 和 φ 才可解. 这些条件的个数等于 $-2n - 1$,齐次问题在这种情形下仅有一解.

更一般的边值问题,也曾有人研究过.

(14) 关于方程

$$\varepsilon\left(\frac{\partial^2 u}{\partial x^2} + \frac{\partial^2 u}{\partial y^2}\right) + A(x,y)\frac{\partial u}{\partial x} + B(x,y)\frac{\partial u}{\partial y} + C(x,y)u = f(x,y)$$
(7)

当参数 $\varepsilon > 0$ 的值是很小时的边值问题的解的性质也曾有人研究.

为简单起见,假定在区域 G 内 $A^2 + B^2 \neq 0$,系数 A, B, C 和 f 都是充分光滑的函数,而微分方程

$$\frac{\mathrm{d}x}{A(x,y)} = \frac{\mathrm{d}y}{B(x,y)} \tag{8}$$

在每一经过区域 G 的点的积分曲线上,都可以开拓到边界上去. 当 ε 趋向于零时,方程(7)的第一类边值问题的解(在区域 G 的边界上取已知函数 φ 的函数值)在区域 G 的那些不在方程(8)的与边界相切的积分曲线上的一切点上都收敛. 而且在每一不包含方程(8)的与边界相切的积分曲线,又不包含区域 G 的这样的一些边界点——在那里矢量 $(A(x,y), B(x,y))$ 指向

区域内部——的闭域上,它是一致收敛的.极限函数$u(x,y)$满足方程

$$A(x,y)\frac{\partial u}{\partial x} + B(x,y)\frac{\partial u}{\partial y} + C(x,y)u = f(x,y) \quad (9)$$

而且在G的那些边界点上(在那里矢量$(-A(x,y),-B(x,y))$指向区域内部)取φ的函数值.

方程(7)的第二类边值问题和第三类边值问题的解,当ε趋向于零时,在区域G内一致收敛,而且一致收敛于方程(9)的解,方程(9)的解在G的边界的那些点上(在那里矢量$(-A(x,y),-B(x,y))$指向区域内部)满足椭圆型方程(7)的解所满足的同一个边界条件.极限函数满足方程(9),而且在某种广义的意义下,满足边界条件.

(15) 方程

$$y^m\frac{\partial^2 u}{\partial y^2} + \frac{\partial^2 u}{\partial x^2} + a(x,y)\frac{\partial u}{\partial y} + b(x,y)\frac{\partial u}{\partial x} + c(x,y)u = 0 \quad (10)$$

在一个由Ox轴上的一段,和位于半平面$y>0$上的曲线Γ所围成的区域G内有唯一解,只要下列诸条件之一被满足:

① $m < 1$;
② $m = 1$ 和 $a(x,0) < 1$;
③ $1 < m < 2$ 和 $a(x,0) \leqslant 0$;
④ $m \geqslant 2$ 和 $a(x,0) < 0$.

并且这个解在$\overline{G}$上连续,它在边界上取f的函数值.(方程(10)的系数a,b,c假定都是充分光滑的函数.)

曾有人发现,如果方程(10)满足下列条件之一:

① $m = 1$ 和 $a(x,0) \geqslant 1$;
② $1 < m < 2$ 和 $a(x,0) > 0$;
③ $m \geqslant 2$ 和 $a(x,0) \geqslant 0$.

那么方程(10)在$G+\Gamma$上的一个有界而且连续的解$u(x,y)$就唯一地由函数$u(x,y)$在曲线Γ上的值所确定,即仅由在区域G的那部分边界上(在那里方程(10)是椭圆型的)值所确定.当$y=0$时,方程(10)显然是抛物线型的.

关于方程(10)的其他的一些边值问题,特别是与椭圆型方程第二类边值问题的相类似的问题都已经有人研究过.

本书采取影印的形式是因为：现在既懂俄文又懂数学的人太少了，而且一般的懂还不行，要精通才行.

　　图书翻译不是查查字典然后把字典中的解释串联成一个句子就可以搞定的. 这种逐字查找意思、一一对应的翻译叫作"硬译"，是一种不合格的翻译. 但是在我们的工作中，遇到的很多译者可能俄语听说还不错，但并不具备翻译的知识和能力，不理解翻译的本质，往往只是简单地把单词串联成句子，完全不顾及单词的多重含义以及在中文环境中的表达，这就严重违背了翻译的一个重要原则——"译句不译词". 翻译家钱歌川先生在其著作《翻译的基本知识》中说："我们翻译的单位，至少应该是句，而不是字. 要能把一段为一个单位，自然更好."实际上，任何一个单词都是在一定语境下来进行表达的，单纯地翻译一个词的含义没有任何意义，因此，在翻译过程中，首先需要在特定语境下，对原文的语言进行多方面的求证.

　　既然不能尽善尽美，那就保持原汁原味吧！

刘培杰

2020 年 12 月 1 日

于哈工大

◎ 编辑手记

　　为什么要编这样一套书？这要从笔者青年时的偶像艾萨克·阿西莫夫(Isaac Asimov)说起。

　　美国著名科幻小说家艾萨克·阿西莫夫与同时期的另一位美国科幻小说家罗伯特·安森·海因莱因(Robert Anson Heinlein)和英国科幻小说家阿瑟·查理斯·克拉克(Arthur Charles Clarke)一起，并称为世界科幻小说的三大巨头。

　　至1969年，阿西莫夫出书达到100本。第100本书，是他出版的前99本书的辑要。

　　这个创意挺好，笔者决定效仿。

　　文章千古事。一本书白纸黑字要在世上留存是很难的。此事古难全。近读一部旧书，其序中写道：

　　　　六朝人的著作，《隋书·经籍志》著录了数百种，而能够流传至今的，实属凤毛麟角。《全唐文》卷一四一魏征《群书治要序》："近古皇王，时有撰述，并皆包括天地，牢笼群有，竞采浮艳之词，争驰迂怪之说，骋末学之传闻，饰雕虫之小技。"

还有一个要回答的问题:为什么现在出版? 答案是因为怕.

怕什么呢? 怕老,怕会变,也怕落伍. 有人说成名较早的人物通常都会面临这样的挑战,套用一句 F. S. 菲茨杰拉德(F. S. Fitzgerald) 在《了不起的盖茨比》里的话:"这一类型的人……已经在某种局部范围之内尝到登峰造极的滋味,从此一辈子只好走下坡路了."

笔者当然不是那类成名较早的人,严格来讲压根就没有成名.我们的数学工作室成立近二十年了,最近可能是到达了二次抛物线的顶点.伴随着退休,工作已然不会像之前那样充满激情了.

第三个问题:该如何评价这套书?

2002 年主持人崔永元出了本书,书名叫《不过如此》.他跨行当起了作家.

书籍出版后,他昔日的朋友刘震云一本正经地评价道:"是文化的力量,让这本书显得与众不同."

作家阿城则实话实说:"确实不过如此."

崔与笔者同龄,都生于 1963 年.笔者也不自量力地写过几本书.由于没有崔的知名度,所以评价的人不多.但"不过如此"也算一个较高的评价了!

顺便多说几句.1963 年是一个特殊的年份.一个最直观的数据是 1963 年是中国历史上出生人口最多的一年,达到了惊人的 2 934 万人.

2021 年 1 月广西师范大学出版社出版了《1963:变革之年》(罗宾·摩根、阿里尔·列夫著,孙雪译),有人是这样评价这本书的:

> 青春是短暂的,生命也是 —— 这种观念并非一直就有,而是 20 世纪 60 年代之后才兴起的.张爱玲那句"出名趁早"让多少中国人躁动,让他们畅想出名之后的春风得意的人生,而回看西方的 1963 年及之后

几年的情况,一批主要以音乐人身份登上公共舞台的年轻人,他们在"出名趁早"的信念之后真心实意地加上了一句:毁灭吧,赶紧的.

1963年之后的音乐癫狂年代,如今还被人美谈的就是披头士乐队或者滚石,但在这本书中,通过滚石乐队的前经理等人的讲述,我们会看到大卫·拜利、玛丽·昆特、维达尔·萨松等人,他们是真正的开启一个时代的人.

世界著名数学家H.邦迪(H. Bondi)曾说过:

外行人可能觉得奇怪,为什么数学家不但能够去做他那复杂的工作,而且还乐于做这种工作.

笔者的大学同学大多从事中学数学教学工作(因为是师范院校毕业),他(她)们大多十分享受退休生活,而笔者恰恰相反.这有可能是像木心说过的,"快乐是吞咽的,悲哀是咀嚼的;如果咀嚼快乐,会咀嚼出悲哀来",那时候的我只觉这位英俊的作家很有玩弄字词的本领,唯有当活到某个年纪,才真正明白他在说些什么,但到了那个年纪,欲辩已忘言.但笔者觉得最根本的原因是工作的关系.近几十年笔者接触到了一点现代数学,领悟到了一丝数学之美.这在中学数学中是少有的.另外,编辑这个职业也是当今社会少有的使人精神得到满足的职业之一.与优秀的人为伍,想不优秀都难.

苏辙谪放筠州时曾写道:

士生于世,使其中不自得,将何往而非病?使其中坦然,不以物伤性,将何适而非快?

这是《黄州快哉亭记》的最后一段,有人将其翻译成:在人生的旅途中,如果一个人忘了自己原本的模样,那不管到什么地方,他都不会快乐;相反地,如要他始终记得自己是谁,不因为外界的宠辱毁誉而迷失,那他到哪里都满足完整.

但是这种快乐是否是真实的自我没法确定.

F. 卡夫卡(F. Kafka)说:"人们经常装出快乐的样子,有人在耳朵里塞满了蜡,比如说我. 我假装快乐,是想躲在它的背后. 我的笑是一堵水泥墙."

现代人,真是复杂!

刘培杰

2024 年 12 月 18 日

于哈工大